落地敏捷

教练生存指南

AGILE COACHING

SOFT LANDING AND SURVIVAL GUIDE

甘争光 著

清華大学出版社

北京

内 容 简 介

本书来自一线敏捷开发转型实践，呈现了敏捷教练如何度过惊心动魄的第一年。书中强调柔性敏捷、柔性导入，教练魅力与教练策略，通过开局、中盘、收关三大板块，以场景化的方式详细阐述了敏捷教练从初入陌生环境到敏捷全面推广的完整历程，整个历程涵盖了调研、方案、启动、培训、试点、再训、汇报、推广、持续支持以及探索等阶段。

本书适合刚转型做敏捷教练的读者、预备转型做敏捷教练的读者和在敏捷转型之路上迷茫并处于困顿之中的读者。

图书在版编目 (CIP) 数据

落地敏捷：教练生存指南 / 甘争光著. —北京：清华大学出版社，2020.6
ISBN 978-7-302-54903-1

Ⅰ. ①落… Ⅱ. ①甘… Ⅲ. ① 软件开发—项目管理 Ⅳ. ① TP311.52

中国版本图书馆 CIP 数据核字 (2020) 第 024167 号

责任编辑：文开琪
装帧设计：陈　华
责任校对：周剑云
责任印制：刘海龙
出版发行：清华大学出版社
网　　址：http://www.tup.com.cn, http://www.wqbook.com
地　　址：北京清华大学学研大厦 A 座　　**邮　　编：**100084
社 总 机：010-62770175　　**邮　　购：**010-62786544
投稿与读者服务：010-62776969, c-service@tup.tsinghua.edu.cn
质量反馈：010-62772015, zhiliang@tup.tsinghua.edu.cn
印 装 者：小森印刷霸州有限公司
经　　销：全国新华书店
开　　本：178mm × 230mm　　**印　　张：**23.75　　**字　　数：**519 千字
版　　次：2020 年 7 月第 1 版　　**印　　次：**2020 年 7 月第 1 次印刷
定　　价：69.00 元

产品编号：082614-01

推荐语

阿甘是我见过最聚焦、最具执行力的人之一，也是唯一凭一人之力将敏捷落地，进而有效提高整个研发团队效能的人。本书来自他的切身实践，有他面对推动敏捷过程中遇到问题的深刻思考，有他对各种解决方案的不断迭代，可以在书中看到敏捷思想的影子。快速读完本书，不仅扶案长叹，精彩！敏捷宣言短短数语却包罗万象，Scrum面面俱到却略显纷杂，阿甘将敏捷思想与Scrum实践的众多知识点融入到具体的开发过程中，呈现给读者一种井然有序的阅读体验，让人读起来不仅亲切而且信服。本书对案例和理论进行了巧妙的安排和详细的指导，不仅通读起来酣畅淋漓，更是可以作为一本工具书，当工作中遇到敏捷相关问题时，都可以在本书中一探究竟。

曹江辉，蒲惠智造科技技术总监

知道阿甘这本书终于要上市的时候，我回想起他第一次跟我提起写书的事情，我当时还在想要多久才能写完？结果他不到半年就出来了第一版，行动力十分惊人，如果敏捷教练行动力都如此高的话还有什么事情是干不好的？书中的内容都是阿甘用他的青春岁月换来的心得跟总结，很多人在开始做敏捷的时候都是摸着石头过河，这本用国人文化跟经验总结出来的书就像一本指南在过程中给予你参考和帮助，并且不用翻译软件，对大家有着很高的参考价值。这本书代表的不仅是阿甘用青春岁月总结的经验还有他的积极的行动力，相信大家有了这两个东西，一定会在敏捷的道路上披荆斩棘，挑战更高的目标。

范育铭，蔚来汽车数字化业务开发敏捷教练

本书是阿甘多年实践经验的心得和培训课件的精华，干货满满。能够帮助迷茫时期的敏捷教练们，在获得自身成长的同时，帮助企业走出一条属于自己的成功之路。本书强调的柔性敏捷导入也是我十分认同和欣赏的方式。这与我国近几十年渐进式改革的成功有着异曲同工之妙，更加符合中国的国情，大幅提升了企业在落地敏捷转型时的成功率。

黄峰，趣头条工程效率专家 & 敏捷教练

一晃人类进入到二十一世纪的头二十年已经过去了，科技的发展从来没有像现在这样深刻地影响着人类文明的进步，而创新也从来没有像现在这样深刻地影响着一个国家、民族和企业的生存与发展，其间，产品的研发和创新至关重要。敏捷开发思想和教练方法都是舶来品，但是这不影响中国的企业和企业家们借鉴吸收这些重要的思想方法来加快企业自身的创新速度和竞争能力。小甘早在几年前于上海交通大学安泰经济管理学院攻读工商管理硕士学位时，就表现出极强的思考能力、表达沟通能力和融会贯通能力。本书把国内一线敏捷开发转型实践案例与敏捷教练理论体系相结合，形成了一本生存指南，内容丰富、体系完整、案例详实、语句通俗、图文并茂、见解独到，是一本不可多得的业界实践指导工具。祝贺小甘多年的经验、思考、感悟得到体现。相信本书对推动企业及其相关工作人员的创新绩效大有裨益。

李海刚，上海交通大学安泰经济与管理学院副教授

本书的风格就犹如阿甘给人的感觉一样质朴。阿甘努力用自己亲身经历的实践来帮助读者具体化的了解敏捷从理论到落地的一些实践案例，并希望读者根据自身情况有取舍的借鉴。同时也通过本书传递给读者一种过来人的支持与探索的勇气。

刘丛，创新敏捷教练

看到阿甘这本书的第一反应是惊喜，因为这是中文原创书籍里为数不多的适合每一个渴望成为敏捷教练或者刚刚开始敏捷教练职业生涯的小伙伴的操作指南。这本书带我瞬间穿越回踏上新人征程的那一年，同样的忐忑、迷茫、不知所措，而前方迷雾重重、荆棘丛生、沼泽遍布，我一次次地跌倒爬起，头破血流，伤痕累累，如此十年，适才皮糙肉厚，无所畏惧。而你们很幸运，有了这本生存手册，就像有了详细标注的地图，加上逢山如何开路、遇水怎样架桥的说明书，以及在遇到挫败时适时的安慰与鼓励，让你在通往敏捷转型成功之巅的路上减少无谓的消耗，探索更多未知的领域，挑战更雄美壮丽的高峰。

马畅，某大型金融集团高级敏捷教练 /Atlassian 中国社区负责人

好友刘丛向我推荐了争光，这是一个和他一样温暖而坚韧的真资格的教练。教练Coach，其原意是指”在一定时限内帮助并陪伴他人，通过练习发挥其最大潜力并达到更好的目标状态”。在敏捷教练的旅途中，不只是需要教练的技巧，更需要技术方面的功底和洞察，还需要洞若观火，识别出企业导入敏捷转型的初心。在本书的出版过程中，争光充分体现了他作为一名敏捷教练在沟通能力、动手能力、协作能力、学习能力和领导能力需要达到怎样的造诣。在《落地敏捷：教练生存指南》一书中，他还原了敏捷转型的关键第一年，以高度的同理心梳理了个人的亲身经历，为还需要积累实战经验的新手敏捷教练指出了可以按需取用的捷径。敏捷，是干出来的！教练，离不开教与练！对了，我有提过争光在圈子里面的名号吗？阿甘，没错，就是那个爱跑步的阿甘，在喜马拉雅和光环国际，线上线下，你都可以找到他。

西卡，知识工作者

不得不说我非常佩服阿甘的专注和行动力，写一本书需要注入多少心血，投入多少时间和精力，完全不亚于一个大项目。从 2001 敏捷宣言的发出，发展至今，敏捷这个词大家都耳熟能详，现在的公司已经由以前讨论的是要不要做敏捷，到现在讨论的是如何做敏捷；尽管敏捷的世界一切描述的非常美好，但由于敏捷本身是一种理念、认知、状态，在具体落地导入的时候，会因组织环境和人的情况而呈现各种形态，以及各种各样的问题，组织和个人也都在这个充满挑战的过程中探索。阿甘正是将他真实经历的过程、有血有肉的点点滴滴，总结成真知灼见，给正在从事敏捷教练工作，或正要从事敏捷教练工作的人，多了一种极具可操作性的借鉴和参考 - 柔性导入，帮助大家少走许多弯路。

周辉庆 (Edward Zhou)，Leangoo CTO/ 资深程序员 / 技术追求者 / 敏捷教练

以一个内部敏捷教练的视角记录了团队导入敏捷的过程，还包含了作者在这个过程中的思考与总结。不同于其它敏捷书籍，这是作者亲身经历的翔实记录，适合未经历过敏捷转型的读者了解导入敏捷的过程，可能遇到的问题和解决方式。

张博超，Odd-e 产品研发专家

《落地敏捷：教练生存指南》是近来少见、有丰富实战情景的全景式敏捷落地指南。虽然作者以一位空降来的敏捷教练的视角谈他在敏捷转型团队的融入和突破，但实际上对于传统团队的敏捷转型，以及敏捷团队成员全方位了解和掌握敏捷，都有很好的参考价值。绝大部分敏捷书籍以老师的视角来教授敏捷体系，而本书作者另辟蹊径，以一个好像是在隔壁团队发生的故事一般的平行视角，展现了敏捷的转型全过程，非常有代入感，也让读者仿佛置身于敏捷转型的真实剧情之中，不知不觉间对敏捷融会贯通！

张泽晖，光环国际董事长兼首席执行官

推荐序

王军 (Jim Wang)

Scrum 联盟认证培训师（CST），CSP 路径教育导师，捷行创始人

说老实话，阿甘 2018 年 7 月找到我说，他的书稿已完成了 19 万字，我有些惊讶，隐隐约约记得他之前上过我的 CSPO 课，这么快就出书啦？等听他阐明完写书的动机和书的内容结构后，我对他刮目相看，并鼓励他按“开局，中盘，收官”来谋篇布局。

Scrum 定义了简单的规则，就像我们下围棋的游戏规制，容易理解，但成为高手就没有那么简单了。 在践行敏捷理念和落地 Scrum 的旅程中，像阿甘这样的棋手在不停的实践，不停的检视调整，最后能在组织中“幸存“下来，已为数不多了，又把自己的心路历程及时记录下来，思考总结分享，这需要多大的承诺和勇气啊！可以看出，他是一个有心人，努力用心在把 ScrumMaster 或敏捷教练这个角色做好。我推荐这本书，主要基于以下几个因素。

它是一本适合 ScrumMaster（SM）的生存手册和指南，实用性强。我们发现刚刚担任这个新的 SM 角色时，好多人无从下手，不清楚自己要干什么，几个月下来中途“夭折或”死掉“的很多。本书给出了 SM 一年的时间表作为参考， 帮助读者清晰理解 SM 的具体职责。这个角色是鲜活的，是全职的，是对团队和转型企业非常重要有价值的领导力的角色（特别是管理层要意识到这点），当然也是 SM 个人成长的过程。本书的最大价值是我们看到了 SM 到底在不同的阶段要做什么以及与传统的项目经理有哪些不同。

有时候我们会听到这样的评语：Scrum 就是一个空盒子。是的，Scrum 是一个框架，Scrum 先天的不完整性是发明人有意设计的。专门留一些空间让不同行业的团队去填充空白，去实践。阿甘的团队非常注重敏捷工程实践，自动化测试和持续集成是最基本的要素，书中大量篇幅讲述他们的技术实践，包括实例化需求。没有相应的敏捷工程技术的配套，生产效率的提高是一句空话。书中的数据和具体的实例增强了读者的信服力。

阿甘团队通过敏捷落地和实践，赋予了他们自己对敏捷和 Scrum 的理解和涵义，比如对 Scrum 五个价值观的延展——“友善，共情，活力”，更贴切中国本土文化，容易落地生根，发芽开花。又比如，团队承诺书的个人签署和仪式感；用户故事的统一模板，用户故事拆分（切蛋糕）的统一标准和策略；SM 如何管理成员的冲突，书中把这些冲突归为四类。这些发明和创新，离不开优秀 SM 的辅导和教练。这些东西的涌现也来自于对一个培养自组织团队的环境和氛围的建立和持续维护。

大多数 Scrum 培训师在课堂上会推荐团队使用物理白板（看板）和便利贴，话说万遍，不如一见。书中你会看到不同团队在不同阶段（培训期 / 规划期 / 进化期）的物理白板的演进和迭代，用户故事拆分成技术任务的不同彩色便签的分类，还有 SM 的一个重要的持续改进团队工作方式的工具——迭代结束的回顾会，SM 引导回顾会的不同技术和技巧。看起来，物理白板（看板），便利贴，回顾会，这些工具团队都用到了极致。这些工具是服务于团队的，会让团队变得更好。

整本书是以故事流的形式，迭代 1，迭代 2，迭代 2，语言朴实易懂，有连续性。当然你也可以各取所需，作为手册跳着章节查阅。 本书不管是对纯软件的敏捷开发，对硬件的开发，也有对跨不同平台的敏捷模式，多团队的 Scrum 并行开发，都有阐述。 你肯定还会在阅读中有意外的发现和收获。

需要提醒的是，阿甘讲述的是他的敏捷团队的故事，让我们感受到企业数字化转型过程中一个鲜活的实例，但我们不可能简单地抄作业。如果每个 SM 都能用自己的笔头，每天记录点滴，养成敏捷教练日记的习惯，一方面可以帮助自己改进和提升，另一方面也可以为同行提供一面镜子。期待中国敏捷社区涌现出更多的阿甘，写出团队的敏捷故事，从而造福于社区，一起走出中国特色的敏捷之路。

前 言

我对敏捷的了解是从外文资料开始的，接受敏捷专业理论培训时，也用的是外文资料，到后来看到的一些关于敏捷的书籍，多数也是前辈们翻译过来的外文书籍。结合自己的学习经历和自己所带团队的敏捷开发转型实践经验，我觉得有必要编写一本中文书供初学者学习使用，而这本书中所使用的案例应该是来自国内一线敏捷开发转型实践，而不能再是很久远的国外案例。

企业敏捷转型能否成功，除了与企业的组织文化等关系很大外，还与敏捷教练个人的综合素养有着很大的关系。在企业敏捷转型的涅槃期，必然会有所牺牲，而这个牺牲品，很大情况下会是新入企业的敏捷教练，很多敏捷教练在转型初期面临很大的压力，有可能坚持不到一年就成为公司敏捷转型的牺牲品。

打造一本来自国内一线敏捷开发转型实践的《落地敏捷：教练生存指南》成了我的使命，带着强烈的使命感，开始了我的编写历程。2017 年初，我开始把我的敏捷开发转型培训 PPT 进行结构性整理，策划《落地敏捷：教练生存指南》，结合以前的工作经验和现有的敏捷开发转型案例，“落地敏捷：教练生存指南”的内容不断丰富，PPT 从最初的 100 多页丰富到最后的 2000 多页。2018 年初，所有 PPT 已经完成初稿，标志着“落地敏捷：教练生存指南”的骨架搭建完成。

2018 年安泰建院 100 周年时，见到了我的导师和同学曹伟、高嵩、李雅兰、孙晓平、杨素娜，席间谈话，讲到了我的《落地敏捷：教练生存指南》，他们很感兴趣。于是，在导师和同学的鼓励下，我正式开始了工作。

2018 年 5 月，基于原来 PPT 的内容，书稿已经完成 12 万字，书中所用到的案例文案描述和图片例证也尽量使用当前所负责的敏捷开发转型团队中的真实素材，力争做到最新最真实，书中也尽力减少英文词语或英文缩写的使用，力求达成纯正的中文理解。

工作之余，我开始全力投入到写作中，2018 年 7 月，19 万字的初稿整理完成，初稿完成后，和我的导师李海刚进行沟通，在他的指导下我完成了本书的第 2 版。此后，我找到 ShineScrum 的王军老师、张博超老师和范育铭同学，在他们的帮助下，我对书稿进行了一次全面修整，2018 年 8 月，第 3 版初稿整理完成。接下来是投稿，我投递了几家出版社，其中两家有意向，我发去了样稿并与编辑老师进行沟通，在编辑老师的反馈建议下，我对章节标题的命名及排序进行了更加合理的整理，对部分章节进行了增删与修定，2018 年 11 月中旬，21.6 万字的第 4 版初稿编写完成，我也顺利拿到了出版合同。2019 年 4 月中旬，我收到了编辑老师的反馈，基于老师的反馈意见，我对稿件内容进行修改完善。经过多次交流，本书最终定稿。

对本书关键点的思考

为什么需要调研？并且从调研到试点甄选再到试点方案持续了两个月之久？本书的假定条件是敏捷教练新入一个陌生公司，要在公司中导入敏捷开发实践。进入新的环境，要给敏捷教练相对充分的适应时间，在这个时间内要先观察和了解，有了初步的了解后，才能开始调研工作。因为牵涉到公司大多数团队的利益问题，所以，前期的调研和试点甄选需要非常的谨慎，为了保证选型的成功和试点的可靠，以及方案的合理适应性，从调研到试点甄选再到试点方案持续两个月的时长还是需要的。

为什么团队培训要持续一个月？每个团队都有正常的开发节奏，敏捷教练不可能用命令的方式找出 2 到 4 天的时间专门做敏捷培训，即使有这 2 到 4 天的时间，密集的培训不一定可以达到培训的效果。敏捷培训的要点不在于方法论的串讲，而在于大家对敏捷的体验和认知。每天培训 20 分钟，持续培训一个月，每节课只学一个关键点，通过理论讲解、案例分享与游戏相结合，寓教于乐，让团队成员更容易接受敏捷开发转型，更好地体会敏捷的奥妙之处。

为什么需要试点？试点成功与否，直接关系到敏捷教练能否在这个公司活下来，如果试点都不能成功，公司领导很可能会认为，敏捷可能不适合公司，或是敏捷开发转型的方案或敏捷教练的能力是有问题的，所以敏捷开发转型的试点务必要选好！做好！做成功！

为什么在试点成功后的推广阶段才对产品负责人进行再训？在敏捷开发转型的前期，敏捷教练只给产品负责人培训敏捷相关框架内容，不够细化，为了更好地服务于可持续交付、产品品质提升、交付最有价值的故事点，需要对产品负责人进行方法论的统一与提升，培训就变的非常有必要，并且在推广阶段，敏捷教练所辅导的产品负责人不再是一个人，而是多个人，这也为专门培训提供了对象条件。

为什么需要汇报？敏捷开发转型必然是带着目的性开始的，阶段性汇报是有效检验敏捷开发转型成功与否的里程碑事件。汇报可以暴露问题，从而获取支持；也可以展示进步和成果，从而获取资源。汇报是一种与高层进行有效沟通的机会，作为敏捷教练，要合理使用汇报。

在持续支持阶段，敏捷教练需要做些什么？团队培训完成后，转型团队开始试用敏捷框架，落地敏捷开发实践，等到运行稳定后，已转型团队就进入了持续支持期。在持续支持期间，敏捷教练除了重点落实敏捷各项活动的实践情况外，还要重点关注迭代期间的人员问题、开发问题、提升问题等等。虽然敏捷中强调团队的自组织与自管理，但作为服务角色的敏捷教练，要为团队的可持续交付作出贡献，当然，要保证团队的可持续交付，要做的事情就多了，全流程的每个环节都需要操心关注。

每章的逻辑跳转关系？对于一个预转型团队，主要经历调研、培训、执行、持续支持四个阶段，请参考本书的第 1 章、第 2 章、第 3 章和第 6 章。不论是试点还是推广新的团队，都可以按照调研、培训、执行、持续支持进行持续循环。

如下图所示，本书以敏捷教练进入陌生环境落地敏捷开发为前提，全书三大部分以时间轴的方式进行内容呈现，读者可以在一年的时间内按照书中给出的步骤，一步步体会一名敏捷教练是如何在一年内进行敏捷开发转型实践落地的，每一步都有对应的时间区间，而时间区内的每项活动又分别涵盖在书中具体的 7 个章节中。

实践过程中，大家可以结合实际情况，对具体的时间区间进行调整，可以前置也可以延后，总体步骤只要保证相对稳定即可，期待大家可以按照我的教练生存指南在企业敏捷转型涅槃中活下来并帮助企业转型成功。

步骤1 调研/方案/启动（第1，2个月）

1. 公司级调研准备
2. 内外调研及汇报
3. 甄选试点团队
4. 编制试点团队敏捷转型方案
5. 因地制宜编写敏捷培训教材
6. 召开试点团队启动会

步骤2 （试点团队敏捷培训）第3个月

1. 公司及团队现状认知培训
2. 试点团队敏捷Scrum框架培训
3. 签署敏捷转型承诺书
4. 试点团队看板规划
5. 试点团队工作流程细化
6. 其他相关性准备工作

步骤3 试点团队执行敏捷框架（第4，5，6个月）

1. 试点团队执行敏捷Scrum框架
2. 试点团队日常支持与提升

步骤4 试点团队汇报、预转型团队调研（第7个月）

1. 试点团队阶段性汇报
2. 预转型新团队调研
3. 预转型新团队调研汇报
4. 预转型新团队转型方案编写

步骤5 新（转型）团队敏捷培训及产品负责人复训（第8个月）

1. 新（转型）团队启动会
2. 优化敏捷培训教材
3. 新（转型）团队敏捷培训
4. 新（转型）团队团建
5. 产品负责人再培训

步骤6 新（转型）团队执行敏捷框架（第9，10，11个月）

1. 新（转型）团队看板规划
2. 新（转型）团队工作流程细化
3. 新（转型）团队执行敏捷框架
4. 新（转型）团队日常支持与提升
5. 多团队面临新问题处理

步骤7 已转型团队持续支持（第7，8，9，10……个月）

1. 已转型团队的持续辅导与支持
2. 新团队转型辅导

步骤8 未解问题的持续探索

1. 未解问题的持续探索
2. 新想法的探索性尝试

为什么要写书

我想帮助那些刚转型做敏捷教练的朋友、预备转型做敏捷教练的朋友和在敏捷转型之路上迷茫和苦苦探索的朋友，期待他们可以在敏捷转型之路上走得更好，走得更远，不要成为敏捷转型的牺牲品，可以活下来，并且活的很好。本人一路走来，也算是摸爬滚打，从0到1，从未知到已知，期间迷茫的痛苦和探索的艰辛只有过来人才能体会。我想减轻他们的痛苦，这本书就像一本操作手册一样，他们看完这本书就可以立马投入到敏捷开发转型的实践中，在自己的工作岗位上，有信心、有能力履行自己的岗位职责。

我想通过“三个一”（一个完整的转型案例、一年的完整历程和一个人的完整记述），帮助广大朋友了解敏捷开发理论如何一步步“柔性落地”，如何在陌生的新环境中落地、发芽、开花、结果，从而提升敏捷新人的实践技能和软技能，以便在敏捷教练的职业路径上更好、更快、更专业的成长。

我想以国人的视角和案例，写更符合国人使用的书籍。我也看过很多本翻译过来的敏捷书籍，都是大神写的经典。作为互联网公司的一名一线敏捷教练，我感觉有必要写一本符合中国特情、案例的敏捷书籍，不求理论高度，只求在实用性、可操作性方面能够帮助到更多的朋友，把我自己的理论学习与实践成果，以国人能接受的视角，更有效、更准确、更真实、更可信的传达给更多的新人朋友。

本书的风格与特色

本书强调柔性敏捷和柔性导入以及教练魅力与教练策略，不赞同强制导入和压迫实施。教练要融入团队，引领团队完成变革。教练要注重调研，注重反馈，注重培训，通过合适的方法完成团队价值观的统一，从而稳步、柔性的导入敏捷开发实践。

本书以第一人称的叙述视角，通过场景化的方式，详细阐述了我作为一个敏捷教练，从初入陌生环境，到敏捷全面推广的完整历程，整个历程涵盖了调研、方案、启动、培训、试点、再训、汇报、推广、持续支持、探索几个阶段。对于每个阶段，既包含理论讲解，又包含实践应用，通过理论与实践相结合的方式，一步步的实现敏捷开发实践的落地。全文举证详实，内容生动，引用大量敏捷开发转型实践团队案例图片。所有图片均来自一线敏捷开发转型实践团队，更加贴合敏捷开发转型实践应用与敏捷开发实践的导入。

本书适合刚转型做敏捷教练的朋友、预备转型做敏捷教练的朋友和在敏捷转型之路上迷茫和苦苦探索的朋友，相信这三类朋友看完本书之后，除了能够深切体会一线实践敏捷教练与专业敏捷培训师的讲解差异外，更可以参照本书理论与实践讲解，把本书当成一本操作手册，在一个陌生环境中迅速成功导入敏捷开发实践。

我与本书的局限性

我的资历尚浅。我只有 8 年大型项目管理与敏捷开发柔性导入经验，相比国内那些有 10 年以上经验的大神来说，在敏捷开发转型实践方面，我只算一个毛头小子，如看到我这本书中的不足之处，还请不要吝啬，多批评指正。

我的专业性还有待进一步提升。我虽然是国际敏捷联盟认证 CSP、CSM、CSPO，PMI 认证 PMP、ACP，认证 LeSS 大规模敏捷专家 (CLP)，信息系统项目管理师（高级）、信息系统集成项目经理，国际注册培训师、AACTP 等，但我在理论方面的提升空间还很大，并且由于我的工作年头有限，所接触的敏捷开发转型团队有限，成功转型的案例有限，在理论理解方面难免存在偏激和理解不对的地方，在实践举证方面也难免会有歧义。

我的理论高度不够。文中引用了部分经典概念和理论，独创理论部分有限，虽注重实践，但是理论创新方面还有诸多地方亟待提升，期待广大读者的反馈，谢谢。

本书背景

公司概况。公司是一家致力发展汽车共享为战略目标的互联网创新企业，公司致力打造全球领先的汽车共享平台和服务生态圈。

技术团队文化背景。团队采用项目制，扁平化管理，以大项目组和具体项目团队共存的形式进行管理，领导愿意接受敏捷变革，期待通过敏捷开发转型，改变现存项目管理中的问题，提升研发效率，提高产品品质。

技术团队概况。现有 15 个研发团队，团队以项目制的形式进行管理，每个项目团队的人员不是固定的，有兼职、共用的情况。每个团队负责独立的产品开发，因产品生命周期不一样，团队存在被拆解的可能性。

技术团队原有开发模式不明确。组织中有 27.59% 的人认为团队原来是瀑布开发模式，有 12.07% 的人认为团队原来是螺旋开发模式，有 43.1% 的人不知道团队原来的开发模式，有 6.9% 的人提出了团队是其他的开发模式，在原来开发模式的认知度方面，组织成员间差异巨大。

敏捷开发转型认同度。组织中有 74.14% 的人愿意接受敏捷开发转型，有 6.9% 的人反对敏捷开发转型，有 18.96% 的人不知道是否需要敏捷开发转型，放弃选择。组织中并不是所有人都支持敏捷开发转型。

关于敏捷教练。公司原来没有敏捷教练，敏捷教练作为外部新招人员，需要独立在陌生环境中负责所有团队的敏捷转型工作。因各团队内部了解敏捷开发的成员不多，敏捷教练需要在团队培训、意识认知统一方面花费更大的精力，面临的转型阻力比较大。

关于转型目标。领导没有明确的阶段性转型目标，也没有提出明确的团队问题，需要敏捷教练结合自身的经验进行独立的探索，发现问题，分析问题、解决问题，通过柔性的方式，潜移默化的完成敏捷开发的转型，发挥敏捷开发的优势。

关于团队组织形态。转型前依然存在着产品团队、开发团队、测试团队并且有明确的团队领导，属于职能型团队，但是领导有意愿也有魄力把团队打散，组建相对稳定、固定的混合独立小组、特性团队。

目 录

第I部分 开 局

第 II 部分　取得实质性的进展

第 III 部分　收　　关

第Ⅰ部分　开　　局

介绍敏捷转型前的准备工作，敏捷教练需要对自己及自己的角色职责有一个清晰、准确的认知，在自我认知的基础上开始通过调研访谈的方式对公司及团队有一个全面、客观的认知，然后制定切实可行、可落地的方案，以方案为指引，完成对已甄选团队的敏捷理论培训工作，做好转型前的相关准备工作。

第一章　独出手眼：团队导师不简单

- 敏捷教练是干什么的？
- 我能成为一名敏捷教练吗？
- 敏捷教练的核心技能
- 滚雪球：企业敏捷转型三步曲

第二章　知己知彼：内外调研、了如指掌（第 1 ～ 2 个月）

- 面对面访谈重点跟进
- 客观问卷人人求填
- 聚焦凸显问题，客观反馈呈现
- 开头炮：拿典型来当试点

第三章　为人师表：统一思想，统一行动（第 3 个月）

- 全面认知
- 初识敏捷得方案
- Scrum 基础理论学习
- 执行 Scrum 框架前的实战性准备

第一章

独出手眼：团队导师不简单

敏捷教练作为团队导师，需要带着什么样的使命进入团队并以什么样的自信心为团队敏捷开发的转型成功提供有力支持？作为敏捷教练，需要具备什么样的专业知识、实践技能和软技能？本章主要想带领敏捷新人认清自我，认清技能需求，认清转型步骤，掌握在转型涅槃中生存下来所需要的基本技能。

敏捷教练是干什么的？

这真是一个很难回答的问题，其实我也想找一个对敏捷教练具体职责的清晰定义，但是没有查到标准、清晰的定义。我在此只列举一些对敏捷教练职责的常见要求。比如期待敏捷教练作为变革的发起者与促成者，在公司内部引入、推广业界先进的研发管理思想、方法论与实践，促进公司研发管理体系的优化。比如期待敏捷教练可以负责公司内部敏捷能力的建设与敏捷方法的推广落地，提炼、总结、发掘优秀的敏捷开发转型实践经验并在组织内传播。再比如，期待敏捷教练可以为团队提供必要的敏捷培训，帮助公司培养团队内部 Scrum Master 或产品负责人的敏捷综合能力，帮助团队形成凝聚力，帮助团队提升自组织与自管理能力等等。

看了这么多要求，不要害怕，不是希望大家都能做到，只要能做到其中的一点点，能按照我书中章节的流程实践起来，就可以了。本书的宗旨依然是帮助敏捷新人，没有过多的刻板要求与必备条件要求，只是入门引导，实践分享，初心不变，期待您可以实践起来。

我能成为一名敏捷教练吗？

上一节我们分享了敏捷教练是干什么的，或者说是大家对敏捷教练的期待，那么我也希望大家通过上一节的学习，能对敏捷教练的职责有一个大概的了解，接下来就是期待作为敏捷教练的您可以突破心理关，不要害怕，不要担心自己做不好。不论你是否有敏捷转型的经验，总要有信心在没有“蟹八件”的时候也可以把“螃蟹吃好”。

现在你已经准备好成为一名敏捷教练了吗？你已经没有任何心理障碍了吗？已经信心满满地认为自己会成为一名合格的敏捷教练了吗？相信自己！可以做到！敏捷的相关资格证书对你来说已经成为浮云，你接下来需要做的就是在认清自己职责的前提下，补充相关的核心技能和实践经验，你手上的这本书可以帮助到你。

书中讲述了敏捷教练应该具备的核心技能与处事技巧。书中分享了一线互联网公司最新最热的全套实践历程，以时间轴的方式，图文并茂的进行全景呈现，只要你愿意学、愿意看并愿意按照我的时间轴线进行实践模拟，一定可以步入敏捷的大门，取得实践的成功，成为一名合格的入门级敏捷教练。

敏捷教练的核心技能

专业知识

专业知识必不可少，翻看部分公司的招聘需求，我们发现，对敏捷教练最常见的要求就是精通 Scrum、XP 和 Kanban 等，精通各类敏捷开发相关的工具，拥有 CSP、CSM、CSPO、ACP、PMP 等资质认证。短短几个字，要想达到精通，需要付出很多的汗水、时间和金钱，更离不开敏捷教练实践过程中的长期积累。

大家不要气馁，不是说拥有了上面的全部专业知识才可以作为敏捷教练，基于我自己的经验和判断，只要接受过 CSM 或 ACP 的课程培训，再或是自学过相关的敏捷理论，拥有了 Scrum 框架的入门知识，加上以前的一点点的项目管理经验或任何一点点的研发相关经验，就可以尝试做一些关于敏捷转型的事儿了。

知识需要一点点的沉淀，专业知识更是需要在实践中求真知，在实践运用中掌握其奥妙，作为刚入敏捷圈的新人，在实践的同时，也可以参加一些当地敏捷社区的活动，听听敏捷大神的分享，可能会受益匪浅。再看看网上一些关于敏捷的文章，看看别人是如何做的，也给自己找到一个合理的参考。也可以买一些关于敏捷的书，书中浓缩了知识与经验的结晶，通过读书，可以进行体系化知识的再提升。当然，也可以在工作的过程当中，每年给自己安排一次"充电"，去参加一些与敏捷相关的培训课程，通过培训来提升自己，获取最新的外脑知识结晶。

作为敏捷教练，我们在持续辅导团队进行成长，那我们也需要通过各种途径来提升自己来不断成长，在专业知识成长的道路上不能停止，要勇往直前，不断探索新知，不断超越自己，不求最好，只求每天、每周、每月、每年都有一点点改变，一点点进步。

实践技能

实践技能稳步提升，这一点主要是针对"职场小白"来讲的，不建议"职场小白"在接受完敏捷相关专业知识培训后就自己独立带领团队转型敏捷。团队敏捷转型的过程不单单是传播敏捷方法论，不是让大家遵守价值观就可以了，更重要的是能在实践中带领团队前行。

每一个敏捷教练都应该有自己那么一点点擅长的地方，这一点是让团队成员想学习的，是他们短时间内达不到的。有敏捷转型实践经验是最好的，没有的话，建议有一点点别的工作经验，这样在与研发团队沟通时，共同语言会比较多，比较好交流。如果什么经验都没有，也想从零开始作一名专业的敏捷教练，建议你参考我接下来的章节内容，认真实践其中的每一个关键环节。

软技能

软技能决定成败，先做人，再做事，做人做事做学问，我这里的软技能主要指敏捷教练的个人魅力、个人素养和为人处世能力。从角色分工来讲，敏捷教练似乎要比团队成员更成熟、更专业一些，因为要辅导团队成员，要指导他们，所以在专业素养方面也要优秀。

在转型的过程中，要处理各种团队问题，遇到问题不急不躁，能快速的找到问题的突破口，制定合理的解决方案，帮助团队取得成功。遇到不配合的团队成员时，要因人而异，可以柔性实施，柔性应对，在威胁不到敏捷转型趋势的前提下，做出力所能及的妥协。

转型的过程不一定事事顺心，时时如意，柔性温和地看待转型过程中的人和事，也有朋友说，敏捷教练不能成为“腌黄瓜”，要站在更好的位置去看待团队及成员，站在更好的视角去思考问题，不能被迷惑，要时刻清醒，保有自己独立的判断与思考。

滚雪球：企业敏捷转型三步曲

单团队敏捷

星星之火，可以燎原，在陌生环境搞敏捷转型更要暗通此理。作为公司新加入的敏捷教练，要通过缜密的调研来摸清企业现状，查明现存的关键问题，然后甄选试点团队。在试点团队中引入敏捷框架与敏捷实践，传递敏捷的理论与价值，用敏捷开发的方法论来解决试点团队中的问题，挖掘团队成员的潜能，帮助团队成长得更好。在团队成员的共同努力下，在自己主观能动性的驱动下，取得试点单团队的转型成功，也就相当于取得了转型的开门红。

试点团队的开门红是敏捷教练能否生存下来的关键考量指标，如果甄选出来的试点单团队都没有取得成功。暂不管团队如何，敏捷教练总要承担绝大多数的责任。企业也很可能会怀疑敏捷教练的能力，也可能怀疑敏捷是否适合这家公司，敏捷教练的危机感就会非常严重。所以，试点团队的甄选一定要深思熟虑，敏捷教练务必全身心投入到试点团队的转型中，全力保障试点团队的转型成功。

多团队敏捷

在试点团队取得成功后，敏捷教练可以基于试点团队的转型方案、步骤、策略和经验，把试点团队取得成功的各个要素移植到更多的团队中，以增加这些团队转型成功的概率。就如世界上没有两片相同的树叶一样，每个团队也各有千秋，即使在相同的公司大环境下，每个团队的人员构成、团队小文化、人员性格等方面也是有些许的差异，不论是敏捷转型方案还是培训辅导方案，都要进行个性化和本地化调整。

比如在团队培训时，有些团队可能喜欢让老师多讲一些敏捷理论知识，有些团队可能喜欢游戏化培训和案例分享。有些团队可能喜欢大段时间的集中培训，有些团队可能喜欢临近下班时的短暂培训。有些团队可能喜欢电子教材，也有些团队可能喜欢纸质教材。

比如在团队组建时，有些团队不需要重组，人员充足，有些团队人员稀缺，亟待补充新人，团队情况各不相同。

所以，对于多团队的敏捷，敏捷教练首先要解决的是转型方案的因地制宜、差异化问题，然后需要解决的是多团队并行时的个人能力和精力分配问题，最后需要注意的是多团队并行时的资源协调与迭代协同问题，在整个多团队转型敏捷的过程中，一定不能逞强，根据自身的实力，决定可以同时辅导多少个团队，尽量不要超能力，超负荷。

规模化敏捷

关于规模化敏捷，基于目前行业内的一些解决方案，常见有以下几种：Scrum of Scrums（SoS）、复杂一点的模型有 Scaled Agile Framework（SAFe）、Large Scale Scrum（LeSS）和 Disciplined Agile Delivery（DAD）。这几种框架各有优劣势，没有说哪个一定比哪个好，关键看是否适合自己的团队。

我在此推荐的是基于 LeSS 的大规模敏捷框架，优点被认为是最“敏捷”的规模化敏捷框架，已经在做 Scrum 的团队会认为这种做法是自然而熟悉的，对于采用 Scrum 进行敏捷转型的组织来说，这是实施起来最顺利的框架。缺点有些人说是最不规范的框架，需要组织填补一些空白。

LeSS 中强调一份产品待办事项列表和特性团队，推行 LeSS 的前提有很多。首先公司的团队要具有一定的规模，公司所拥有的单个产品可以支撑这样的团队规模。比如 A 团队有 5 个人，这 5 个人已经完全可以支撑 B 产品的开发，那 LeSS 貌似不太适用于 A 团队，A 团队执行敏捷 Scrum 框架就可以了。比如 C 团队一共有 50 人，这 50 人又分为 c1/c2/c3/c4/c5/c6/c7 几个团队，C 团队所有的人都服务于 D 产品的开发，D 产品拥有一份产品待办事项列表，c1/c2/c3/c4/c5/c6/c7 这几个团队都是特性团队，那 LeSS 貌似适合 C 团队。所以，公司及团队是否要采用规模化敏捷，要基于公司和团队的现实情况判断。

可能有些人会说，假如公司有 E/F/G/H/X/Y/Z 7 个团队，这 7 个团队分别支撑 O/P/Q/R/S/T/N 7 个小的产品线，这样的情况是否是可以采用规模化敏捷，比如 E 团队原来只做 O 产品，F 团队原来只做 P 产品，G 团队原来只做 Q 产品，可否让 E 团队既有能力做 O 产品，又有能力做 P 产品，也有能力做 Q 产品，这是一个非常值得探讨的问题，看 O/P/Q/R/S/T/N 7 个小的产品线可否达成一致意见，共享一份产品待办事项列表，也可看 E/F/G/H/X/Y/Z 这 7 个团队是否有能力和意愿去学习其他产品线的业务知识，这种假设所依赖的因素有很多，对团队的改造也很大，作为公司的敏捷教练，在转型后期可以进行勇敢的尝试，但一定是基于解决问题的立场去尝试，把握好尺度。

第二章

知己知彼：内外调研，了如指掌（第 1 ~ 2 个月）

在自我认知的基础上，敏捷教练开始对团队进行认知，本章主要分享敏捷教练在第 1、2 个月开始做公司级调研与汇报、甄选试点团队、编制试点转型团队敏捷转型方案、准备试点启动会以及编制敏捷培训教材，最后获得授权，启动试点转型。

面对面访谈重点跟进

主要从了解组织概况、产品、项目和人员能力四个方面着手。

组织

首先是熟悉所在团队。敏捷教练要清晰了解自己所在的团队。从角色和权限的角度来说，以敏捷教练的身份进入一个新的环境，对所在团队的了解必不可少。招你的有可能是一个测试经理，有可能是一个开发经理，也有可能是 CTO，更有可能是 PMO，所以，当进入一个新的环境时，首先要看清自己处在一个什么职能的团队中，这样可以快速明确自己的真实角色权利，当然也有义务，搞清楚自己要干什么。作为一名敏捷教练，进入一个团队，最根本的职责是服务于敏捷开发转型与敏捷开发实践落地，建议在做好敏捷开发转型的本职工作后，再考虑其他非本职类工作。

从汇报关系的角度来说，汇报关系与层级决定你的消息将如何传达，可以直接传达的消息将有可能获得更多的支持，对后期敏捷推广和资源的获得也是非常重要的。在敏捷导入过程中建议获得直接与CTO或更高层直接沟通的机会，这样可以及时反馈敏捷开发实践导入过程中遇到的问题及阻力。同时，领导层强有力的支持也会给敏捷开发转型团队传达信心，是一种无形的背书，对消除阻碍非常有用。

从部门地位的角度来说，公司因业务场景的不同，不同部门在公司中的真实地位是不一样的，很多部门领导会认为，有些部门是不可或缺的，有些部门是可以缺少的，特别是在公司发展的不同阶段，情况会更加微妙。所以，看清所在部门在公司的地位，将能更好地与协作部门沟通，在资源获取能力上也能看清自己。

建议主导敏捷开发转型的部门在公司地位和人际关系中是比较好的，这样更有利于敏捷开发转型实践的落地。从部门氛围的角度来说，部门内部总体的融洽氛围有助于快速的融入团队并在关键时刻得到支持，也有助于后续工作的开展。同时部门内部难免会因各种利益或历史遗留问题引起各种分歧，带来的就是部门内部的人际关系问题。不加入任何一帮，做中立者，或者加入一帮，找到可以帮你的人，要看自己的应变能力。

其次是熟悉组织架构。要熟悉组织架构，从职能划分的角度来说，进入一个陌生的环境，敏捷教练要先从HR那里获得最新的公司组织架构图并认真研究，了解清楚每个部门的职能和上下游关系，部门间的层级隶属关系直接影响到人员的指派和分工问题。

对敏捷开发转型来说，对团队成员的要求是T型人才，3到9人的小组内可能会融合几个部门的人，所以人员的清晰部门隶属关系和模糊隶属关系非常影响敏捷团队的执行力。

从归口归属的角度来说，公司一般情况下会有一个总经理和几个副总经理，每个副总经理会分管几个部门，对于具体部门的归口与归属问题要搞清楚，这样在需要协调工作时，可以快速找到授权人，获取支持。

最后是熟悉工作流程。敏捷教练要熟悉工作流程，原因如下。

- 避免大刀阔斧，否定现有流程。
- 避免现有流程阻断，影响现有开发。
- 防止误改动现有流程，使团队成员感到反感，影响敏捷导入。

敏捷教练要如何做呢？

- 了解现有流程，融入现有流程，倾听与适应现有流程。
- 梳理现有流程，形成流程文档，确认流程文档。

- 分阶段优化、稳步推进，从核心流程切入，其他环节暂不干预，先告知，再试点，再推广。

总体来说，对于敏捷教练，在新入陌生环境时，要知己知彼，熟悉现有流程，避免开始就“咔咔咔”大杀四方，套用经验流程，完全否定现有工作流程，引起团队的不适应和反感。敏捷教练要稳步优化现有流程，认识到存在既有道理，要稳！要渐进！

产品

产品梳理非常重要，我们知道，敏捷框架最终要落地到产品开发上，产品的不断迭代开发形成了一个一个的迭代，迭代的执行用到了敏捷框架与流程。知晓产品，为敏捷开发转型的选型做准备。

对于敏捷教练来说，新入陌生环境，对于新环境中的产品及产品业务可能不熟悉，通过产品梳理，可以快速的学习产品与业务知识，也可以认识具体产品团队的团队成员，为融入团队做准备。下面给大家分享一个我在实战中用来做产品梳理的参考表，如下图所示，一共有产品大类、具体产品、版本、名称、归属组和产品完成时间等15个维度，期待可以帮助大家来完成前期的产品梳理。

产品大类	具体产品	版本	项目名称	归属项目组	产品完成时间	设计完成时间	开发完成时间	测试完成时间	计划上线时间	产品团队	设计团队	开发团队	测试团队	项目类型

敏捷教练如何获取到产品的概况？我们要知道获取的方法与最终的目标，敏捷教练要先判断公司性质，有些是项目驱动型公司，有些是产品驱动型公司，如果在产品驱动型公司，则直接找产品负责人，咨询产品迭代情况，具体落实项目的执行情况及相关环节的负责人，并形成文档，记录在案。也可以通过咨询并查阅原有的周报与月报情况，寻找关联脉络，获知产品情况。

如果在项目驱动型公司则直接找项目经理，询问项目经理项目组目前负责的项目，综合所有项目情况，梳理出可能有的产品脉络，提出产品归类与梳理方案，比如标准产品与临时产品。然后与公司产品负责人商议，拟出产品规划方案，最终形成以产品驱动为核心的管理体系，敏捷教练可以视所在公司情况进行适应性调整。

敏捷教练也可以参加各个产品团队的需求评审会、立项会和上线评审会等产品相关会议来获取产品概况。我们进行产品梳理的最终目标是让团队形成以产品为核心的团队意识，形成标准规范的产品迭代计划及需求管理方法，形成标准有序的执行流程，可以持续稳定地进行产品迭代更新。

我们在产品梳理时要有导向性，我这里所讲的导向性，是指决定你在导入敏捷开发时所能依靠的力量。如果你想联合产品负责人一起推动敏捷开发转型的成功或是驱动产品成功，这个导向将会决定你依赖产品负责人，获得在公司占主导地位的产品负责人支持，会对敏捷开发实践的成功导入起到巨大的推动作用。同时通过对产品概况的梳理，将有效引导敏捷教练选择合适的产品切入，单点突破，稳步开花，谨防“一步到位”，拿公司核心产品“开刀”而踩到“地雷”。

项目

项目细节要如数家珍。

在本章中，通过面对面的访谈，我们期待对项目情况有一个全面的了解、全面的诊断，为我们后期试点的选择和方案的制定做好铺垫。

项目如何发起？谁来发起？发起的流程是什么？项目立项要经过那些评审？如何评审通过与立项？谁来参加评审？评审的标准和通过要求是什么？项目如何立项？立项后可以获得多少资源？如何获得？等等。对于敏捷教练来说，都要清楚了解。

还有对于项目成员组成，敏捷教练要了解项目的成员组成，谁是后台？谁是前端？谁是测试？谁是产品？他们之间是如何沟通协作的？项目组间的主要沟通方式是什么？在什么样的群里？如何来落地沟通目标？等等。

同时，敏捷教练要了解项目的周期，目前的项目是如何排期的？是参考需求来估算工作量，从而产生排期？还是把需求塞进时间盒子，以时间盒为依据来填需求？不同的排期方式，可能会影响到目前团队成员对敏捷的接受方式，相信采用时间盒的项目组更容易接受敏捷。每一个项目都要用到公司的资源，不同项目之间也会存在资源争夺的现象，项目周期不同，对资源的使用情况也会不同，资源在项目间是如何流转的？是谁来负责资源的协调？敏捷教练都要搞清楚。

作为团队的敏捷教练，我们要了解项目组成员对项目周期的看法，探寻优化空间。在任何项目中，都不排除团队成员对项目的方方面面可能存在意见，比如项目周期，一周一个迭代是不是太快了？一个月一个迭代是不是太慢了？迭代期间是不是要有空档休息期？大家期待的迭代周期是什么样的？敏捷教练搞清楚这些事情，会给项目的转型提供强有力的参考。

对于项目的交付规律来说，敏捷教练要搞清楚，现在的项目是如何交付的？批量交付，还是一次性交付？交付环节要经过那些人？在什么环境下交付？是否在某一个时间点，存在批量交付的情况？会对资源的协调带来什么影响？合理分配资源，如何让资源实现更好的线性分布和线性使用，做到规律性交付和节奏性交付，也是敏捷教练要搞清楚的。

影响项目准时交付的因素有哪些？项目不能准时交付的影响因素很多，比如人员能力问题、需求变更问题、工作估算问题和人员离职问题等，但是有些项目经常延期，那就需要特别的关注，查找延期的根源，在敏捷转型时，优先解决这些问题。

项目的阶段性目标、最终目标与验收标准是什么？敏捷教练要了解现在的项目是否有阶段性目标？是否有里程碑？每个阶段性目标是如何定的？这些阶段性目标在实现后，又是如果验收完成的？所用到的验收标准是什么？验收标准是如何定义的？谁来定义？敏捷教练都要搞清楚。当然对于最终目标，要采取同样的方法，以便获得期待的结果。

项目的质量控制，目前的项目质量控制体系是什么？谁来做质量控制？所用到的用例是否经过评审？所采用的验收策略是否得当？在项目过程中，为了保证产品的质量，又是经过哪些步骤？哪些人？这些都需要搞清楚。

公司现有的开发资源是否充足？现在的开发模式是什么？ 如果是自有开发，那么说明公司有完整的开发团队和开发能力。如果说公司是采用外包开发，那么就要分两种情况来评估，第一种情况是公司没有技术开发实力，第二种情况说明公司现有的开发人员不足以满足目前的业务需求，需要借助于外部力量来完成开发交付工作。搞清楚自有开发还是外包服务，对整个项目的梳理是非常重要的一个环节。

对于自有开发，首先，确认公司哪些产品线是自有团队开发的。其次，明确团队成员分工、职责、技术能力和个人特点。其次，明确自有开发系统关联因子与影响因素，内力与外力。最后，标记自有开发项目，观察和跟踪。

对于外包服务，首先，确认公司哪些产品线是由外包开发的。其次，明确外包工作范围、职责、项目管理与交付能力。其次，明确与公司内部对接的项目经理、产品负责人、测试人员情况。最后，标注外包项目，重点跟踪，密切关注关联系统。同时作为敏捷教练，我们需要搞清楚团队的技术优势，比如软件架构设计及系统技术优势。

个人能力

首先是个人背景。对于人才背景，我们可以从人才的工作经验、教育背景、与公司某人的特殊关系、与公司哪个核心产品的关系、公司影响力与地位、个性爱好、家庭，有无结婚，有无孩子、住所以及住所与公司的距离等方面来判断一个人的相关背景情况。

比如，如果一个人的工作经验非常丰富，那么我们可以简单判断这个人可能是一个非常有能力的人，或者在团队中的影响力很大。比如这个人的毕业院校比较好，那么我们可能会判断这个人的成长潜力巨大。比如某个人与公司某个领导的关系非常特殊，那可能在这个团队当中，我们要尽量避免与这样的人产生矛盾，或者说我们需要依靠这样的人来促成整个敏捷开发在这个团队落地的成功。

我们还需要知道部分团队成员的个性与爱好。比如有人喜欢打羽毛球，喜欢打乒乓球，可能喜欢打篮球，通过共同的爱好促进你与这个人之间的关系提升。这都是柔性敏捷开发实践落地的体现，这有助于推进敏捷开发转型的成功。

我们要考虑到团队中的个别成员，是不是已经结婚，有没有孩子，因为大部分已婚人士或者有孩子的，都要考虑照顾自己的家庭和孩子。那么对于加班，对一些具体的条条框框的限制，可能会对他们的内心产生比较大的影响，所以要考虑这样的一个情况。同时对于住所与公司的距离来说，如果说团队成员住所与公司距离比较远，那么要考虑到他上班的情况，比如上班的时间，例如每天站会的时间等。所以，综合这几个方面来说，我们要认真考虑每个团队成员的综合背景。

其次是个人技能。关于人才技能，我们从硬技能和软技能两个方面来分析。硬技能包括团队成员所在工作岗位职责及人岗匹配度，技术能力及技术多面性，技术威信、话语权三个方面。

对于工作岗位职责及人岗匹配度，比如说团队中每个成员的分工是不一样的，有团队成员负责前端开发，有团队成员负责后端开发，有团队成员负责视觉设计，有团队成员负责产品规划，有团队成员负责技术架构。那么说，在整个团队中每个团队成员的职责和岗位要求是不一样的，他们是不是能够达到人岗匹配？是不是非常适合自己的岗位？对于敏捷教练来说，也是需要理清楚这些细节。

对于技术能力还有技术多面性。我来举个例子，一个后台开发，他写的逻辑是具有前瞻性的还是漏洞百出？他是只会做简单的 Java 开发，还是对于数据库或者其他方面也很在行？

对于技术威信与话语权，每个团队中都会有一个技术负责人，但是，他是通过领导授权获得的技术负责人资格，还是通过在工作当中与其他人的沟通交流，帮助别人去解决问题，解决别人都不能够解决的问题，从而建立威信，赢得技术负责人的资格，是要区分开来的。总之，敏捷教练要在调研的过程当中，去找到真正的技术权威，这样对推动整个敏捷开发转型的成功非常有帮助。

软技能包括个人责任心与热心度、感召力、个人威信几个方面。对于个人责任心，可以从以下几个方面来体现，比如说，团队遇到了一个紧急性的需求，这个人可以站出来说，"我能做，我愿意做，我愿意加班加点来完成"，说明这个人非常有责任心。还比如说，某团队成员的电话 24 小时都不关机，有问题能够及时联系到，也可以说明他是很有责任心的。还有，当产品出现 Bug 的时候，或者出现了一个非常紧急的、需要亟待修复的技术问题时，有团队成员能够挺身而出，我们也认为这个团队成员非常有责任心。

敏捷教练要善于发现团队中非常有责任心的人，当然，如果团队中有人需要帮助，他愿意站出来，帮助别人，我们认为这个团队成员也是一个非常热心的人，对于热心人，我们也要善于去发现。

对于感召力和个人威信，就是中国人通俗讲的，这个人在团队中混得怎么样。如果一个人在团队中混得很好，就说明他是有非常强的感召力，还有个人威信，在面对困难和一些挑战的时候，能够带领团队一起向前冲，一起取得成功。当团队出现技术方向和技术选型问题时，有人能够拍板，我们则认为这个人很有威信，敏捷教练要善于在团队中发现这样的人。

最后是个人成长通道。在人才成长通道方面，我们要考虑到核心岗位的继任与备份，比如，实习生储备与成长计划，留用转正机会，可以多招一些实习生来补充新鲜的血液。对于核心岗位可以采取一正一副双备份。当然，这是建立在公司实力相对强的情况下，即使不强，也要有轮岗和关键岗位的应急人员，谨防人力真空期的出现。如果说同一个岗位有两个人，那么就可以有同岗竞争心态与鲶鱼效应，如果处理得当，会产生 1 加 1 大于 2 的效果。这是一门艺术，要合理处理。

要注重人才能力培养，可以通过公司内部培训体系来培养，公司内部招聘一些培训师来培训，或是公司内部组织一些大牛分享，每个团队成员都有闪光点，那一点点的闪光点，都可以作为分享的资本。当然，公司也可以从外面邀请一些培训师，让团队成员通过轮训的方式，分批次的参加培训，获得进一步的提升。

有很多人可能会说："公司统一组织的培训不合我的胃口，我不喜欢"。那么，我们也可以让员工提一些外训申请，外训的申请审批通过后，可以去参加培训，如果取得相应的结业证明或获得相关的证书，培训和考试费用可以报销，从多个方面来促成员工能力的提升。

我们要考虑职位晋升与薪酬提高，可以通过以下四个方面来做。

- 规划技术人员职位晋升体系。
- 编写岗位津贴与绩效匹配制度。
- 形成技术与管理晋升双通道机制。
- 坚持薪酬发放及 KPI（团队综合表现）相关联。

总之，在敏捷转型过程中，敏捷教练要摆正自己的角色，消除团队原有角色成员的疑虑与危机感，不要树敌！！不能说敏捷教练就是项目经理，就是领导，就是产品负责人，不能说敏捷里面不再需要测试人员，与人友善，成就别人，成就自己，这都是柔性的体现。

客观问卷

我们要求所有人都参与调查问卷，完成内部调研和外部调研。

内部调研——紧抓落实"自己人"

古人云，知己知彼才能百战不殆，敏捷开发转型也是一样的道理，新到一个陌生的环境，要想让敏捷开发实践在这片陌生的环境中生根发芽，就要知己知彼。找到朋友，也要找到对手，那么，调研就是一种非常有效的方式，通过调研可以相对快速的了解到所处环境中的人和事儿。我在敏捷开发转型实践中主要应用访谈法和问卷法两种调研形式。

- 访谈法主要是通过口头交谈了解、收集被访谈者有关情况的一种方法。访谈法有结构访谈、非结构访谈和半结构访谈。访谈法的优点是便于交谈双方相互影响和相互作用，可以遵循特定的目的，按计划层层深入，有针对性地收集信息。其局限性是访谈效果受访谈者自身素质的影响，访谈结果不易量化等。访谈法说白了就是找人"聊天"，访谈法因受时间、访谈对象和个人能力等因素影响较大，建议只访谈部分核心角色，主要目的为让其了解敏捷，获取支持。

- 问卷法是通过由一系列问题构成的调查表，收集资料以测量人的行为和态度的方法。可以做纸质问卷，也可以做电子问卷，就我个人在敏捷开发转型实践中的使用情况来说，更推荐电子调研问卷，可以用问卷星的电子调研问卷。问卷法的优点很多，首先，问卷法节省时间、经费和人力，通过问卷可以了解受访者的基本态度与行为，了解受访者的意图、动机和思维过程。其次，现在的电子问卷克服了纸质问卷的一些缺点，方便实施与调整，可以通过微信、网站、邮件进行推送与回收。最后，调研所获得的数据直接使用数据库记录，调查结果容易量化，且便于统计、筛选与分析处理。

我在做内部调研时经常用到以下问题。

问题 1：您以前是否知道敏捷开发 ______？

A. 知道

B. 不知道

C. 不清楚

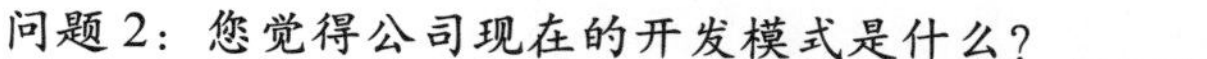

问题 2：您觉得公司现在的开发模式是什么？ ______

A. 敏捷开发

B. 瀑布式开发

C. 螺旋开发

D. 其他

E. 不知道

问题 3：你认为下面哪项环境因素对敏捷转型至关重要 ______？

A. 企业文化

B. 客户对敏捷的认同与支持

C. 领导对敏捷的认同与支持

D. 团队对敏捷观念认同

E. 业务部门管理人员对敏捷的认同

问题 4：你认为下面哪个组织因素对敏捷转型至关重要 ______？

A. 学习型团队

B. 自主管理型团队

C. 外部客户担任产品责任人

D. 仆人式领导

E. 适应性领导

问题 5：你认为下面哪项管理因素对敏捷转型至关重要 _____？

A. 制定愿景

B. 制定产品路线图

C. 制定发布规划

D. 迭代规划

E. 适应性调整

F. 迭代评审

G. 迭代回顾

H. 发布评审

I. 发布回顾

J. 项目回顾

问题 6：你认为下面哪项沟通因素对敏捷转型至关重要 _____？

A. 沟通方法，例如面对面沟通

B. 沟通环境，例如封闭式免受打扰

C. 沟通仪式，例如每日站立会

问题 7：您认为导入敏捷项目管理最关键的成功因素是 _____？

A. 选择咨询公司

B. 外部敏捷教练选择

C. 内部敏捷教练选择

D. 培训

E. 领导的参与

F. 企业文化渲染

G. 选择试点项目

H. 试点项目成功推广

I. 敏捷流程制定

问题 8：下列关于敏捷开发对人才的要求中，你认同的有哪些？ _____

A. 廉耻心 / 荣誉感

B. 较强的技术能力

C. 自动自发的工作

D. 多面手

E. 以团队为重

F. 其他

问题 9：下列关于敏捷开发给个人带来的价值，你认同的有哪些？ ______

A. 自我评估

B. 自我管理

C. 产品质量提升

D. 避免加班

E. 响应速度提升

F. 客户 / 用户满意度提升

G. 产品价值把控 / 高性价比

H. 其他

问题 10：下列关于敏捷开发给团队带来的价值，你认同的有哪些？ ______

A. 应对优先级的变化

B. 项目更透明

C. 提高团队生产率

D. 其他

问题 11：您是否愿意加入第一批敏捷转型试点团队？ ______

A. 愿意

B. 不愿意

C. 不知道

问题 12：工作当中最让您痛苦的是什么？您觉得应该如何解决？（阐述题）

期待敏捷教练可以通过以上 12 个问题收集到自己想要的信息，更好地辅助敏捷转型。

外部调研——上帝客户同跟进

在调研刚开始，我们要先弄明白外部调研的目的，这样才有助于调研工作的开展，敏捷外部调研的目的如下。

- 获取客观的产品满意度反馈。
- 获取客观的技术满意度反馈。
- 找到问题与切入点。
- 与内部问卷相互论证，找到融合点。

对于外部调研形式，受制于各种外部依赖因素，我首推匿名电子调研问卷，优势诸多，比如制作简单，便于分享传播，等等。

外部调研围绕客户与用户、运营与市场相关人员展开，总之，是一线外部人员，绝非内部技术团队的，为什么这么讲？对于客户和用户角色分离的产品，比如 ERP 产品，它的客户是购买 ERP 产品的企业，它的用户是工作在一线的员工，比如财务出纳，比如人事薪酬管理员，客户和用户的角色存在明显的分离。但是对于面向 C 端的 App 产品，比如某预约车辆 App 产品，则可能存在客户和用户是重叠角色、重叠人员的情况，客户既是付费方，也是终端用户。

一个产品有用户用才能有生命力，有存在的价值。一个产品只有拥有付费用户，才能够相对长久地生存下来。由此可见，获取客户和用户的反馈是多么的重要。成为对客户和用户有价值的产品，积极倾听他们的声音，对发现现有产品问题和找到敏捷开发转型的切入点非常重要。

市场的宣传与策划会引导终端用户的消费行为，要想让市场讲得好，那产品也要做得好，做得好才能讲得更好。一个烂产品，是不太好意思经常吹牛逼的，所以，积极倾听市场部门的反馈，以更好的卖点来打磨产品，宣传产品，协同增效，发现契机，也是外部调研的关键所在。运营可以理解为产品与用户间的纽带和桥梁，产品不好，累死运营，别说赚钱，出了力还得不到好，弄不好，运营还会成为出气筒，他们时刻倾听着第一线用户的声音，他们的反馈也至关重要，也是找到问题所在和找到突破口的关键。

刚才我们谈了调研的目的、形式以及调研的对象，那么在真实的外部调研案例中，我们外部调研问题的维度又是什么呢？下面我们从产品评价维度和技术服务评价维度来分别探讨。

对于产品评价维度，我们从以下几个维度来打分。

1. 软件功能是否满足要求。
2. 软件操作是否简单易用。
3. 软件开发速度。
4. 软件质量与稳定性。
5. 产品培训与操作手册是否全。

6. 产品负责人的业务理解与业务梳理能力。

7. 产品负责人对交付物质量的把控力。

8. 产品负责人是否有创新性想法，帮助客户提升业务价值。

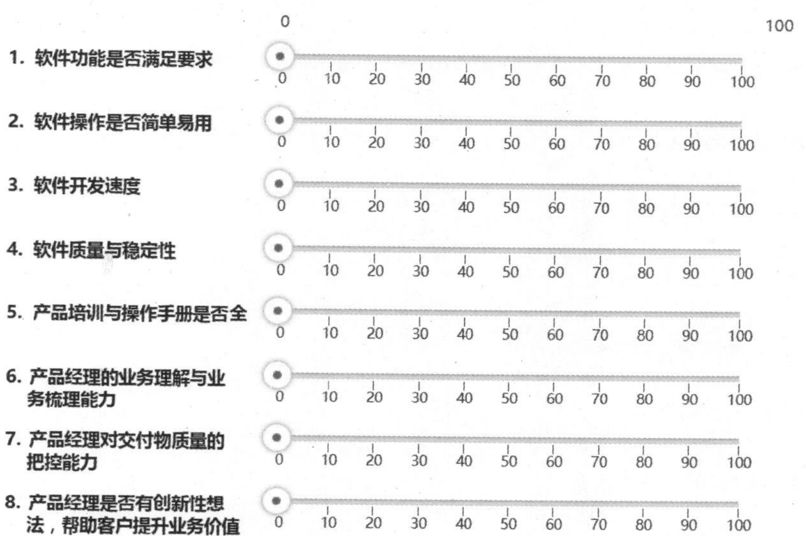

* 11. 请给您所填写的产品打分

0 100

1. 软件功能是否满足要求 0 10 20 30 40 50 60 70 80 90 100
2. 软件操作是否简单易用 0 10 20 30 40 50 60 70 80 90 100
3. 软件开发速度 0 10 20 30 40 50 60 70 80 90 100
4. 软件质量与稳定性 0 10 20 30 40 50 60 70 80 90 100
5. 产品培训与操作手册是否全 0 10 20 30 40 50 60 70 80 90 100
6. 产品经理的业务理解与业务梳理能力 0 10 20 30 40 50 60 70 80 90 100
7. 产品经理对交付物质量的把控能力 0 10 20 30 40 50 60 70 80 90 100
8. 产品经理是否有创新性想法，帮助客户提升业务价值 0 10 20 30 40 50 60 70 80 90 100

对于技术服务评价维度，我们从以下几个维度来打分。

1. 服务态度、主动性和责任感。
2. 服务及时性和响应速度。
3. 沟通表达能力。
4. 技术人员专业知识水平。
5. 工作流程与职责分工。
6. 对各职能部门的技术指导、培训。
7. 承诺的反馈效率、反馈质量。
8. 电话技术支持的有效性。
9. 现场技术支持的处理效率。
10. 技术方案和配置的合理性。

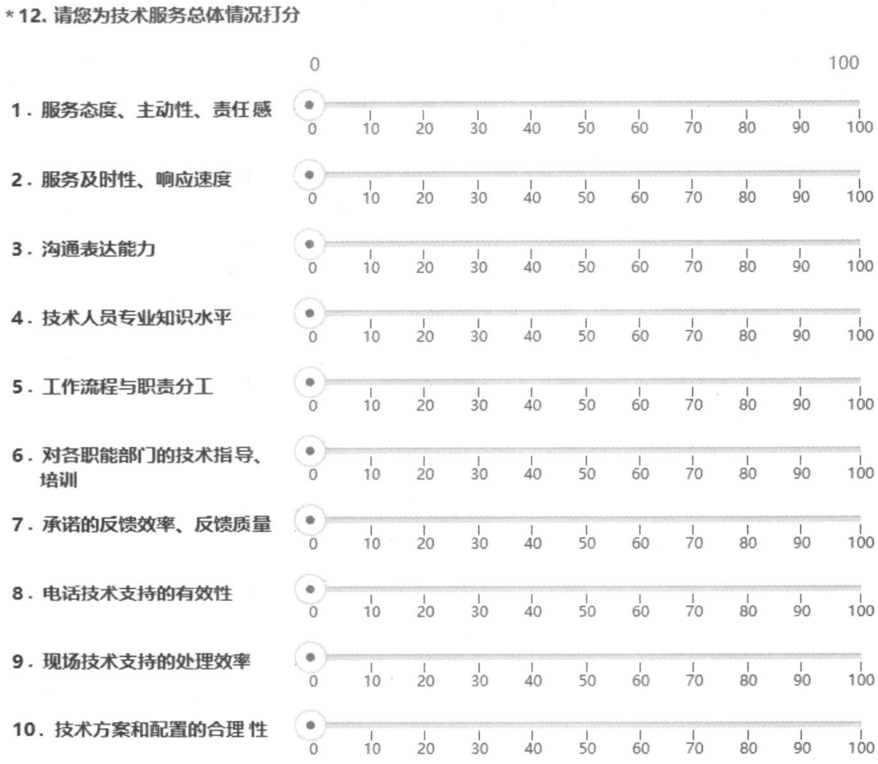
*12. 请您为技术服务总体情况打分
0
100
1. 服务态度、主动性、责任感
2. 服务及时性、响应速度
3. 沟通表达能力
4. 技术人员专业知识水平
5. 工作流程与职责分工
6. 对各职能部门的技术指导、培训
7. 承诺的反馈效率、反馈质量
8. 电话技术支持的有效性
9. 现场技术支持的处理效率
10. 技术方案和配置的合理 性
0 10 20 30 40 50 60 70 80 90 100

在实际敏捷开发转型实践中，大家可以结合我的维度和自己所处团队的实际情况，整理改变，以更贴合自己所处团队的角度来进行外部调研，获得最真实的反馈。

聚焦凸显问题，客观反馈呈现

反馈对象与反馈目的

在前面，我们详细说明了内部调研的目的、形式及常见问题，通过 12 个简单的调研问题，我们对当前的团队有一个初步的了解，得到的结果不单单敏捷教练知晓就可以了，还需要让更多的人知晓，让更多的人看到问题的所在。调研的结果反馈给哪些人？结合我自己的敏捷开发转型实践经验，调研结果会反馈给各项目经理、敏捷转型团队负责人、公司技术负责人和公司管理层。每个公司的情况不一样，每个敏捷教练都要结合自己的实践情况，找到准确的反馈对象。

同样，外部调研的结果也需要反馈给对应的负责人，主要是产品负责人、各团队技术负责人和公司的管理层。产品是产品负责人的孩子，有优先的知情权，当产品负责人得到真实的反馈时，可以更好地帮助其改进产品。对于技术负责人来说，外部关键干系人可能会反馈一些诸如"产品闪退"、"产品打开速度慢"、"产品卡死崩溃"等情况，这些已经不是简单的产品设计问题，可能和技术选型、技术稳定性、可靠性有关，需要获得技术负责人的关注和帮助来解决，以优化用户体验，提升用户满意度。大多数时候产品的战略方向不是产品负责人能决定的，公司的管理层起着关键的决定作用，及时反馈外部调研信息给管理层，有助于管理层做出及时准确的战略决策。

准确定位反馈的对象之后，我们也要知道反馈的目的。暴露问题是一方面，更多的还要从以下三个方面来分析。

- 告知现状：现状包含问题，也包含团队对敏捷的认知度、对公司开发模式的认知度，对各种影响因素的认知度，也包括对自己能力的认知度。
- 获取建议：获取项目经理、技术负责人和公司管理层等人员关于团队和产品的建议，因为他们一旦知道问题，就会有自己的判断和认知，也能意识到问题的所在，并提出自己的解决方案。即使没有方案，敏捷教练也应该出具一些针对问题所在的解决方案，关键干系人可以对这些方案进行选择，并听取他们的建议，因为他们的建议可能更加贴合公司的实际情况。
- 获取支持：有问题，有方案，则需要落地执行。一旦问题比较棘手，牵涉到某些人的核心利益，会有人反对的。所以，适当的反馈也是期待可以得到关键干系人的支持，特别是当敏捷教练遇到障碍和风险时，能得到他们的支持和授权，有助于促成团队敏捷开发转型的成功。

当然调研的最终目的是理清现状，产品的现状、技术的现状、客户和用户态度的现状，然后定义差距和找到突破口，只有知道问题所在，才能找到对应的应对策略，补足短板。

内部调研反馈内容

具体的反馈内容是什么呢？结合我们在前面讲解中的问题，举例如下。

问题1：现有开发模式

反馈内容：团队成员对现有开发模式异常混淆，有40%的人根本不知道现有的开发模式，有10%的人认为现在的开发模式就是敏捷开发，还有27.59%的人认为公司现在是瀑布开发模式，在现有开发模式的认知方面，团队还存在很大的改进空间。

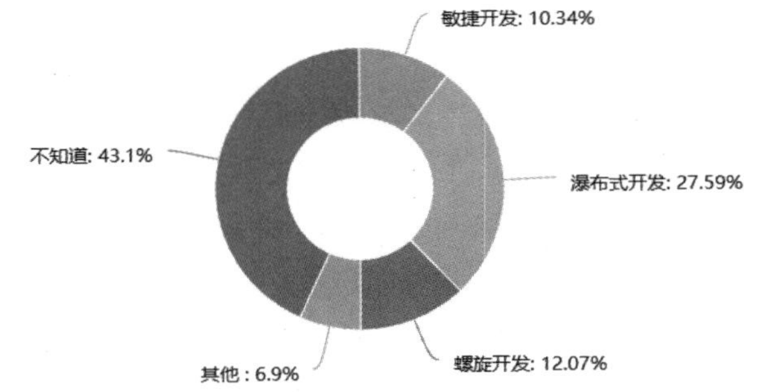

问题 2：导入敏捷最关键的成功因素

反馈内容：57% 的人认为敏捷流程的制定与敏捷试点项目的成功对推进敏捷转型的成功非常重要，这就是接下来敏捷教练的工作重点，结合团队情况，制定符合团队实际情况的流程，重点推进试点团队的成功。

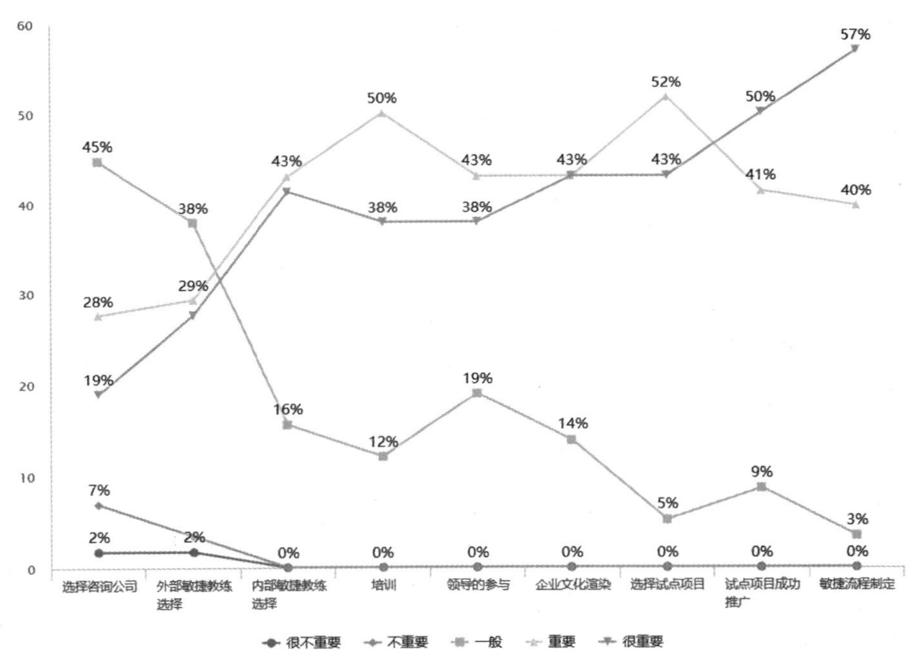

问题 3：敏捷开发对人才的要求

反馈内容：以团队为重的价值观和自动自发的自管理工作模式被大家认为是衡量一个团队成员是否满足敏捷人才要求的标准，有助于团队成员对自己有一个合理的判断。

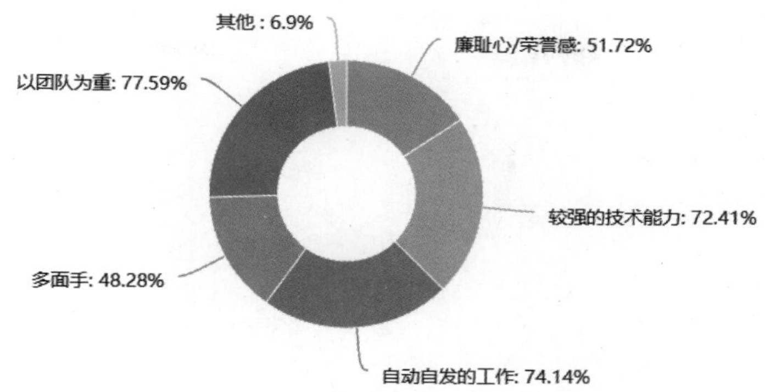

问题 4：敏捷开发对个人的价值

反馈内容：团队成员认同敏捷对个人的价值，特别是响应速度的提升，也就是说多数人认为转敏捷后对自己是有益的，有帮助的。

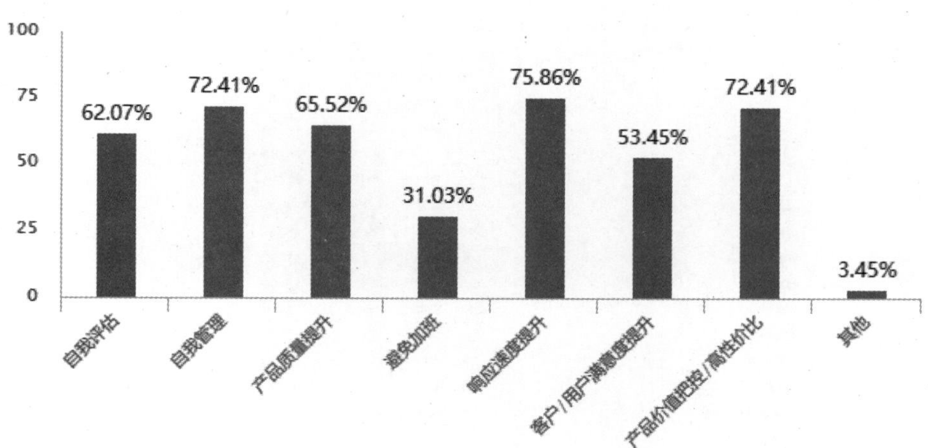

问题 5：敏捷开发对团队的价值

反馈内容：以团队为重，以团队为荣，敏捷可以帮助提高团队生产率得到 86% 的团队成员的认同，如在此团队转型，前景明朗。

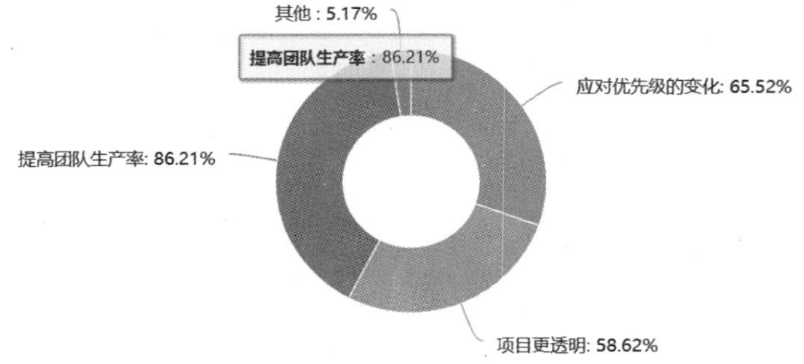

问题 6：您觉得公司那个产品适合采用敏捷开发的模式？

反馈内容：有一个产品获得了绝对多数的推荐，65% 的人认为要从这个产品团队开始试点，看似众望所归，但真要作为试点吗？敏捷教练还要慎重！一定要慎重！最热的不一定是最合适的。

第10题：您觉得公司那个产品适合采用敏捷开发的模式？ [多选题]

选项	小计	比例
[illegible]	38	65.52%
[illegible]	14	24.14%
[illegible]	10	17.24%
[illegible]	20	34.48%
[illegible]统	17	29.31%
[illegible]系统	14	24.14%
财务系统	10	17.24%
经营管理	8	13.79%
数据可视化	10	17.24%
车辆管理	12	20.69%
维修管理	8	13.79%
资产管理	9	15.52%
[illegible]系统	11	18.97%
[illegible]终端	5	8.62%
[illegible]	5	8.62%
其他 [详细]	6	10.34%
本题有效填写人次	58	

问题 7：是否愿意参加试点

反馈内容：6.9% 的人反对。搞定他们，要不然就让他们成为“镜子”。关键要判断清楚反对的人，反对的原因要解决掉，梳理清楚，而不是强制干掉。

数据是一种表象反馈，敏捷教练要结合数据找到根本原因，并形成方案。单纯的反馈数据，是不能代表什么的，或者说只是起到了传话筒的作用。以数据为基础，结合数据分析原因，形成方案，获取支持，认真执行落地，这才是敏捷教练需要做的。

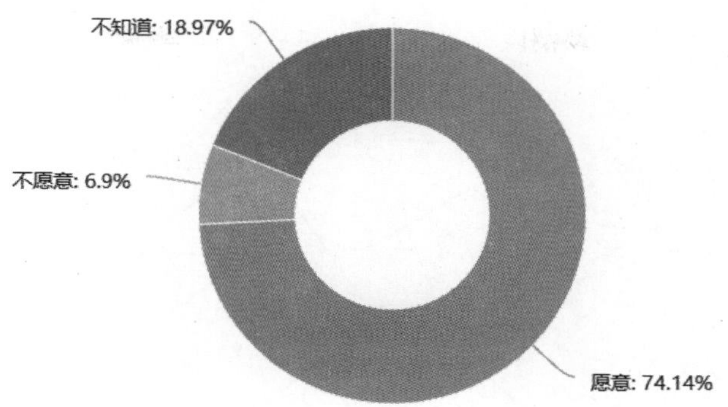

外部调研反馈内容

下面举一个例子，来自我在敏捷开发转型实践中的外部调研反馈。

如下图所示，这个外部调研的反馈报告一共涉及到 10 大类产品，调研了外部关键干系人 39 名，通过 18 个评价维度，收到了 79 累计评价，其中还有 27 条建设性意见。79 累计评价共涉及到 10 大类产品，其中 A、E 两大类产品获得的关注度最高。

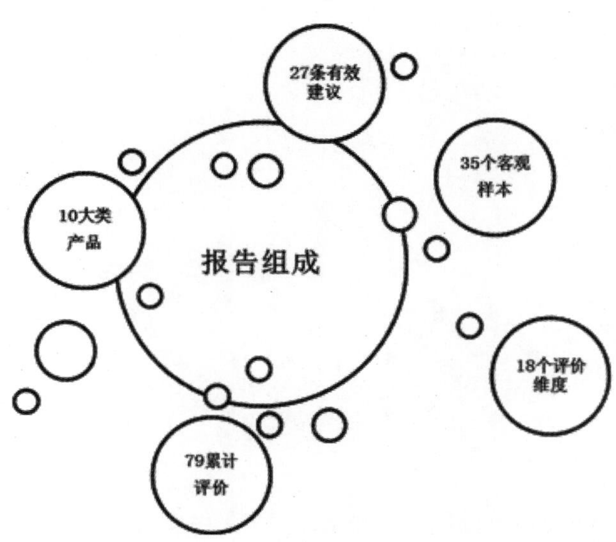

本次外部调研问卷共涉及 8 个产品维度，10 个产品，如下图所示，我们进行综合比较，各产品的优劣势尽收眼底，H 产品各方面都很突出，J 产品劣势明显，是问题的重点突破对象。

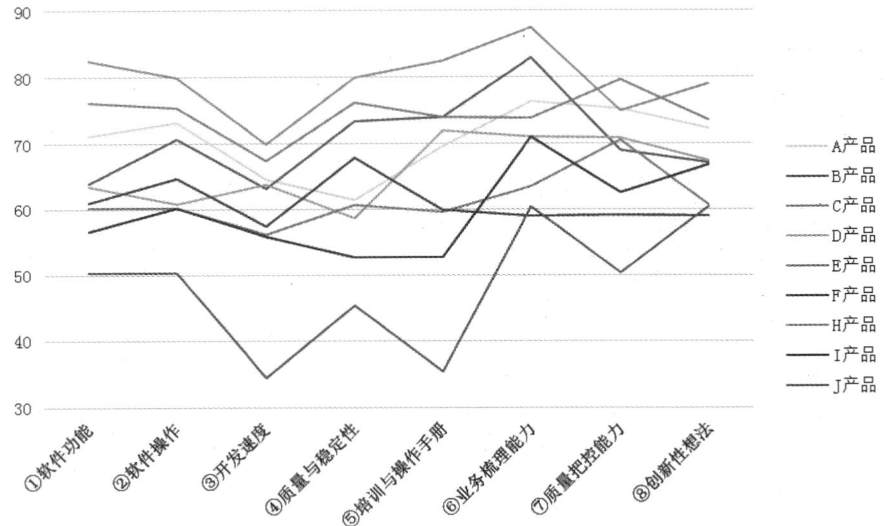

下图为我们的技术服务满意度外部调研结果，观察发现，团队对各职能部门的技术指导、培训存在明显的不足，是接下来要改进的重点。此外，电话技术支持的有效性也是被吐槽较多的项目，在接下来的敏捷转型时，也是要特别关注的改进事项。

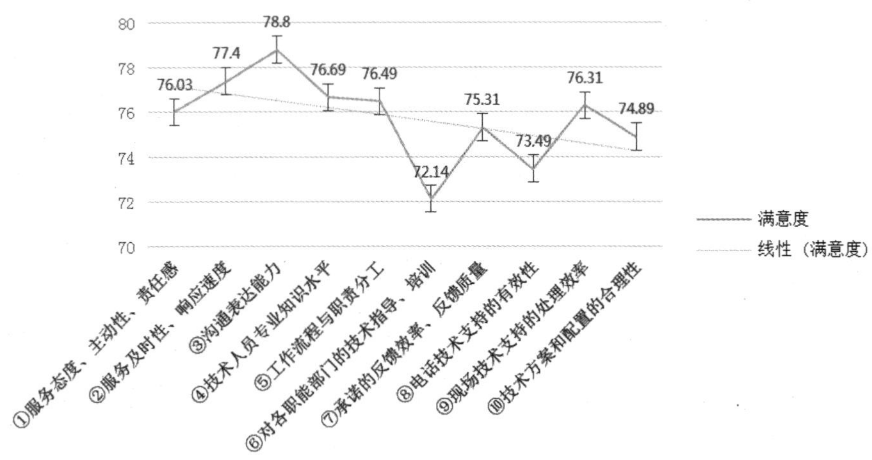

27 条有效建议是对客观性问题的有效补充，主要集中反馈了刷新问题、创新性问题、服务的专业性与敬业度问题、费用问题、迭代频次问题、技术架构问题以及产品人性化问题等。改进事项众多，对敏捷教练来说，要努力的事项点也就相对增多，能给团队带来的价值点也增多，围绕这些价值点帮助团队改进，共同提高。

开头炮：拿典型来当试点

仔细斟酌选试点

试点成功则敏捷转型有可能成功，试点不成功，敏捷转型的成功概率将会大大下降，因些，我们在选择敏捷转型试点时要细细斟酌，为此，在甄选试点时要关注以下要素。

- 团队组成：我们知道采用 Scrum 敏捷框架的团队中有三个角色，分别是开发团队、产品负责人和敏捷教练。产品负责人对产品的方向负责，对产品的愿景以及产品包括哪些主要的特性负责。敏捷教练帮助团队保持高昂的士气，并进行良好的协作，是一个 Scrum 专家，团队的教练，团队的服务式领导。因此，团队人员的组成就显得非常重要，和什么样的人，什么样能力的人一起配合组队就很重要，团队必须协调一致，作为一个整体前进，紧密配合，共同协作，以高品质准时持续交付为目标共进共退。
- 团队意愿：不是所有的团队都愿意转敏捷的，很多人不愿意当第一个吃螃蟹的人，在刚开始时处于观望的态度。勇于尝试，喜迎新事物的团队是敏捷教练喜欢的，也是敏捷教练探寻的，所以敏捷教练在甄选团队时要在尊重团队意愿的基础上尽力去发现这些主观能动性强的，勇于尝新的团队。这样的团队有以下共同特点。首先，团队愿意接受变革，落地敏捷开发实践。其次，开发团队成员对新事物的适应能力强，愿意自我管理，自己测试。最后，产品负责人愿意接受敏捷，对产品价值负责，并驱动产品成功，把产品当成自己的孩子看待。
- 产品特性：持续交付意味着持续迭代，团队甄选时，也要综合考虑团队所负责开发的产品特性。首先是产品的生命周期，这个产品是一次性的，还是可以持续迭代的，有专有团队负责长期开发、长期维护的，不是做一次就结束了，一个没有生命力的产品，是不足以维持一个团队长期存在的。其次是产品的受众人群，这个产品谁在用？C 端，还是 B 端，没人用的产品是没有价值的，用的人少的产品所获得的反馈也是相对少的，创新性和迭代的改进空间也会少很多，尽量多关注那些受众多的产品，不论产品的受众是不是复杂，但有用户、有受众终究是好的。最后是产品的重要性，只有重要的产品才能获得最优质的资源，公司的边边角角产品获得的关注会相对较少，不一定能获得专职的人员支持，资源匮乏不利于推进敏捷开发转型。

- 团队成熟度：优秀的团队交付能力会很强。何为优秀的团队？可以通过团队的成熟度来评估，主要包含以下几个指标，团队的稳定性、团队的执行力、团队的氛围（包括工作、学习、分享）、团队的技术能力、框架成熟度、团队的新技术探索精神。甄选成熟度高的团队，更有助于敏捷开发转型的成功。

合理编制方案

从总体上来讲，我在敏捷转型实践中主要推行 Scrum 敏捷框架结合看板的形式，看板以物理看板为主。Scrum 敏捷框架主要包含三个角色：开发团队、产品负责人和 Scrum Master。在本书中，我会把 Scrum Master 代称为“敏捷教练”，不进行特意的区分。三个工件：产品待办事项表、迭代待办事项表和增量。五个活动：产品待办事项梳理、迭代计划会、每日站会、迭代评审会和迭代回顾会。五个价值观：承诺、专注、勇气、尊重和开放。

至于看板，我们采用标准的准备做、进行中、已完成三栏，也可以结合团队的实际情况添加待验收、验收中、前端、后端等划分栏，同时也可以结合用户故事燃尽图来规划。当然，每个团队的看板会有微小的差异，同一个团队的看板也会有迭代演进，敏捷教练在实践过程中要因地制宜。

敏捷框架

我在 Scrum 实践中遵循大的敏捷 Scrum 框架，产品负责人基于与业务方的沟通和对市场趋势的判断，产生用户故事，然后整理、分析、归纳后放入产品待办事项表中。在迭代计划会中，团队认领要在迭代中完成的用户故事，放入迭代待办事项表中，然后在固定的 1 到 4 周的迭代中，每个工作日召开一次 5 到 15 分钟的站会，更新任务状态，认领新的任务，在看板上更新进度，进展通过燃尽图的方式进行有效展现。

迭代完成时，团队交付潜在可发布增量，接下来产品负责人组织迭代评审会，团队演示产品，产品负责人获取反馈。最后敏捷教练负责组织迭代回顾会，召集团队成员回顾总结本次迭代中的优缺点，以便在接下来的迭代中改进。

总的来说，大的流程就如下图所示，每个团队情况不同，会进行具体的细化。

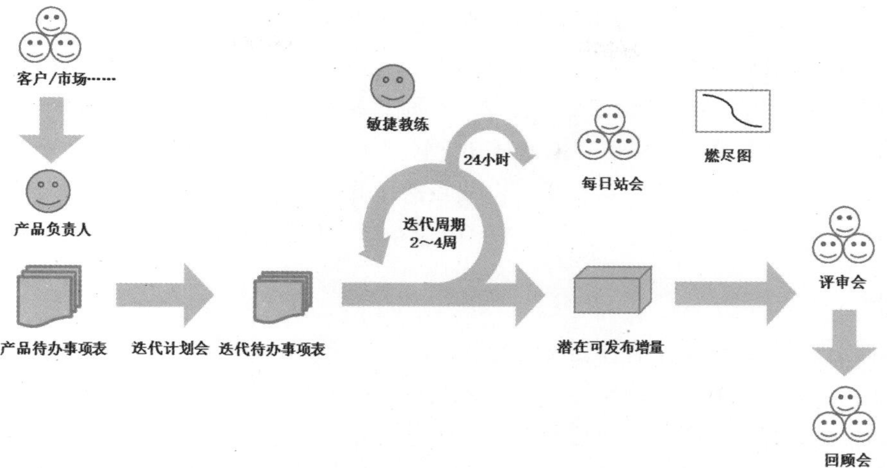

下面举例说明我在敏捷开发转型实践中一些细化的流程。细节流程不是一次性就可以完善的，可以参考案例，积极收集每次迭代的改进项，听取团队成员的意见，逐次改进，不断完善，经过几个迭代后，形成一个稳定的团队规范流程，在团队内部统一执行，如下图所示，我们团队经过几次迭代改进，细化出的每日站会工作流程。

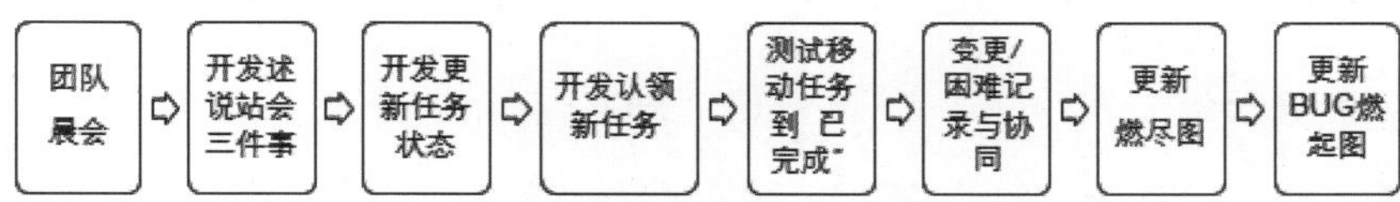

迭代周期

迭代周期是一个相对固定的时间盒，对于固定时间盒的优势，我会在接下来的章节中和大家分享，在本次的试点团队转型方案中，我推荐的是一个固定两周的迭代时间盒，如下图所示。

1	2	3	4	5
迭代计划会	例＋开＋测＋交	例＋开＋测＋交	例＋开＋测＋交	例＋开＋测＋交
例＋开＋测＋交	站会	站会	站会	站会
6	7	8	9	10
例＋开＋测＋交	例＋开＋测＋交	回归测试	回归测试	回归＋集成上线
站会	站会	站会	站会	评审会＋回顾会

在迭代时间盒的第 1 天上午，敏捷教练会组织团队来开迭代计划会。对于两周的迭代，迭代计划会的时长会控制在 4 个小时以内。计划会后的 7 个工作日，会用来进行开发、测试和验收交付，要求每天有交付验收。时间盒的第 8 天、第 9 天、第 10 天用来做回归测试和集成上线，根据以往的敏捷开发转型实践经验，迭代评审会一般会放在迭代的第 9 天，当然，迭代评审会也可以放在迭代的第 10 天，视迭代情况进行决定。迭代回顾会放在迭代的最后 1 天，具体可以放在增量发布上线后。

导入计划

没有计划代表无限期，没有计划就没有推进目标，没有目标就没有价值，没有价值你就失业了，因此计划非常的重要。导入计划指导敏捷开发转型实践的落地，计划虽然重要，但导入计划要合理，计划太长可能有些企业没转完敏捷已经死了，计划太短可能太急功近利，不容易看到导入的效果。因此，敏捷教练在制定导入计划时，要在充分调研的基础上制定敏捷导入计划。阶段计划与长期计划相结合，既要看到效果、获得领导支持，又要让团队充满希望。制定好的导入计划要获得关键干系人的同意、认可与支持。对于导入计划的每一个关键节点要做好准备，不要给团队和自己挖坑，一定要切实可行，不能好高骛远不能落地，下面给大家示例一个简要的导入计划。

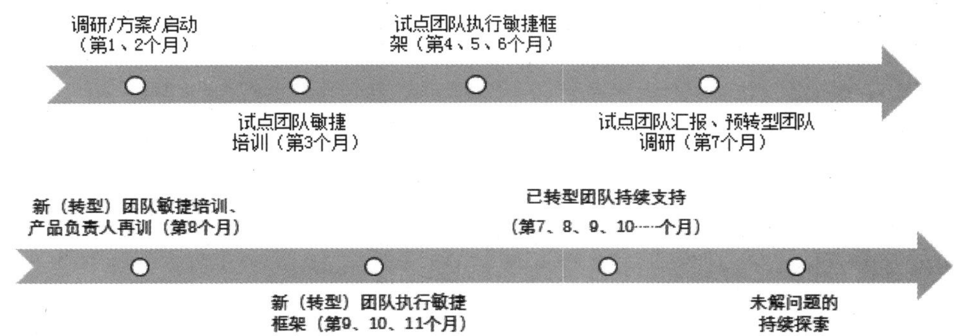

看完这个导入计划，很多同学可能会觉得这个计划时间太长，对于很多公司和人来说看似不可能，可能有些人待不了这么长时间就离职了，其延续性有待商榷，但是在真实的敏捷开发转型实践中，团队转型是一个一个来的，特别是对于试点，不建议批量试点。所以，如果一个公司的团队特别的多，那么 1 到 2 年的时间还是有必要的，当然，如果一次性招聘了很多敏捷教练，那就另当别论了。总之，一个完整规范的导入计划，一个明晰的关键时间点，对于推进与落地是非常重要的。

决定态度的培训教材

教材是专业态度的体现，作为一名专业的敏捷教练，教材就是自己知识的结晶，也是自己对外进行知识输出的关键产物。一个没有自己独立教材和知识培训体系的敏捷教练应该不是一名特别用心的教练。实际的接触过程当中，也会发现有些敏捷教练直接使用自己接受培训时使用的教材或是英文的PPT，或只是进行了轻微的删减，并没有用心编写属于自己的教材，整个培训过程也非常的应付，感觉就是简单的理论宣讲，这种职业态度是值得商榷的。

在培训前，敏捷教练应该认真的去准备培训教材，不管是纸质版本的培训教材还是电子版本的培训教材，都要认真的准备。如果公司比较大，培训的批次不一样，每一批次所使用的教材也尽量不要一样。因为刚刚接触团队，所使用的教材可能是基于自己以前的经验编写的，随着与团队接触时间的增多，或者是自己所带的试点团队已经开始了敏捷开发实践工作，那在接下来的培训当中，教材中所使用的元素就可以使用试点团队的相关内容，可以更加的贴近目前所在公司的实战，更有可参考性、更有说服力。

敏捷教练应该有能力编写自己独有的教材。教材编写的过程，也是自己知识体系不断夯实、敏捷理念再学习和再创造的过程。敏捷框架和敏捷原则也就那么几句话，真实的实践应用是对这几句话的不断延展和诠释，每个教练都可以在敏捷基础原则的指引下去诠释自己独有的敏捷价值理念，自己独有的价值理念其实就是自己特有的敏捷体系，也是一个敏捷教练区别与其他敏捷教练的价值所在。有自己的特色，个性鲜明，也是能力和素养的真实体现。下图是我在敏捷实践中编写的部分实体教材与电子教材示例。

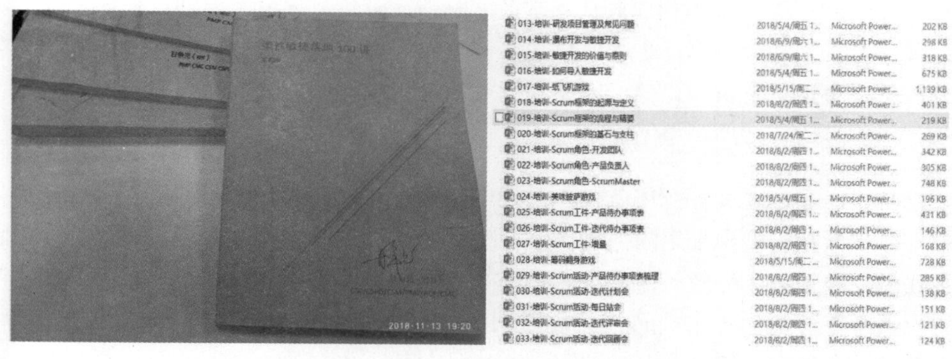

我们要直面团队成员的真实需求，关于在培训过程中使用电子教材还是纸质教材我也和许多学员交流过，大家的意见有些许的差异。有些人喜欢纸质教材，觉得很有质感，

可以随时翻阅，培训时采用纸质版的教材觉得很正式、很有仪式感，说明教练很重视，并认真准备了。培训过程中也可以在教材的关键点上做笔记，可以写写画画，更加直观可靠。

有些人喜欢电子版的PPT教材，觉得纸质书不容易保存。另外还觉得一翻书就觉得烦，原来学习时都不喜欢看书，现在再弄本书，根本不想翻，书还容易弄丢，以后想查阅时，书可能都找不到了。在他们看来，电子版的教材更容易接受。

不论是纸质版的教材还是电子版的教材，都只是敏捷教练专业知识的一个载体，只是知识输出的形式不一样，但并不影响知识输出的品质。敏捷教练还是要认真准备敏捷培训的教材，可以根据所辅导团队的情况采用符合这个团队需求的知识载体，但是内容品质绝对不能降级，不能敷衍。这是一个敏捷教练专业素养体现，态度决定一切！

动员授权启动会

启动会代表着一个团队敏捷开发转型实践的正式开始。在启动会上，我们需要得到领导的授权，同时希望得到领导的鼓励和认可。当然，领导也可能会给我们制定一些待实现的目标。同时，领导的出席，对敏捷开发转型实践也是一个很重要的背书，也代表着公司和领导对这个敏捷开发转型团队非常的重视，也是鼓励团队的必要方法。如果公司和领导都非常重视这个团队，这个团队的成员才更有可能全身心投入到敏捷开发转型实践当中，这样更有助于敏捷转型的成功。

我们知道敏捷团队中一共有三个角色，产品负责人、开发团队和敏捷教练。在启动会上，我们要定义好具体的角色负责人，比如说产品负责人是A，开发团队有B/C/D/E/F组成，敏捷教练是M，团队的人数控制在3到9人以内，符合敏捷框架原则。在启动会上，我们要非常重视的介绍每一个团队成员，介绍他们的角色和职责。同时，也可以邀请部分团队成员进行发言，让他们阐述自己对敏捷转型的期待以及自己愿意为敏捷转型成功付出的努力、行动。

在启动会上，我们还要介绍团队准备采用的敏捷框架，比如我们在方案中已经提到，我们在本次敏捷转型中采用的是Scrum框架和看板方法。在会上，我们要给领导和团队成员做一个简单的介绍，比如Scrum框架包括三个角色。对每一个角色的特征与使命可以做一个简单的阐述，也可以宣讲一下敏捷价值观。可能我们还会加入“廉耻心”、“不成功便成仁”这样的价值观。总之，价值观的宣导是非常重要的，一个团队只有价值观统一了，行动才能够得到更好的统一。一个团队只有保持统一的价值观，才有可能踩着同样的步点，一步步的向成功迈进。

当然还有，我们所推行的是敏捷 Scrum 框架主流程，这个主流程需要应用在不同的团队中，也要让领导和团队成员进行一个初步的了解。虽然我们知道，在接下来的培训环节，会做更详细的讲解，但是，前期粗略的框架和流程还是要让大家知道的，目的是让所有人在心里对这个框架与流程有一个初步的认知。

在启动会中，也需要简短介绍一下导入计划与目标。我们可以先制定一个阶段性导入计划。如下图所示，此阶段的目标是用来做方案汇报用的，在团队实际落地时，还要认真的细化，让计划变的更具有可执行性。

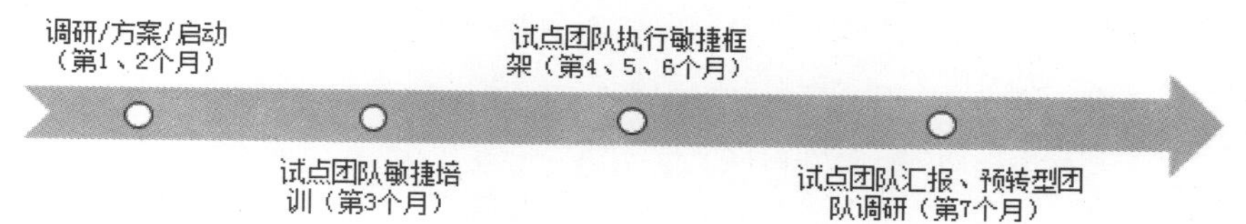

启动会后，团队就要开始接受正规的敏捷知识培训。培训课件、培训时长、培训时间和培训方法等等敏捷教练都需要认真计划。参训人员的批次组织，培训人员的层次划分，培训时间点及培训时长的合理性，在执行落地时，要与团队充分商议，获得最大的可执行性支持，要做到柔性。

一个两周的迭代时间盒呈现在所有参加启动会的人员面前，两周是一个迭代周期，有可能只是方案的雏形，等真正的培训完成后，可能会做出更合理的调整，但总的原则是不超过 4 周。在启动会上，可以简单阐述一下固定迭代周期的优势以及迭代中的 5 个关键活动及所对应的时间节点。

1	2	3	4	5
迭代计划会	例＋开＋测＋交	例＋开＋测＋交	例＋开＋测＋交	例＋开＋测＋交
例＋开＋测＋交	站会	站会	站会	站会
6	7	8	9	10
例＋开＋测＋交	例＋开＋测＋交	回归测试	回归测试	回归＋集成上线
站会	站会	站会	站会	评审会＋回顾会

遇到问题分析问题，分析问题形成方案，有了方案要认真执行，执行的结果就要符合设定的目标值。在启动会上，团队也可制定明确的转型目标，结合我的敏捷开发转型实践，建议可以围绕团队工作透明化（任务、进度）、团队需求响应速率提升、团队工作效率提升、产品质量提升、团队自管理水平提升、用户满意度提升六个维度来做。

总之，启动会是开头一炮，一定要做好，做的有仪式感，要让团队获得一定的支持和授权，要让团队明白，敏捷转型这事儿要开始了，我们必须认真对待。有方案，要落地，有目标，要有结果，全员都要重视，能起到这样的作用就非常好了。

第三章

为人师表：统一思想，统一行动（第 3 个月）

完成调研，形成方案，获得授权，接下来就需要统一团队思想和统一团队行动了。本章主要分享了如何对团队进行精细化的敏捷培训，从公司及团队现状认知入手，详细阐述现存问题、敏捷优势、敏捷框架选型和 Scrum 框架详细理论知识等细节，然后辅导试点团队优选迭代长度、规划物理看板、细化工作流程、制定用户故事与验收标准规范等，做好执行 Scrum 框架前的实战性准备。

全面认知

对项目与研发项目管理的认知

引用前辈的权威说法，项目是在既定的资源和要求的约束下，为实现某种目的而相互联系的一次性工作任务。那么，通俗来讲，项目就是一些人在一定的时间里面完成一些事情。

项目是一群人，围绕着共同的目标，一起奋斗来创造，要考虑资源、成本和时间进度等相关因素。项目有资源和成本的约束性、时限性、不确定性、实施过程的一次性、整体性、目标明确性和多样性、生命周期性、冲突性以及特定委托人。

项目需要在特定的资源条件下，在规定的成本范围内完成，还需要在规定的时间区间内完成，有时间盒的概念。项目中存在风险，项目结果受各种因素影响，可能不确定，每个项目都有独特的个性，具有唯一的标示性，每个实施过程都可以理解为一次独立的过程。项目的各个方面相互影响，需要综合协调，缺一不可。项目有明确的目标，一个项目也有可能为了实现多个目标，这些目标共生互存。项目有开始，有结束，项目存在生命周期，非持续永恒。项目中会存在资源冲突，时间冲突等，项目中有明显的角色与职责，有特定的委托人与受托方。

了解了什么是项目，我们接下来聊聊什么是项目管理。引用前辈的权威说法，项目管理是把各种系统、方法和人员结合在一起，在规定的时间、预算和质量目标范围内完成项目的各项工作。我们又可以认为，项目管理就是怎样多快好省地完成项目。

在我看来，项目管理就是获得资源，管好资源，把安排的活在规定时间内干好、干漂亮。真实的项目管理，确实是围绕着这些方面在做，只是做得更全，做得更好。对于互联网行业来说，在传统项目管理的基础上，会升级出研发项目管理。其实，研发项目管理就是在研发过程中应用需求管理、进度监控、沟通管理、质量管理等技术与工具对项目的相关人员及其执行的活动进行管理以达成研发目标。在研发项目管理中同样看重时间、成本和范围三要素，同样对交付质量不妥协。

对过程控制的认知

我们要对过程控制有认知。软件开发是一个复杂的活动，在软件产品开发的过程中不仅存在着需求的不确定性，也存在着技术的不确定性。再加上参与软件开发的主体通常是由多人组成的软件开发团队，加上人的因素，就让整个软件开发的活动变得非常复杂。如下图夏特曼模型所示，软件开发活动通常处在图中很复杂的区域。

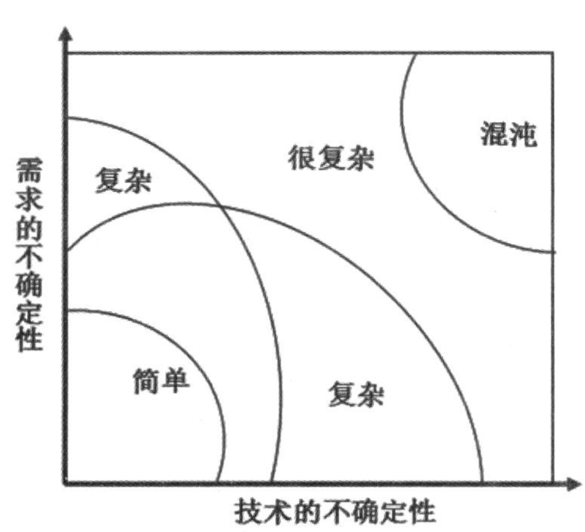

因此，为了管理软件开发的活动，我们引入过程控制来管理这个复杂区域，如下图所示，过程控制包括预定义过程和经验性过程两种方式。预定义过程的特点是给予固定的输入，得到固定的输出，过程可重复。预定义过程的优点在于可以大规模批量生产，缺点在于一旦过程定义出现错误或产品设计上存在瑕疵，会造成比较大的损失。

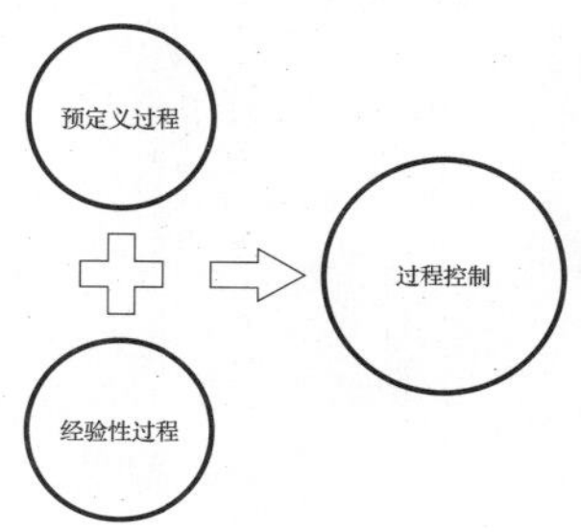

经验性过程的特点是过程不能够完全预先定义好，结果是不可预知的，生产过程是不可重复的。比如研究一项新技术，下一盘棋，踢一场球赛，在运行过程当中，我们需要通过不断的获得真实的反馈，然后进行适应和调整，使得过程能够产出我们需要的结果。

软件产品的研发通常存在很多的不确定性，并且生产过程非常复杂，所以更适合使用经验性过程来管理。Scrum 以经验性过程控制理论作为理论基础，采用迭代、增量的方法来优化可预见性并控制风险。

> 在过程运行机制相当简单易懂的情况下，典型的做法是采用预定义的建模方式。如果过程复杂程度超出预定义方式的能力范围，便应用经验性方式。

B.A.Ogunnaike and W.H.Ray 《过程动态学、建模与控制》

对团队现存问题的认知

要对团队现存问题有认知。在团队敏捷开发转型前期，要非常注重调研，通过调研，可以发现现在团队管理中存在的问题，以方便敏捷教练做出更好的判断和分析，制定更加合理的方案。接下来，我举例说明我在一个敏捷团队转型实践中发现的问题。

一共有 58 名团队成员参与了调研，其中产品 6 人、设计 3 人、开发 32 人、测试 11 人、管理人员 3 人、其他人员 3 人。如下图所示，角色分布还是比较合理的。现在我们来看一下这些人集中反馈了团队管理中的哪些问题。

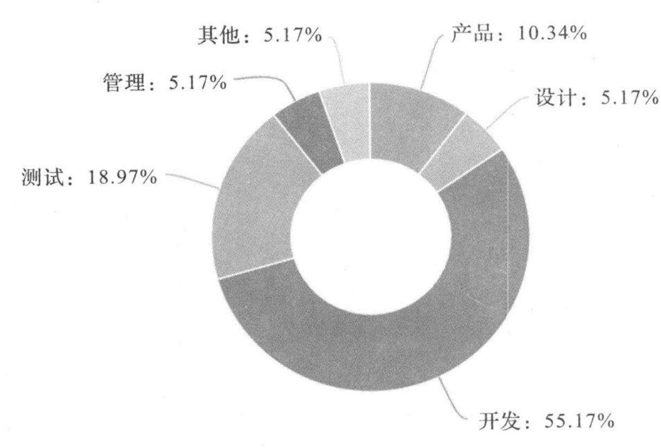

设计人员的反馈

1. 没有交互团队的产品拿自己的原型让交互评审，改动太大，无流程串联。
2. 设计的时间被倒推。
3. 希望开发们多理解下交互设计和视觉设计的区别。
4. 需要视觉设计的具体信息要详细。

研发人员的反馈

1. 没有自由。
2. 频繁的式样变更和需求的不确定性，需要在开发过程中不断修改。
3. 最痛苦的是改别人已经写好的东西！！
4. 从需求定下到开发，总有不确定因素，最后视觉的更改更有可能打乱开发，导致之前的开发是无用功；希望设计能走在开发的前面，而不是和开发人员同步，导致一直压缩开发时间。
5. 经常出现产品想要实现的结果和后台起初的架构相悖，后台的部分结构需要重新完善。
6. 团队间沟通不畅，加强产品、开发、测试之间的沟通交流，规范明确，职责明确，任务细分，及时有效沟通。
7. 变更需求是最痛苦的，特别是在版本迭代的过程中需求变更导致对程序的大规模修改。
8. 开发总是处于等待的状态（等设计、等接口）。
9. 不按照已有或约定的规范开发、设计。

10. 由于各种外部原因，开发时间被压缩，甚至存在无效开发（交互设计和视觉设计存在不确定性变化）。
11. 协议反复修改，重复工作，应该一开始就有个明确的方案，减少日后大幅修改的可能 。
12. 只知道要做什么，不知道为什么要做，不清楚团队的组成，需要多沟通了解。

测试人员的反馈

1. 团队提测时间延期导致压榨测试时间。
2. 开发觉得提交测试后的问题都算 Bug，其实就是开发没完成而已。
3. 接口文档，规则，发布系统欠缺。
4. 重复劳动，各部门都要对产品严格把控，提高工作效率和产品质量。
5. 产品需求频繁变更，交互设计、视觉设计缓慢，因项目前期的进度、计划拖延，导致测试时间受限，间接地影响测试效率及测试质量。
6. 临时性的项目太多，导致本来手上安排的工作计划被打乱。
7. 和第三方对接，看领导态度解决。
8. 需求变更，项目安排变动，人手不够。
9. 项目的时间安排有时候不是很合理，有时候很多项目都挤在一起，导致人员时间安排不到，这样也导致团队经常性的加班，而且有时候需求变动了也没有通知到，导致最后才知道需求的变动。

管理人员的反馈

1. 临时需求太多，上下游对接时多沟通。
2. 请求相关人员或团队协助被告知近期工作已排满。
3. 如何高效的管理和安排每个开发人员的时间，目前只能靠花费大量的管理时间来实现。
4. 供应商不能及时沟通解决问题，加强供应商的管理。
5. 缺少系统的管理理论和方法，靠经验和人治。
6. 项目排期拍板，对项目的估计偏乐观，每月 30 天，每天 8 小时。
7. 需求分析，任务分解不够细致，粗枝大叶。
8. 项目周期过长，节奏无法控制，前松后紧。

团队成员愿意暴露问题，对于敏捷教练来说是非常有益的，有问题才需要解决问题，没有问题，就不需要解决了。敏捷教练要认真分析各种角色人员反馈的问题，找到对应的解决方案，作为敏捷转型推进、突破的重点。

初识敏捷方案

深入人心的瀑布开发

瀑布开发分为需求分析、方案设计、实施编码、测试评估和运行维护五个阶段，如下图所示。瀑布开发历史悠久，并且非常成熟，很多传统大型软件公司，都在采用瀑布开发。

总体来讲，瀑布开发的优势很明显，瀑布开发的项目阶段划分非常清晰，有检查点，瀑布开发的流程非常清晰，易于操作。瀑布开发的开发模式，已经经过很多公司和很多人员的检验，有非常成功的案例，在相当长的一段时间内，都是主流的开发模式，深受大家的推崇。

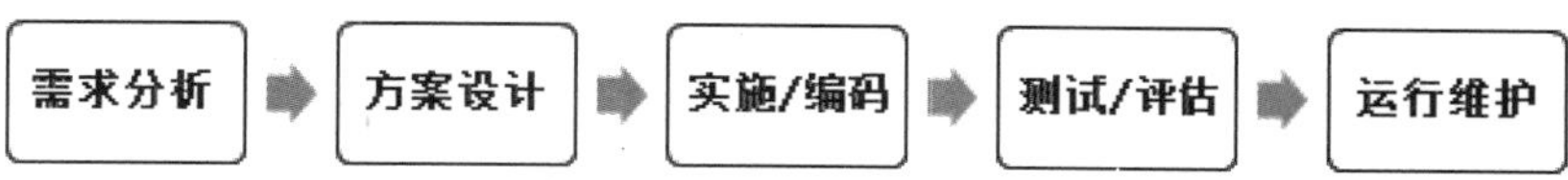

那么说，瀑布开发有哪些应用场景？我们可以从以下三个方面来分析，首先是基础应用软件，大型信息系统居多。我曾经供职于某亚太地区最大的 ERP 供应商，以提供大型信息化系统服务为主，当时我们在项目上的开发模式就是瀑布开发。其次是软件售出后升级、修复成本比较高的行业，比如说我们所用的操作系统，或者是我们购买的其他信息系统，在首次购买后，需要反复升级迭代的系统，也是瀑布开发的应用场景。最后是行业竞争节奏相对平缓的行业，比如说医院的一些 HIS、PACS、LIS 系统或者是政府单位采购的管理信息系统等，处于行业垄断地位的软件等。

时代在变，软件开发的模式及应用场景，也在发生着翻天覆地的变化，我们可以从以下几个方面来进行分析。

- 互联网及移动互联网逐渐兴起，B/S 架构的应用成为主流。就在多年前，我还在给甲方做实施的时候，那时候还存在着大量 C/S 架构的软件，需要在用户端安装独立的软件，才能够进行访问。可现在，大家通过浏览器就可以访问我们想要访问的信息系统，非常方便。
- 软件的交付手段发生了重大变化，在线更新，网络下载。原来我们的软件需要专业的软件公司来升级和维护。现在我们的大部分软件，直接可以在互联网应用市场下载后直接进行更新，不再需要软件厂商派专业人员来进行更新。软件的交付手段和更新方式也产生了很大的变化。

- 竞争速度越来越快。软件行业属于人才积聚的行业，当然，也是人力资源成本非常高的一个行业。如果说你的软件不能够快速响应市场的变化，占有一定的用户数量或者拥有一定的变现能力，那很可能会被迅速淘汰。竞争速度在加快，传统的瀑布开发模式已经不能够适应快速发展的需要。

瀑布开发的缺点日益突出，因为瀑布开发的响应周期过长，可能是三个月，可能是六个月，也可能是一年。还有，对于瀑布开发来讲，只有在项目生命周期的后期才能看到相对完整的交付结果，如果说一个产品的开发周期是六个月，那么只有在第六个月的时候才能够看到最终的、可以试用的产品。在前几个月，可能第一个月只能看到接口文档，第二个月只能看到数据库的设计，第三个月可能看到某些页面设计，不到最后，是看不到完整的产品。这种等待对客户来讲是苦苦的煎熬啊！客户的需求不断变化，三个月之后客户的需求和三个月之前客户的需求，就可能产生巨大的变化，试想一下，在这 3 到 6 个月的开发周期后，当这个软件做出来时，可能已经不太符合客户的需求。

瀑布开发通过过多的强制完成日期和里程碑来跟踪各个项目阶段。瀑布开发中，我们会设置一些里程碑，但缺点也很明显，其交付的东西，不太符合现在“完成”的定义，只能是部分完成，并不能够直接交给终端用户使用。当然，瀑布开发还有其他的缺点，我们在此就不一一列举了。

刚才谈了一些瀑布开发的缺点和问题，如何解决这些问题呢？伴随着敏捷的兴起，这些问题可以得到更好的解决，或者是可以得到一些缓解和优化。有两个里程碑性的事件在这里和大家分享一下。首先是 1995 年，苏瑟兰和施瓦伯提出了 Scrum 概念，其次是 1999 年 10 月，肯特 . 贝克出版《极限编程解析》，代表着敏捷的兴起，也代表着新的解决方案端倪呈现。

新潮涌现的敏捷开发

在讲敏捷开发之前，我们先来看两张图，如下图所示，左图为火炮，右图是歼 20 发射的导弹，那请问火炮所发射的炮弹和歼 20 发射的导弹有什么区别哪？我们知道，“炮弹”只有一个战斗部，打出去后沿抛物线飞行，管不了。“导弹”不仅有战斗部，还有制导系统，打出去后能继续控制它的飞行，或者它自己根据目标运动，调整自己的飞行，它还有正儿八经的发动机、起飞和加速等，都靠发动机提供动力。

所以“导弹”和“炮弹”的区别是，前者有战斗部、制导系统和发动机，发射后能改变飞行的目标点。后者只有战斗部，没有制导，发射后管不了了，只能飞向一个固定的目标点。如果结合到我们的软件开发来讲，炮弹可以理解为瀑布开发，一旦制定好目标，中途不能调整目标，或调整的成本极大，原因就是周期长，每一个环节都耗费了巨大的人力物力。导弹可以理解为敏捷开发，敏捷开发可以利用自己快速迭代的优势，及时调整目标，最终射准目标，完成任务。

结合自己的理解加上归纳互联网上的定义，我们可以把敏捷开发理解为，“敏捷开发是以用户的需求进化为核心，采用快速迭代、循序渐进的方法进行软件开发”。在敏捷开发中，软件项目在构建初期被切分成多个子项目，各个子项目都经过测试，具备可视、可集成和可运行使用的特征。换言之，就是把一个大项目分为多个相互联系，但也可独立运行的小项目，并分别完成，在此过程中软件一直处于可使用状态。

敏捷开发的特点明显。首先，敏捷开发的响应速度快，只有快才能适应目前业务需求与市场变化的快节奏。敏捷开发强调软件开发的产品是软件，而不是文档，文档是为软件开发服务的，而不是开发的主体，因此重视迭代，简单设计，减少不必要的文档，小步快跑。其次，敏捷开发的最终目标是让客户满意，客户最关心的功能最先实现，所以能够主动接受需求变更，这就使设计出来的软件有灵活性，可扩展性。最后，在敏捷开发中，清晰定义目标和交付物，明确传递给团队，减少控制和命令，将权力归还给执行者，信任团队。

敏捷开发的特点明显，优势诸多，不免引起外行的误解。认为敏捷开发是万能的，认为敏捷开发对人的要求很高，只有团队成员都是全栈大神才可以搞敏捷。自动化人才也不能少，实施敏捷必须使用自动化测试，不上自动化就是伪敏捷。敏捷就是持续集成，时时刻刻集成，连为一体。认为敏捷开发中无文档，也不做设计，不需要 PRD，全是用户故事就可以，没有视觉和交互设计。敏捷就是快，可以缩短工期，一天就可以搞个迭代，就是压榨开发时间。更有人认为，敏捷就是很炫酷的工作方法，别的开发方法，比如瀑布、螺旋都过时了，不能用了，瀑布和螺旋都是垃圾，敏捷可以解决所有问题。当听到这些夸张言论的时候，作为敏捷教练的你，一定要有清醒的认识，这种观点是有待商榷的。

敏捷开发的价值与原则

敏捷开发的价值

在讲敏捷开发的价值前，我们先来了解一下敏捷宣言。2001年2月11日到13日，17位软件开发领域的领军人物聚集在美国犹他州的滑雪胜地雪鸟雪场。经过两天的讨论，敏捷这个词被全体聚会者所接受，用以概括一套全新的软件开发价值观。这套价值观，通过一份简明扼要的《敏捷宣言》传递给世界，同时宣告了敏捷开发运动的开始。那么敏捷开发的价值有那些，期待大家通过下图有一个简单的了解。

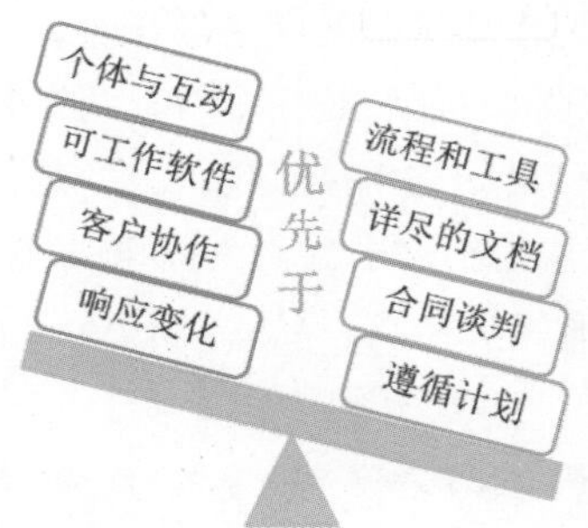

- **个体与互动优先于流程和工具**：个体，我觉得是尊重团队中的每一个人，保持每个人独立的个性。互动，我觉得是在敏捷团队内部要多做面对面的沟通，不论是团队内部的沟通还是与业务方的沟通都要及时有效。在敏捷团队内部，虽然会遵守一定的流程，或者说必须要使用一些工具，例如禅道、JIRA这样的管理软件，但总体来讲，我们更看重对团队成员的尊重和团队成员个性的释放，还有团队内部的自由沟通、面对面的交流、自组织与自管理。
- **可工作软件优先于详尽的文档**：我们期待的是，在每一个迭代都能交付可工作软件，而不单单是处于某一个开发阶段的半成品，更不是一堆详细的文档说明。每一个迭代的交付成果，必须是有价值的，而可工作软件可以带来价值。

- **客户协作优先于合同谈判**：我们期待做最有价值的事情，团队与业务方进行充分的沟通和协作，而不是按照合同中的条款，循规蹈矩做事情，尽量让业务方的价值实现最大化，只有有价值的东西，才是持久的。
- **响应变化优先于遵循计划**：市场时时刻刻都在发生变化，原定三个月的目标，可能在实现过程中的第一个月，已经产生了变化，如果说我们不能够及时调整计划，还是按照原有的计划来执行，那三个月之后交付出来的成果，并不一定能够让业务方满意，其价值也会大大的降低。如果说团队能够响应变化，根据市场的改变及业务方的需求调整，及时修正接下来的迭代策略和产品设计，那么说，在接下来的过程当中，就可以产出最有价值的交付物。

敏捷开发对个人及团队的价值

结合下图的调研数据，敏捷开发对于个人的价值主要表现在以下几个方面。首先是自管理，团队成员自己评估工作量，自己安排开发节奏，在规定的时间盒内，高质量的交付完成用户故事。其次是响应速度提升，原来是产品负责人给一堆需求，必须做完，开发评估一下这一堆需求做完需要多长时间或领导拍板一个时间给开发，就这个时间点了，必须交。这个交付的时间可能会是一个月，两个月，一个没有固定时间盒的拍脑袋时间，等客户真正看到自己的需求被实现，已经是相当长时间后了。我在一个项目中曾经对比过，原来客户从提出需求到看到需求被实现，要用 45 个工作日，而推行敏捷后，客户从需求提出到实现需求，只需要 10 个工作日，响应速度明显提升。

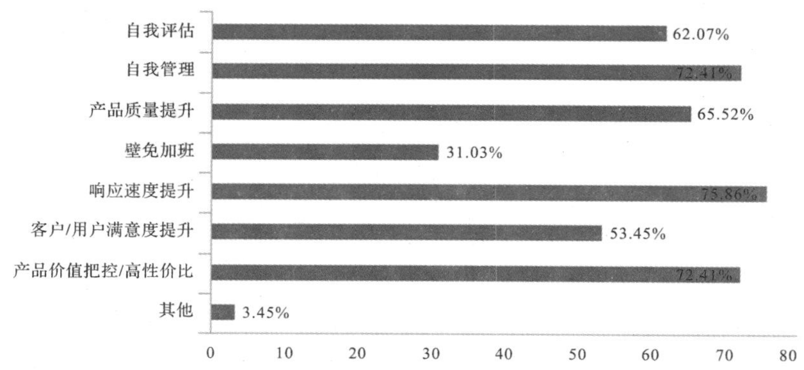

结合下图的调研数据，敏捷开发对于团队的价值主要表现在以下几个方面。首先是应对优先级的变化，团队按照优先级来领取任务，只做最有价值的需求。其次是项目更透明，通过物理看板与JIRA结合进行管理，任务完成情况一目了然。通过每日站会，团队成员相互沟通“我昨天完成了什么”“我今天准备完成什么”“我遇到了什么困难”，团队成员彼此了解成员间任务的完成情况，项目对内对外完全透明。最后是提高团队生产率，团队持续交付，拒绝延期，重承诺，守信用，自组织，自管理，个人驱动力提升，生产率大大提升。

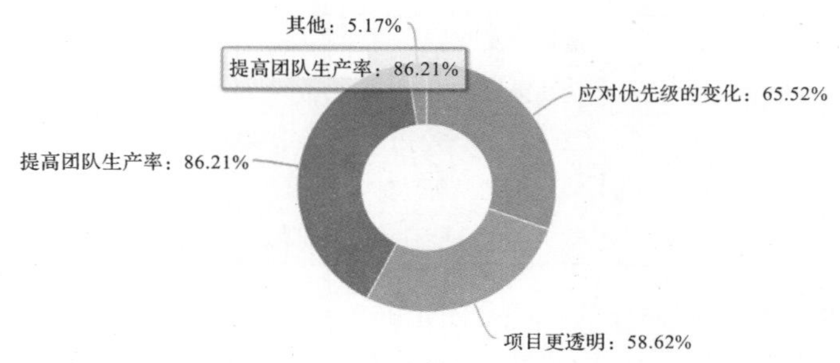

实践敏捷开发的原则

1. 最高目标是通过尽早和持续地交付有价值的软件来满足客户。
2. 喜迎变化，要善于利用需求变更，帮助客户获得竞争优势。
3. 持续交付可工作软件，迭代周期从几周到几个月不等，且越短越好（1-4周）。
4. 可工作软件是衡量进度的首要标准。
5. 持续开发，责任人、开发者和用户应该能够保持一个长期的、恒定的开发速度。
6. 在整个项目开发期间，业务人员与开发人员必须在一起工作。
7. 要善于激励项目人员，给他们以所需要的环境和支持，并相信他们能够完成任务。
8. 无论是团队内还是团队间，最有效的沟通方法是面对面的交谈。
9. 最好的架构、需求和设计出自于自管理的团队。
10. 对技术的精益求精以及对设计的不断完善将提升敏捷能力。
11. 要做到简洁，即尽最大可能减少不必要的工作，这是一门艺术。
12. 团队要定期反省如何能够做到更好，并相应地调整团队的行为。

瀑布开发与敏捷开发对比分析

瀑布开发阶段划分明确，有清晰的里程碑，敏捷开发没有明显的里程碑，更注重快速重复迭代。瀑布开发重视过程文档，需要编写大量文档，敏捷开发重视可工作软件，减少不必要的文档，但绝非极端的什么文档都不要。瀑布开发抵触变更，经过长期规划设计的目标很难改变，敏捷开发响应变化，拥抱变化，以便更加快速的做出用户期待的产品。瀑布开发中没用回顾总结的环节或是缺少回顾总结，在敏捷开发 Scrum 框架中，有固定的迭代回顾会，以回顾的方式帮助团队进行改进和提升。

瀑布开发与敏捷开发对比分析

瀑布开发	敏捷开发
阶段化分明确	快速重复迭代
重视过程文档	重视可工作软件，减少不必要的文档
抵触变更	响应变化、欢迎变更
无回顾或少回顾	每个迭代进行回顾、重视总结与改进

观察下图，我们知道瀑布开发的范围是固定的，在考虑同等质量要求的情况下，开发的时间和成本是可以变动的。敏捷开发采用固定的迭代时间盒，迭代周期是固定的，在考虑同等质量要求的情况下，成本相对固定，因为敏捷开发中，团队评估工作量，决定一个迭代认领多少工作，每个迭代的范围是变动的。

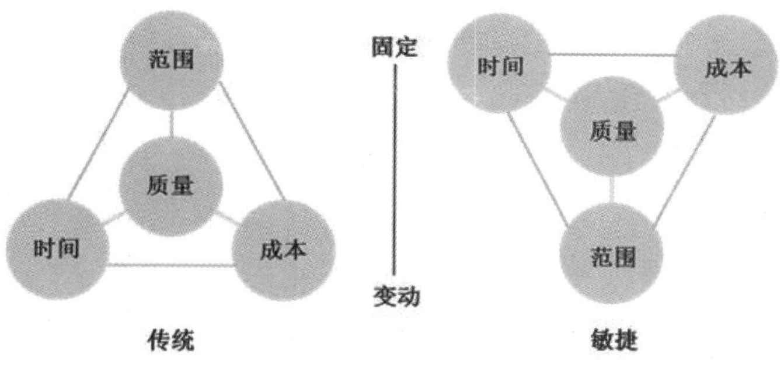

Scrum 框架

据 Versionone 第 11 届敏捷状态调研报告中所述，Scrum 以及 Scrum 与 XP 的混合应用仍旧是大多数组织的敏捷开发方法（合计占 68%）。Kanban 方法和 Scrumban 位居第二位，合计占 13%。在近些年的 Versionone 调研报告中，这个数字在缓慢提升。从 2015 年到 2016 年，看板实践的应用从 39% 提升到了 50%，迭代回顾实践的应用从 54% 增加到 81%，迭代计划的应用从 69% 增加到了 90%。通过调研报告，我们还发现，目前敏捷 Scrum 框架的市场占比达到 58%，具有绝对性的优势，所以在本章中，我和大家主要分享敏捷 Scrum 框架，在我所负责转型的敏捷团队中，也主要采用敏捷

Scrum 框架。

Scrum 的本义

Scrum 的本义是指英式橄榄球次要犯规时在犯规地点对阵争球。争球双方各有 8 个队员参与，各方出 3 名前锋队员，并肩各站成一横排，面对面躬身互相顶肩，中间形成一条通道，其他前锋队员分别站在后面，后排队员用肩顶住前锋队员的臀部，组成 3、2、3 或 3、4、1 阵形。然后，由犯规队的对方队员在对阵一侧 1 码外，用双手低手将球抛入通道，不得有利于本队。当球抛入通道时，前排的 3 对前锋队员互相抗挤，争相踢球给本方前卫或后卫队员，前卫和后卫队员必须等候前锋将球踢回后，方可移动。橄榄球团队式的合作方式，整个团队通过无间合作，灵活机动的处理接球，传球，并像一个整体迅速突破防线。

对于 Scrum 的起源时间，1993 年苏瑟兰首次将 Scrum 用于软件开发。1995 年他和施瓦佰规范化了 Scrum 框架。2001 年 敏捷宣言及原则发布、敏捷联盟成立，Scrum 是其中一种敏捷框架。2001 年，施瓦佰和比德尔推出第一本 Scrum 书籍《Scrum 敏捷软件开发》。2002 年施瓦佰 和科恩共同创办了 Scrum 联盟。

Scrum 框架

Scrum 是一个用于开发和维持复杂产品的框架，是一个增量的、迭代的开发过程。在这个框架中，整个开发过程由若干个短的迭代周期组成，一个短的迭代周期称为一个迭代，每个迭代的建议长度是 1 到 4 周。在 Scrum 中，使用产品待办事项表来管理产品的需求。产品待办事项表是一个按照商业价值排序的需求列表，列表条目的体现形式通常为用户故事。

Scrum 团队总是先开发对客户具有较高价值的需求。在迭代中，Scrum 团队从产品待办事项表中挑选最高优先级的需求进行开发。挑选的需求在迭代计划会议上经过讨论、分析和估算得到相应的任务列表。在每个迭代结束时，Scrum 团队将递交潜在可交付的产品增量。

3 角色	3 工件
① 开发团队 ② 产品负责人 ③ 敏捷教练	① 产品待办事项表 ② 迭代待办事项表 ③ 增量
5 活动	**5 价值观**
① 产品待办事项表梳理 ② 迭代计划会 ③ 每日站会 ④ 迭代评审会 ⑤ 迭代回顾会	① 承诺 ② 专注 ③ 勇气 ④ 尊重 ⑤ 开放

Scrum 是一个框架，不是一个方法！ Scrum 没有多余的规则和实践，因此，要让它发挥作用，不能偷工减料，建议全盘实践。但是由于转型的阶段不同，可以在某些部分进行适应性调整或阶段性实施，稳步完善，最终的目标是全面到位。

Scrum 流程

Scrum 迭代流程可以概括为在一个完整的迭代期间内，团队不同角色所做事情的事件流，有角色需要与业务方沟通、整理需求和设计产品。有角色需要做基础架构、代码编写、功能测试。有角色需要组织活动、参与评审。Scrum 流程把这些角色所做的事情完美的串在一起，然后很有韵律、很有节奏感的在一个迭代内按照固定的顺序完成，每个迭代以增量的高品质交付结束。对于下图所示的流程，我会在接下来和大家进行详细的分享，分享原理，分享实战应用。

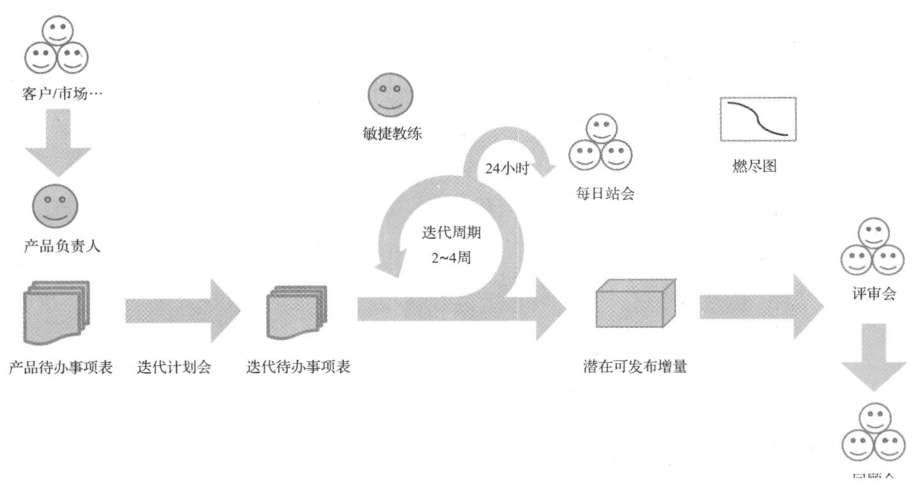

Scrum 精要

Scrum 的精要在于 Scrum 聚焦于团队如何在最短时间交付最有价值的产品，团队按照商业价值的高低，优先完成高优先级的用户故事，对于用户故事的完成周期，团队完成的周期控制在 2 到 4 周。通过每日站会和看板管理，团队可以快速且经常的关注开发的进展，因为迭代周期短，团队响应速度快，团队可以根据市场的反馈及时做出调整，并且团队在 Scrum 框架内实施自组织与自管理，持续改进团队内部流程，提升效率。

对于项目发人起来讲，Scrum 可以帮助项目发起人消除风险，让项目更加透明化、可视化，少出意外。团队拥抱变化并持续改进，可以更好的帮助项目发起人创造价值。对于 Scrum 团队来讲，Scrum 可以帮助团队显著的减少工作切换，以持续的步伐工作，团队自己估算、自己承诺，并且有专职人员保护团队免收打扰，团队战斗力更高。

Scrum 基石

Scrum 基石包括透明、检验、适应与调整三个部分。

- 透明：透明是指在软件开发过程的各个环节保持高度的可见性，影响交付成果的各个方面对于参与交付的所有人保持透明。
- 检验：开发过程中的各方面必须做到足够频繁地检验，确保能够及时发现过程中的重大偏差。在确定检验频率时，需要考虑到检验会引起所有过程发生变化。当规定的检验频率超出了过程检验所能容许的程度，那么就会出现问题。
- 适应与调整：如果检验人员检验的时候发现过程中的一个或多个方面不满足验收标准，并且最终产品是不合格的，那么便需要对过程进行调整，调整工作必须尽快实施，以减少进一步的偏差。Scrum 中通过三个活动进行检验和调整，第一是通过每日站会检验迭代目标的进展，做出调整，从而优化次日的工作。第二是通过迭代评审会议检验发布目标的进展，做出调整，从而优化下一个迭代的工作。第三是通过迭代回顾会来回顾已经完成的工作，并且确定做出什么样的改善可以使接下来的迭代更加高效、更加令人满意，并且工作更快乐。

Scrum 支柱

Scrum 包含迭代开发、增量交付、自组织团队以及高优先级的需求驱动四大支柱。

- 迭代开发：Scrum 中，将开发周期分成多个 1 到 4 周的迭代，每个迭代都交付一些可用的产品增量。迭代是固定的，如果我们选择了两周的迭代，那么在整个开发周期内每个迭代都是2周。每个迭代必须产出可用的产品增量，而不是第一个迭代做需求、第二个迭代做设计、第三个迭代垒代码等等。

- 增量交付：增量是一个迭代及以前所有迭代中完成的所有产品待办事项表条目的总和。在迭代的结尾，新的增量必须“完成”，这意味着它必须可用并且达到了Scrum团队定义的“完成”标准。无论产品负责人是否决定真正发布它，增量必须可用，并且增量是从用户的角度来描述的，它意味着从用户的角度可工作。
- 自组织团队：自组织团队有权进行设计、计划和执行任务。自组织团队需要自己监督和管理他们的工作过程和进度。自组织团队自己决定团队内部如何开展工作，分工协作。
- 高优先级的需求驱动：在Scrum中，我们使用产品待办事项表来管理需求，产品待办事项表是一个需求的清单。产品待办事项表中的需求是渐进明细的，当中的用户故事必须按照商业价值的高低排序。Scrum团队在开发需求的时候，从产品待办事项表最上层的高优先级的需求开始开发。在Scrum中，只要有足够1到2个迭代开发的细化了的高优先级的需求，我们就可以启动迭代了，而不必等到所有的需求都细化之后，我们可以在开发期间通过产品待办事项梳理来逐步的细化需求。

Scrum基础理论学习过程

角色认知、对号入座

基于敏捷Scrum框架，如下图所示，我们主要分享开发团队、产品负责人及敏捷教练三个角色的特征与使命，其间穿插了一个角色寓意，让大家更容易理解与接受。

3 角色	3 工件
① **开发团队** ② **产品负责人** ③ **敏捷教练**	① 产品待办事项表 ② 迭代待办事项表 ③ 增量
5 活动	**5 价值观**
① 产品待办事项梳理 ② 迭代计划会 ③ 每日站会 ④ 迭代评审会 ⑤ 迭代回顾会	① 承诺 ② 专注 ③ 勇气 ④ 尊重 ⑤ 开放

开发团队

敏捷Scrum框架3355中的第一个角色是开发团队，在讲解开发团队之前，我们来观察下图，图中显示这个特战小队有四个人组成，有狙击手，有爆破手，有通讯员。团队成员各司其职、紧密合作、攻坚克难，以团队协作的形式在敌人腹地拔除要塞。结合我们对特战小队的阐述，大家想一想，我们的开发团队又有什么样的特征？

开发团队的特征主要表现在三个方面，首先是小团队，团队成员控制在 3 到 9 人的区间内，所有团队成员专注的投入到团队的工作中，按照可持续的节奏工作，团队长期存在，成员稳定。其次是跨职能，每个成员有特长和专注领域，但是责任归属于整个团队，团队作为一个整体拥有创造产品增量所需要的全部技能，多元化团队成员符合 T 型技能，即一专多能。最后是自组织，团队里面没有管理头衔，团队自组织、自管理，团队自己承担大部分管理职责，团队在每个迭代中持续改进、透明沟通。

对于开发团队的使命，首先，开发团队要决定一个迭代完成多少的工作，团队共同负责达成决定要做的、承诺可以完成的迭代目标，在每个迭代的结尾交付潜在可发布的产品增量。其次，团队要负责管理迭代待办事项表，持续跟踪进展，排除风险、保证进度、保障品质，做到进度和风险的透明化管理。最后，团队要通过迭代回顾的方式持续改进、稳步提升，做到高品质、持续性交付。

关于自组织

敏捷宣言的原则中提到“最好的架构、需求和设计出于自组织团队”。自组织团队也叫做自管理团队或者被授权的团队，团队被授权自己管理自己的工作过程和进度，并且团队决定如何完成工作，也就是说，团队决定如何做，如何实现目标，即团队做技术决策，同时团队也有权利在确保目标的前提下制定团队内的行为准则，对于迭代过程和进度以及风险等诸多情况，团队也有权自己管理并保持其透明性。

自组织团队不是与生俱来的，打造一个团队需要一个过程，打造一个自组织团队也是一样。

- 要让团队完全自主，管理层的关注点也需要微调，管理层要更多的关注团队目标及团队的结构与组成，减少对团队内部具体工作的干预。
- 有了自主，管理者需要引导团队持续改进，帮助团队持续地挑战更高的目标。
- 管理层要给团队提供环境和支持，给团队营造安全感、良好的团队空间、氛围等，给团队提供培训，同时引导团队往正确的方向前进。

开发团队自组织自管理，并不是放羊不管，团队的目标是由管理层决定的，不是开发团队决定，团队只能决定如何实现目标。自组织、自管理也不是不需要管理者，只是管理者从微观管理转向目标驱动、授权团队的管理方式。

关于结对编程

结对编程技术是指两位程序员在一台电脑前工作，一个负责敲入代码，而另外一个实时评审和检查每一行敲入的代码，敲入代码的程序员被称为“驾驶员”，负责实时评审和协助的程序员被称为“领航员”，领航员评审和检查的同时还必须负责考虑下一步的工作方向，比如可能出现的问题以及改进等。

结对编程有助于提升代码设计质量，就结对编程的效率来讲，研究表明结对编程效率比两个单人总和低 15%，但缺陷数少 15%，考虑修改缺陷工作量，结对编程总体效率更高，并且，结对编程能够大幅度促进团队能力提升和知识传播。

敏捷团队在迭代开发期间，可以采用结对编程的工作方式。在采用结对编程时，因为开发人员经常在“驾驶员”和“领航员”的角色间切换，所以，团队成员间要做到平等协商和相互理解，避免出现一个角色支配另一个角色的现象，在开始一个新故事开发的时候即可变换角色，以增进知识传播。作为团队的敏捷教练，我们需要培养团队成员积极、主动、开放、协作的心态，这样能够提升结对编程的效果。同时，在结对编程实施初期，敏捷教练需要精心辅导，帮助团队成员克服个性冲突和习惯差异。

产品负责人

敏捷 Scrum 框架 3355 中的第二个角色是产品负责人，产品负责人是团队唯一一个正式授权的角色，产品负责人代表产品利益相关方，负责与所有人沟通和协调。产品负责人管理产品待办事项表，并且是唯一责任人，产品负责人要驱动产品成功。

在产品界，当仁不让的神级产品大师当属乔布斯，在乔布斯被封神之后，乔帮主说过的话和做过的事、所进行的思考，被很多产品负责人当作是学习的标杆和参考标准。在产品方面，除了化繁为简、实用化、个性化和精益化外，乔布斯还在更高层面给了产品负责人更多的启示。不妨一起回忆一下乔帮主的神语录。

“一定要敢于杀掉自己的产品，而不要等别人来杀你”“把团队拿掉，个人是搞不出东西的”“没有无数的错误作铺垫，谁也无法攀上成功的巅峰”“高标准严格要求自己，把注意力集中在那些将会改变一切的细节上”。颜控、用户体验、至繁归于至简、一体化、直觉、宗教感染力和创新等等，带给我们很多的启示。敏捷开发团队中，我们的产品负责人又要具有什么样的使命？

产品负责人有以下使命。

- 产品负责人要负责创建产品愿景。产品愿景是对产品未来前景和方向的一个高度概括描述，有人说，产品愿景就是产品的一团火，这团火不灭，产品就会一直燃烧，直到火越烧越大。
- 产品负责人还要定义所有产品功能。合理调整产品功能和迭代顺序并决定产品发布的内容以及日期，当然，产品负责人还可以认同或者拒绝迭代的交付。
- 产品负责人需要确保产品待办事项列表对所有人可见、透明、清晰，并告知敏捷团队下一步的工作，还要确保开发团队对产品待办事项表中的用户故事达到一致的理解。
- 产品负责人对产品的投资回报率负责，确保开发团队所完成工作的价值。

敏捷教练

敏捷 Scrum 框架 3355 中的第三个角色是敏捷教练，敏捷教练是团队对接管理层的代表，同时也是管理层对接团队的代表。敏捷教练没有管理头衔，是未被授权的服务形领导，不能强加决定给团队。敏捷教练要辅导团队，同时是团队及组织变革的代言人。

上图是我们示例的敏捷教练特征代表，第一个特征代表是邓爷爷伟大的改革开放缔造者，改革先行者。敏捷教练给团队带来变革，注入活力。

第二个特征代表是牧羊犬，它是羊群的守护者，牧民的看家能手，保护羊群免受打扰，敏捷教练就是团队中的牧羊犬，保护团队免受打扰。

第三个特征代表是前国足主教练里皮，原恒大足球队主教练，带领恒大缔造足球王朝，敏捷教练则指导团队践行敏捷开发实践，帮助团队清除障碍，解决团队困难，带领团队取得成功。

第四个特征代表是服务生，他服务于客户，让客户满意，敏捷教练就是团队中的服务者，没有授权，不是领导，但是也要服务好团队成员，带领团队愉快工作，高效工作。

在敏捷转型实践中，敏捷教练的使命是帮助团队清除障碍和困难，保护团队不受到打扰和威胁，指导团队完成 Scrum 实践，促进团队提升。敏捷教练是产品负责人与开发团队间的平衡者，负责给团队中的所有人传播敏捷思想，还要作为变革代言人，促进产品迭代与交付。

敏捷转型要打破现有人事、资源、框架、文化等各种因素的束缚，可我们知道，敏捷教练没有授权，但是还需要做着变革的事，有权可以用权，没有权，那只能感化，只能用实践证明敏捷的优势与可行性，特别是对于一个新入陌生环境并且没有授权的敏捷教练来说，没有授权进行改革真的很难。敏捷教练在实践过程中多用个人魅力，本书可以帮到大家。

在敏捷团队的内外，都倡导工作的透明化，倡导面对面的交流，倡导团队的自管理，践行这三个原则，敏捷教练要合理引导，适当督促。

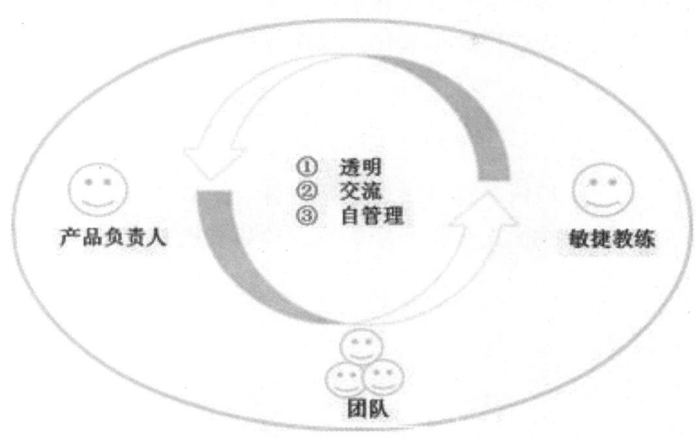

角色寓意

在赛龙舟中，产品负责人相当于龙舟舵手的角色，指引着龙舟前进的方向，带领团队高效快速的驶向目标。实践过程中，产品负责人从业务角度驱动项目，他传播产品的愿景，并定义其主要特性，他也会在迭代结束时接受产品，他的主要职责是确保团队

只开发对于组织最重要的用户故事，他与团队目标相同，并在迭代中帮助团队完成自己的工作，不干扰团队成员，并迅速提供团队需要的所有信息，产品负责人对投资回报负责。

敏捷教练相当于鼓手的角色，鼓舞团队士气，帮助团队解决困难，促成迭代的成功。在敏捷转型实践中，敏捷教练保护团队不受外界的干扰，帮助敏捷团队提升工作效率，并与产品负责人一起将投入产出比最大化。他确保所有的利益相关者都可以理解敏捷和尊重敏捷的理念，但是他不负责交付产品。

开发团队相当于划桨的桨手，桨手在舵手的指引下，在鼓手的鼓舞下，依据指示，按照标准动作进行划桨，以最快的速度到达指定目标，在敏捷开发中，桨手是我们的开发人员，领取产品负责人按优先级排好序的用户故事并进行高品质交付，实现迭代目标，促成迭代的成功交付。

小测试

我们已经知道在敏捷团队中存在开发团队、产品负责人、敏捷教练三个角色，请根据下列选项，判断所对应的角色。

1. 清除障碍，在团队和客户间进行协调。
2. 对产品待办事项进行创建、优先级排序、维护。
3. 参与每日站立会议。
4. 培训并支持团队实施 Scrum。
5. 向团队解释和澄清产品待办事项。
6. 参与迭代计划会和迭代评审会。
7. 带领团队进行改进和提高。
8. 拆分用户故事并进行估算。
9. 支持团队提高生产力。
10. 基于干系人的输入进行决策。
11. 管理版本发布。

一共 11 个选项，你选好了吗？结合前面学到的东西，可以总结一下哦！

工件缺失、不全补全

基于敏捷 Scrum 框架，如下图所示，在本节中，我们主要分享产品待办事项表、迭代待办事项表和增量三个工件，其间穿插流程进度图示，告诉大家每一个工件对应流程的相应环节，以便更容易理解与接受。

3 角色	3 工件
① 开发团队 ② 产品负责人 ③ 敏捷教练	① 产品待办事项表 ② 迭代待办事项表 ③ 增量
5 活动	**5 价值观**
① 产品待办事项梳理 ② 迭代计划会 ③ 每日站会 ④ 迭代评审会 ⑤ 迭代回顾会	① 承诺 ② 专注 ③ 勇气 ④ 尊重 ⑤ 开放

1. 产品待办事项表

敏捷 Scrum 框架 3355 中的第一个工件是产品待办事项表，产品待办事项表是一个排序的列表，里面列出了所有的特性、功能、需求、改进方法和缺陷修复等对未来发布产品进行的改变，包含所有产品需要的东西，也是产品需求变动的唯一来源，任何人都可以添加，但最终由产品负责人来管理。

对于产品待办事项表，产品负责人和开发团队协作讨论产品待办事项表的细节，产品负责人负责产品待办事项表的内容、可用性和优先级。开发团队负责所有的估算工作，产品负责人可以通过协助团队权衡取舍来影响他们的决定，但最后的估算是由执行工作的人来决定的。产品待办事项表通常以价值、风险、优先级和必须性排序，根据实际的情况动态调整需求的排序，它是一个动态的持续完善的清单，聚焦于如何给客户提供最大价值，每一个用户故事都要创造价值。

如下图所示，产品待办事项表是整个敏捷计划的开端，敏捷开发不强调计划，特别是不强调使用长期计划，更注重计划的灵活性。我们在敏捷开发转型实践中强调即时计划，而不是预先计划。

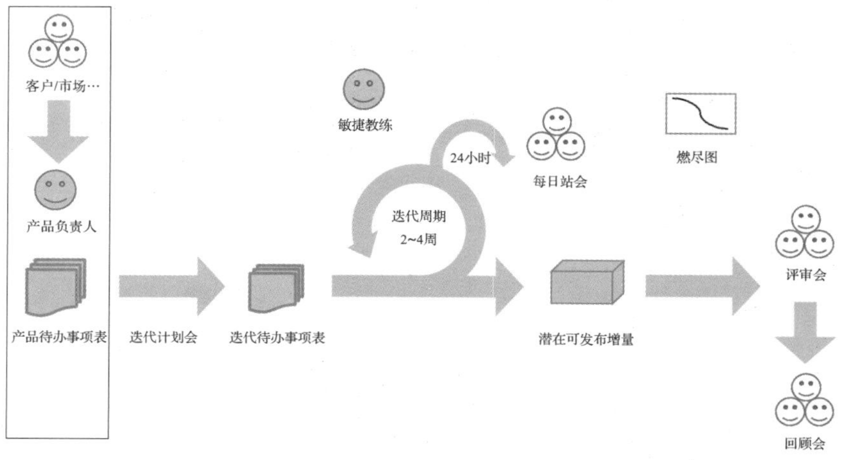

敏捷开发迎接变化，项目是易变的，那么带来的就是计划也可以变，但项目毕竟不是一盘散沙，建议计划短期必须详细和严格，长期可以做个大概，并根据短期计划进行演化变更，我们要对每天计划、迭代计划、版本计划、产品计划等等进行有效合理的判别区分与排列组合，以适应敏捷的特殊性。

产品待办事项表必须满足以下四点要求。

- 要恰当的详细，不能过粗。
- 要能估算，要保持合适的粒度。
- 要渐进明细，随着不断的梳理，产品待办事项表上的条目逐渐细化明细。
- 要有优先级排序。

产品待办事项表通常以价值、风险、优先级和必须性排序，它是一个按照优先级由高到低排列的一个序列，每个条目有唯一的顺序。排在顶部的产品待办事项表条目需要立即进行开发，同时排序越高，产品待办事项列表条目越紧急，就越需要仔细斟酌，并且对其价值的意见越需要保持一致。

排序越高的产品待办事项表条目比排序越低的产品待办事项表条目更清晰、更具体。根据更清晰的内容和更详尽的信息就能做出更准确的估算。优先级越低，细节信息越少。开发团队在接下来的迭代中将要进行开发的产品待办事项表条目是细粒度的，已经被分解过，因此，任何一个条目在迭代周期内都可以被完成。开发团队在一个迭代中可以“完成”的产品待办事项表条目被认为是“准备好的”或者“可执行的”，能在迭代计划会议中被选择，下图帮我们有效诠释了产品待办事项表条目粒度细分的层级。

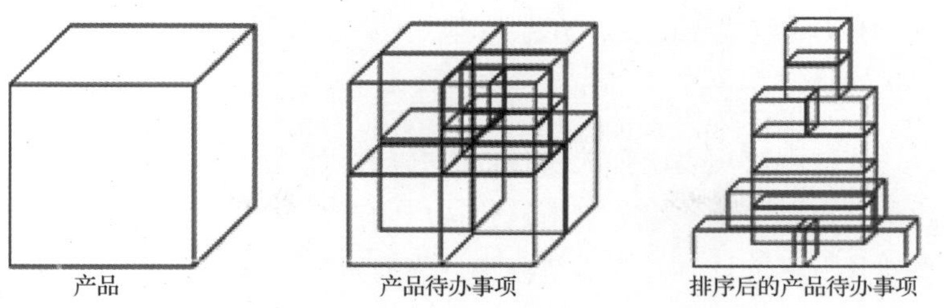

在我的敏捷开发转型实践中，Bug 是不能进入产品待办事项表中的。如果一个迭代要发布，那么影响发布的所有 Bug 必须都要消灭掉，不能带入到下一个迭代中，更不能进入产品待办事项表的，产品待办事项表中只有功能性用户故事和技术故事。

迭代待办事项表

敏捷 Scrum 框架 3355 中的第二个工件是迭代待办事项表，我们知道，Scrum 是一种迭代和增量式的产品开发方法。一个迭代是指一个 1 周到 4 周的迭代周期，迭代周期的长度一旦确定，保持不变，迭代在整个开发过程中的周期一致，这个固定的迭代周期我们也称为迭代时间盒。迭代的产出是完成的、可用的、潜在可发布的产品增量，新的迭代在上一个迭代完成之后立即开始。迭代由迭代计划会议、每日站会、开发工作、迭代评审会议和迭代回顾会议构成。

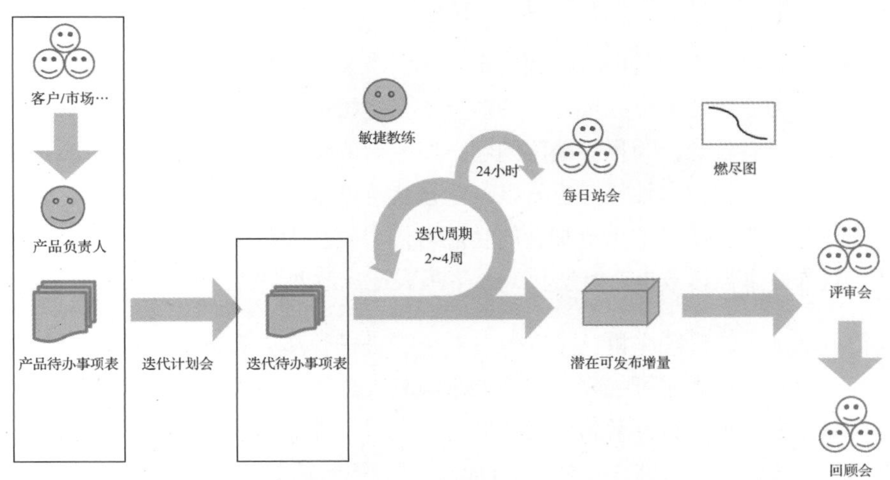

在迭代进行过程中，有些东西是不能发生变化的，首先，迭代的任务目标不能变。比如迭代开始时定的目标就是发布，那么迭代结束时，交付物必须发布。其次，迭代的质量目标和验收标准不能变，符合迭代初期定义的质量要求和定好的验收标准不能随意变更。最后，团队的组成不能变，不建议迭代中因主观原因造成团队临时增减人员，要尽力保证团队的稳定。

如下图所示，迭代待办事项表出现在迭代计划会后，是从产品待办事项表中剥离出的一部分，迭代待办事项表是一组为当前迭代选出的产品待办事项表条目，外加交付产品增量和实现迭代目标的计划，产品待办事项表的子集，落实到某一个迭代。迭代待办事项表也是开发团队对于哪些功能要包含在下个增量中以及交付那些功能所需工作的预计，定义了开发团队把产品待办事项表条目转换为完成的增量所需要执行的工作。迭代待办事项表也是一份足够具体的计划，使得进度上的改变能在每日站会中得到理解，包括技术任务，聚焦于团队如何完成任务，交付价值。

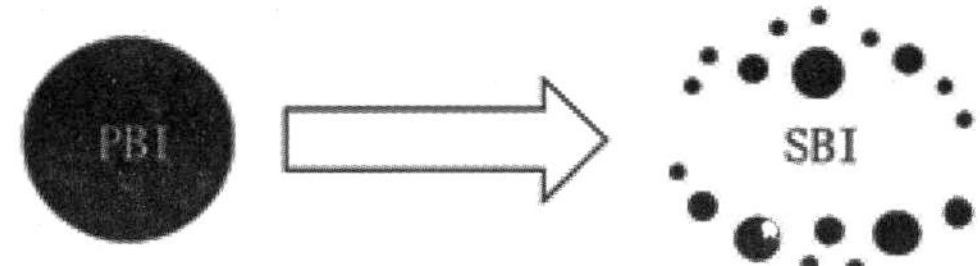

紧急的迭代待办事项表条目可以由团队决定增删改。迭代待办事项表只属于开发团队，当出现新工作时，开发团队需要将其追加到迭代待办事项表中去，迭代输出的结果须是可用的增量。迭代待办事项表并非固定不变，随着时间的变化，开发团队对于需求有了更好的理解，有可能发现需要增加一些新的任务到迭代待办事项表中。

在我带的一个敏捷转型团队中，遇到一个紧急需求要插入到当前迭代，留给团队的时间有限，在这种分析不充分就要开工的情况下，边做边摸索，新的任务加入迭代的情况不可避免。还有就是因为程序缺陷问题，产生新的任务加入到迭代待办事项表中。最后就是未预知到的技术性任务也可以引起迭代待办事项表的变化，比如在某一紧急迭代中领导突然要加某某信用免押金的功能对接，要加入数据埋点，这些团队从来没有做过，新的技术性任务也会对迭代待办事项表造成改变。

就迭代待办事项表的管理来讲，可以通过看板来进行管理，看板是一种常见的可视化管理工具，可有效的用来可视化迭代待办事项列表。团队负责管理迭代待办事项表，团队将产品待办事项条目分解为迭代待办事项条目，并在不知道谁将对其进行处理的情况下进行评估。对于迭代待办事项条目的管理，团队需要明白，工作从不进行分配，团队成员自己领取任务，任务不会被强制分配给某一特定人员。

敏捷开发转型实战中，会出现团队成员能力不统一的情况，有人技术厉害，有人则比较次，部分任务只能由团队中某一人来完成的情况。期待可以征询大家的建议，做到互帮互助，带领队员一起成长。团队负责每天更新任务，并估算有无风险，站会时，在物理看板上数数余下未完成的任务，也是一种很好的方法，通过数数来感知任务量，预知风险，营造合理的心理预期。

增量

敏捷 Scrum 框架 3355 中的第三个工件是增量。有一个敏捷开发转型团队中，一个同学问我。什么是增量？其实，增量，在数学上就是变量变化的值。通俗讲，一个量相对本身有了变化，这个变化的大小就是这个量的增量。敏捷开发中，我们可以用垒积木来示例，每一块积木都可以理解为一个增量，两块积木合在一起垒上去，也可以理解为一个增量，通俗来讲，在原有物体上每次加的东西就可以理解为一个增量。

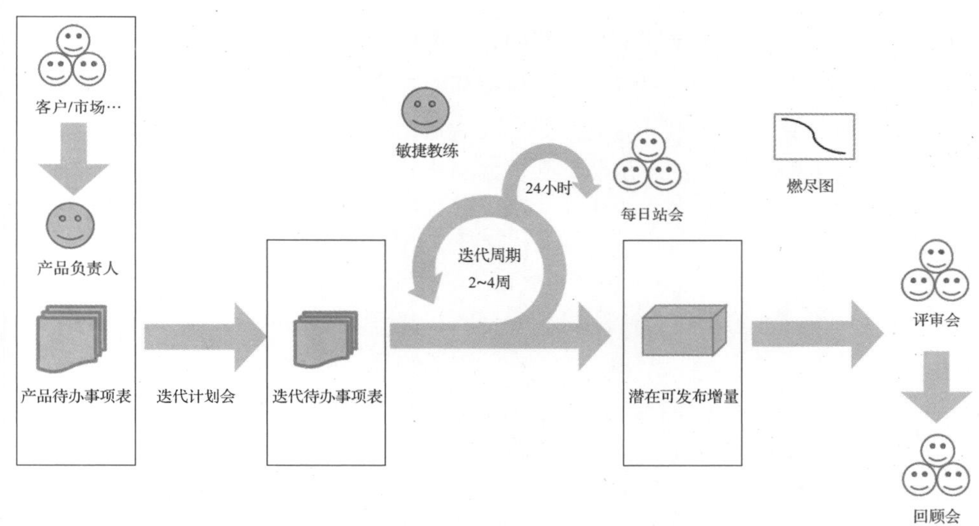

我们首先要知道，累计待办事项条目在迭代与之前的所有迭代中完成。如上图所示，开发团队会在每一个迭代完成一个潜在的可交付的产品增量，对于增量来说，要满足以下条件。

- 增量必须处在可使用的条件下，满足质量标准与验收标准。
- 不管产品负责人是否决定发布它，增量都是可交付的，随时处于待发布状态。
- 尽早发布增量，而不是在一个版本中交付所有增量，迭代交付，持续交付，尽早让团队做出来的东西见到客户，获得反馈和改进提升。

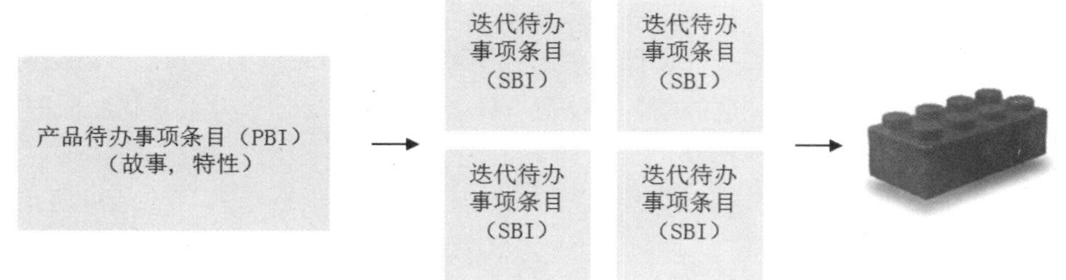

我比较推荐通过使用燃尽图和看板让整个增量产生过程可视化，其实也是进度可视化的一部分，形成有效的对内对外提醒，合理控制进度、预知交付风险。燃尽图展示燃尽的即完成的故事点数，而不是工作小时数。如下图所示，纵轴展示故事点数，横轴展示当前迭代的天数。团队每天更新燃尽图，如果在迭代结束时，累积故事点数降低到 0，迭代就成功结束。

对于燃尽图的设计，只要团队能很方便的更新燃尽图就可以，没有必要让燃尽图看起来很炫，也不要过于复杂，难以维护。敏捷开发转型实践过程中，除了使用故事点燃尽图外，可能还会搭配使用 Bug 记录图，主要想通过长期的观察对比，以视觉感知形式告知团队成员每个迭代的起伏变化，更好的感知迭代中出现的各种波动，形成波动调整方案，提升应急能力。

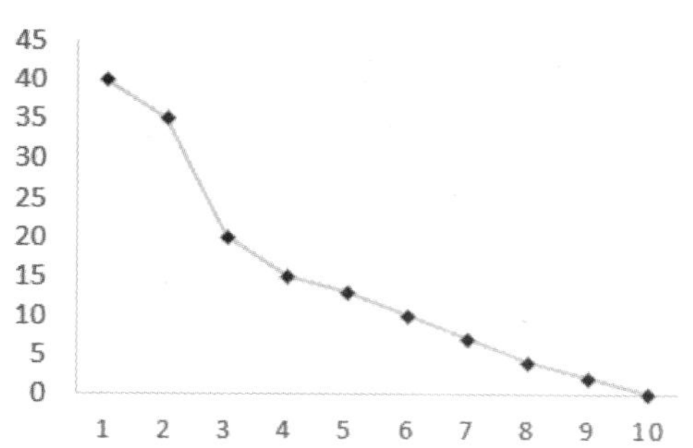

看板集合了选择好的迭代待办事项，并以可视化方式展示，看板只能由团队维护，每日站会时，团队更新看板，移动迭代待办事项，更新燃尽图。在同一场所办公的同事，尽量使用大白板，如果是分布式团队，可以使用协作软件。

如下图所示，看板一共分为五列，第一列是产品待办事项，以价值、风险、优先级和必须性排序的待办事项。第二列是准备做，迭代中准备完成的用户故事或是对应的任务放该列。第三列是进行中，当前团队成员开始某个任务后，他会将该任务对应的卡片放到进行中，到了下一个工作日，如果这个任务还没有完成，我在敏捷转型实践中会让团队成员在这个任务卡上画”-“或写”正“字，一天一笔。

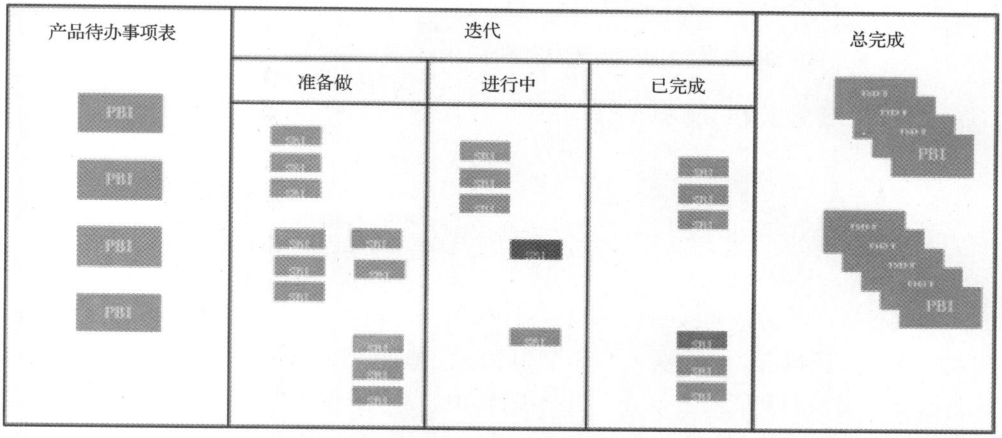

产品待办事项表	迭代			总完成
	准备做	进行中	已完成	
PBI PBI PBI PBI	SBI SBI SBI SBI SBI SBI SBI SBI SBI SBI SBI SBI	SBI SBI SBI SBI SBI	SBI SBI SBI SBI SBI SBI	PBI PBI

如果某个任务在进行中所处时间超过一天，就尽量将该任务分为更小的部分，然后把新任务放到那一列。如果一个新任务因为某个障碍无法完成，就会得到一个画横杠标记，我们可以记下这个障碍。第四列是已完成，当一个任务卡完成后，负责该任务的团队成员就可以将其放入完成列，开始选取下一张任务卡，在我的团队中，是由测试人员来负责移动到已完成的，只有验收通过的才能移动到已完成。第五列是总完成，存放已经完成的待办事项，包括上一个迭代的。

完成标准，逐步完善

对于迭代中的待办事项，不论是用户故事还是被拆解的更细的任务，都要满足一定的验收标准，只有通过验收标准的验收才能代表完成。验收标准的格式如下：

给定：[前提条件]
何时：[用户输入]
然后：[用户获得预期结果]

验收标准其实也可以理解为平时的测试用例，可以理解为叫法不一样，书写的格式有些许差异，但是功能是类似的，都是用来检验功能实现的准确性、完善性、稳定性等，下图是一个验收标准（AC）示例。

- 作为一名用户
- 我希望通过用户名和密码登录A网站
- 这样我就可以观看VIP内容了

AC1:
给定:基于web的登录UI
何时:我输入正确的用户名/密码
然后:我可以登陆并重定向到登陆页面

AC2:
给定:基于web的登录UI
何时:我输入了一个不正确的用户名/密码
然后，我应该被提示"错误的用户名或密码，再试一次"

AC3:
给定:一个web设备登录用户界面
何时:在系统中登录时，启用"记住我"
然后:下次我就不用再输入我的用户名/密码了

刚才我们提到，用户故事或是任务只有通过验收标准的验收才能代表完成，那什么是完成？在定义完成前，我们先来看一个小故事，如下图所示，在第一图中，开发人员说自己开发出来的功能质量很好，但是测试人员说，开发出来的功能质量很差，这是为什么哪？再观察第二张图，开发人员和测试人员都对彼此很满意。对比两图，我们发现，这其间的差异只有一个完成标准，因为团队有了完成标准，团队成员遵守了完成标准，彼此的满意度得到提升。

对于非全能型团队来说，开发人员和测试人员共存的情况还是非常普遍的。开发人员往往对自己开发出来的东西信心满满，认为质量很好，但是测试人员却觉得质量很差。究其原因，是因为两者没有使用统一的完成标准，两个人对标准的认知是不一样的，所以才会存在着争论。如果团队中形成了统一的完成标准，并且获得大家的认可和遵守，相信可以大大的减少因标准不统一带来的争论。

对于完成标准的定义，需要团队共同讨论得出，不同团队的完成标准可能不一样，不能照搬，因为团队的严格度是不一样的，团队需要共同讨论出行为准则，对完成的定义有相同的理解，讨论出来后，所有的团队成员必须共同遵守完成标准。

在敏捷开发转型实践中，要依据完成标准的层次，分别定义每日完成标准，单个用户故事的完成标准，一个迭代的完成标准，还有一个发布版本的完成标准，并获得团队的认可和接受。如果在每个迭代中，我们对完成的标准要求过低，那么会导致在每个迭代后，我们都会遗留一些“额外”的工作，额外工作的持续累计会增加团队的风险，有可能导致产品负责人决定发布的时候，产品却因为累积了过多的额外工作而无法发布，以致于我们还需要一个额外的迭代来使它稳定，这些额外的工作就是Bug和各种技术债。

Scrum五项活动的学习与体验

基于敏捷Scrum框架，如下图所示，在本节中，我们主要分享产品待办事项梳理、迭代计划会、每日站会、迭代评审会、迭代回顾会五项活动，其间穿插了流程进度图示，告诉大家每一个活动对应流程的相应环节，本节是核心中的核心，需要好好理解与吸收。

3角色	3工件
① 开发团队 ② 产品负责人 ③ 敏捷教练	① 产品待办事项表 ② 迭代待办事项表 ③ 增量
5活动	**5价值观**
① 产品待办事项梳理 ② 迭代计划会 ③ 每日站会 ④ 迭代评审会 ⑤ 迭代回顾会	① 承诺 ② 专注 ③ 勇气 ④ 尊重 ⑤ 开放

产品待办事项梳理

敏捷Scrum框架3355中的第一个活动是产品待办事项梳理，产品待办事项通常会很大，也很宽泛，而且想法会变来变去、优先级也会变化，因此，对于产品待办事项的梳理，我们要特别的注意，在进行产品待办事项梳理时，最好所有团队成员都参与，而不单单是产品负责人一个人的事儿。

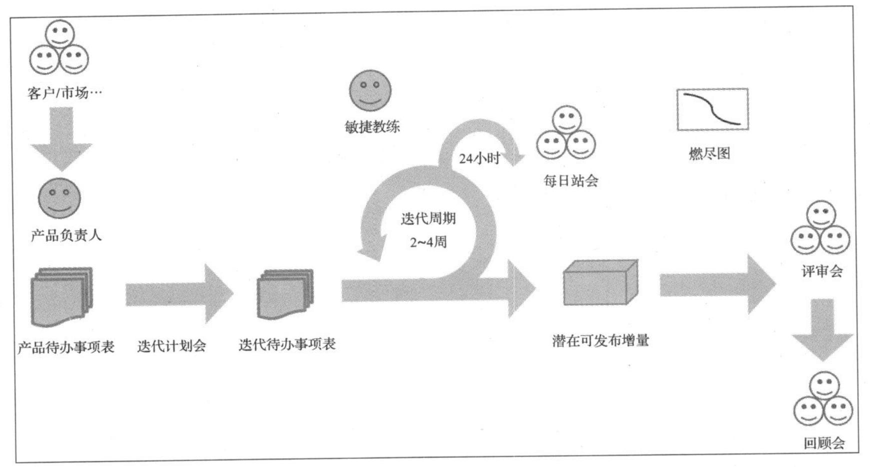

如上图所示，产品待办事项梳理是一个贯穿整个 Scrum 团队始终的活动，是一个持续性的活动，而不是一个正式的迭代活动。我们在进行产品待办事项梳理时，要以非正式的方法穿插在迭代期间，要合理合情的控制梳理方式。产品待办事项梳理的一个最大好处是为即将到来的几个迭代做准备，梳理时会特别关注那些即将被实现的事项。

那产品待办事项梳理到底是做什么哪？如何做哪？具体来说可以归纳为以下几点。

- 对产品待办事项进行优先级排序。
- 对产品待办事项表中不再重要的需求做删除或降低优先级处理。
- 在产品待办事项表中增加新的需求或把一些需求的优先级提高。
- 把产品待办事项表中的需求进行拆分细化。
- 把产品待办事项表中的一些需求进行整合。
- 对产品待办事项表中的需求进行评估。

知道了如何进行产品待办事项梳理，接下来我们来聊聊产品待办事项梳理的目标，总的来说，产品待办事项梳理有三大目标。

- 期待每个团队成员都清楚产品待办事项。我在敏捷转型实践中，会先让产品负责人把产品待办事项简单澄清一下，然后团队开始提问，产品负责人来负责解答，通过反复的交流，让大家对产品待办事项保持一个一致的理解。如果在极端的紧急项目中，为了让团队成员快速而高效的对产品待办事项理解一致，可以让团队成员复述产品待办事项及详细的逻辑及注意事项，因为单纯的听和复述讲解是不一样的，大家可以实践一下，非常的有效。
- 期待通过梳理，可以把下一次迭代的产品待办事项梳理的非常细。由远及近，由大到小，产品负责人及团队成员要注意梳理的粒度，符合下次的迭代要求。

- 期待可以对整个产品待办事项重新估计，产品待办事项梳理的过程也是重新估算的过程，这个估算不仅仅是工作量的粗略估算，比如，这些产品待办事项大约需要几个迭代实现，当然还包括技术实现能力与技术实现可行性的估计，可能需要学习和储备一些新技术。

如下图所示，产品待办事项被持续反复的更新改进，我们需要注意，Scrum 中没有"需求阶段"，也就是说没有专门的梳理时间，产品负责人可以每天花几分钟和团队讨论一下最新的产品待办事项，如果觉得频次太高，也可以隔几天。

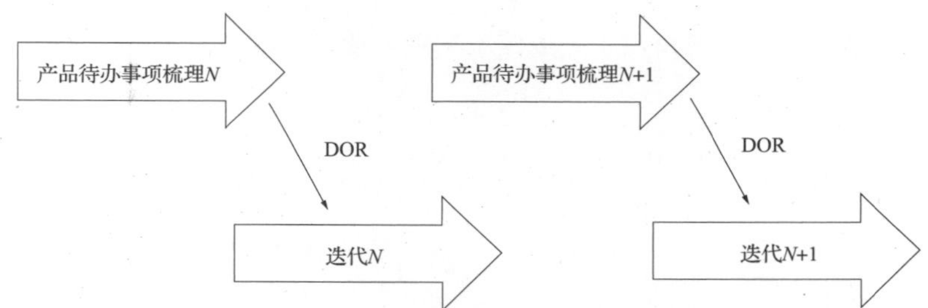

我在敏捷开发转型实践团队中发现，产品负责人有时给团队发邮件，团队根本不看，召集讨论的频次太高，时长如果控制不好，又很容易引起团队成员的反感，所以，可以把非正式的产品待办事项梳理，搞的相对正式一些，比如可以约定在迭代期间的某一个时间点，固定的招开一个 10 到 20 分钟的短会，用来专门梳理，这样时间相对可控，也可以提升团队满意度。

整个团队持续反复的更新改进产品待办事项。产品待办事项梳理不是一次性就完成的活动，需要依据粒度需要和可实现性及优先级持续进行。产品待办事项细化是产品负责人的核心职责之一，产品负责人要主动组织和负责，做最有价值的梳理。

开车的朋友都知道，近光灯可以把视域聚焦在更靠近车辆的地方，远光灯则会把灯光打的更远、捕捉远方的、下下一秒的情况。那么，产品待办事项的梳理就好像车灯在近光灯与远光灯间的切换，近期梳理关注近期迭代，远期粗粒度的梳理，关注远期迭代，产品负责人在组织产品待办事项梳理的过程中，要合理控制梳理的远近、频次、质量。

迭代计划会

敏捷 Scrum 框架 3355 中的第二个活动是迭代计划会，如下图所示，每个迭代都以迭代计划会作为正式开始，迭代计划会是一个固定时长的会议，在这个会议中，敏捷团队共同选择和理解在即将到来的迭代中要完成的工作。整个团队都要参加迭代计划会，针对排好序的产品待办事项，产品负责人和开发团队成员讨论每个事项，并对该事项达成共识，包括完成的标准及为了完成该事项所需要完成的所有事情。

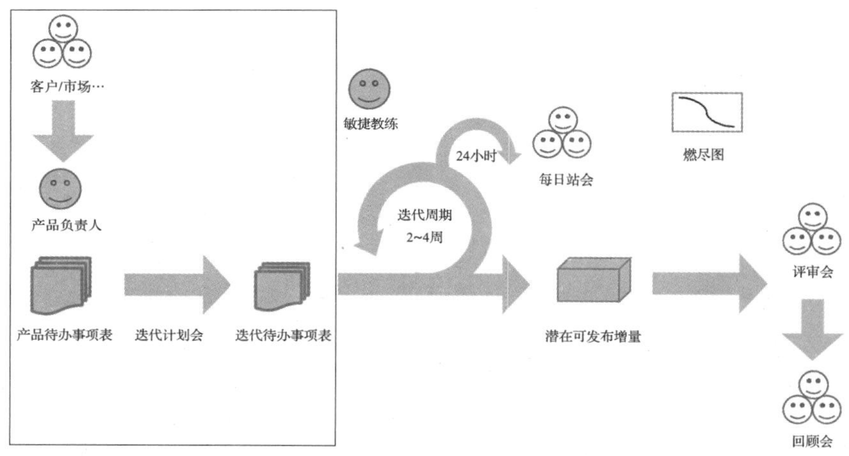

迭代计划会推荐时长是迭代中的每周对应两小时或者更少，比如一个为期两周的迭代，迭代计划会时长应为 4 个小时或者更少，因为会议是限制时长的，迭代计划会的成功十分依赖于产品待办事项的质量，这就是为什么在上一节中一直在强调产品待办事项梳理十分重要的原因。

迭代计划会主要是确定在迭代中要做什么以及如何做，产品负责人向开发团队澄清经过优先级排序的产品待办事项，阐明最终用户到底要什么，开发团队可以从该会议中详细了解最终用户的真实需要，并在团队内部对需求保持统一的理解，整个 Scrum 团队共同理解这些工作。只有团队成员才能决定团队在当前迭代中能够领取多少个用户故事。迭代中需要完成多少产品待办事项，这些都由开发团队决定，产品负责人或任何其他人，都不能给开发团队强加更多的工作量，在会议的结束，团队将会决定他们能够交付那些东西。

我在敏捷开发转型实践中，会在迭代第一天的上午召开迭代计划会。迭代计划会以产品负责人的用户故事澄清开始，产品负责人从第一个用户故事开始澄清，与梳理不同，这次是详细的讲解，包括产品的交互稿、视觉稿，当然是准备好的情况下。澄清完成后，开发团队可能会提出疑问，产品负责人与开发团队讨论，直到团队对此用户故事达到深度的理解，所有的用户故事都采取同样的步骤进行澄清，澄清结束后，团队对用户故事进行拆分，拆分完成后团队开始进行集体估算，估算完成后，团队领取符合自己实情的任务，团队决定自己做多少，产品负责人和敏捷教练都不能压迫团队。

团队领取完成后，敏捷教练可以正式的询问团队，大家确定要领取这些任务？大家觉得可以在迭代规定的时间盒内高品质的完成交付？如果团队回答可以，则可以继续向下进行，如果团队回答不可以，则可以调整相应的领取情况，直到团队回答可以。在团队确认任务领取范围后，团队开始编写用户故事验收标准，编写完成后，对刚刚拆解的用户故事进行打印，通过 Excel 打印和通过 JIRA 打印都可以，最终的目的只要能贴在物理看板上就可以。任务贴在物理看板上并不是迭代计划会的最后一步，迭代计划会以产品负责人对验收标准的确认结束。在后面的章节中，会有一节专门分享迭代计划会的实战流程与常见问题分析。

每日站会

敏捷 Scrum 框架 3355 中的第三个活动是每日站会，每日站会就是每天由开发团队自组织的站立会议，会议会在固定的时间、固定的地点开。如下图所示，每日站会贯穿整个迭代，是每天必须进行的一项固定活动，必不可少。

在我的敏捷转型实践中，每日站会在物理看板前开，看板是一面墙或是一个移动的白板，只要看板前能有容纳 3 到 9 人的空间就可以。开发团队通过每日站会来确认他们仍然可以实现迭代的目标。在每日站立会议上，每一个开发团队成员需要提供以下三点信息：我昨天完成了什么，我今天计划完成什么，我遇到了什么困难。

除了这三点信息，不建议在站会上沟通别的信息，原因是因为站会时间比较短，不方便问题的展开，站会本身就是沟通会，而非详细的阐述会，也不是具体问题的讨论会。每日站会的作用突出，可以给团队带来透明性、信任和更好的绩效，它能帮助快速发现问题，并促进团队的自组织和自管理，当然在每日站会上会遇到各种各样的奇葩问题，我会在接下来章节中和大家分享实战案例。

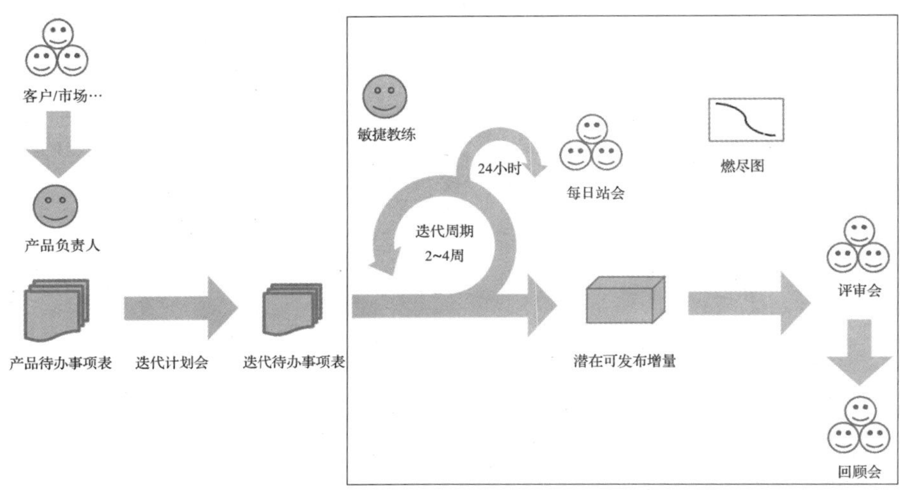

每日站会对团队非常重要，主要表现在以下三个方面。

- 团队可以通过每日站会协调其每日活动，报告遇到的困难。比如就 App 团队来说，不管是 IOS 还是安卓端需要描画某一个页面了，后台需要提供对应的接口，通过每日站会可以协调后台的进度。比如后台开发人员在调用某一个固定的服务时，遇到了困难，需要架构团队配合支持，也可以在站会上提出。
- 每日站会可以帮助团队聚焦当日任务，专注在当日领取的任务，当日领取，当日完成。
- 团队可以通过每日站会落实进度、预知风险。在每日站会时可以更新看板和燃尽图，可以把任务从准备做移动到进行中，也可以把任务从进行中移动到待验收或已完成，根据团队的实际情况决定，然后开发团队来更新燃尽图。

每日站会在固定的时间、固定的地点、沟通固定的三个问题，我在敏捷开发转型实践中会执行不等人的策略，不会因为某一人而延迟站会的召开时间。每日站会时，团队会聚在看板前，可以围成半环形，当然，团队成员的站位是门学问，特别是敏捷教练的站位。

团队成员自发非指定发言，回答“昨天完成、今天完成、困难”三个问题，为了避免没人主动站出来述说的尴尬，可以试试传笔，传到那个队员，那个队员发言。团队成员边讲边更新任务状态，将看板上的任务放到正确的列中，看板不同，规则不同，移动会有差异。团队成员更新完上一工作日的任务状态后，可以认领新的任务，并将其放入进行中。如果遇到问题或是障碍，就要将其报告给敏捷教练，如果团队中还存在项目经理或技术 Leader 的情况，也可告知他们，团队特情一定要考虑。最后可以把笔传给下一个团队成员，开始重复这个步骤。

每日站会时，敏捷教练不要提问题，而是做一个安静的倾听者和引导者。同时，团队成员需要知道，不要向敏捷教练或管理层人员报告，这是沟通会，不是汇报会。团队成员也尽力不要改变会议话题，切记围绕着“昨天完成、今天完成、困难”三个问题。也尽力不讨论技术问题或是具体问题的实现细节。团队成员不要迟到，团队需要知道，不因某一人员的迟到而让所有团队成员等待。作为敏捷教练，在站会时，不要替团队成员移动任务便利贴，团队成员自己移动更新，也不要替团队更新燃尽图，团队成员自己更新。

迭代评审会

敏捷 Scrum 框架 3355 中的第四个活动是迭代评审会，如下图所示，迭代评审会会放在迭代即将结束时召开，团队和干系人一起评审迭代的产出，讨论围绕着迭代中完成的产品增量，这是一个非正式会议，每个人都可以在迭代评审会议上发表意见。

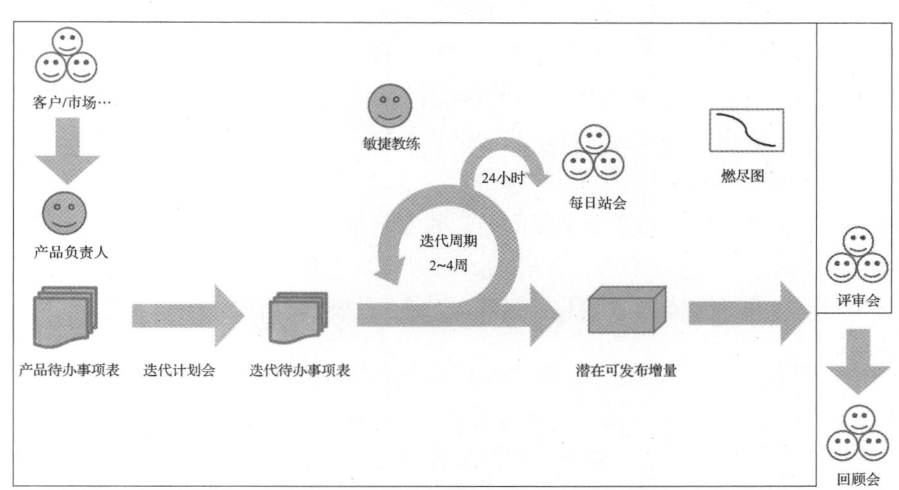

团队会找到他们自己的方式来开迭代评审会议。比如在我负责的敏捷转型团队，会把迭代评审会当成一个正式的会议来召开。产品负责人首先讲解本次迭代的目标与已实现功能，然后开发同学演示本次迭代的产品功能，干系人评审迭代的产出，当然干系人会提出一系列的反馈建议，产品负责人会记录下来，放在产品待办事项表中。

敏捷团队召开迭代评审会的目的是期待在会议中向业务方或最终用户展示团队迭代成

果。同时，团队成员希望得到反馈，为产品产生新的输入，为以后的持续改进优化做好准备。作为迭代评审会的输出，有来自业务方的反馈、有团队困难、有新的团队任务、有新的产品待办事项，产品负责人作为迭代评审会的组织者和负责人，要认真对待评审会的每一个细节，为上线发布做好铺垫。

为了更好的召开迭代评审会，在团队开迭代评审会前，需要满足以下三点要求。

- 有可以发布的产品增量。这个增量由开发团队演示，我只所以强调由开发团队演示，是因为开发团队要对自己开发的东西负责，要有自信，演示也是提升开发团队开发品质的一种方法，可以激励开发团队做出更好的东西，毕竟每个人都不希望自己在别人面前演示一个烂东西。
- 新功能允许试用。迭代评审会允许所有的参与者尝试由团队展示的新功能，开发团队要搭建好试用环境，可以让参与评审的干系人试用。
- 业务方的反馈与评价可以得到客观、准确的记录。团队要让业务方参与评价，不论是产品满意度评价还是技术服务满意度评价，要认真收集，为回顾会产生输入。

产品负责人负责组织迭代评审会，迭代评审会有以下三个步骤。

1. 产品负责人组织团队及业务方来参加迭代评审会议。在会上产品负责人阐述本次迭代的迭代目标、团队在本次迭代中已经开发的用户故事，已经完成的功能点。
2. 开发团队展示新功能，并让最终用户尝试新功能，团队与用户、业务方沟通功能实现情况。
3. 业务方或最终用户填写满意度调研问卷，收集反馈，并在会后反馈给团队，当然，满意度调研问卷不是每个迭代都有的，可以间隔进行。在整个评审会期间，敏捷教练可以协助推进整个会议进程，最终用户的反馈将会由产品负责人分析、反馈。

敏捷团队在进行迭代评审会时，不要演示不可能发布的产品增量。开发团队负责演示，并搭建好试用环境，只演示在迭代中要发布的内容，敏捷教练不要负责演示。还要注意，团队不是给产品负责人演示，要面向用户、业务方、干系人，是给这些人演示。对于有外地用户的产品，可以通过直播的形式让外地用户参与其中。我们团队在迭代评审会时，会使用钉钉直播功能。作为敏捷教练，要帮助产品负责人合理的控制会议现场和控制会议时间。最后，就是满意度调研不是每次都有的，要结合团队实际情况。

迭代回顾会

敏捷 Scrum 框架 3355 中的第五个活动是迭代回顾会，如下图所示，迭代回顾会会放在迭代评审会后召开，是最后一个活动。在每个迭代结束后，敏捷团队会聚在一起开迭代回顾会，回顾一下团队在流程、人际关系、产品交付等方面做得如何，其作用是帮助团队发现迭代中做的好的事项、发现迭代中值得改进的事项和需要禁止的事项，并找到解决方案。也是让团队从过去中学习，指导团队提升的有效方法。

回顾会的根本目的是想通过回顾，让团队知道开始做什么，停止做什么，继续做什么，为下一个迭代做的更好做好准备。因此，敏捷教练在组织迭代回顾会时，首先要明白，迭代回顾会放在迭代结束后做，我在敏捷转型实践中会放在上线发布后召开迭代回顾会。其次，敏捷教练负责组织迭代回顾会，并准备好需要用到的白板、即时贴、马克笔或电子调研问卷。最后，建议回顾会在相对轻松的环境下招开，可以给团队准备一些水果和零食，不要把回顾会开成批斗会。

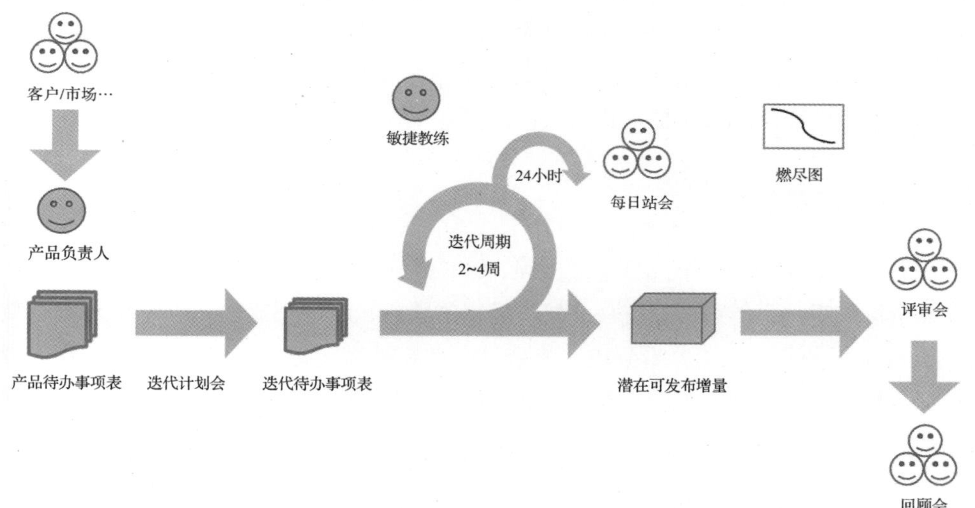

如果团队采用白板便利贴的形式，迭代回顾会则采用以下流程。

- 准备一个标有优点项、改进项、禁止项的白板。
- 发放便利贴给团队成员。
- 开始回顾迭代中的优点项、改进项、禁止项，并写在便利贴上。
- 收集便利贴，然后归类整理。
- 轮流阐述对应便利贴上的内容，并提出自己的建议与解决方案。
- 记录解决方案，在下个迭代中落地执行。

如果团队采用电子问卷的形式，迭代回顾会的流程是。

- 准备一个带有优点项、改进项、禁止项的电子问卷。
- 敏捷教练把问卷二维码或问卷链接推送给团队成员。
- 开始回顾迭代中的优点项、改进项、禁止项，并填写在电子问卷上。
- 轮流阐述问卷上的内容，并提出自己的建议与解决方案。
- 记录解决方案，在下个迭代中落地执行。

敏捷教练在组织团队迭代回顾会时，不要对发现的问题妄下结论，要善于引导团队发现问题并让团队给出解决方案。最好不要让管理层人员参与会议，假如管理层成员参加了迭代回顾会，请忽略本条建议。还有就是提醒团队成员，不要在团队之外讨论发现的问题，只把问题留在会议室，对于回顾会中的改进项、禁止项，一定要有落地执行的方案，当然，回顾会不一定非要是优点、改进、禁止三项，也可以有更加丰富的形式，比如通过游戏的形式进行回顾，在游戏中发现问题，也可以深化培训，但需要注意的是，要结合敏捷转型的阶段合理的举行。最后，就是回顾会不一定一个团队开，如果多团队协同的项目，也可以多团队联合开，把回顾会做成团队的联谊活动，深化团队协同，以便让团队间能更加相互支持。

认知 Scrum 核心价值观

敏捷 Scrum 框架的最后一个部分是价值观，如下图所示，包括承诺、专注、勇气、尊重、开放五个价值观。可能很多朋友一直处于懵逼的状态，我一直放这个敏捷 Scrum 框架和 Scrum 流程是什么意思？看到这一节希望大家能明白，大家可以看到这个流程的方框一直在扩大，截止到这一节，整个 Scrum 流程已经讲完了，Scrum 框架的 3355 也讲完了，理论部分到此为止。

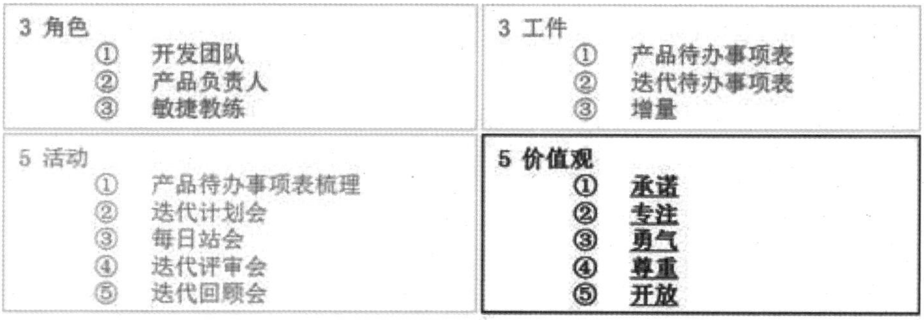

3 角色	3 工件
① 开发团队 ② 产品负责人 ③ 敏捷教练	① 产品待办事项表 ② 迭代待办事项表 ③ 增量
5 活动	**5 价值观**
① 产品待办事项表梳理 ② 迭代计划会 ③ 每日站会 ④ 迭代评审会 ⑤ 迭代回顾会	① **承诺** ② **专注** ③ **勇气** ④ **尊重** ⑤ **开放**

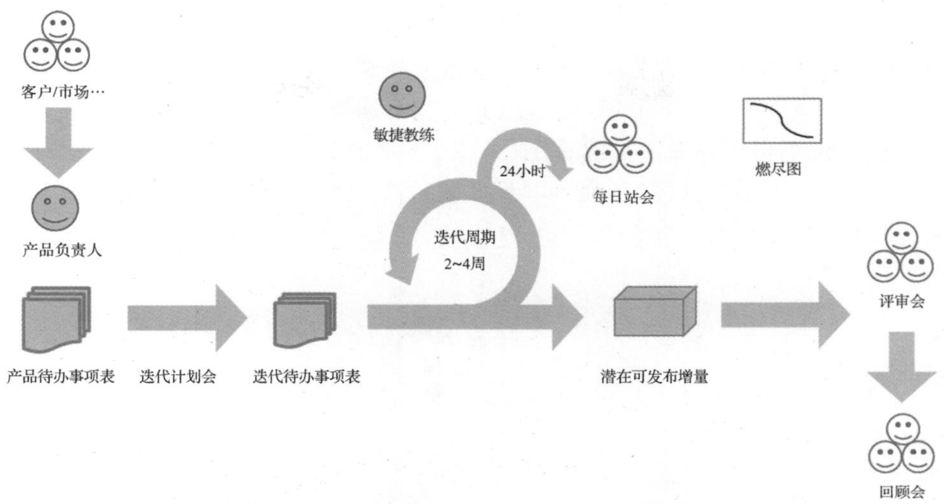

个人对 Scrum 价值观的理解是这样的。承诺可以理解为愿意并敢于对目标做出承诺。专注可以理解为专注在团队，专注在本职工作上，全身心的投入到承诺的工作中。勇气可以理解为有勇气做出承诺，履行承诺，有勇气挑战新技术、承接更多的任务。尊重可以理解为尊重每一位团队成员，尊重工作，尊重自己的职业。开放可以理解为以开放的心态面对团队中的一切，透明化团队的进度、任务、Bug 等情况。我们在整个敏捷开发过程中都要深入贯彻敏捷价值观，敏捷价值观要深入每个团队成员的内心。

OPENNESS
COURAGE
RESPECT
FOCUS
COMMITMENT

我在敏捷 Scrum 框架五个标准价值观的基础上补充了友善、共情、活力三个价值观，如下图所示，同时在团队内部非常强调廉耻心、不成功便成仁的观念。友善指与人谦和，不能别人让你改个 Bug，你凶巴巴的，吓的别人不敢提。共情，也有人说是移情、同理心，就是希望团队成员在做出某个判断前，可以站在对方的立场上考虑一下，不能主观盲目判断。同时希望团队成员间多体谅彼此，比如一些团队成员有孩子或是离家远，或是刚刚失恋等，团队成员间要学会相互体量。活力，是因为不喜欢一个死气沉沉的团队，喜欢一个欢快充满活力的团队，要有激情，敢打敢拼，消极颓废的团队成员不适合敏捷团队。廉耻心是指期待团队成员能重承诺、守信用，如果没有达到目标，则会有羞愧感。不成功便成仁也是期待团队成员遵守规则，没有完成就是没有完成，没有完成就要承认失败，拒绝延期，拒绝耍赖。

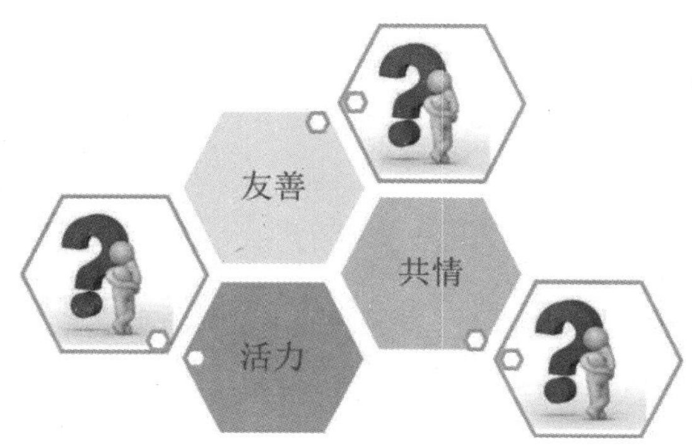

用户故事

用户故事

用户故事是从用户的角度来描述用户希望得到的功能，用户故事包括三个要素。

- 角色，指谁要使用这个功能。
- 活动，指需要完成什么样的功能。
- 商业价值，指为什么需要这个功能，这个功能带来什么样的价值。

用户故事需要满足以下三个标准。

- 用户故事要写在便利贴上。
- 用户故事背后的细节来源于和业务方的交流沟通。
- 需要通过验收测试确认用户故事被正确完成。

总之，用户故事需要满足卡片（Card）、交谈（Conversation）、确认（Confirmation）的 3C 标准。标准的用户故事需要按照标准的格式来进行书写，如下图所示，用户故事的标准格式是“作为一个 < 角色 >， 我希望 < 活动 >， 这样可以 < 商业价值 >”。

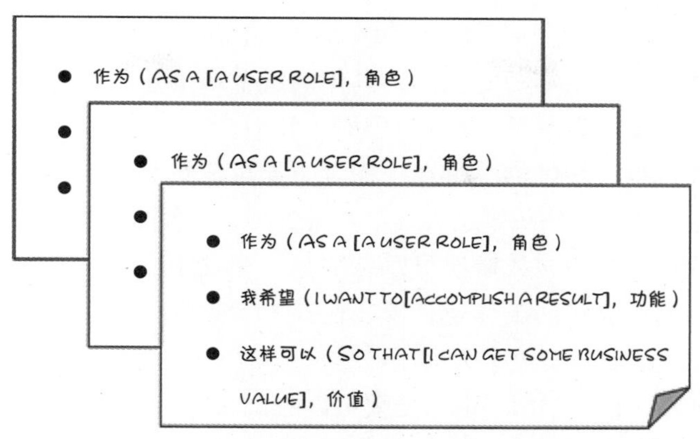

请结合刚才分享的用户故事格式与标准，判断以下几个用户故事的编写是否规范，并写出你的改进建议。

- App 后台应该支持 1000 个并发用户。
- 作为一名用户，我想快速的找到附件网点。
- 所有网点的地址应该清晰准确。
- 作为一名用户，我想快速到找到离我最近的网点，这样我可以最快的约到车。
- 作为一名用户，我想查询到我的违章。

用户故事需要满足独立、可协商、短小、可估算、可测试、有价值六个特性。

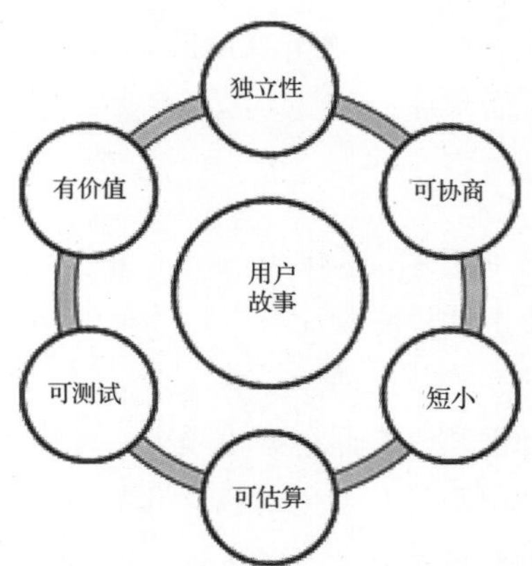

- 独立性：指尽可能让一个用户故事独立于其他的用户故事。用户故事之间的依赖使得制定计划、确定优先级、工作量估算都变得很困难，通常我们可以通过组合用户故事和分解用户故事来减少依赖性。

- 可协商性：指一个用户故事的内容是可以协商的，用户故事卡片上只是对用户故事的一个简短的描述，具体的细节在沟通阶段产出，一个用户故事卡带有了太多的细节，实际上限制了和用户的沟通。
- 短小性：指一个好的故事在工作量上要尽量短小，至少要确保在一个迭代中能够完成。用户故事越大，在安排计划，工作量估算等方面的风险越大。
- 可估算性：指用户故事要可以被估算，开发团队需要去估计一个用户故事以便确定优先级、工作量，但是让开发者难以估计故事的问题来自对于领域知识的缺乏或者故事太大了。
- 可测试性：指一个用户故事是要可以测试的，以便于确认它是可以完成的。如果一个用户故事不能够测试，那么你就无法知道它什么时候可以完成。
- 价值性：指每个用户故事必须对用户具有价值。

敏捷开发转型实践中，用户故事成为新的需求载体，那用户故事是否可以作为唯一的团队信息传递载体，是不是可以取代传统的 PRD 文档？ PRD 文档是否是敏捷 Scrum 框架中不需要的？我认为，在团队初期，PRD 是保护团队的一个工具，迭代结束后建议补上，属于组织过程资产，尤其是对于人员变动大的团队，如果人员更替频繁，PRD 可以方便快速的使新加入的人员上手。

团队成熟了，说真的，没有 PRD 可能也是正常的。就目前我所负责的几个敏捷开发转型团队，PRD 还是必须的。特别是 App 团队，需要详细功能清单、逻辑流程、交互设计、视觉设计等，对于 web 后台类开发团队，对 PRD 的要求可能简单点，可能只包含一些简单的线框图与需求点。

用户故事拆分

我们知道，用户故事卡片的正面写的是作为一个 < 角色 >， 我希望 < 活动 >， 这样可以 < 商业价值 >。那用户故事卡片的背面可以写些什么？用户故事卡片的背面可以记录一些详情或是微调的内容，如下图所示，将微调记录在用户故事卡片的背面。微调是可以接受的，但大的变动得放入产品待办事项表，留到下一个迭代处理。我在敏捷开发转型实践中发现，微调很难绝对避免，我会准备一张单独的变更表，用来记录这些微调变更，并需要专门的对口负责人签字确认，团队才会开始执行变更，变更表不是为了阻碍变更，只是想让变更变得更加有序。

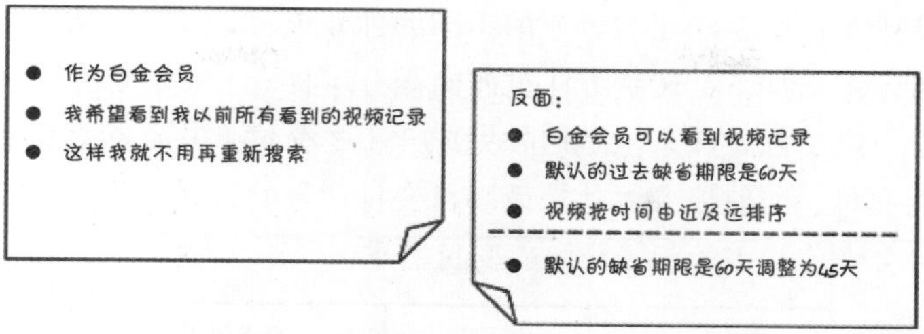

- 作为白金会员
- 我希望看到我以前所有看到的视频记录
- 这样我就不用再重新搜索

反面：

- 白金会员可以看到视频记录
- 默认的过去缺省期限是60天
- 视频按时间由近及远排序

- 默认的缺省期限是60天调整为45天

纵向切片法是用户故事相对合理的拆分方法，如下图所示，这个用户故事阐述的是一名 VIP 用户希望快速登录 A 网站，这样他可以快速观看 VIP 内容。那么相对合理的拆分方法是，把用户故事分成一些封装好的最终功能，每个包括一小块数据库工作、业务逻辑和用户界面实现，迷你瀑布变小溪流，于是就产生了任务 1、任务 2、任务 3。这样的拆分粒度更加符合敏捷拆分的原则，从而在迭代期间，团队成员可以更加合理的领取与交付，力争做到当日领取，当日交付。

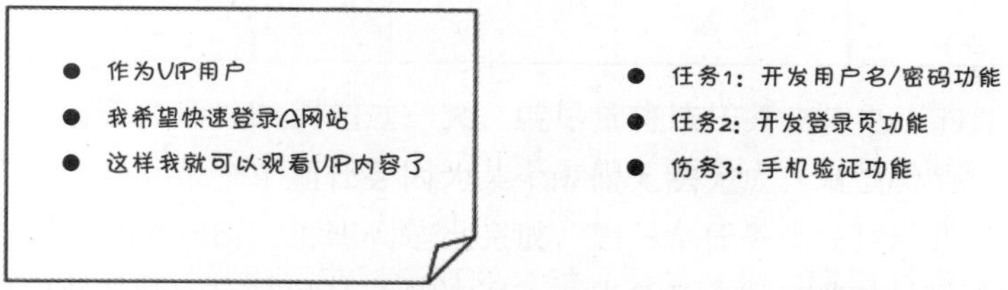

- 作为VIP用户
- 我希望快速登录A网站
- 这样我就可以观看VIP内容了

- 任务1：开发用户名/密码功能
- 任务2：开发登录页功能
- 伤务3：手机验证功能

横向切片法是用户故事不太合理的拆分方法，如下图所示，仔细看一下任务 3、4、5，产品负责人会发现所有三个任务全部完成之后他才有机会验证需求是否得到满足，在最后的功能交付之前，产品负责人并不能检查每一个交付成果。从用户功能方面来说，让产品负责人检查数据库架构的变化及相关的存储顺序（任务 3）不一定可以保证开发方向的正确，因为大多数产品负责人并不太懂开发，就是懂，那也不是产品负责人的工作重点。

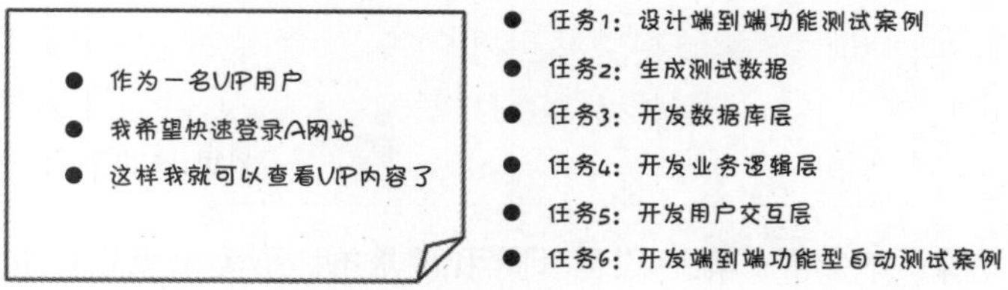

- 作为一名VIP用户
- 我希望快速登录A网站
- 这样我就可以查看VIP内容了

- 任务1：设计端到端功能测试案例
- 任务2：生成测试数据
- 任务3：开发数据库层
- 任务4：开发业务逻辑层
- 任务5：开发用户交互层
- 任务6：开发端到端功能型自动测试案例

接下来我们分享一个传统方法与敏捷方法不同的拆分逻辑，如下图所示，用直观的图片对比方式，可以总结如下：传统方法更倾向与分层拆分，每一层存在上下游的关联关系，每一层都可以单独完成，但是这种完成并不是交付，并不能直接看到，只有到最后一层，才能交付。而敏捷方法是按最小可交付增量的方式进行拆分的，交付的频次更高，更加符合当前的市场节奏与快速交付需求。

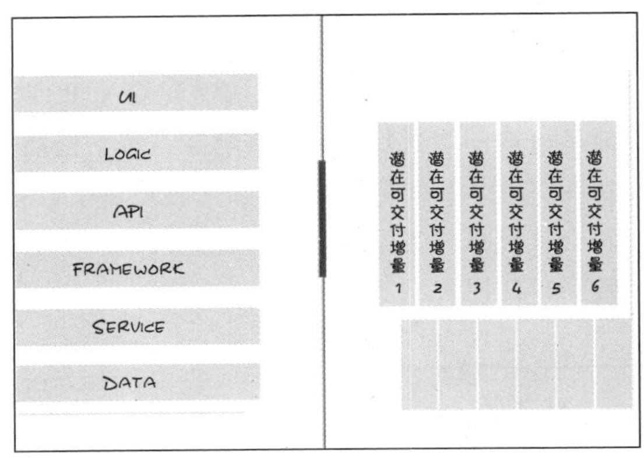

结合上面的拆分逻辑，我们重新整理了用户故事（作为一名 VIP 用户，希望快速登录 A 网站，这样他可以快速观看 VIP 内容）的拆分方法，如下图所示，每个任务纵向切片，全面缩短反馈周期。尽早领悟到拆分的真谛，在敏捷开发转型实践中合理控制拆分的粒度与交付节奏，尽早交付、尽早反馈。

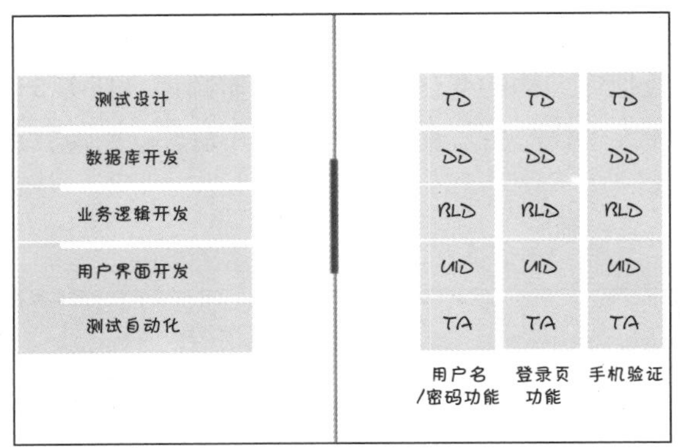

在敏捷开发转型实践中，用户故事是逐步涌现出来的，没有必要在一开始就把所有用户故事都分解的特别细，只需要保证产品待办事项表里有足够做一两个迭代的、优先级最高的条目是详细的用户故事就可以。因此，我们把用户故事分成史诗级用户故事、

主题级用户故事、可实现级用户故事三个层级，具体如下图所示。史诗级用户故事的优先级相对低，主要用在相对较远的迭代。主题级用户故事的优先级中等，属于中粒度的，用在即将进行的迭代中。可实现级用户故事优先级最高，是粒度最小的用户故事，主要用在当前迭代中或下个迭代中。

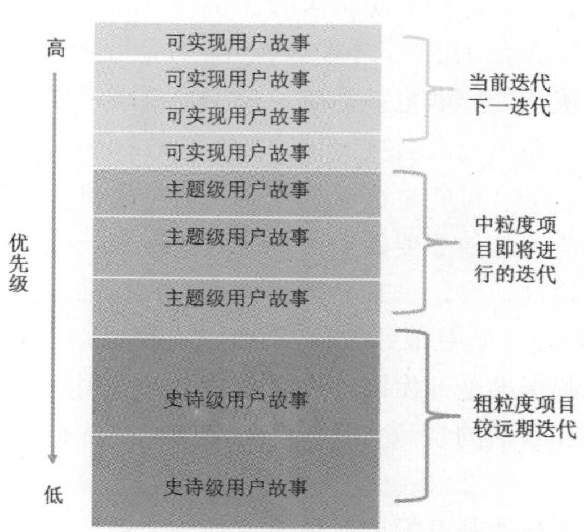

我在敏捷开发转型实践中，会建议产品负责人通过产品待办事项梳理，不断的澄清与拆分用户故事，让用户故事保持在一个合理的粒度内，并让团队成员对用户故事保持一致的理解。当然，用户故事有可能被再次细化拆分成具体的可执行任务，这些具体而详细的任务是开发团队在整个迭代中的工作对象，我们会把任务打印出来贴在看板上进行跟踪，任务的拆分粒度要结合团队的实际情况决定，通常我们会在迭代计划会上完成任务的拆分、打印、黏贴工作，作为一个迭代的开始。

既然我们要把用户故事进行拆分，那是不是拆分的粒度越小越好呢？还有就是，如果把这个故事切成更小的功能，为什么不把这些功能叫作单独的故事而当作任务呢？对于团队来讲，用户故事是要对用户有价值的，参考前面的例子，登录网站肯定有用户价值，但某一个单独的任务就不一定有太大的价值。还有，用户故事要保持其自身的独立性。如果能把故事分得更小而且还能独立给它们排列优先级，那么把他们作为单独的故事而不是任务就有道理，参考前面的例子，没有一个任务能够排列优先级，因为从用户角度来说，价值不完整，也不连贯。

总之，要合理控制拆分的方法与粒度，如果能做到每日领取、每日交付、每日验收就已经很优秀了，关键也在于团队内部不同成员间的分工协作，连贯完成，顺利交付。

用户故事验收标准

用户故事验收标准 (AC) 可以简单的理解为由给定 / 何时 / 然后格式组成的一段话，给定表示前提条件，何时表示用户输入，然后表示用户获得预期结果。用户故事验收标准对团队非常重要。

- 用户故事验收标准是产品负责人的保护伞，我在敏捷开发转型实践中，建议开发团队负责编写用户故事验收标准，写完后，发给产品负责人进行确认，产品负责人确认的标准也就是每一个用户故事所要达到的完成要求，当产品交付时，产品负责人会按照用户故事验收标准来进行验收，作为衡量和保护自己的依据。可能也会有朋友说，用户故事验收标准应该由产品负责人来写，因为这是他想要的东西，他应该最懂，在实践中，大家可以结合各自的实践情况，决定谁来写用户故事验收标准，如果产品负责人能写用户故事验收标准，这是最好的。
- 用户故事验收标准是开发团队的保护伞。开发团队按照用户故事验收标准来进行开发和最后的自测交付，是自测的标准依据，也是最后交付完成的标准依据。
- 用户故事验收标准是开发团队逻辑梳理的关键环节。开发团队编写用户故事验收标准的过程，其实也是对所拆分的任务进行重新梳理的过程，每个任务如何完成？需要满足什么样的条件？在什么情况下触发应该得到什么样的返回结果？这些都需要进行梳理，那么编写用户故事验收标准的过程正好符合此需求，完美契合。
- 用户故事验收标准是团队持续高质量交付的保障。没有用户故事验收标准或验收标准的不统一都会给高质量交付带来困扰，影响交付品质和最终的用户体验，统一详尽的用户故事验收标准是团队持续高质量交付的保障。

下图展示了一个用户故事的验收标准实例，一个用户故事可能会对应一条用户故事验收标准或多条用户故事验收标准，这与整个验收的方案与策略有关，涉及到整个用户故事验收标准的覆盖范围与有效覆盖率，一个好的验收策略可以有效控制用户故事验收标准的编写数量，并能提高主流程的覆盖率，起到完美的平衡作用。用户故事验收标准太少，覆盖不全，用户故事验收标准太多，执行起来耗时过多，资源使用多，所以在敏捷开发转型实践中，敏捷教练可以协助团队制定有效的验收策略。

- 作为一名用户
- 我希望通过用户名和密码登录A网站
- 这样我就可以观看VIP内容了

AC1:
给定：基于WEB的登录UI
何时：我输入正确的用户名/密码
然后：我可以登陆并重定向到登陆页面

AC2:
给定：基于WEB的登录UI
何时：我输入不正确的用户名/密码
然后：我应该被提示“错误的用户名或密码，再试一次”

AC3:
给定：一个WEB设备登录用户界面
何时：我在系统中登录时，启用“记住我”
然后：下次我就不用输入我的用户名/密码了

AC4:
给定：一个移动设备登录用户界面
何时：我输入错误的用户名/密码超过3次
然后：应该执行第二次登录验证

技术故事

技术故事是金主不感兴趣但不得不做的事，比如升级数据库、清除没用的代码、重构混乱的设计、新技术基础框架的搭建或实现一个老功能的测试自动化等。在迭代过程中，不可避免的会存在各种各样并且不得不做的技术故事。下面我们先看一下标准的用户故事是如何写的，然后我们围绕技术故事如何写和技术故事的表述格式来一起讨论一下。

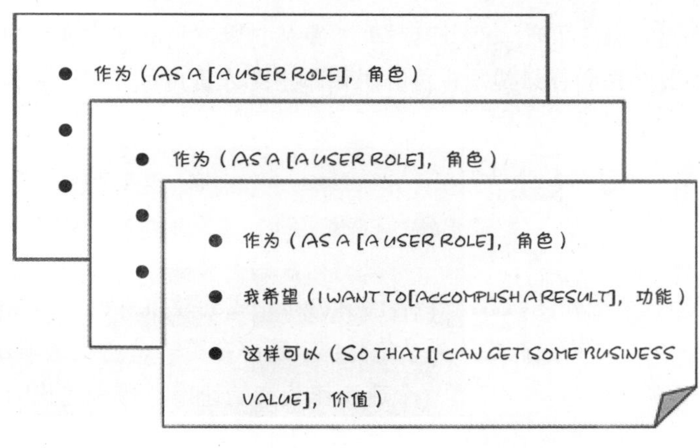

作为（AS A [A USER ROLE]，角色）
作为（AS A [A USER ROLE]，角色）
作为（AS A [A USER ROLE]，角色）
我希望（I WANT TO[ACCOMPLISH A RESULT]，功能）
这样可以（SO THAT[I CAN GET SOME BUSINESS VALUE]，价值）

上图是标准用户故事的书写格式，我们一般用来编写功能性用户故事，功能性用户故事以用户为中心，技术性用户故事如何写呢？我建议，不到万不得已，不要写独立的技术故事，尝试在与这个技术相关的功能性用户故事里，把它作为一个技术任务的形式表达出来。通过在功能性故事中体现技术，技术工作肯定不会被漏掉，而且，产品负责人还会开始理解故事本身的技术复杂性。

那么，我们怎么使用用户故事的常用格式来表述技术故事呢？我建议，没必要一定要这么做。选用合理的且便于沟通的格式即可，尽可能保持格式一致。如下图所示，是在我的敏捷开发转型团队中，团队编写的技术性故事，仅供大家参考。另外，在看板上黏贴用户故事的时候，我们也可以通过便利贴的颜色进行有效的区分，比如，黄色便利贴上的故事表示功能性故事，蓝色便利贴上的故事表示技术性故事，而绿色便利贴上的故事可以用来表示文档 API，敏捷教练要根据团队实情进行适应性调整，找到最适用的匹配性方案。

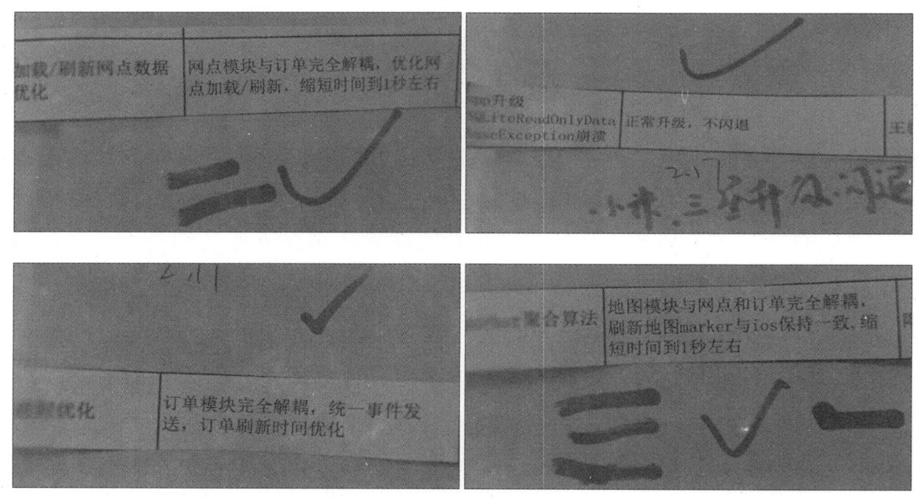

估得准，速率判，团队一起学估算

速率

速率可以理解为一个敏捷团队在一个迭代中实际完成的故事点数。对于团队来讲，速率其实是历史数据，是每次迭代的一个趋势值，速率在第一个迭代之前通过猜测获得，团队进行 1 到 2 个迭代后可以测算一个速度作为初始速率，随着迭代的增多，团队速率逐步稳定。在敏捷开发转型实践团队中，统计团队速率时，只统计完成的故事点数，就同我们燃尽的故事点一样，只燃尽完成的，也只记录完成的。此外，团队使用相同的基准来评估用户故事，保证每次的粒度相同。在迭代执行过程中，记录每个迭代的速率，供以后的计划参考，每个迭代虽有波动，要合理评估差异及原因。保证团队速率的稳步提升，持续交付，教练需要帮助团队。

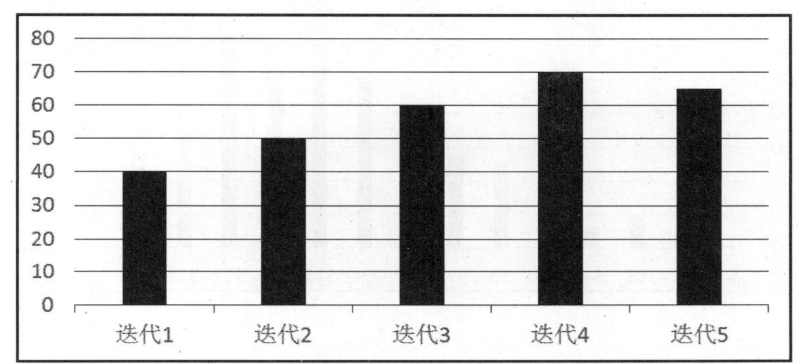

观察上面的速率示意图可以发现，每次迭代完成的标准故事点数并不相等，随着团队不断的成熟，每个迭代完成的标准故事点数稳步提升，虽有波动，但趋势稳定。

在敏捷 Scrum 框架中，速率是一种简单的数学游戏。举一个例子，假如团队现在有标准故事点数 400 个需要完成，团队在低速率时，每个迭代可以完成 50 个故事点，团队在高速率时，每个迭代可以完成 80 个故事点，请问，完成 400 个标准故事点，团队需要多少个迭代？计算后，我们可以得出这样的答案。在低速率情况下，一个迭代能完成 50 个标准故事点，团队需要 8 个迭代才能完成，在高速率情况，团队一个迭代能完成 80 个标准故事点，5 个迭代可以完成。结合上述计算结果，我们可把速率的计算公式简单的表述为“速率 = 故事点规模 / 迭代周期”。

结合刚才的计算逻辑，观察下图，团队速率趋势图，回答以下两个问题：第一个问题是，现在假如有 140 个故事点，团队可以在第几个迭代交付这 140 个故事点？第二个问题是，假如团队进行了 16 次迭代，团队大约可以交付多少个故事点？

速率对敏捷转型实践团队非常重要。首先，因为速率可以帮助产品负责人预测在一个迭代中能完成多少工作，这样好准备适量的用户故事及用户故事所对应的交互稿与视觉稿设计，因为团队的精力是有限的，优先级也是变化的。其次，对于管理层来说，通过速率可以知道团队做的有多快，以便更好的综合协调。最后，速率是团队估算的基石，是开发团队持续交付的保证，知道自己能做什么，知道自己能做多少，也是团队遵守承诺的保障。

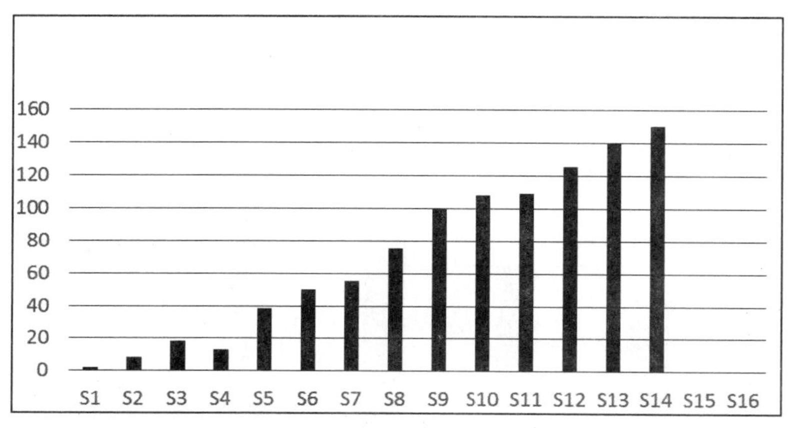

相对估算

相对估算就是通过用户故事之间的大小对比进行估算，估算后的结果没有时间单位。相对估算使用“比较”的原则，适用于两个项目间的比较或者是具有同等困难的项目，比“拆分”的原则更快，也更准确。绝对估算是用“单位”进行精确测量，比如千克、公里和小时等，在我的敏捷开发转型实践团队中，偏向于推荐相对估算。

观察上图，请大家使用相对估算法，快速判断西瓜和菠萝那个用的积木数量多？阐述自己的估算依据，期待大家可以快速做出估算。在真实的估算过程中，估算受工作量、复杂度和风险三个因素的影响。当确定相对估算的基准单位“1”时，开发人员很难找到一个合适的用户故事作为基准，就是那个标准故事，在接下来的章节中，会给大家分享我们团队采用的基准故事点。

我们再回到前面的问题，大家可能会有这样几种答案，西瓜比菠萝使用的积木多。因为观察发现，两者的积木尺寸是不一样的。西瓜和菠萝使用的积木一样多，因为一个比较长，一个比较圆。菠萝使用的积木比西瓜多，因为西瓜的形状是扁平的，菠萝是圆的，并且有菠萝头。真实的答案是什么？如果我们采用绝对估算的方法，可能会拆开一个一个数，但是在敏捷开发转型实践中，做不到绝对的既准确又精确的估算，不管是时间还是精力都不太允许，团队在估算时只要能给出合理的参考依据，采用同样的估算基准就可以，估算工作随着团队的不断成熟而逐渐变得精准，耗时也会逐渐减少。

西瓜 90粒积木
完成尺寸：长80MM 宽15MM 高35MM
盒子尺寸：6*6*6CM

菠萝 90粒积木
完成尺寸：长35MM 宽35MM 高55MM
盒子尺寸：6*6*6CM

在我的敏捷开发转型实践团队中，团队不会估算绝对时间和周期，只估算大小和相对值，也就是倍数。估算时，我们使用基准故事点作为计量单位，它是一个倍数，团队会先找一个自己认为最小的一个用户故事作为参考基准，如下图所示，定义为 1 个基准故事点，把其他的故事和它进行比较，如果是 2 倍大小，就是 2 个故事点；如果是 5 倍大小，就是 5 个故事点，以此类推，形成估算的依据。对于基准故事点的实战环节，会在接下来的章节中和大家分享，一起看看实战中的基准故事点是什么样子。

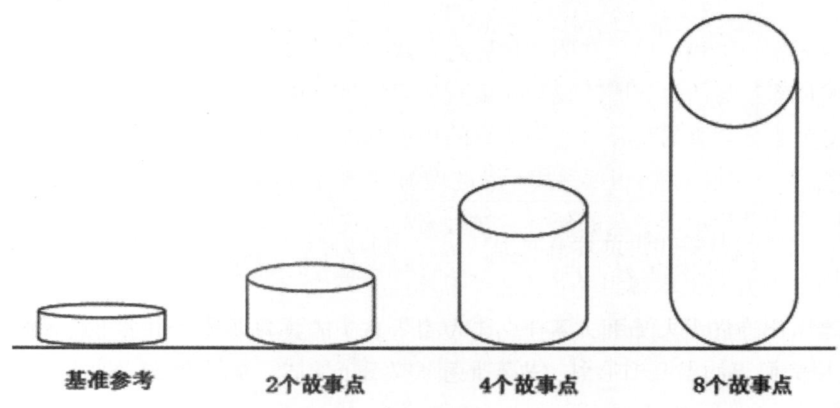

团队集体估算

我们知道人性的弱点，要么盲目自信，对任务大包大揽。要么悲观自怜，只领取一点点，无法高效交付。估算可以有效帮助团队排除主观和客观干扰因素，帮助团队在固定的时间盒内，评估团队可以完成的用户故事，按照优先级，从高到低领取用户故事。技术瞬息万变，新需求不断涌现，估算可以帮助团队及时预测风险，帮助团队做出更加合理的判断，做好应对策略，保障交付能力。拆分的任务之间或资源协调间往往存在错综复杂的依赖关系，合理估算，留有冗余，有助于帮助团队遵守承诺。

团队集体估算是指在敏捷开发过程中，团队共担责任，集体承诺每个迭代的工作，因此对于工作量的估算，建议敏捷团队采用集体估算的方式。团队需要明白，团队集体估算，不是某一个人的估算，比如项目经理或某个领导来专断拍脑袋，告诉团队这个迭代要完成多少故事点，或这些故事点完成要用多少个迭代。还要知道，集体估算，估算的是大小，而不是估算时间周期，标准故事点是估算的参考依据。

对于团队集体估算来讲，有几个原则需要知道。

- 有限时间内的估算是永远不会准确的，因此，建议团队多用相对估算，少用绝对估算。
- 只有已完成的故事点才能用于度量进度，燃尽的是故事点，不是时间，团队速率是估算的有效参考，统计团队速率使用的也是燃尽完成的故事点，因此，团队要更加重视度量的统一化。
- 建议团队不要在估算上花费太多时间，多用类比，结合经验，相信直觉。同时，可以将工作分解为相对相同大小的标准任务，以标准任务作为参考进行估算，从而减轻估算的压力，提升估算的准确性。

团队集体估算的优势明显，在团队估算时，建议引入多方视角来提升估算准确性，每个团队成员都参与估算。团队成员需要对估算结果达成一致理解，如果估算中出现了差异，需要阐述估算的差异，达到估算的平衡与理解的一致，因为团队成员的能力毕竟不一样，有差异很正常，但要达成一致的理解。在估算完成后，团队成员需要共同承诺，遵守估算的结果与承诺领取的任务，按时高品质交付。我在敏捷开发转型团队内部推行集体估算，坚持谁做估算、谁做承诺、谁执行，因为只有做的人，才知道代价！！

我的敏捷开发转型团队使用估算扑克作为团队集体估算的工具，团队通过玩估算游戏进行集体估算。使用下图所示的估算扑克来做工作量估算是最有效，也是非常有趣的一种估算方式。估算扑克由一组类似斐波纳契数列的数字组成，这些数字包括：0，0.5，

1，2，3，5、，8，13，20，40，?，∞，每幅扑克有四组这样的数字，可供4个人使用，因为有三个团队人数大于4人，我会使用多幅估算扑克，让每个团队成员都参与其中。

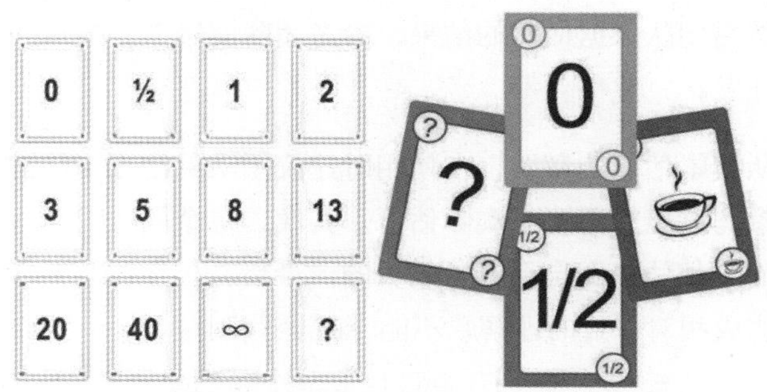

在团队集体估算开始前，每个团队成员拿到一组估算扑克，测试人员也可以参与其中，当然，我也尝试过让产品负责人来一起参与估算，以便让产品负责人也可以深度参与其中，对于每次产品待办事项的梳理有个数量级的概念。每组估算扑克中包括：0，0.5，1，2，3，5、，8，13，20，40，?，∞，共计12张。然后团队按照产品待办事项表中的用户故事，按照优先级，从上往下，依次进行估算。对于估算中出现的每一个用户故事，当团队成员理解了这个用户故事之后，每个团队成员按照自己的想法给出估算结果，并且选择对应的扑克出牌，估算结果不能告诉其他人，出牌时，扑克上的数字朝下扣在桌面上。所有人都出牌之后，敏捷教练或估算现场负责人向大家确认是否都已经确认估算结果，确认后，团队成员同时展示估算结果。下图展示了这个过程。

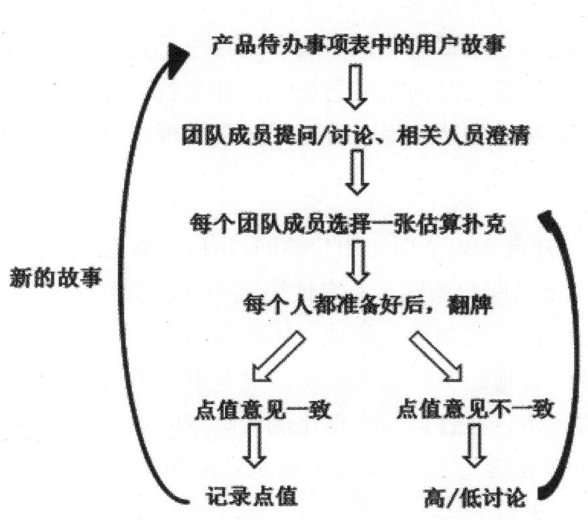

如果对某一用户故事的估算差异过大，估算最大与最小的人要分别阐述原因，阐述完成后，团队成员再次估算，再次出牌，最终的目标是团队成员对同一用户故事的估算达成一致。一个用户故事估算完成后，开始下一个用户故事的估算，直到所有的用户故事估算完成。然后团队依据估算的结果，参考团队的速率，领取当前迭代可以领取的用户故事进行开发。

估算扑克作为团队集本估算的利器，在使用时建议团队关注以下注意事项。首先，敏捷教练虽然全程参与，但并不参与实际估算。其次，每个团队成员都必须参与所有待办事项的估算，而不是估算和自己专长相关的。最后，出现估算差异时要合理协商，再次出牌，直到达成相对一致的理解，不能专断。

交付质量不妥协

敏捷转型实践中，我们推崇零缺陷的增量发布，因此，我们要求自己从不在产品质量上妥协。因为质量上的妥协会给产品造成瑕疵，产生很多不必要的技术债务，软件会变得脆弱，同时软件扩展和维护的成本也会变大。因此，持续性的测试就必须存在于整个迭代期间，并且要让测试尽早介入研发过程，保证每天都有验收测试，每天都有交付。整个开发团队对产品的质量负责，每天站会时，开发人员负责在做完的任务卡片上打勾，但是不能移到物理看板的已完成列，只有测试人员确认验收通过，才能被认为是完成的，才可以被放入“已完成”。

为了保证产品的质量，我们每次迭代除了对当前迭代的内容做充分的测试外，还要对以前迭代发布的内容进行全量回归测试。随着迭代中已完成的用户故事不断增多，全量回归测试的工作量与所需的时间也随之增加，那么就需要有更多的资源支持，但对于一个资源相对固定的敏捷团队来说，资源问题就涌现出来了，质量问题也会在某一时间点暴露出来。

我们在做App开发时，知道App是面向用户端的，所以会做充分的测试工作，单元测试、UI测试、功能测试、全量回归测试、兼容性测试、性能测试、安全测试等等。那个部分可以借助于自动化测试？比如回归测试，团队期待回归测试可以实现自动化，伴随的问题就来了；测试人员抱怨页面经常改动，根本定位不了页面元素的准确位置，UI页面自动化测试浪费人力，并且会写自动化测试脚本的人太少，没资源。开发人员也抱怨说，没时间在页面元素上加ID，改页面是产品负责人让改的等。最后，所有的测试工作只能依赖手工进行。

我在敏捷开发转型实践团队中，通常采用两周 10 个工作日的迭代周期，现在举一个极端的例子，假如第 1 个迭代，敏捷团队计划完成 6 个用户故事，相应的验收标准也就不多，计划 2 天就能全部回归完，那么开发有 8 天时间来实现这些用户故事。第 1 个迭代完成后，团队开始第 2 个迭代，计划完成 4 个用户故事，相应的验收标准加上迭代 1 的验收标准，计划需要 3 天就能全部回归，那么开发有 7 天的时间来实现功能。接下来团队开始第 3 次迭代，计划完成 2 个用户故事，相应的验收标准加上前两个迭代的验收标准，计划需要 4 天能全部回归，那么开发有 6 天的时间来实现功能。

依次类推，我们可以得出的结论是，每次迭代验收标准进行全量回归测试所需的时间在不断增加，而能用于开发的时间不断受到挤压而减少，能交付的功能也就不断在减少。直到最后，没有时间做开发了。当然，这是一个比较极端的假设，但是也能说明一些问题。

面对上述的问题，我们如何解决呢？难道我们要承认要质量就没速度，就不能敏捷起来？还是说要牺牲交付质量来确保开发进度？还是增配测试人员？如果要牺牲交付质量，这样做既不符合敏捷的要求，实际上也没有达到交付目标。如果要增加测试人员，则会增加人力成本。要解决这个问题，既要确保增量发布的速度，又想拥有交付质量，只能想办法把验收标准自动化起来，使得全量回归测试不必占用太多人手，而且还能随时进行，所需要的时间也大大缩短。改进策略就只有采用自动化测试。接下来，将和大家分享一些简单的自动化测试理论。

自动化测试

自动化测试是把以人为驱动的测试行为转化为机器执行的一种过程。通俗来讲，就是原来人干的活，让机器来干。通常，在设计完验收标准并通过评审之后，由测试人员根据验收标准的要求一步步执行验收，得到实际结果与期望结果的比较。在此过程中，为了节省人力、时间、资源，提高测试效率，便引入了自动化测试。

自动化测试的主要目地是提高测试效率，增强测试强度，从而保证产品质量，但自动化测试也不是万能的，我们不免对自动化测试会存在一些误解，比如单纯的认为自动化测试可以完全取代手工测试，可以比手工测试发现更多的 Bug，或者认为自动化测试比手工测试厉害，更加高大上。这些臆断都是不太合理的，我们在敏捷开发转型实践过程中，要合理看待自动化测试，并在合理的时间点引入自动化测试。

通常，我们把自动化测试分为自动化性能测试和自动化功能测试，自动化性能测试主要是使用测试工具，对软件进行压力测试、负载测试、强度测试等等。自动化功能测试则包括单元自动化测试、接口自动化测试、UI 自动化测试。主要是编写脚本，让软件自动运行，发现缺陷，代替部分的手工测试。

在敏捷开发转型实践中，我会从以下三个维度来判断所转型的团队是否适用自动化测试以及团队当前的阶段是否适用自动化测试。

- 转型团队的产品需求变动是否频繁，是否在较短时间内存在推倒重来的情况，还是产品通过每个迭代来逐步优化改进。
- 产品的生命周期是否足够长，是短期的一次性产品，还是存在长期迭代，持续更新的产品。
- 产品是否需要重复的回归测试，产品是否是面向 C 端的，稳定性要求极强。

我认为，自动化测试是敏捷开发的一个重要组成部分，如下图所示，通过持续不断的快速反馈，自动化测试可以帮助开发人员降低开发风险，因为开发人员觉得有机器帮他们重复测试，可以更早、更及时地发现问题。同时，自动化测试减少了重复的人工劳动，提高测试资源使用效率，以便让开发工程师快速而又高效的响应和应对其他更加紧急的需求。因此，我建议在敏捷开发的早期就投入自动化测试，这是获得所有这些益处的关键。

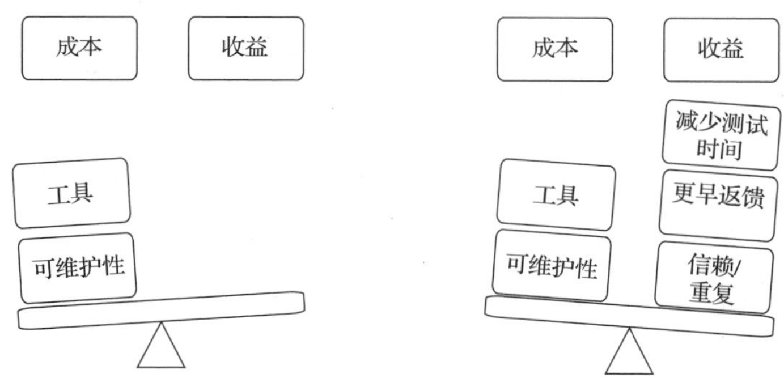

有朋友说，在没有自动化测试的情况下，试图实现敏捷，就像是试图在一条破旧的土路上开一辆赛车，你体验不到赛车那种让人觉得刺激的强大动力，相反，你会感觉到非常沮丧，而且无疑最终损坏并且抱怨赛车。可以更加合理地在敏捷转型实践中引入自动化测试，目前在我的敏捷开发转型实践团队中，接口自动化测试与 UI 自动化测试应用广泛，并有专门的团队来做，单元自动化测试主要是开发同学自己做。

自动化测试小故事

小王是一个敏捷团队的开发工程师，该团队负责公司订车 App 的开发工作，从敏捷开发转型开始，团队就投入时间建立一套自动化验收标准，随着新功能或者需求变更不断加入这个系统。团队持续增添新的验收标准，并且完善已有的验收标准。小王和小张每天都会多次进行代码核查，并且对当前版本进行测试，每次提交代码后，最新版本都会测试以确保可以运行，而且正确集成了，这提高了系统的质量，因为自动化测试帮助快速发现问题。

这一天，小王和小张收到一个变更申请，是产品负责人小李发来的一个紧急变更，由于有一套验收标准，他们感觉很轻松就完成了这个变更申请。他们一起为这个变更写了新的验收标准，这些验收标准提交到当前的版本里，并且对整个系统进行了测试。测试过程中，他们发现了一个 Bug，这个 Bug 出现在一个以前从没想过会有问题的地方，他们很快作出响应，修复了这个问题，然后重新跑了一遍验收标准。这次，验收标准通过了。自动化的验收标准完成了回归测试的重复性任务，小王可以更加高效地把自己的时间投入到接下来的开发中。

值得指出的是，我们这里所说的自动化测试，不是仅限于一种测试类型，而是有很多种不同的测试类型。使用自动化的验收标准，我们可以确保系统功能和需求的理解保持一致。自动化哪些？什么时候自动化？甚至是不是真的需要自动化，这些都是整个团队需要做出的关键决定，而不应该是被告知的结果，决策的形成要基于团队现状、产品现状以及节约的手工测试成本。

自动化测试工具推荐

对于自动化测试工具，结合我的敏捷转型团队使用情况，Web 自动化，我比较推荐使用 Selenium 和 RobtFramework。App 端自动化，更侧重于推荐使用 Appium 和 Monkey Runner。接口自动化测试，我比较推荐 Postman，我的个别团队使用过 Postman，后来公司有专门同事基于开源框架，自己开发了一套接口自动化工具，就不再使用 Postman 了。云端测试服务平台，我推荐 Testin 和 Testbird，我们团队目前在购买使用 Testin 的服务。对于这些工具，我作为敏捷教练不能主观评价有多好或多坏，关键要结合团队成员的能力成熟度来进行取舍。

测试驱动开发

测试驱动开发 (test-driven development，TDD)，是一种在新功能开发或者改进功能时先开发自动化测试用例。在正式开发功能代码之前先开发该功能的测试代码，从写一个会失败的测试用例开始，这个用例对应于需要实现的一个最简单的小功能。然后编写尽量少的代码来通过这个测试用例，一旦测试用例通过，再重构代码，使得代码更简单，更易于维护，以便达到所要求的标准软件代码要求，测试驱动开发为敏捷开发转型实践的整个开发周期提供了可靠的质量保证。

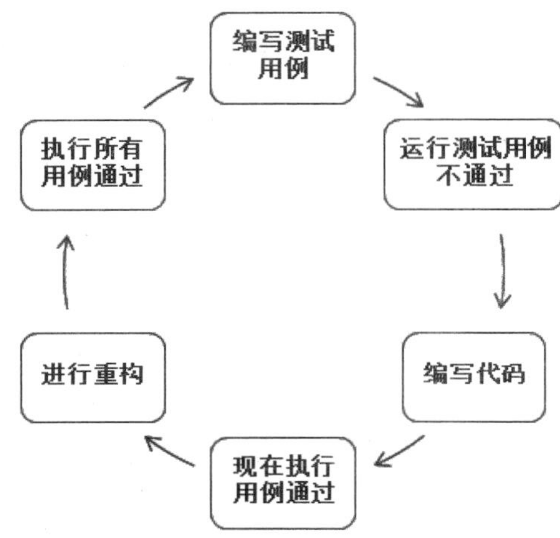

就测试驱动开发的优势而言，首先，测试驱动开发有助于确保产品的高质量交付，因为在写代码前专注于需求，测试驱动开发帮助在满足需求的前提下保证代码尽量清晰、简单和可测试性。其次，测试驱动开发通过拆分成很小的、可执行的任务来一步一步完成，它也提供系统架构和说明的文档，方便加入团队的新人学习。最后，测试驱动开发建立了一套可重复的回归测试，使得快速开发成为可能，同时有助于开发人员优化代码设计，提高代码可测试性。

我们在敏捷开发转型实践中，团队要想推行测试驱动开发，需要满足如下条件。

- 保证测试代码和源代码一样都需要简洁，可读性好，不能因为是测试代码，知道要重构，就不好好写，品质在任何环节都不能降低。
- 测试用例的设计要保证完备，覆盖被测单元的所有功能，用例的覆盖率越高，能模拟的场景就越多，测出的问题就有可能越多，越能保证生产环境问题的少发生。

- 每个测试用例尽量保持独立，减少依赖，提高用例的可维护性，减少重写的情况发生，节约时间与人力成本。
- 当功能单元较大时，需要降低难度，要分解成多个更小的功能单元，并逐一用测试驱动开发实现，合理的颗粒度是开发工程师在实现过程中需要重点把控的。

TDD 小故事

小王是一个敏捷团队的开发工程师，该团队负责公司订车 App 的开发工作，为响应公司业务发展需求，产品负责人期待团队可以实现一个新功能，小王认领了这个新功能的开发任务，产品负责人澄清后，小王先写了一个简单的自动化验收标准来满足最基本的需求，在写完之后，他把这些验收标准在系统上都运行了一遍。由于新功能的代码还没有开发，当前版本的系统就不具备这个功能，所以验收失败。

然后小王尽可能用较少的代码让失败的测试用例通过。最后，小王重写代码，使其更简单、更可读和更容易维护。这保证所开发的软件不会影响已经开发和交付使用的功能，我们称这种代码重写叫做“重构”。

测试驱动开发中，重构几乎时时都在发生，而不是隔几小时或几天，假如项目已经进行两个星期了，现在需要在小王完成的功能代码上进行改动。但是小王休假了，所以另一名开发人员小林需要接着开发，由于小王已经写好了这个功能所有的测试用例，所以小林很容易读懂代码，理解这个功能要实现什么。小林使用这些验收标准，验证他的代码没有破坏小王的代码，一旦验证通过，小林就可以设计出自己的验收标准，增加测试的覆盖面和在已有代码上增加他开发的代码。在这个敏捷开发实践小故事中，完全采用测试驱动开发有助于敏捷团队实现在保证质量的基础上快速开发。

持续集成

持续集成（CI）是一项软件开发实践，团队成员每次有新的功能开发完成时，就把代码加到已有的系统中，自动化编译。通常每人每天至少集成一次，每次集成通过自动化构建、自动化部署完成，并且系统进行频繁的自动化回归测试检查，从而达到持续集成，尽早集成，可以尽早发现问题，降低风险，帮助团队提升的信心。

自动化编译 ➕

自动化构建 ➕

自动化部署 ➕

频繁的自动化全回归测试检查 ➕

持续集成

> 持续集成是团队软件开发实践之一，成员把他们的工作频繁集成在一起，通常每个人至少每天集成一次，这样一来，每天会有多次集成，每次集成都要用自动测试来验证，全面确保集成错误能被尽早检测出来。

《敏捷宣言》联合签署人 Martin Fowler

要做到持续集成，对团队能力和团队管理的要求还是很高的，只所以要求团队能做到持续集成，是因为持续集成有诸多的优势。

- 持续集成可以大幅度缩短反馈周期，实时反映产品真实质量状态。
- 持续集成可以使缺陷在引入的当天就被发现并解决，降低缺陷修改成本。
- 持续集成将集成工作分散在平时，通过每天生成可部署的软件，避免产品最终集成时爆发大量问题。

那么，如果我们想做到持续集成，要注意以下几个关键点。首先，持续集成强调“快速”和“反馈”，要求完成一次系统集成的时间尽量短，并提供完备且有效的反馈信息。修复失败的构建是团队最高优先级的任务，开发人员需要先在本地构建成功，才可提交代码到配置库。其次，自动化测试用例的完备性和有效性是持续集成的质量保障。最后，持续集成的状态必须实时可视化显示给所有人，特别是大系统持续集成，需分层分级，建立各层次统一的策略。

CI 小故事

小王是一个敏捷团队的开发工程师，该团队负责公司订车 App 的开发工作，团队由 6 名开发组成，大家同时开发这个 App。每次有新的功能开发完成，他们就把代码加到已有的系统中，这就是常说的代码构建。为了有效提醒团队成员构建失败，团队给系统加装了外置的信号灯，一旦构建失败，红灯就会亮；构建成功，绿灯就会亮起。红灯亮时，新加代码的团队成员要立即修复引起构建失败的问题，以便让新加的代码融入已有的代码中。团队使用构建状态红绿灯的方式，就是为了让构建结果对所有团队成员可视，红灯警告所有其他的开发人员在变成绿灯之前不要提交新的代码，直到问题修复，其他开发人员才能提交代码。

我们在敏捷开发中这样做是因为这样能降低风险，我们经常尽早集成新的代码，尽早意味着从一开始就集成新代码，而经常意味着每天都要集成好几次新代码。这样的结果是，我们维护了一个没有缺陷的系统，而且我们能非常自信地不断开发新功能，因为我们是在一个非常稳固的基础上开发。

CI 工具推荐

对于持续集成的工具，我比较推荐使用 Jenkins，它免费，成熟，插件多，使用普遍，兼容性好，易安装，易配制，支持分布式构建。目前，在我的敏捷开发转型团队中，使用 Jenkins 和 Gitlab，开发人员通过 Gitlab 进行版本管理，Jenkins 从 Gitlab 获取代码进行构建、测试、生成结果再返回给客户端。

游戏模拟 Scrum5 项活动

游戏名称　　纸飞机

游戏的现实抽象

敏捷培训中，学完了敏捷 Scrum 框架的 3355，如 5 项活动，产品待办事项梳理，迭代计划会，每日站会，迭代评审会，迭代回顾会，也知道了每项活动的意义和关键点，但是这几项目活动如何串起来？团队之间又是如何协同，如何使用的？对一个新的敏捷团队来讲，是陌生的，是需要模拟练习的。纸飞机，一个儿时经常玩的折纸项目，看似简单，但是可以有效模拟 Scrum 框架中的 5 项活动。为了让团队成员更好的理解敏捷 Scrum 流程，更容易在后面的迭代开发中熟练使用并贯彻执行敏捷 Scrum 流程，作为团队的敏捷教练，有必要以游戏模拟的方式让团队成员更加深切的感受到流程的魅力。

关键挑战

要在相对短暂的时间内学会折纸飞机，就像团队为了完成一个新的任务，要去学习新的技术一样，对团队的学习能力和应变能力也是一种挑战。此外，这有可能是团队成员第一次使用敏捷 Scrum 流程，所以执行准确性与流程角色衔接上也存在挑战。

游戏魅力值 5 分

玩家 敏捷教练、队员、监督员

适用人数 不限

游戏时长 30 分钟

游戏道具 剪刀 2 把，水笔 2 支，A4 纸若干，样机 3 种

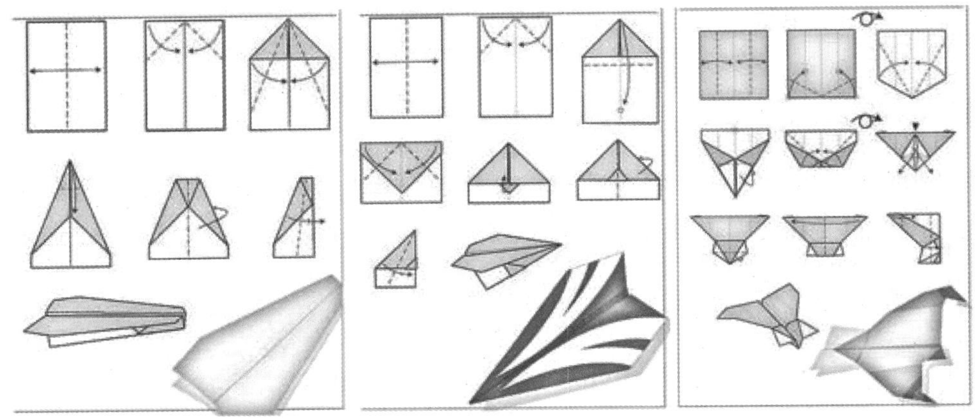

游戏场景 室内培训。

游戏目标

- 使团队成员熟悉并学会敏捷 Scrum 流程。
- 使团队成员充分体验估算、评审及团队分工协作。

游戏规则

- 第一种飞机，每一个完整交付得 1 分。
- 第二种飞机，每一个完整交付得 2 分。
- 第三种飞机，每一个完整交付得 3 分。
- 每一轮开始的时候，需要将裁剪过的纸张、未完成的扔掉。
- 监督员负责评审飞机是否符合标准。
- 监督员记录每一轮的得分，便于进行对比、分析及总结。
- 游戏过程中，敏捷教练负责计时与提醒。
- 在规定的时间内，做出尽可能多的飞机，挣得最高分数的小组获胜。

游戏的交互性

团队成员之间首先需要协商选型，选出适合团队的飞机模型，在制作难度、得分、时间限制之间找到平衡，进行取舍性选择，对于制作步骤也要进行协同，统一目标、设定目标、完成目标。

游戏步骤

1. 游戏规则讲解。
2. 自由组队，把团队成员分为 A/B 两个小组。
3. 每组选派出一名监督员。
4. 派遣本组的监督员到对方的组中，负责监督对方与统计对方分数。
5. 第一轮游戏，5 分钟。
    - 1 分钟计划会，小组讨论、分工、制定策略，讨论估算本轮游戏预计获得分数。讨论结束后敏捷教练统计每个小组的计划得分。
    - 3 分钟制作飞机。
        - ✧ 裁纸，把 A4 纸裁成需要的尺寸。
        - ✧ 基于自己团队选择的机种开始折纸飞机。
    - 1 分钟评审，监督员评审纸飞机是否符合标准并计算实际得分。
    - 1 分钟回顾，小组成员讨论本组成果，吸取经验教训，在不违反游戏规则的条件下做出力所能及的改进。
6. 第二轮游戏，5 分钟。
    - 1 分钟计划会，小组讨论、分工、制定策略，讨论估算本轮游戏预计获得分数。讨论结束后敏捷教练统计每个小组的计划得分。
    - 清理废料。
    - 3 分钟制作飞机。
        - ✧ 裁纸，把 A4 纸裁成需要的尺寸。
        - ✧ 基于自己团队选择的机种开始折纸飞机。
    - 1 分钟评审，监督员评审纸飞机是否符合标准并计算实际得分。
    - 1 分钟回顾，小组成员讨论本组成果，吸取经验教训，在不违反游戏规则的条件下做出力所能及的改进。
7. 公布比赛结果。
8. A/B 两个小组基于比赛过程与比赛结果，进行组内回顾总结。
9. A 组选派一名代表进行总结分享。

10.B 组选派一名代表进行总结分享。

11. 团队回顾总结。

可能的变化

不一定是飞机，可以是其他的项目，比如棉花糖游戏，比如宝塔游戏等等，只要能体现制作过程，能够优化改进就可以的，满足寓教于乐，有动手体验和改进就可以。

模拟现场

情绪化反应

这是一个欢快的游戏，游戏开始前的满满期待与屏气凝神，游戏开始后的紧张，游戏过程中的团结、手嘴并用，游戏结束后的沉思与收获。

量化结果

综合比赛得分情况，A 组获胜。

轮次	A 组		B 组	
	计划得分	实际得分	计划得分	实际得分
第一轮	25	27	10	10
第二轮	30	28	15	28

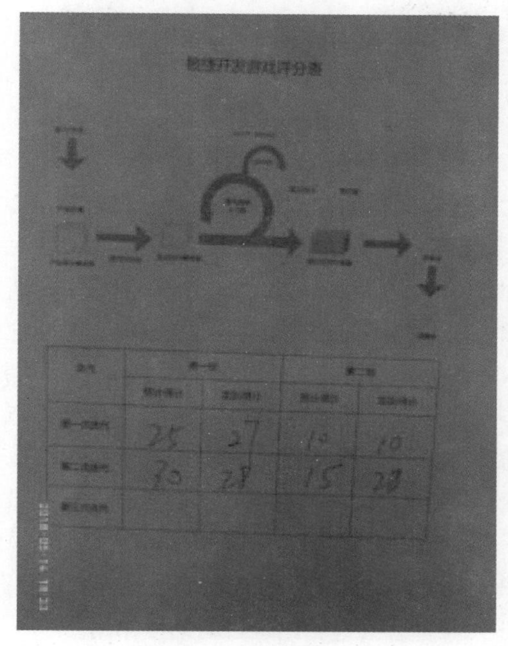

引导问题

1. 你对你们组的表现满意吗？
2. 你们的计划得分是如何估出来的？
3. 你如何理解计划得分与实际得分之间的偏差？
4. 在实际的迭代开发过程中，你是倾向于乐观估算还是保守估算？

经验与教训

两个团队可以看出明显的差异，一个团队估算激进，一个团队估算保守，激进与勇气到底是什么样的关系，需要团队持续的讨论。团队估计得 25 分，结果得了 27 分，另一个团队估计得 10 分，结果得 10 分，看似都完美，但是中间的问题我们应该发现，是不是有一个团队的能力没有得到充分的发挥，团队的产能有问题，资源被浪费了。其实在真实的敏捷迭代执行中，这样的事情常常发生，有一些团队工作保守，只领取自己觉得可以干完的活，不愿意冒险和尝试领取更多的任务，用永不犯错的心态认领最保险的任务，其实这种迭代的成功也不是成功的，对公司来说，虽然容许开发团队自己评估和认领任务，但是对于这种相对懈怠、相对保守的工作态度，是不被认可的，敏捷教练一旦发现，要及时的对团队进行辅导和引导。

脑图呈现学习成果

游戏名称　侦查员

现实抽象

左耳朵进、右耳朵出，即使培训完了，团队成员也不一定能记得相关的敏捷知识点，更别提能理解和灵活应用了。如果通过考试的形式来检验大家对敏捷知识点的掌握程度，又比较呆板，缺少互动与场景式体验。即使试卷出好了，所有团队成员也参加了考试，成绩出来，该不学的还不学，该不会的还是不会，不想记的就是不记。因此，对成年人来说，考试不一定能起到相应的作用。当然，考试也不是我们学习敏捷的目的，我们的目的是期待团队成员可以记得住并理解相应的敏捷知识点，并不是取得多高的分数。作为团队的敏捷教练，我们需要去想其他的办法，结合以往的经验，团队集体回忆的方式，相对比较有效，大家一起回忆，一起套路，相互激发，可以有效唤醒脑海底部那残存的记忆，加上组内再次讨论，互相提醒，相当于重温了一遍，加深了记忆。然后再通过问答环节，驱动和强化了刚才团队回忆的知识点，相当于又记了一遍，对实现最终的敏捷知识点掌握，会起到比较好的助推作用。

关键挑战

团队成员只能回忆和讨论，不能翻看笔记。需要接受其他组的挑战，回答比较尖锐的敏捷相关知识，需要具备比较强的应变能力，需要对敏捷知识点有比较深刻的理解。这些要求，对刚刚学过一点敏捷知识的团队成员来讲，是有挑战的。

游戏魅力值　5 分
玩家　敏捷教练、队员
适用人数　不限
游戏时长　60 分钟
游戏道具　A3 纸若干、白板笔若干、百变贴
游戏场景　室内培训

游戏目标

1. 强制团队成员对敏捷知识点进行回顾、强化记忆。

2. 提升团队成员对敏捷相关知识点的解答与应变能力。

游戏规则

1. 尽力用思维导图的形式呈现敏捷培训期间所学到的知识。
2. 不能翻看教材和培训笔记。
3. 全情投入，每个组员都必须对团队有贡献，都必须参与其中。
4. 采用小组集体呈现的方式，每个组员都要进行分步呈现。
5. 每组呈现后，其他组成员可以提问、可以提出挑战，被提问组要尽力进行答疑。
6. 游戏不分输赢。

游戏的交互性

因不能翻看笔记和教材，团队成员间需通过沟通来完善自己对知识点掌握的全面性。对思维导图布局的规划，章节体系的规划，团队内部需要充分的协商。

游戏步骤

1. 游戏规则讲解。
2. 自由组队，把团队分成 A/B 两个小组。
3. 分发物料，A3 纸、白板笔、百变贴。
4. A/B 两个小组分别把自己组的 A3 纸使用百变贴贴在墙上。
5. A/B 两个小组分别进行集体回忆，全体组员参与其中，把想到的知识点以脑图的形式进行呈现。
6. A/B 两个小组分别选出一名侦查员 a1/b1。
7. A 组把 a1 派到 B 组进行侦查，获取情报信息，完善本组知识点。B 组把 b1 派到 A 组进行侦查，获取情报信息，完善本组知识点。
8. A 组内部协商，决定组员呈现顺序，然后按照顺序，开始敏捷知识点呈现。
9. B 组提问，A 组答疑。
10. B 组内部协商，决定组员呈现顺序，然后按照顺序，开始敏捷知识点呈现。
11. A 组提问，B 组答疑。
12. 自由发言，感悟分享。
13. 教练总结，阐述掌握敏捷知识点，统一敏捷方法轮的重要性。

可能的变化

可以用于敏捷培训后的知识体系回忆，也可以用于团队迭代问题的回顾与反思。只要能以脑图的形式来呈现整个知识轮廓和问题轮廓就可以。敏捷教练可以基于团队实际情况进行针对性调整。

模拟现场

情绪化反应

游戏刚开始，讲完规则后，因为不能翻书，团队成员有点紧张，或者说是焦虑。迫于规则的要求，只能一点一点的憋出来，其间开始互帮互助，修修补补，逐渐自信，逐渐快乐。特别是到了派遣侦查员环节，因为要去对方小组窃取情报，所以会被驱赶，而侦查员还要嬉皮笑脸、厚脸皮的去侦查，团队氛围一下子好了起来。

量化结果

这个游戏不分输赢，重点考核团队成员对于敏捷知识点的回顾、理解与掌握。只要团队成员能全身心的投入到游戏当中，能听进别人讲的、能引起回忆、有所触动，就是胜利。

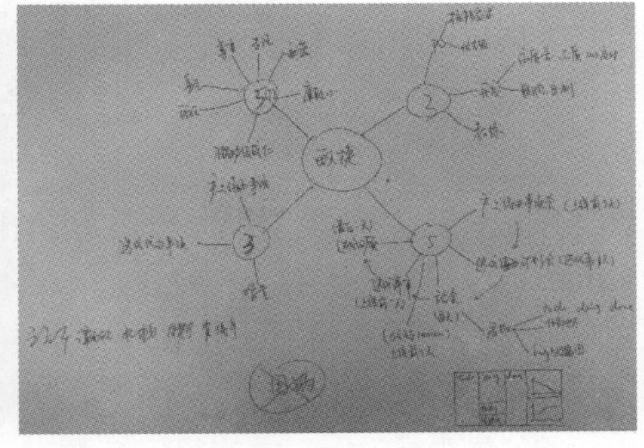

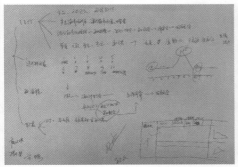

引导问题

1. 在开始回忆以前，你认为你们小组能写这么多吗？
2. 在自己回忆与团队成员的互帮回忆中，你对敏捷中的那个知识点印象最深刻？原因是什么？
3. 敏捷转型马上要开始了，你的期待是什么？你怕的又是什么？

经验与教训

知识点回顾梳理的过程当中，要注重引导，不赞同翻看笔记和教材，期待通过相互讨论来激活脑海中那一点点残存的记忆，使整个敏捷知识体系逐渐完善，避免填鸭式的引导。要注重讨论中的互相启发，由一个知识点去联想到另一个知识点。思维导图是比较好的表达形式，当然，在回忆的过程当中不限于思维导图的记录形式，团队最终是要通过语言述说来呈现整个敏捷知识体系的。所以，形式只是表像依托，关键依然在于对敏捷核心知识点的掌握。作为团队的敏捷教练，在基础理论讲解完成后，可以采用这样的检测方式，多互动、多启发、多引导。在规则化游戏过程中完成所掌握知识点的检测，对于在游戏过程中发现的问题，可以不直接提出，等游戏结束后，找到对应的队员重点解决、重点指导，提升其知识点的掌握程度。不能在提问环节揪着不放，提出尖刻的问题，同时，作为敏捷教练的我们要学会帮助队员化解难题，特别是在游戏中的提问环节，还要防止冷场和挑衅行为的发生，注意情绪的引导，保持大家对敏捷的兴趣，为敏捷在团队的落地做好“人设”准备。

签署敏捷转型承诺书

为什么要写承诺书哪？听到承诺书，很多人的第一感觉可能是签字画押，签字画押的主要目的是应对开发过程中的各种变变变。因为有些人责任心缺失，根本不遵守承诺。但是签字了就能遵守吗？疑问丛生，我想，承诺书只是单纯的承诺，它不是法律，只能当作道德约束或只是单纯的游戏规则。正所谓一诺值千金，承诺就要守信，这是为人之本，诺而无信，就得不到别人的信任。不能办到的事就不要承诺，要讲明自己办不到的原因，不可欺骗别人。

在敏捷开发转型实践中，对于每一个团队角色都有对应的职责和使命，是有游戏规则约束的，但是，口头的答应和遵守，有时不一定有约束，不足以引起大家的重视，变变变时常发生，不守承诺且责任心缺失的事情也偶尔发生，为了引起团队成员的重视，我引入了签署敏捷转型承诺书的环节，只是希望所有团队成员更加重视并遵守自己的职责，把签署当成一个正式的团队仪式。

承诺书是怎么写出来的呢？为了拟好这个承诺书，我首先访谈预转型敏捷开发模式团队的项目经理、开发经理和产品负责人，确认其痛点、顾虑及常见问题。然后，我参考访谈的痛点写承诺书的第一版。接下来，我去找第一次访谈对象确认承诺书的合理性与可行性，并修改调整，然后逐步扩大知晓人群，与团队成员商议承诺书中的具体内容，等到承诺书的方案基本确定后，我分别去找公司的 CTO 和 CEO 确认承诺书中的内容和计划签署时间，并根据领导意见进行修正，最后形成承诺书的定稿。

承诺书写好后，在团队敏捷开发转型启动会上，所有的领导和团队成员都在，当领导做完动员，讲完转型方案和时间点，开始签署仪式，当着所有领导的面签署，其实也是一种无形的自我行为约束，签署后直接收回，装订成册，挂在团队看板的一旁，提醒团队成员，激励团队成员，更好地实施 Scrum 框架。

承诺书中建议涵盖以下内容。

产品负责人

- 有责任心，把产品当自己的“孩子”。
- 产品负责人准备的用户故事满足 DOR 标准，所对应的 PRD（功能清单、原型设计、交互设计、视觉设计）完成，并且通过评审。
- 产品负责人可以依据“特情”和“实况”更新用户故事优先级，进入迭代计划会的用户故事必须是最新排序完成的，并且在上一迭代的第 8 天招开一次 PBR，交付拆分功能点的 PBI 给到开发团队。
- 产品负责人还要审核验收标准，负责迭代评审验收，依据验收标准做出接受或拒绝交付的决定。
- 产品负责人要组织 PBR 与迭代评审会，决定发布时间。

开发团队

- 要有廉耻心，保证准时、高质量交付迭代中承诺的故事点。
- 需要在 PBR 后，主动与产品负责人沟通下个迭代的用户故事疑点。
- 需要在上一迭代的第 10 天交付拆分更细的 PBI，作为下一迭代计划会的输入。
- 负责对用户故事进行拆分、估算和编写验收标准。
- 依据优先级从高到低领取故事点，决定本次迭代完成多少故事点。
- 遵守迭代流程，持续交付，迭代没有延期和妥协，不成功便成仁。

敏捷教练

- 要有纠偏意识，及时发现团队问题并给予指导。
- 指导团队完成 Scrum 3355 实践，促进团队提升。
- 敏捷教练作为变革代言人，促进产品迭代与持续交付，要做到不照搬理论，依照转型实际情况，及时修正流程与不足，及时发现迭代风险并与团队沟通，寻找解决方案，指导产品负责人与开发团队完成 Scrum 框架内的 5 项关键活动。

领导层

- 需要认同敏捷价值观，开放、勇气、尊重、专注、承诺。
- 在迭代期间不随意“变更”本次迭代已经定的故事点，比如“强制”增加 A 故事，需要把相等工作量的 B 故事去掉，符合团队容量。
- 不强压开发团队完成超过其团队容量的工作。
- 不随意更改迭代周期，修改迭代规律与流程。

下图是一个转型团队签署承诺书的实例，总之，承诺只是一种约束，一种期待的成员状态，具体如何做到，大家要柔性引导，带领团队成员，引导团队成员，一步步实践，一步步提升。

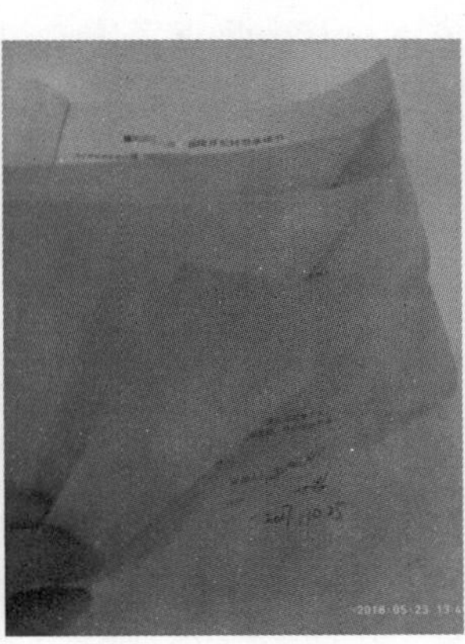

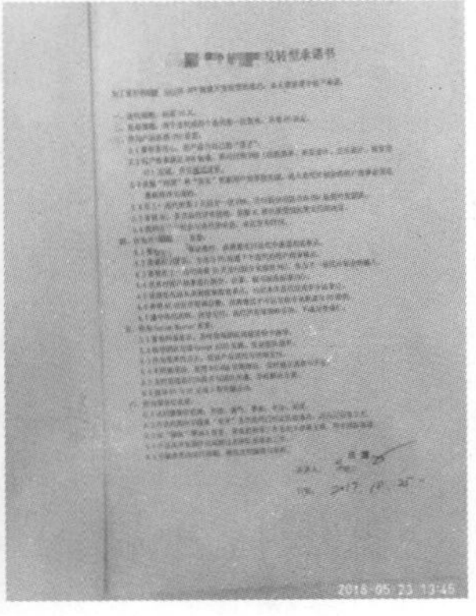

执行 Scrum 框架前的实战性准备

优选迭代长度，提升响应速度

迭代长度的影响因子

我们先来讨论一下迭代长度的影响因子。迭代长度也可以理解为迭代的时间盒跨度，更直白讲，就是一个迭代包含几个工作日。作为敏捷教练，我们在给团队建议迭代长度时，需要考虑诸多因素，结合我的敏捷开发转型实践，建议大家从以下三个维度综合考虑后，再给团队推荐适合的迭代长度方案。

- 产品成本：软件产品成本主要考虑人力成本和机会成本，软件开发过程中，可交付成果的产出主要依赖程序员，而程序员也是成本消耗最高的，程序员写代码的时间越长，成本越高，相应的，迭代时间越长，每个迭代所消耗的人力成本也越高。其次是机会成本，机会成本是指企业为从事某项经营活动而放弃另一项经营活动的机会，或利用一定资源获得某种收入时所放弃的另一种收入。另一项经营活动应取得的收益或另一种收入即为正在从事的经营活动的机会成本。通过对机会成本的分析，要求企业在经营中正确选择经营项目，其依据是实际收益必须大于机会成本，从而使有限的资源得到最佳配置。相应的，如果现在有 A/B/C 三个客户，分别提出了 X/Y/Z 三个需求，都要求先实现自己的需求，并给出了具体的时间限制，否则就不付钱，迭代时间如果过长，有可能这三个客户的需求一个都实现不了，如果迭代时长长度恰好满足某一个客户或两个客户的需求，那可以选择性的放弃其中一个客户，力争服务好另外两个客户，从而可以确保给团队带来收入，但也因此放弃了另一部分收入。因此在选择迭代时间长度时，要考虑迭代的软件产品成本，其中重点考虑人力成本和机会成本。
- 产品的灵活性：首先考虑用户数量，就产品灵活性来讲，船小好掉头，对于产品来说，用户体量越大，每一次迭代或每一次发布所需要考虑的情况就越多，因为每一次改动都可能影响到大批量用户的使用习惯，同时每时每刻所收集到的用户反馈就会越多。其次是产品的响应机制，面对众多用户的反馈，迭代时间长短决定着产品本身的反馈速度、响应速度，如果一个迭代长度是 10 天，那客户 10 天前提的一个问题，10 天后就可以有相对完备的补充机制出现。如果迭代周期是 40 天，40 天后，客户才有可能看到自己想要的。试想这两种等待周期，客户的反馈会是什么？哪种的满意度更高？最后是公司制度，举一个实战案例，某 App 产品，原定是 20 天一次发布，产品拥有 500 万用户，原来每次发布只需要按照原定的发布时间做完执行就可以了，但是频繁的发布受到了客户的投诉，觉得 20 天一次发布，太过于频繁，所以公司现在建立了发布制度，在每一次发布前，要让当前迭代内容需求的提出者提出发布申请，先由部门审批通过，再上报总经办审批，层层审批过后才能发布。试想，作为一名敏捷教练，在面对这种情况时，又要如何做？如何处理迭代发布与迭代开发与响应机制间的关系？

- 产品控制力：从团队自主性和领导干涉程度来讲，团队在产品的方向、进度、品质等方面有没有话语权，有话语权就可以决定这些。没有话语权，团队只能执行落地，做好自己的工作就可以了，统一由领导定或上层定。自然，迭代的时间长度也由上层来定。假如团队有自主性，领导的干预程度又很强，喜欢经常指点江山，有诸多超越产品负责人的行为，迭代时间长度也要考虑领导的干预因素，冗余与缓冲空间是必不可少的。

找到最合适的，不能不假思索地给团队说就用这个迭代长度，因为别人都用这个迭代长度。尽力在自己分析的基础上让团队权衡，让团队做决定。

迭代长度长短的优劣势分析

前面讲述了影响迭代长度的几个关键因子，接下来分析在迭代长度较短或迭代长度较长的情况下有哪些优势和劣势。

团队采用较短迭代长度具有以下主要优势。

- 可以适应频繁变化的市场环境。市场瞬息万变，迭代时间越短，改变可以越快，能越早得到反馈，从而快速改进，迎合市场的需求。
- 可以及时掌握团队动态，减少单人影响。迭代时间过长，团队中间一旦有人离职或出现问题，不能及时补充，迭代失败的风险就大大增加。
- 可以快速评估新技术的适用性和适应性。新技术合不合适，在一个较短的迭代里可以快速检验和试错，团队试错的成本相对较小，如果发现不合适，下个迭代可以快速换掉。
- 可以较快掌握团队速率与容量，速率不是既定的，是记录多个迭代完成标准故事点的数据后计算得出的，较短的迭代可以获得相对快速的迭代频次，
- 可以更早知道短期迭代的迭代速率。
- 可以更快的回顾。发现不足，改进提升，10 天的迭代，10 天就可以回顾一次，改进一次，40 天的迭代，那需要 40 天迭代结束时才能回顾。一点点的逐步

改进，对团队来说，改进的可能性比大批量改进可能效果会更加的好。

- 可以相对频繁控制项目。预测回报风险，时间短响应快，有风险及时处理，把损失控制在可控范围内。

团队采用较短迭代长度主要有如下不足：

- 按照 Scrum 流程来说，有五项活动，产品待办事项梳理、迭代计划会、每日站会、迭代评审会和迭代回顾会，每项活动都有时间范围标准，如果控制不好，超时的情况时有发生，这样，每个迭代在会议上所消耗的时间就会增多，用来真正开发的时间就会减少。
- 在实战敏捷开发团队中，大多数开发人员都不喜欢开会，迭代长度过短，五项活动的频次就会增加，控制不好度，容易引起开发人员反感。

团队采用较长迭代长度的劣势主要如下：

- 如果迭代时间过长，团队成员有可能忘记产品相关需求细节，需要产品负责人反复澄清，因为人的记忆时长是有限的，试想，一个需求详情记住 5 天容易？还是记住 40 天容易？
- 产品的准确执行度和关注度会降低，别的产品都在快速迭代，你的这个产品迭代周期这么长，中间弄不好给你插个别的任务。还有就是迭代过长，不经常汇报，也可能让人拿不准这个产品是否还在迭代以及什么时间交付。
- 迭代会因文档和设计的增多而变得更加复杂。迭代长，要实现的内容必然多，相对应的需求文档和设计文档必然更多，就是一个很现实的例子，让你从物理看板的任务中准确找出一项当天需要领取的，从 30 项中找一个容易，还是从 100 项中找一个容易？有同学可能会说，在把任务黏贴到物理看板时，会排好优先级的，要从上向下贴。试想，用户故事可按优先级领取和拆解，要让黏贴的任务也做到，这个难度是有的。还有文档的增多，一次性让团队成员看一点好接受，一次来一堆，必然需要更多的时间消化和吸收。
- 迭代会议时长会增加，引起团队厌恶会议的不良反应。就拿迭代计划会来讲，一个两周的迭代，迭代计划会的时长可以控制在 4 个小时，那一个 4 周的迭代，迭代计划会的时长也就是 8 个小时，让团队成员关在一个会议室 8 个小时，你说大家会不会疯？效率和激情如何保证。

最后，个人还是比较推荐较短迭代长度的。在一次转型实践培训时，我让参加培训的同学也分析了一下迭代长短的优劣势，挑选几个，放在下图中，仅供大家参考。期待大家在敏捷开发转型中选择合适的迭代长度，一定要做到柔。如果公司有多个敏捷团队并存，这几个敏捷团队的迭代长度可以不同，只要彼此协同的节奏可配合就可以了，具体如何配合，可以参考第 6 章规模化看板。

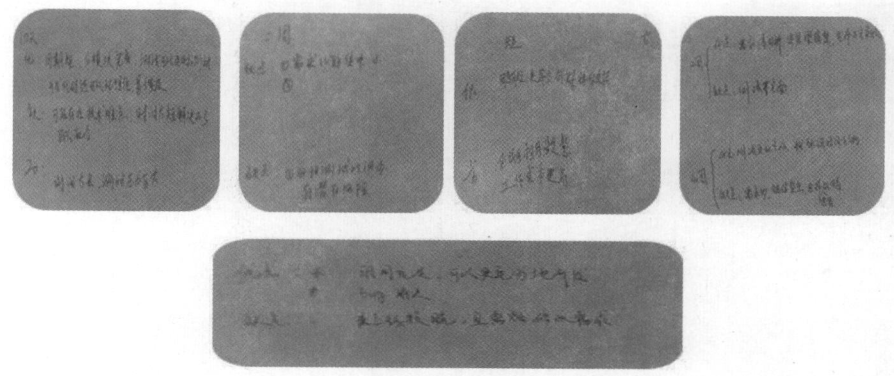

迭代长度的原则

最后，我们讨论一下迭代长度的原则，在迭代长度影响因子搞定的基础上，我们分析了迭代长度长短的优势与劣势，最后和大家分享以下迭代长度原则。

- 迭代长度建议不超过 30 天。
- 迭代长度在前期不建议少于 5 天，除非你拥有业内顶级团队配置，像某某可以做到 2 到 3 天一个迭代。
- 在同一个敏捷开发转型团队内部，迭代长度保持一致。这样协同节奏相对好控，但也会造成资源使用并行的紧张。
- 迭代长度要保持 4 到 6 个迭代，不要轻易变动，试用几个迭代后再优化，持续迭代，没有完成就是失败，拒绝延期。
- 一定要同团队商议，获得充分的支持，是团队的决定，不是敏捷教练的决定。
- 合理区分好迭代交付与发布，减少误解，获得理解。下面的列表分享了一些两周与四周的迭代长度划分实例，期待可以给大家一些启发。

1	2	3	4	5
迭代计划会	例 + 开 + 测 + 交	例 + 开 + 测 + 交	例 + 开 + 测 + 交	例 + 开 + 测 + 交
例 + 开 + 测 + 交	站会	站会	站会	站会
6	7	8	9	10
例 + 开 + 测 + 交	例 + 开 + 测 + 交	回归测试	回归测试	回归 + 集成上线
站会	站会	站会	站会	评审会 + 回顾会

2 周的迭代长度

1	2	3	4	5
迭代计划会	例 + 开 + 测 + 交	例 + 开 + 测 + 交	例 + 开 + 测 + 交	例 + 开 + 测 + 交
例 + 开 + 测 + 交	站会	站会	站会	站会
6	7	8	9	10
例 + 开 + 测 + 交	例 + 开 + 测 + 交	回归测试	回归测试	迭代计划会
站会	站会	站会	站会	站会
11	12	13	14	15
例 + 开 + 测 + 交	例 + 开 + 测 + 交	例 + 开 + 测 + 交	例 + 开 + 测 + 交	例 + 开 + 测 + 交
例 + 开 + 测 + 交	站会	站会	站会	站会
16	17	18	19	20
例 + 开 + 测 + 交	回归测试	回归测试	回归测试	回归 + 集成上线
站会	站会	站会	站会	评审会 + 回顾会

4 周的迭代长度

1	2	3	4	5
迭代计划会	例 + 开 + 测 + 交	例 + 开 + 测 + 交	例 + 开 + 测 + 交	例 + 开 + 测 + 交
例 + 开 + 测 + 交	站会	站会	站会	站会
6	7	8	9	10
例 + 开 + 测 + 交	例 + 开 + 测 + 交	回归测试	迭代计划会	例 + 开 + 测 + 交
站会	站会	站会	站会	站会
11	12	13	14	15
例 + 开 + 测 + 交	例 + 开 + 测 + 交	例 + 开 + 测 + 交	例 + 开 + 测 + 交	例 + 开 + 测 + 交
例 + 开 + 测 + 交	站会	站会	站会	站会
16	17	18	19	20
回归测试	回归测试	回归测试	回归测试	回归 + 集成上线
站会	站会	站会	站会	评审会 + 回顾会

4 周的迭代长度

1	2	3	4	5
迭代计划会	例＋开＋测＋交	例＋开＋测＋交	例＋开＋测＋交	例＋开＋测＋交
例＋开＋测＋交	站会	站会	站会	站会
6	7	8	9	10
例＋开＋测＋交	例＋开＋测＋交	例＋开＋测＋交	例＋开＋测＋交	例＋开＋测＋交
站会	站会	站会	站会	站会
11	12	13	14	15
例＋开＋测＋交	例＋开＋测＋交	例＋开＋测＋交	例＋开＋测＋交	回归测试
例＋开＋测＋交	站会	站会	站会	站会
16	17	18	19	20
回归测试	回归测试	回归测试	回归测试	回归＋集成上线
站会	站会	站会	站会	评审会＋回顾会

4 周的迭代长度

规划团队看板，共建站会圣地

对于看板这一节，我们分成培训期、规划期和进化期分别进行阐述。

培训期

在培训期，主要对看板产生初步的认知与了解。看板可以视为敏捷开发转型实践中最重要的伙伴，建议实践团队每天都用。看板可以帮助团队可视化工作流，待办的、准备做的、进行中的以及已完成，一目了然。同时，看板也是一个反馈闭环，团队每个工作日都可以在看板前沟通问题，反馈困难，协作改进。通过看板可以控制进行中的任务，有效的约束在制品的数量，尽量做到每日领取，每日交付，也显式说明了团队的流程和游戏规则。

前面提到过物理看板有五列，接下来看一下在试点团队中，在物理看板规划期，看板会设计成什么样子，再看一下在团队转型实践进行中，如何一步一步对看板改进优化。下图是我们在培训时看到的示例看板。

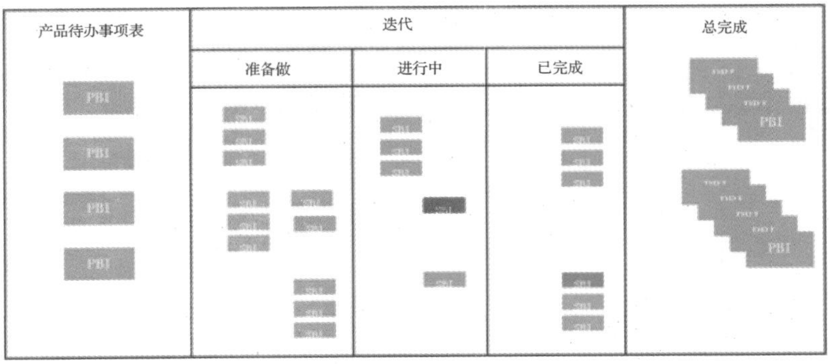

产品待办事项表	迭代			总完成
	准备做	进行中	已完成	
PBI PBI PBI PBI				PBI PBI

规划期

在团队转型规划期，建议大家把敏捷培训阶段讲的物理看板进行团队适用性改造后再迁移到自己团队中使用。除了准备做、进行中、已完成三列外，其他的可以进行添加和删除，对于每一列的命名，也可以根据团队的实际情况来进行柔性的改造。在团队转敏捷前的看板规划期，我先把看板画在 EXCEL 中，然后打印出来，与团队商量，根据团队意见，进行适应性改进。这个沟通时间点我放在团队敏捷培训后，因为前期团队并不懂敏捷，无法给出合理的反馈建议，敏捷培训后，团队成员正好有了自己的敏捷意识，是一个很好的规划与反馈切入点。接下来，以我的几个敏捷转型团队为例，详细说明看板的规划与进化。

如下图所示，为 A 团队看板规划第 1 版，是结合培训时的看板样例杜撰出来的，是批判的、优化的重点对象，看板下半部分的内容是空想出来的。

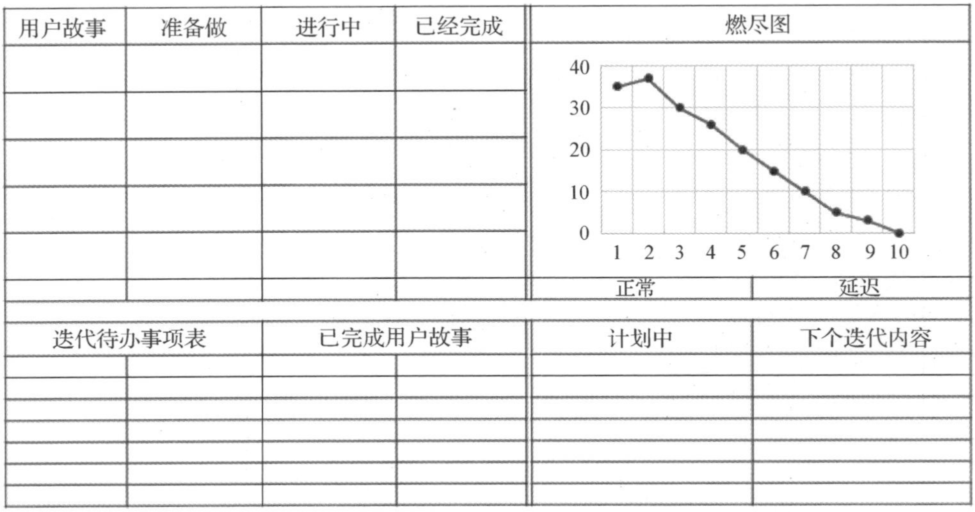

用户故事	准备做	进行中	已经完成	燃尽图	
				40 30 20 10 0 1 2 3 4 5 6 7 8 9 10	
				正常	延迟
迭代待办事项表		已完成用户故事		计划中	下个迭代内容

如下图所示，为 A 团队看板规划第 2 版，是给团队看过第 1 版后，结合团队的反馈意见进行调整的，去掉了已完成用户故事、计划中这些列，保留了正常、延迟的状态标识。大家想想为什么会做这样的调整？不合理之处在哪里？

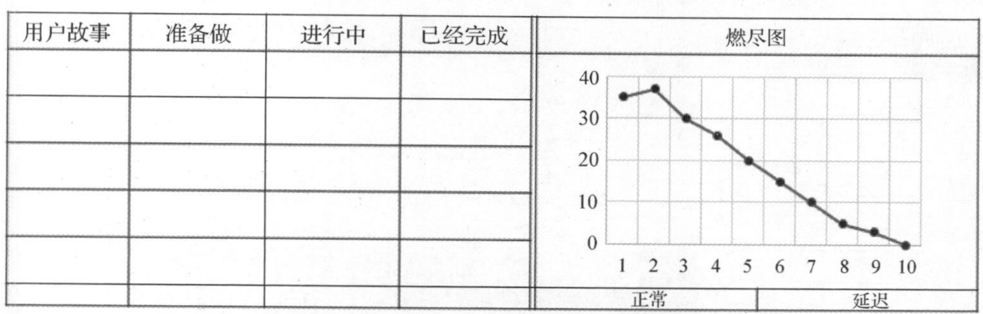

如下图所示，为 A 团队看板规划第 3 版，这一版的改进地方是加入了团队每日工作流程，原因是团队刚刚转型敏捷开发，需要对工作流程进行固化、强化，把工作流程放在看板的下面，方便在每日站会时，提醒到团队成员。

综上所述，A 团队的看板与培训时期的看板差异明显，并且在规划期进行了三次改进，第 3 版与规划期的主要差异在于增加了故事点燃尽图，增加了流程展示。燃尽图在每天站会时由团队进行更新，可以有效标识进度。团队处于转型的初期，流程可以帮助团队熟悉现有的工作流程，避免有团队成员迷失方向，走错路。

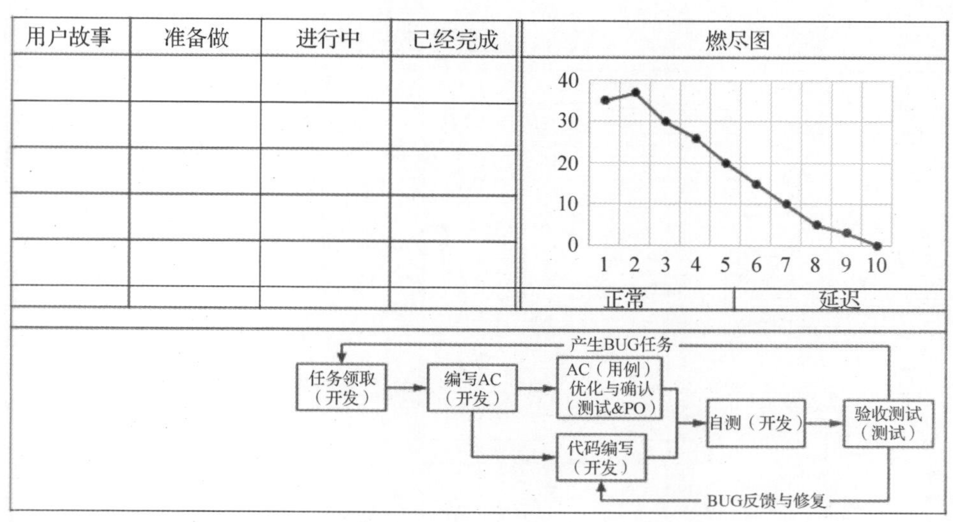

如下图所示，为B团队看板进化规划版，我们发现，基于试点团队的物理看板，我们在看板上方加入了Scrum流程，把5项活动的流转具体清晰的标识出来。与下方的看板列形成有效的对应，更加直观方便地提醒到每一步。并且，新增了自测中、待验收、待发布、已发布这几列，对开发过程中涉及到的步骤关键点进一步细化，使任务的流转更加清晰。

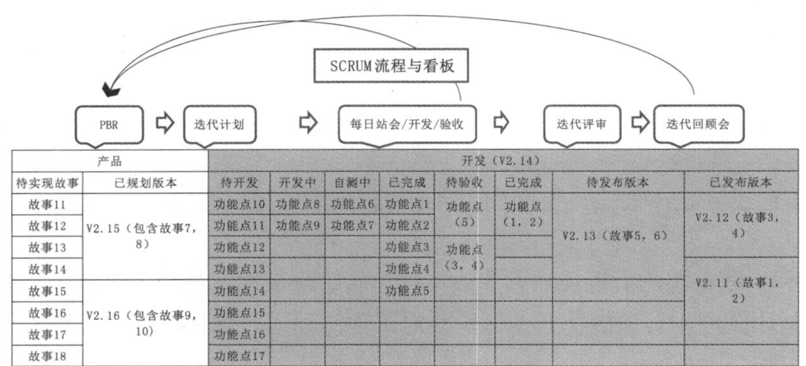

产品		开发（V2.14）							
待实现故事	已规划版本	待开发	开发中	自测中	已完成	待验收	已完成	待发布版本	已发布版本
故事11	V2.15（包含故事7，8）	功能点10	功能点8	功能点6	功能点1	功能点（5）	功能点（1，2）	V2.13（故事5，6）	V2.12（故事3，4）
故事12		功能点11	功能点9	功能点7	功能点2				
故事13		功能点12			功能点3	功能点（3，4）			
故事14		功能点13			功能点4				
故事15	V2.16（包含故事9，10）	功能点14			功能点5				V2.11（故事1，2）
故事16		功能点15							
故事17		功能点16							
故事18		功能点17							

如下图所示，为C团队看板进化规划版，与B团队相比，这个看板融合进去了故事点燃尽图与Bug记录表。最大的区别是，通过这个看板可以管理项目群，比如一个团队包含IOS、安卓、H5、小程序、管理后台等，是一个综合的大团队，那么，可以使用这个看板，视野更大，视角更宽。

SCRUM 流程与看板

PBR ⇨ 迭代计划 ⇨ 每日站会/开发/验收 ⇨ 迭代评审会 ⇨ 迭代回顾会

项目群管理看板									
产品	待实现故事	已规划版本	待开发（当前版本）	开发中（当前版本）	已完成（当前版本）	功能燃尽图	BUG燃尽图	SCRUM流程检查点	已发布版本
A	故事	V2.1（故事、关联系统）评审过	任务	任务	任务				
	故事		任务	任务	任务				
	故事	V2.2（故事、关联系统）评审过	任务		任务				
	故事		任务		任务				
B	故事	V2.18（故事、关联系统）评审过	任务	任务	任务				
	故事		任务	任务					
	故事	V2.19（故事、关联系统）评审过	任务						
	故事		任务						
C	故事	V1.6（故事、关联系统）评审过	任务	任务	任务				
	故事		任务	任务	任务				
	故事	V1.7（故事、关联系统）评审过	任务						
	故事		任务						
D	故事	V1.6（故事、关联系统）评审过	任务	任务	任务				
	故事		任务	任务	任务				
	故事	V1.7（故事、关联系统）评审过	任务						
	故事		任务						
E	故事	V1.6（故事、关联系统）评审过	任务	任务	任务				
	故事		任务	任务	任务				
	故事	V1.7（故事、关联系统）评审过	任务						
	故事		任务						

进化期

进化期主要指团队转型敏捷后，在具体执行过程中，根据团队的实际情况，对看板进行适应性调整。

如下图所示，给我们展示了A团队看板的前四次进化，第一次的看板是由规划期的三次改进进化而来的。第二次看板与第一次看板相比，删除了流程图，删除提前、正常、延迟的状态标识提醒，代替的是四种不同颜色的磁铁，用来标识当前迭代的状态。

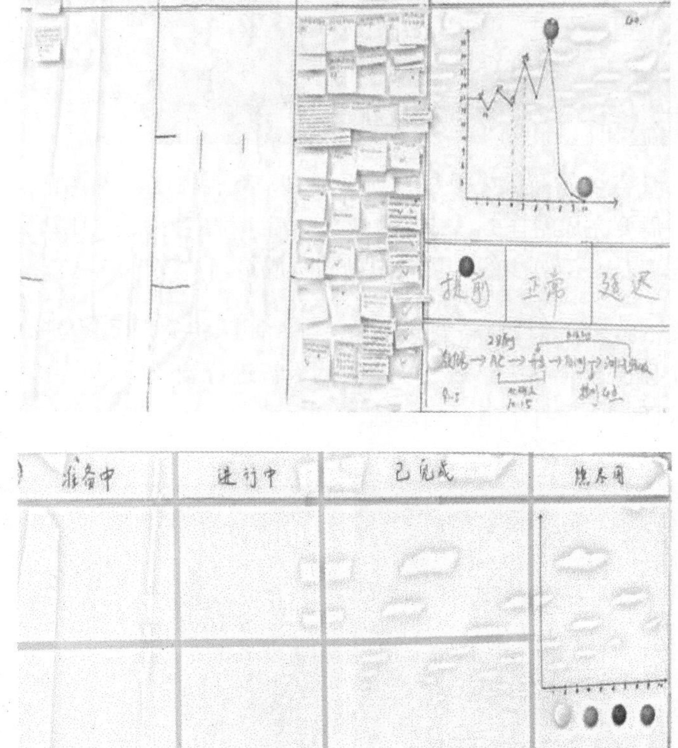

如下图所示，第三次看板与第二次看板相比，增加了Bug记录图，用来记录Bug的产生情况。并且Bug记录图与故事点的燃尽图使用一样的迭代时间盒，与其形成有效

的对应。第四次看板与第三次看板相比，增加了一张任务总表，贴在看板的左下角，用来帮助团队找到需要领取的任务。因为，有时任务拆得过多，站会时领取任务也需要时间去找。

可能会有人说，任务要按照优先级从上到下领取，不能跳过。实战中，任务被拆分出来后，代表所有需要完成的任务，贴在看板上之后，排序也是一个难题，难免会贴乱，所以一张任务总表是必不可少的，可以帮助团队成员。

最后，我们观察下图，随着敏捷转型的深入，与A团队相关联团队也完成了敏捷转型，于是我把这三个团队聚合起来，通过一个大的看板进行统一管理。协同团队清楚彼此的进度，从而为团队合作打下很好的基础。

接下来我们观察B团队看板的前四次进化。如下图所示，在第一次进化时，团队通过看板管理安卓开发与IOS开发，并没有管理后台开发与H5开发。在第二次进化时，团队对看板进行分离，对于任务部分移动到玻璃窗上，物理看板变成了记录任务燃尽和Bug的地方，并加入了变更记录，管理的内容也由安卓和IOS扩大到后台开发，同时时间轴也发生了变化，变得更长，说明团队调整了迭代周期。

观察上图，我们发现，B 团队看板在第三次进化时，团队通过看板管理的内容进一步增多，在安卓、IOS、后台的基础上，进一步把 H5 管理了起来。对变更管理进行细化，安卓、IOS、后台、H5 的变更分开进行统计和管理。同时增加了团队公告栏，用于团队信息的对外发布，比如团队要执行的一些回顾改进项，团队的一些关键时间点提醒等，在第四次进化时，取消了原来的白板物理看板，所有的看板内容全部迁移到玻璃窗上，并在看板的上部加入了团队大流程。

最后，我们观察下图，展示的是 B 团队当前所使用的看板，发现在安卓、IOS、后台、H5 的基础上又增加了配置管理与小程序管理，融合进来了更多的团队，增加彼此团队间的协同，减少沟通成本，提升协作效率。小小一块板，可以把几个团队协同起来，任务、进度、风险一目了然，期待大家可以在实践中多多重视物理看板的使用。

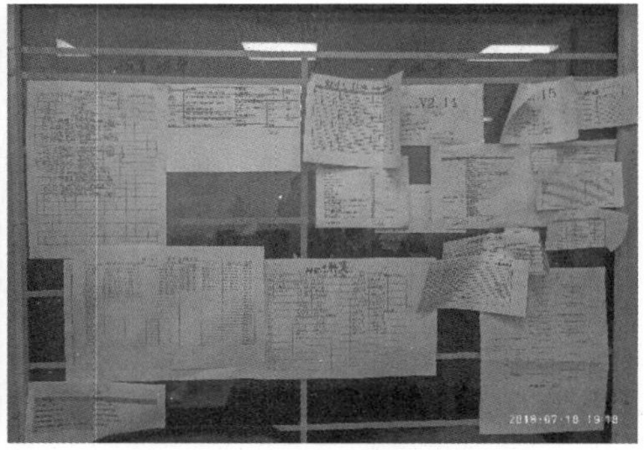

下图展示了硬件团队和数据团队的看板，硬件团队的看板特殊在于，迭代周期特别长，新需求相对少，新 Bug 相对少，所以才会出现取消 Bug 记录图的情况。对于数据团队的看板来讲，最大的特殊性在于存在部分的技术不确定性及数据验证准确性的要求极高，所以对于任务的燃尽比较特殊，迭代前期燃尽图会是一条直线，迭代中后期存在暴跌的情况。当然这也是我们团队自身存在的问题，说明我们在任务拆解粒度和完成标准维度方面存在问题，需要改进和提升。

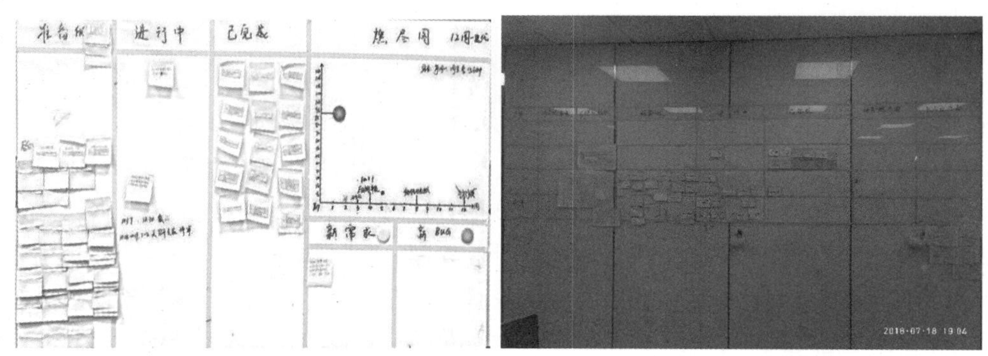

在团队敏捷转型中后期，我的团队成员已经把物理看板前当成沟通问题的“三角地”，除了每日的站会，团队中的一个视觉效果更新、一个新发现的 Bug、一个紧急的任务添加以及团队成员的个人问题等。看板格式并非固定不变，要根据团队特性、产品特性做因地制宜的调整和迭代渐进式优化，让看板服务于团队，而非团队被看板套牢。

细化迭代流程，清晰可落地

敏捷强调团队的自组织、自管理，我想这并不意味着团队不需要标准规范的流程，我相信团队依然需要标准的流程以统一团队的行动。就像斯巴达克战队一样，统一的步伐、统一的战斗队形、标准的口号与旗语。相信统一规范的细化流程，是把团队打造成斯巴达克战队的前提条件和必要环节。

我们要认识到流程细化的重要性，我们知道敏捷 Scrum 框架中有五项活动（产品待办事项梳理、迭代计划会、每日站会、迭代评审会和迭代回顾会），把这五项活动串起来。如下图所示，这只是一个大的框架性流程，并没有每一项活动的细节流程，在团队操作上存在着诸多的不确定性，因此，工作流程细化非常重要。

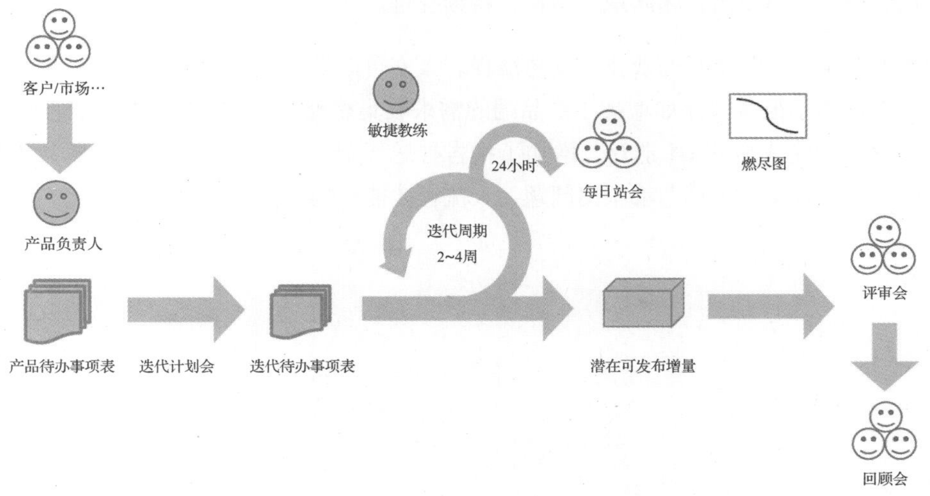

通过工作流程的细化，可以让 Scrum 框架中的每项活动都有流程规范，让其更有可操作性。可以更加准确地界定每个活动中的关键环节和检查点，比如，每天开发自测与测试验收的时间点。细化的流程会成为团队统一行动的基石，流程如果太宽泛，团队在行动时就容易出现节奏感不强，节拍不合的情况。统一规范的流程可以当成团队统一行为的节拍器，可以帮助团队更好地运作。

我认为，流程细化在敏捷开发转型实践中不可或缺。结合以往的经验，我认识到，不能转型一开始就全盘否定现有团队的工作流程，对团队进行伤筋动骨的改造，要柔性落地敏捷实践，柔性导入。我结合敏捷 Scrum 框架 3355 对团队内部现有工作流程进行调研，融合 Scrum 框架流程进行适应性改造，拿出改造性方案。把改造性方案与团队进行讨论，优化并在试点转型的团队中开始试用。

在敏捷开发转型前期，细化的流程控制在开发环节，其他环节暂时不干预，而是通过迭代期间的执行落地，通过每次迭代的回顾会，让团队反馈意见，发现流程中不太适用的环节，包括流程缺失或多余的地方，包括关键检查点，包括人员的职责与分工协作，进行优化调整。经过试点 5 到 8 个迭代后，确定团队标准工作流程，在推广团队中开始使用。

在下面的实战举例环节，首先展示一个在敏捷 Scrum 框架中细化出的一个总流程，然后对总流程的关键环节，列举出细化的流程，敏捷实战中每个公司的团队在流程细化时可能会有差异，大家可以参考这里的细化流程进行适应性改造，示例中的细化流程，已经在多个团队中使用，团队稳定运行，持续交付。

下图为一个实践团队执行的敏捷开发总流程。大家可以发现，在标准 Scrum 五项活动的基础上增加了很多，比如增加了产品端的需求收集整理、业务评审、技术评审，增加了开发相对完成后的 UI 走查，增加了报告推送环节。这些细小的环节都服务于整个大流程，只有每一个环节都不出问题，大流程才能顺畅。

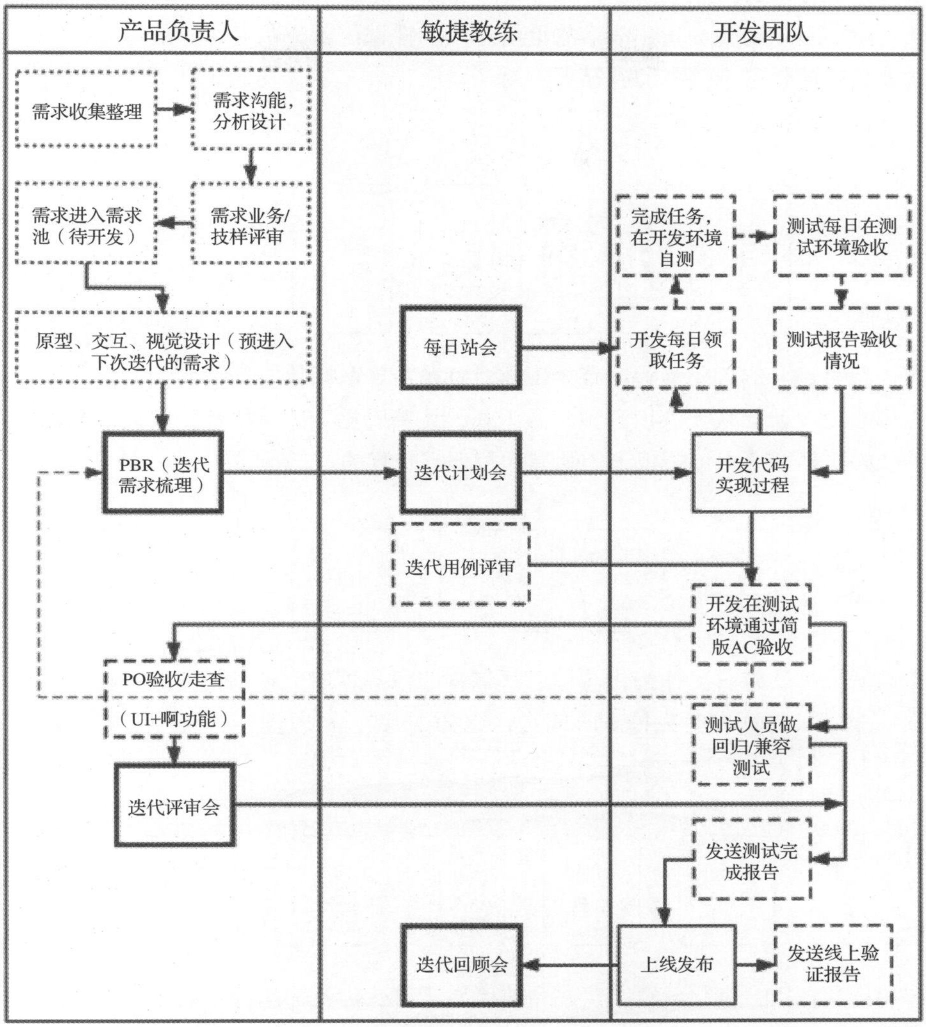

产品负责人
敏捷教练
开发团队

需求收集整理
需求沟能，分析设计
需求业务/技样评审
需求进入需求池（待开发）
原型、交互、视觉设计（预进入下次迭代的需求）
PBR（迭代需求梳理）
PO验收/走查（UI+啊功能）
迭代评审会

每日站会
迭代计划会
迭代用例评审
迭代回顾会

完成任务，在开发环境自测
测试每日在测试环境验收
开发每日领取任务
测试报告验收情况
开发代码实现过程
开发在测试环境通过简版AC验收
测试人员做回归/兼容测试
发送测试完成报告
上线发布
发送线上验证报告

下图为团队进行 PBR 的流程，PBR 尽量控制在 15 分钟内，可以是一项非正式的活动，在执行过程中，时间控制非常的重要，对于 PBR 的交付物也要有清晰的界定。

下图为迭代计划会的细化流程。作为一个迭代的正式开始，迭代计划会显得特别重要。在执行时，一定要完成用户故事的澄清工作，保证团队成员对用户故事有统一一致的理解。最后的任务卡要打印并贴好。对于验收标准，建议在迭代计划会上完成，也可以根据团队情况进行调整。

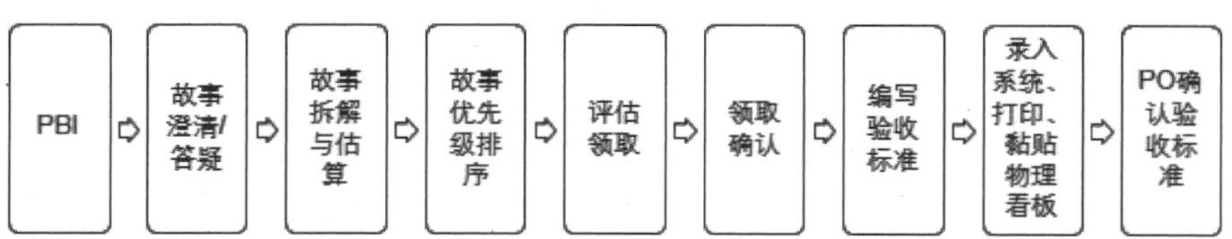

下图为每日站会的细化流程，每个工作日都执行，从固化、强化到养成习惯，从顺序发言到自由发言，从无意识开到有意识开，认知到站会的重要性。我们要重点关注任务的状态更新，要保证看板上的状态和数据都是真的。

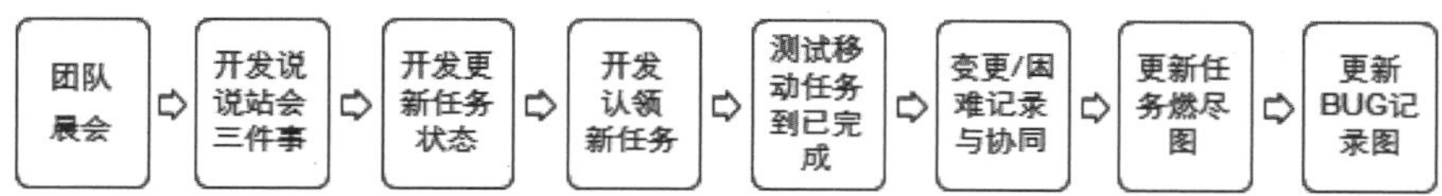

下图为开发团队每日工作细化流程，从每日的任务领取到每日任务的验收交付，可以协商一个每日的开发完成提测时间点，比如 16 点。可以规定当天的任务“完成”后才能离开，等等。

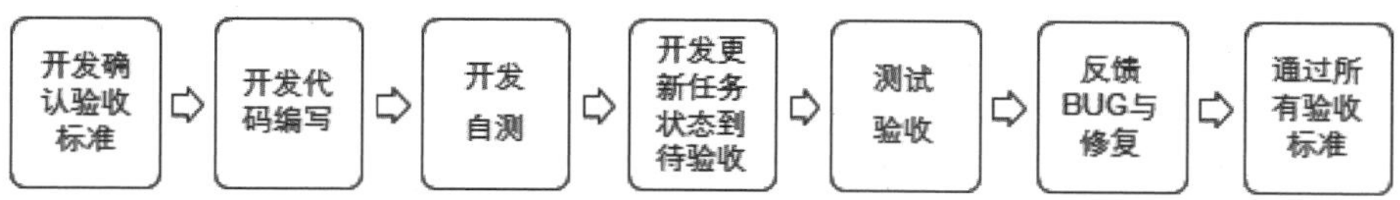

下图为迭代评审会细化流程，产品负责人对于迭代涉及需求的讲解，开发团队对于完成功能的真实模拟操作都很重要，业务方的反馈将形成新的 PB 输入。

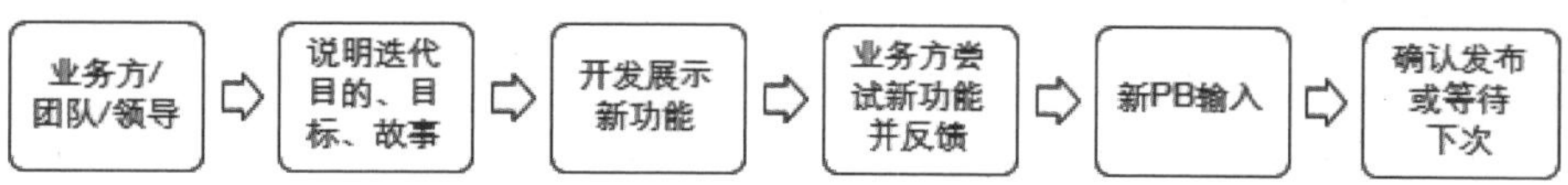

下图为上线发布细化流程，流程再细，对于发布来说，也只是概要，是最后一环，要做好检查核对工作，已经测试完成，这里按既定的流程准确操作，不要遗漏，不要马虎，团队可以根据实际情况进行更加细化的调整，配合检查清单一起使用。

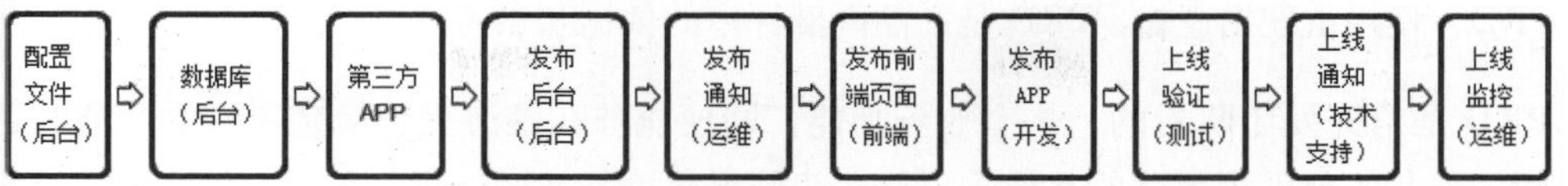

下图为迭代回顾会细化流程，在团队转型的前期，回顾会必不可少，从中不断发现问题，帮助团队解决问题，促进团队的提升。

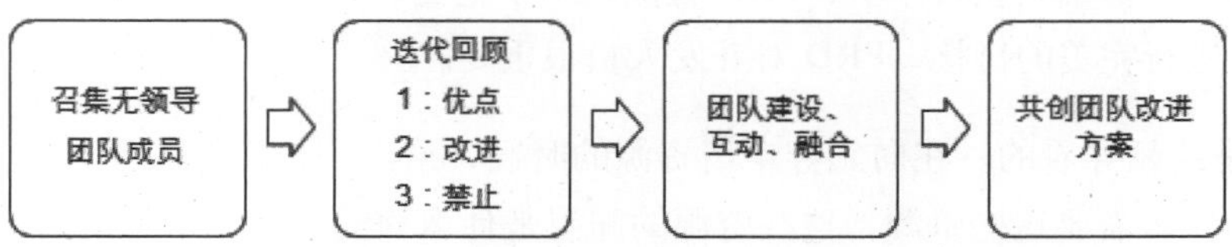

合理看待 PRD，有时不可少

PRD 是产品需求文档 (Product Requirement Document) 的英文简称，是对商业需求文档（BRD）和市场需求文档（MRD）更专业的描述。

我们虽然在敏捷开发中不强调 PRD 的重要性，并且很多人认为写 PRD 会浪费时间，浪费精力。即使花了心思写，开发人员不一定有时间看，看了又要去理解，不如直接由产品负责人口头描述产品功能与业务逻辑给开发人员。但是，基于个人的责任心和细心程度，这种软性要求最后产生的偏差会非常大。并且，在迭代执行过程中，因为需求不清楚或业务逻辑没弄明白，会给交互设计师、视觉交互设计师甚至整个开发工作带来巨大的影响，整个产品和迭代只能折返式前进，更有可能造成迭代失败。

由此看来，结合当前的研发环境，PRD 在整个敏捷开发过程是必不可少的，PRD 也是团队成员自我保护的一种手段，因为 PRD 是进行开发的主要参考和依据，也是验收标准的产生来源，防止交付时的推诿，不论是产品、开发、测试都可以保护自己。此外，规范的 PRD 也有利于团队知识的传播和传承，试想，一个新加入的团队成员，如果没有 PRD，让他通过点击产品来了解一个产品的特性要花多长的时间？并且，每个版本改进了什么以及优化了哪些，如果没有 PRD，新人很难搞清楚的，一个规范详尽的 PRD，可以帮助新人快速融入团队，快速了解业务，尽快产生战斗力。

PRD 的受众

PRD 是给产品自己看的，根据公司的阶段运营目标，提出合理的需求，那么实现这个需求的功能、逻辑，通过思维导图、流程图、用例图和状态图等做分析，再书写成

PRD，慢慢梳理出逻辑，PRD 是产品内部评审的依据和参考。

PRD 是给开发团队看的，一个业务功能，即便能够在脑海里想清楚所有的功能和逻辑，但是不能保证团队的其他人也能在头脑里想清楚一切逻辑。所以，就需要通过输出 PRD，让团队其他人员理解需求。PRD 就像团队内部的通行语言，开发人员理解 PRD 后，参考 PRD 进行功能实现，就不会出错或不容易出错。当涉及到团队协同开发时，协同人员每人负责一块，PRD 就像是一个完美的蓝图，每个开发人员实现一部分，最后进行完美的拼接，PRD 对开发人员很重要。

PRD 也是给领导看的。在向领导申请资源的时候，给出一份清晰的 PRD 能够让领导看明白为什么需要这些资源，这些资源的配置是什么样的，在一个阶段后，产品会实现成什么样子，PRD 里面会有原型和模拟呈现，看是否符合领导的预期，如果有差异，可以参考领导的建议进行及时修正，以及做出来后领导不满意，造成返工与资源浪费。

如何规范 PRD

PRD 如此重要，那我们如何规范 PRD 哪？基于我自己的敏捷开发转型实践，可以通过以下四个步骤来规范敏捷团队的 PRD。

步骤 1：在团队内部明确 PBD 的要求。

对于 PRD，主要有以下要求。

- 完整：主要表现在内容无遗漏和功能描述完整两个方面，PRD 要涉及到当前迭代阶段的每一个用户故事，有时不仅有功能性用户故事，还要有技术性故事，这是一份最全的文档，在这里可以解答疑惑，找到答案。

- 准确：主要表现在表述无歧义和内容前后一致两个方面，敏捷 Scrum 框架中有产品待办事项梳理这一步。在梳理时，团队会提出一些改进建议，产品负责人要参考这些改进建议进行适当的调整。敏捷转型实践中曾经发生过这一幕，产品待办事项梳理时，一个前端人员对产品待办事项提出了很多的异议，期待产品负责人能够记录下来进行改进，产品负责人满口答应，好好好，记下了。但是再次进行产品待办事项梳理时，这名前端人员发现，产品负责人根本没有改，问题还是一堆。结果，这名前端人员和产品负责人大动肝火，因为此时的 PRD 不准确，根本没有改进，没有如实按照同意改进的建议进行修正。
- 清晰：主要表现在要做好版本管理、文档结构清晰和表述专业精准三个方面。PRD 持续更新，每一次更新要有对应的版本。首先，在内容上要有删改的标示，增删改动的地方明确显示出来。其次，可以在版本命名上加上版本号还有版本日期，这样有利于沟通和查找。清晰还表现在文档结构要清晰，可以加一些唯一性的编号，特别是对于页面设计来说，页面命名并不一定是最好的方式，唯一性的编码反而有助于页面的准确定位。最后，清晰还表现在表述的专业性，每一款产品都有特定的使用场景，特定的行业限制，专业名词的使用不可缺少，对于比较生僻的专业名词和术语要加名词诠释，特别是对于数据分析类产品的各种指标，一定要清晰解释，否则普通人员很难看懂。
- 简洁：主要表现在多用图表和语言简练两个方面，当出现文字表述不直观而涉及到改动时，建议图文结合。敏捷开发转型实践中，遇到过产品负责人对用户故事表述失误的情况，主要表现有在同一份 PRD 中，存在着用户故事重复与用户故事严重耦合的情况，这种情况建议禁止。
- 稳定：主要指开发前对内容进行充分确认，其实在敏捷开发转型实践中，一个用户故事要想进入迭代开发，需要进行业务评审和技术评审，只有都通过才能进入产品待办事项表。在进入迭代前，PRD 的内容需要前置发给开发人员，完成确认工作，也是为了保证技术和功能的可实现性，保证迭代的安全。

步骤 2：制定 PRD 的模板样例。

基于我自己的敏捷开发转型实践，可以通过以下四步来制定 PRD 模板。

- 先找公司的产品负责人，阐述制定标准 PRD 模版的重要性，获得支持，敏捷教练是没有授权的角色，没有权力的，获取到支持资源对事情的推进帮助很大，同时也是一种正向的背书。

- 结合不同产品负责人的特点，找 2-3 名产品负责人形成 PRD 模板制定小组，PRD 不能从网上复制，因为说实话，没有一个产品负责人的 PRD 标准是一样的，大家都有各自的理论个性，网上照搬不靠谱。在公司内部先找几个优秀的产品负责人，出出注意，把各自好的想法和文档标准贡献出来，取自团队，用自团队，接下来推广时也比较顺手，不能从新来，制定一套全新的，和每个产品负责人都不一样的标准，那样会非常缺乏认同感，是很难推广的。
- 组织“逐步”扩大化会议，不断吸收新的产品负责人加入，优化上一步的总结结果，并吸收新的想法，第二步是基础，第三步是升华，没有第二步，就没有改进和优化的范本。在做好第二步的基础上稳步开始第三步，最终获得更多人的认同与接纳，试想，每人都有贡献，每人都为 PRD 标准的制定出了一份力，吸取了所有人的精华，大家一起用，何乐而不为？
- 规范整理，形成标准文档，培训推广适用，经过第三步后，文档雏形已成，可以试点试用，用得好就推广，用不好就完善后再推广。

步骤 3：在公司内部宣讲推广应用。

当文档试点试用成功后，可以在公司内部其他敏捷团队开始推广了。就像我们培训敏捷开发方法论一样，文档的规范使用也需要推广。其实，最好的推广时机是在团队进行敏捷开发培训时，除了推广标准的敏捷 Scrum 框架外，也包含文档部分的学习。这是一个很好的切入时机点，因为此刻，大家已经接受了马上要进行的变革，开发流程要变，文档规范也可能变，如果后期再变，可能会有难度，所以敏捷教练要自带光环，在试点上要多下功夫，把能做的事情尽力完善好，为后期的稳步推进打下坚实的基础。相信，试点成则变革成，试点败则变革失信，教练失信。

步骤 4：在迭代中抽查评审。

没有监督就容易懈怠，执行的品质就会下降。在敏捷过程的每个环节，开会其实是检查文档的一个很好机会，因为所用到的文档在会议上都会呈现，其品质一目了然，作为敏捷教练，我们要私下及时提醒相关责任人关于文档规范性的问题，不要公开评论指责。

在实战团队 PRD 示例中，我只放了一个功能清单，如下图所示，其他的在团队文档规范中详细列示。PRD 依然是敏捷开发中非常重要的一环，短期内不可或缺。作为敏捷教练，要帮助团队规范化 PRD，简洁、精炼、高效、可用、传承与知识沉淀。

功能清单									
验收	用户故事	目的	业务方	优先级	功能模块	功能点	备注说明	关联系统	验收标准
FALSE	故事名称	效果，目的，解决什么问题	汇报、验收方、部门、领导	高 / 普通	大功能、一堆功能的组合名称（非必需）	增删查改	字段，类型，明细，描述，备注，必填 / 非必填等……	APP / 资产 / 网点 / 调度等	.

编写用户故事，独立清晰，渐进明细

标准的用户故事通常按照如下的格式来表达：“作为一个（角色），我希望（活动），这样可以（商业价值）”。实践中因产品负责人的个性差异及原书写习惯问题，很难达到标准的统一，接下来和大家分享几个团队的用户故事，这是规范前的各自为阵的模式，在后面的章节中，我们会进行相对统一的规范。本节只是示例性分享分析，中间部分敏感信息以 XXXX 代替。

下表为 A 团队实战用户故事，用户故事与运营任务相关，每个用户故事都有独立的编号和优先级，故事的拆分相对合理、可用，可以实现故事点的独立验收。

编号	用户故事	故事拆分
559	（优先级一） 运营区域管理	通过单点登录接口获取运营机构信息
		新增“系统设置”-“运营区域”管理页面
		可在运营机构（XXXX 公司下子机构不能添加）下新增运营区域，添加对应信息
		可对运营区域关联行政区域，行政区域或网点无法被重复关联，否则提示“已被关联”
		可对运营区域进行修改 / 停用 / 启用操作
		日志可查（XXXXXXX），操作时间，动作（XXXXXXX），运营区域，操作内容（XXXXXXXX）
531	（优先级二） 任务详情中费用编辑新增理由输入	二次编辑费用，需要填写必填理由后编辑生效
		编辑费用理由新增于处理信息：“编辑非限制道路拖车费 / 限制道路拖车费 / 停车费为 XX 元，理由：XXXX”

下表为 B 团队实战用户故事，与押金发票相关。观察发现，用户故事的颗粒度相对来说比较细，可用性强，在计划会中没有进行更加细化的拆分。所谓看到的拆分结果，是对故事的细化阐释，更方便转化与理解。

编号	用户故事	故事拆分
840	押金交易记录完善	客户退押金时的银行交易 XXXX 记录到押金交易记录中
854	关闭管理页加载时记录条数统计，通过单独按钮触发统计	内部任务管理页查询优化
855	发票信息优化	优化客服 XXX 发票查询界面开票信息字段，能兼容各种符号
856	设置故障还车优化	增加 XXXX 三级筛选 搜索框支持网点名称、网点地址模糊搜索

下表为 C 团队实战用户故事，阐述的是一个大的会员迁移故事点，这个大的故事点被拆分为多个功能点，在此只列出了一个查询会员的功能点。观察发现，C 团队用户故事的优点在于增加了一个备注说明，对于具体的要求更加的细化，更容易实现信息的对称与理解的统一，降低了开发过程中出错的可能性，也是一个可取之处。

需求	业务方	优先级	功能点	备注说明
管理后台个人会员页迁移	市场，风控，运营	中	查询会员（仅可见账户所属公司的会员）	查询条件：姓名，手机号，会员 XXXX，注册时间段（年月日），提交审核时间段（年月日），备注来源（支持远程模糊搜索），卡类型（XXXX，XXXXX），卡状态（已激活，已 XXXX，已 XXXX），关联企业（仅可见账户所属公司的关联企业，支持远程模糊搜索），免除 XXXX，注册平台（XXXXXXX），渠道来源（仅可见账户所属公司的渠道，支持远程模糊搜索），注册所在地区（仅可见账户所属公司的省市区，支持远程模糊搜索），会员所属公司（XXXXX）

下表为 D 团队实战用户故事，增加了需求的目的性阐述（为什么要做这件事、做这件事儿的目的是什么以及可以实现什么样的价值）。表中所对应的功能点，就是具体所期待实现的细化颗粒度任务，这种写法也有可取之处。

需求	目的	优先级	功能点	备注说明
预约送车	提供新型服务，创造新的业务模式和盈利模式	高	下单：选择上车点，电量、可选车型（默认 XXXXX） 预约时间（XX 分钟-XXX 小时），是否陪驾	下单条件：上车地点在许可的服务区域（支持预约送车的 XXXX 区域或网点）中，且下单时间符合所在服务 XXXX 的服务时间 下单成功条件：若车辆队列有可用的指定车型车辆和车同，下单成功则可用车辆减 1，人工分配车辆和 XXXX 进行派单
			取消订单	有责取消：需支付送车服务费（XXX 元/单） 无责取消：不收费用，及对应赔偿流程 确认收车后用户不可取消

我在敏捷开发转型实践中发现，对用户故事书写规范进行统一是比较难以做到的。主要是习惯和遗留问题，产品负责人觉得按照“作为一个（角色）， 我希望（活动），这样可以（商业价值）”这样的格式写很麻烦。

除了书写的标准规范问题外，还有别的问题，比如写的用户故事缺乏独立性，交叉重叠严重，比如写的用户故事与主干业务流程违和，比如迭代计划会前产品负责人没有觉得写用户故事或者是产品负责人不想写用户故事，因为他们觉得这样做浪费时间。

还有就是团队不想把用户故事写在便利贴上，看不清楚，容易乱，怕丢，等等。在敏捷转型的初期，关于用户故事的问题可能千奇百怪。总体的原则是，能把需求澄清，并阐明其商业价值，团队可以理解并方便拆分和编写验收标准就可以了，每个团队可以根据自己的情况决定。

定义基准故事点，估算有理有据

基准故事点为敏捷估算时的计量单位，它是一个倍数，我们会先找一个我们认为最小的一个功能作为参考基准，定义为 1 个故事点，把其他的故事和它做比较，如果是 2 倍大小，就是 2 个故事点。如果是 5 倍大小，就是 5 个故事点。

在我的敏捷开发转型团队中，因为同时负责的团队比较多。我发现，不同团队的基准故事点是不同的，不同功能的基准故事点也不一样。以 A 团队为例，基准故事点的要求是，一天可以完成 2 个标准故事点，并通过验收标准的验收。App 的基准故事点是一个普通任务的页面绘制或是普通任务的图文提交和任务完成接口调试。Java 后台的基准故事点是一次流程图变更或流程图功能完善，比如蓄电池绑定与解绑。Web 前端的基准故事点是一个通用接口调试。

对于 B 团队来说，该团队负责一个拥有几百万用户的 C 端 App，有安卓和 IOS 两个客户端。他们的基准故事点是一个普通页面 UI 描绘或一个第三方接口联调。综上所述，不同团队的基准故事点有所不同，基准故事点主要用来进行估算，提升估算的科学性与准确性。作为敏捷教练，在实践中可以不要求团队间保持一致的基准故事点，减少团队间的横向对比，只要能满足团队估算要求的基准故事点，都是好的故事点。

实践中，团队也会自定义一些基准故事点，如下图所示。关于自定义的基准故事点也会出现一系列问题，比如，估算时根本没有参考基础故事点估算，基准故事点形同虚设。基准故事点过大，估算不准，不能作为有效的参考依据。团队出现重复估算，打包估计的情况，对于某些功能点，不想进行拆解，直接大包大揽的进行打包估算。团队使用探索性技术不熟练，无法参考基础故事点进行估算，因为存在着很大的不确定性，或是因为对业务系统和业务逻辑不熟，也无法参考基准故事点进行估算。

因此，作为敏捷教练的我们，在团队定义基准故事点时要采取相对灵活的策略。在实际估算应用时，要以稳步提升估算准确性为原则，综合考虑估算的准确性与工作量认领的合理性，加以平衡。

规范故事拆分，实现独立交付

在用户故事拆分时，我个人更倾向于采用纵向切片法。对每个用户故事进行纵向切片，避免离散不连续的层，从而缩短反馈周期，每一个被切出来的部分，都是相对独立的，都是潜在可交付增量，可以独立验收和交付。

团队在进行任务拆解时，所拆解的任务存在大量的耦合，彼此关联严重，每一个完成并不能独立交付，相互间依赖严重，只有所有的都完成才能验收，这对每日验收影响非常大。如下图所示，是前面提到的理想拆分模型，期待大家可以按照这个拆分模型的理论进行用户故事的拆解。

界面

逻辑

接口

框架

服务

数据

在我的敏捷转型团队中，图中所示的用户故事拆分模型是团队努力的目标。但不同的团队在实际的拆分中，差异还是很大的，只能力争做到符合模型的要求。

如下表所示，是团队的App类拆分方法。用户故事以交互稿和视觉稿为载体进行呈现。在迭代计划会时，产品负责人先澄清用户故事，然后交互设计师讲解交互逻辑，再接下来视觉设计师讲解更加细致的视觉设计稿。交互设计稿和视觉设计稿的页面采用统一的编码，开发团队在拆解任务时，按照交互稿的设计页面进行拆解，在详细的UI描画环节参考的是视觉设计稿。

用户故事	任务拆分	用户故事	任务拆分
邀请有礼	H01 个人用户中心：邀请有礼 UI	验证码登录	D01 手机动态密码登录页面跳转
	H02~H02-1 邀请好友页面 UI		D02~D02-2 手机动态密码登录 UI+逻辑
	H03 邀请好友记录		验证码登录：获取验证码（改进）
	H02-1 邀请好友获取奖励弹层		验证码登录：验证码登录（新增）
	……		……

如下表所示，是团队财务产品的拆法，这个产品以实现查询报表功能为主，拆分的依据是被细化要求的功能点，如查询、导出、分配，有典型的产品特性。

用户故事	任务拆分	用户故事	任务拆分
押金报表	押金日报查询	招行退款的服务	招行转账结果单笔查询
	押金日报导出		招行批量转账接口
	押金日报权限分配		……
	押金日报页面显示		……
	……		……

如下表所示，为团队运营类WEB产品的拆法，只示例了部分已拆好的任务。观察发现，与App的最大差异在于没有细化的页面编号，相同点依然是一拆多，能够实现独立的验收交付。

用户故事	任务拆分	用户故事	任务拆分
新增日常工作入口排序功能	支持 XXXX 手动对日常功能排序	网点 XXX 配置	网点 XXXX 配置查询和列表
	XXXX 日常功能排序 UI 绘制		网点 XXXX 配置同步网点数量
			网点 XXXX 配置设置操作按钮和弹框
			网点 XXXX 配置操作日志查询和列表
	……		……

如下表所示，为团队数据分析类产品的拆法，这种拆分方法从明面上看非常合理。以用户使用情况为例，新增注册，新增认证，看着每一个都是单独的、可实现的点，但是实现起来不知要关联多少。比如与业务表分离而带来的数据仓中表的新增与重新设计，与数据相关的指标提取与计算实现，与前端呈现相关的后台逻辑编写和前端 UI 呈现，与数据呈现载体相关的样式与视觉交互等等，所以，单单看这样的一种拆分，在时间验证下，不一定是最合理的拆分方法。有可能，一个功能点要做完一个迭代才能看得到。

用户故事	任务拆分	用户故事	任务拆分
XXXX 业务指标	XXXX 营收	用户使用情况	新增注册用户数
	XXXX 订单数		新增认证用户数
	单日单车营收		新增押金用户数
	XXXX 现金营收		注册押金增长率
	……		……

服务拆分在当下非常流行，微服务被越来越多的企业拥抱，貌似所有企业都在做微服，如下表所示，是团队的服务拆分类的拆法，我们的服务拆分也是围绕业务模块进行拆分，看一下我们有没有做到服务责任的单一化？我们的拆分粒度是否做到了微服务具有业务的独立性与完整性？具体细化出来的任务，是否也做到了独立验收、可交付？

用户故事	任务拆分	用户故事	任务拆分
取消订单	延时消息	下单	XXXX 成功事件
	XXXX 车取消订单		车辆是否可用
	终端 XXXX 卡 id 应答		设置 XXXXid 应答
	定时任务		XXXX 约车成功
	……		……

在我的敏捷转型实践团队中，产品负责人负责用户故事，并对用户故事的粒度进行把控，产品负责人会进行初步的拆分，拆分标准是每个被拆出来的部分，产品负责人都可以检验。开发人员在产品负责人拆分的基础上进行二次拆分优化，被拆出来的条目要满足前期定义的基准故事点的要求。前期定义一个开发人员一天可以完成 1-2 个基准故事点，被拆出来的条目绝对不能超过 4 个基准故事点。

但是团队也会面临诸多的拆分问题，主要有以下几点 。

- 拆分标准的不统一。项目总监说按接口拆分，但是团队按前后端拆分，产品说按功能点拆分。建议一个团队内部要保证拆分标准的统一，非同一团队内部，只要满足每日可验收的标准就可以。

- 用户故事谁来拆分以及用户故事拆分的粒度问题。产品负责人负责把史诗级的用户故事拆分为可以实现的用户故事，开发团队负责把用户故事拆分为每天可以交付和验收的功能任务。
- 部分技术任务没法拆分。比如技术探索类和基础架构设计类，拆分相对比较困难。可以在每个迭代中留有冗余时间来完成一些技术性任务。对于我在实践中发现的极端现象，也有把基础架构搭建和技术探索团队单独剥离出来，业务团队负责业务系统的交付，技术探索和基础架构剥离在外，不走敏捷，单独管理。因此，我的经验是，在实践中要灵活处理，针对团队特性进行适当改造，可能对技术类任务团队，一个物理看板就够了。

明确 AC 编写，提升覆盖力度

AC 是对验收标准的简称，AC 是按照给定 / 何时 / 然后格式写出来的对用户故事的诸多验收条件，目的是保证所交付功能点的完备性、准确性和品质。是检验用户故事是否完成的关键要素，对 AC 的使用伴随整个迭代过程。接下来，给大家分享几个实战团队中标准 AC 写法与不标准 AC 写法。

下表是一个网友和我分享的一个标准用户故事 A，很标准，很规范。

US ID	88	故事点	3
AS		客户	
I WANT		在更换手机的功能中，验证身份，验证旧手机，短信验证码	
SO THAT		验证手机是否为本人	

下表是对标准用户故事 A 的验收标准，也是网友分享给我的，每一个验收标准都是按照规范进行编写，并且有独立的编号，在此我只示例出来四个验收标准，具体还有很多，期待大家在实战团队中，尽力推行这种做法。

US ID	88	ACID	1
Given		在更换手机页面 - 验证身份步骤	
When		输入正确的图形验证码及手机验证码	
Then		跳转到设置验证码信息页	
US ID	88	ACID	2
Given		在更换手机页面 - 验证身份步骤	
When		输入正确的图形验证码但手机验证码累计错误 >5	
Then		提示手机验证码错误，太多次暂停 1 小时验证	

US ID	88	ACID	3
Given		在更换手机页面 - 验证身份步骤	
When		输入正确的图形验证码但手机验证码累计错误 <=5	
Then		提示手机验证码错误	

接下来我分享三个不标准用户故事所对应的验收标准，看看有什么差异以及是否也有值得学习的地方。

如下表所示，为不标准用户故事 B 所对应的不标准验收标准，涵盖了用户故事所对应的多个验收点及期待的结果，也直观表达出了诉求。

用户故事	**每日验收确认点**	**预期结果**
切换至短租、送车上门页签时，隐藏搜索入口	分时 --> 短租模块，地图顶部无搜索入口	切换至短租模块，地图顶部无搜索入口，扫码入口正常展示
	RN--> 短租模块，地图顶部无搜索入口	切换至短租模块，地图顶部无搜索入口，扫码入口正常展示
	分时 -->RN 模块，地图顶部有搜索入口	切换至 RN 模块，地图顶部有搜索入口
	RN--> 分时模块，地图顶部有搜索入口	切换至 RN 模块，地图顶部有搜索入口
地图顶栏选择城市列表 - 返回至地图首页刷新	地图首页选择城市 A，点击返回（地图网点和车型刷新）	地图展示城市 A 的所有网点及车型
	城市 A 切换至城市 B，点击返回（地图网点和车型刷新）	地图展示城市 B 的所有网点及车型

如下表所示，为不标准用户故事 C 所对应的不标准验收标准，有具体的验收步骤，也有每个 AC 所要执行的操作步骤，甚至有每个操作步骤对应的预期结果，直观细致。

用户故事	AC 标题	操作步骤	预期结果
地图页框架改造	验证地图首页 - 顶栏 tab UI	1. 打开 XXXX App 2. 查看地图首页 - 顶栏 tab 3. 退出 XXXX 后再次打开 App	1. 地图顶部展示 XXXX icon 及城市选择入口 2. 重新打开 XXXX，默认显示分时模块 tab，网点及车辆数加载正确
	验证首次打开 App，tab 页城市显示	1. 打开 App，定位关闭，点击刷新 2. 开启定位，点击刷新	1. 刷新中，城市处信息显示：选择城市；刷新失败，toast 提示：获取城市失败；地图默认显示上海的网点信息 2. 刷新成功，城市处信息显示：当前定位的城市；地图信息显示当前定位城市的网点信息

如下表所示，为不标准用户故事 D 所对应的不标准验收标准，一条 AC 对应一条结果，准确清晰，结果可期。

用户故事	AC 描述	AC 预期
消息中心页面布局优化 F01	验证消息中心上拉加载功能	上拉加载刷新，一次加载 10 条信息
	校验消息中心上拉加载失败	toast 提示：加载失败，请重试
	校验消息中心页面加载到底	消息中心底部展示消息分割线
	校验优惠券消息点击跳转	跳转至对应的优惠券列表页面

敏捷开发转型实践中，对 AC 的编写和验收使用一直伴随着团队的整个迭代，对 AC 该谁来写这个问题，PO 来写吗？培训时我也分享过，AC 可以由团队一起写，但是到底如何一起写呢？

- 开发领取完每日任务后，先写 AC，测试补充，确认后再开发。
- 在迭代计划会中，完成任务拆解后，直接写 AC，开发口述，测试书写。
- 在用户故事梳理阶段，简单的梳理后团队直接写 AC。
- 产品负责人来写 AC，然后团队自测使用。
- 专业测试人员来写 AC，然后团队一起参与 AC 的评审，评审完成后，开发使用。

不同的团队可能会有细微的差异，建议团队要对 AC 达成统一一致的理解，在 AC 统一的基础上进行迭代开发，团队每天可以按照 AC 进行自测和验收，保证迭代的进度和产品的质量。

一个用户故事要写多少条 AC？这个没有明确的限制，一个故事可以只对应一个 AC，一个故事也可以对应 N 多条 AC，具体要看验收的详细程度和功能的复杂性。当然，验收人员的检验能力和对需求的理解程度也会影响到 AC 怎么写。

AC 可否当成测试用例来用？我们在实操中把 AC 细化，与测试用例进行了结合，可以把 AC 理解为测试用例的简化版，专业的测试人员在开发写完 AC 后，会补充进更多的测试用例，让整个用例更加完善。开发人员开发完成后，先自测，自测完成的标准就是所有完成的用户故事通过 AC 的验收，测试在验收环节，除全量回归测试外，当天的故事验收也以 AC 为标准。

打造相对完美的工作区

作为敏捷教练，要对工作区的总体布局有深刻的理解。如果要说工作区的布局原则，结合自己的工作经验与经历，我认为工作区首先要便于所有团队成员直接交流，自由互动，高效沟通，紧密合作。其次，整个工作区要是开放式的，中间没有隔墙。最后，座椅舒服，桌子可以自由活动。

此外，对于工作区内的常规配置，建议要有白板和白板笔，方便团队成员写写画画，当你和团队讲述某个需求或某件事时，语言的表述如果加上直观的图示，可以让团队成员更快理解你想表述的核心内容，所以白板必不可少。当然，投影仪或大的可以投屏的电视等电子输出设备也不可少。团队在沟通一些交互设计和视觉设计样稿时，可以更加直观地看到产品未来的样子，对细节改进建议的提出非常有帮助。

当然，工作区中也可以有一个宽松舒服的休息区，柔软的沙发，明亮的装饰，香醇的咖啡，清香的绿茶，可以使团队在紧张忙碌之余，在此休息片刻。吃吃“鸡”，打打“怪”。回顾会时，团队可以在休息区搞一些小活动，当然如果有客户和业务方来访，休息区也是一个自由畅谈的地方，相比会议室的正式氛围，休息区非正式的沟通氛围，更能拉近产品、研发与业务方之间的关系。

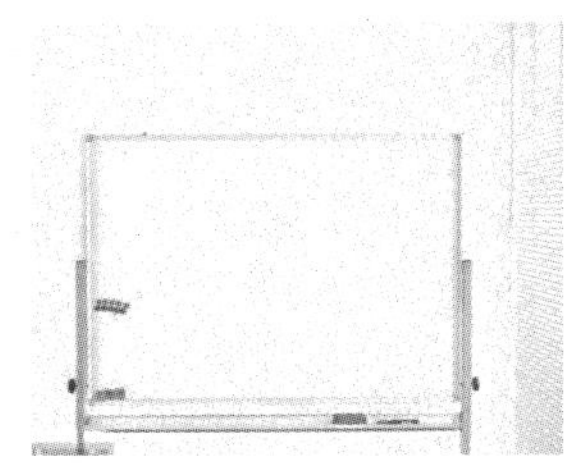
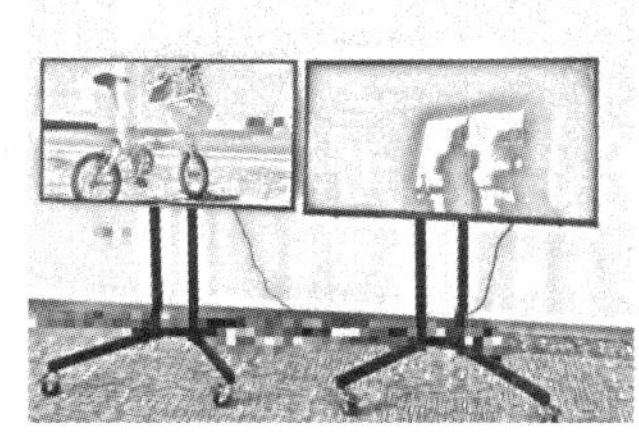

和我的团队分享完美工作区时，我给他们每人准备了一张白纸和一根笔，请他们画出想像的完美工作区布局，请放飞思绪，无拘无束，天马行空。最后挑选出来五幅分享给大家，结合下图所示的幻想工作区，也可以试着画一下你心中的理想工作区。

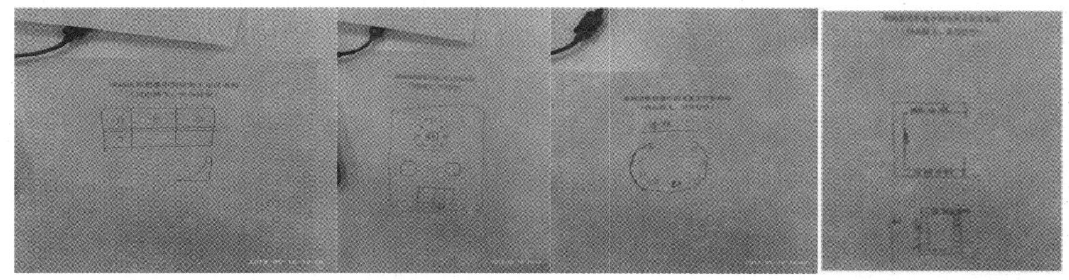

接下来给大家点评一些常见的工作区，如下图所示的超强隔断工作区，隔断类工作区被我评作最差的工作区类型。

原因是每个人处在自己独立的隔断中，只能看到彼此的头顶，交流时需要要站起来，有一种老死不相往来的感觉，生怕别人看到自己的电脑屏幕，桌面上堆满了杂物，每个人躲在那里一天不说话，有深深的老企业氛围。当你转过身来，永远看到的是一面玻璃墙。

这类面对面长条形的工作区是现在互联网公司采用比较多的，如上图所示。一方面可以节约办公空间，另一方面比隔断式工作区也有很大的改进，团队成员间也可以背靠背转过身来沟通。当然这种面对面的长条形工作区因为彼此的电脑屏幕是相背的，团队也没有聚拢在一起，所以当坐在对面的同事需要看着某人的电脑屏幕沟通时，一个人需要站起来，绕过工作桌，走到另一个人的面前。要知道，很多时间，这个人是不愿意站起来的，因为很多研发都是很“内秀”，别说让他们站起来，让他们说句话都比较难，他们更喜欢通过社交软件进行沟通。

这类环形和半环形的工作区是优秀工作区，如上图所示。如果在工作区的边上加上一块物理看板，就完美了。团队成员坐在一起，只要转过身来，就可以找到自己的小伙伴，配上带滑轮的办公椅，双脚一蹬地，就可以去到小伙伴面前，与他或她进行面对面的沟通，根本不用离开椅子，感觉爽，协作效率也会提升。

常见工作区	点评	细节点评
隔断式工作区	最差	不方便交流、不方便协作、孤立
面对面长条形工作区	中等（普通）	节约办公空间，可以进行面对面的沟通，但是不方便看到彼此的屏幕，存在沟通成本
环形和半环形工作区	优秀	方便沟通与协作，团队不需要站起来就可以快速的聚拢商议并解决问题，符合敏捷精神

第 II 部分　取得实质性的进展

当所有的基础工作都准备好后，真正的挑战开始了，理论到行动，空谈到执行。要开始带领团队真正开始执行 Scrum 框架了，执行范围也从试点到多团队扩大，执行的深度也从单纯的框架流程试用到细节改进、技术实践应用。请系好安全带，老司机要带你上路了！

第四章

身体力行：带领试点团队执行 Scrum 框架（第 4 ~ 7 月）

本章主要和大家分享在经过一系列的准备工作后，开始在第 4 个月、第 5 个月、第 6 个月、第 7 个月，带领试点团队执行 Scrum 框架，持续对团队的日常工作提供有力支持，包括情绪管理、冲突管理、速率提升、品质提升、引入自动化测试等等，持续努力，促成试点团队敏捷开发转型的成功。

试点团队迭代开始

第 1 次迭代：懵懵懂懂开始

作为团队的敏捷教练，如果培训结束与转型真正开始前有空档期，那么在真正开始前，再给团队做一次简单的培训或是模拟演练，以免大家遗忘。当然，最重要的是实践，就是在真正活动开始时，敏捷教练通过深度参与给予团队的实战场景提醒与辅导。

试点团队第 1 次的产品待办事项梳理真的要控制在 15 分钟内，并且要让团队站着开，目的就是希望提升团队的工作效率。团队成员也非常遵守规则。产品待办事项梳理会议是协同产品负责人一起预约的，然后组织团队成员一起参加。会议开始，产品负责人快速讲解下次迭代中期待大家可以完成的故事点，团队成员提几个关键疑问点，产品负责人进行简单的答疑并期待大家在线下可以针对各自关注的重点和疑问点进行深度沟通和澄清。

迭代计划会的关键问题是对用户故事的拆解，主要是对拆解粒度的把控，具体拆多少，估算准不准，能不能承诺完成，这是第一次面临的问题，因为我们是不允许延期的，承诺领取的任务必须高品质完成。迭代计划会上，还要写好本次迭代的验收标准，以便对当前迭代要完成的工作进行合理的验收并标注任务卡片的状态。

第 1 次开团队的每日站会，团队成员对每天要做什么，领什么其实还是比较陌生的，容易岔开话题，可以进行合理引导。刚刚开始，对于时间点，也不要干预太多，只要大家能自管理和愿意说就非常好了。但是有一个原则要坚持，就是会议的时间，要在约定的时间点开，不能因为等待某个人而延后。

第 1 次的迭代评审会，对业务方来说可能比较陌生，他们提的需求竟然可以这么快看到效果反馈，并且可以在规定的时间内准时上线，超出他们对团队要延期几天的固有印象，对团队来说这是一次很大的改变。

第 1 次的回顾会，采用比较正规的回顾方式，优点项、改进项和禁止项，逐一进行回顾，然后团队共创，找到改进方法。在第 1 次回顾的时候，关键点在于不能把回顾会变成问责会，防止针对个别人员的矛盾点激化。

观察下图，试点团队第 1 次迭代的燃尽图，可以发现中间波浪形浮动和迭代结束后的断崖式下跌。这说明团队在迭代任务完成合理化安排方面可能出现了问题，也说明团队对需求理解可能出现了问题，可能出现了任务遗漏的情况。随着迭代的进展，被拆解遗漏的问题逐渐被发现。对于断崖式下跌，说明任务直到最后一刻才被验收或是被突击完成，任务完成的合理性有待商榷。

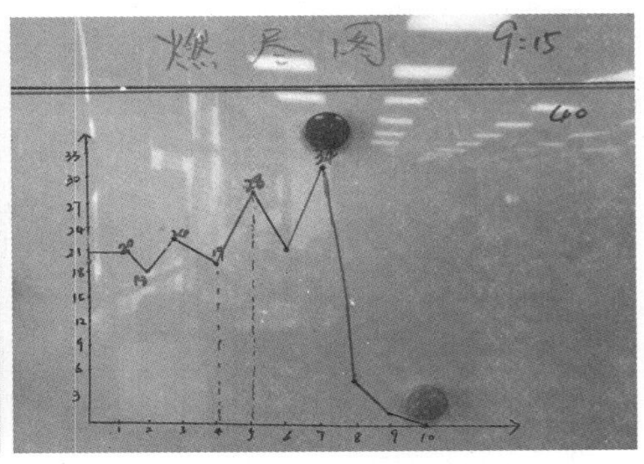

第 2 次迭代：有点感觉

团队的第 2 次迭代进展比较顺利，可以按照第 1 次迭代团队运行的流程继续运行，如果在第 1 次迭代的回顾会上，大家对当前团队运行的敏捷流程有异议，在回顾会上进行了优化调整，那么可以按照新的流程进行运转，调整应该不大，可能是部分关键节点的微调，比如每天验收的时间或是准备好的标准，完成的标准，会在统一度上达成更好的认知。

观察下图，第 2 次迭代的燃尽图，可以发现，迭代第 2 天任务量有上升，这说明在迭代的第 2 天发现了需求遗漏的情况或是产品负责人临时增加需求，在迭代需求变更上要做好记录及后期变更的验证工作。但这是可以接受的，这个燃尽图看起来还是比较健康，每天都有验收完成的任务，下降也比较平稳，任务完成的合理性相比第 1 次迭代进步很大。迭代的第 9 天，任务全部验收完成，迭代成功结束，这是一个成功的迭代。

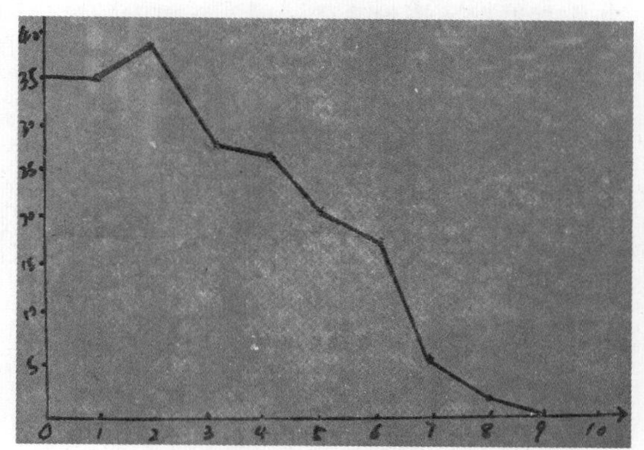

第 3 次迭代：失败

基于第 1 次迭代和第 2 次迭代的成功交付，在第 3 次迭代时，团队的自信心大增，团队想要挑战更高的目标，期待在一个迭代中完成更多的用户故事，所以在迭代计划会时，领取的任务量比前两次迭代多一些。还有一个关键点是，这次迭代有一个比较大的用户故事，这个用户故事不容易拆解，是流程逻辑类的，其他的环节没有差异。

观察燃尽图可以发现试点团队在迭代的前 4 天没有完成任务工作，并且任务量还多了一个，这说明迭代时遇到了技术难点，一直没有取得突破，无法验收交付。直到迭代的第 5 天，才验收了一部分，到迭代的第 10 天时，依然有 2 个任务没有成，还有 8

个 Bug 没有解决。那这个迭代就被完全定义为失败的迭代。

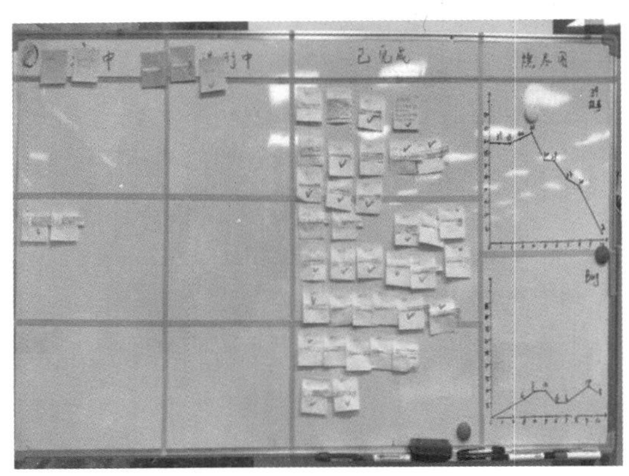

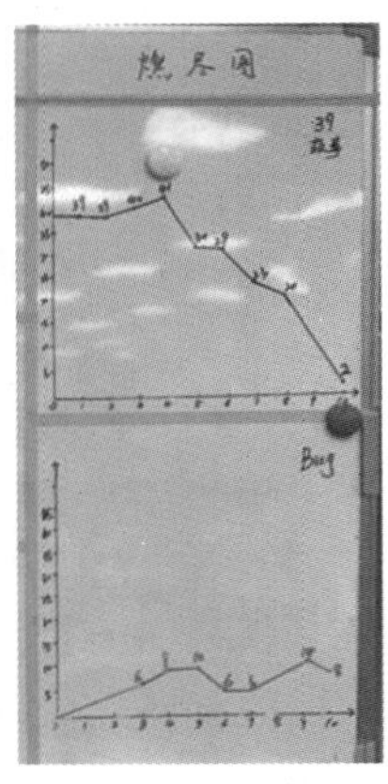

这个迭代失败的原因，首先是在估算上过于乐观，承接了比以前更多的工作，在估算的准确性上有缺失。其次是没有预测到迭代过程中出现的技术性问题，在短时间内没有取得有效的突破，Bug 量持续很高，每天并没有清理干净 Bug 再走，也阻碍了成功交付。最后是敏捷教练本身也有失误，在风险提醒和团队帮助方面做得还不够，除非敏捷教练是故意给团队挖坑，让团队体验一下失败的感觉。

综合来讲，失败的迭代对团队有打击，也有好处，如果迭代失败会影响到团队成员的绩效，必然会让大家感觉到不爽。如果迭代失败没有绩效的考量，不影响薪资，只是给团队成员带来一点内心挫败感，也是必不可少的。要保证每个迭代的成功交付，其实并不简单，需要团队成员集体反思这中间的成与败，因与果。

第 4 次迭代：亟需教训

汲取第 3 次迭代的失败教训，团队对产品待办事项梳理进行优化，加入了澄清与复述环节。在迭代计划会时，产品负责人讲解完本次迭代的用户故事，团队成员提问后，产品负责人进行答疑，等所有的用户故事都答疑完成后，会随意挑选一些用户故事让某一个团队成员进行复述，讲解具体的用户需求及相应的实现方法，不分开发与测试，通过这个方式，让大家对用户故事达成清晰一致的理解，防止需求理解不一致和需求遗漏现象发生。

团队在估算粒度上进行优化，以使估算更加准确。在每天验收的时间点上进行优化，以使每天验收发现的问题可以得到更好的处理。对变更的流程进行优化，以加强变更的管理。

观察下图，第 4 次迭代的燃尽图，我们发现，迭代的前 5 天一直是平平，任务量没有下降，虽然迭代取得了成功，但还是不够完美。在团队转型的初期，这种情况比较多见，其中的原因很多，比如说有一个大的功能点，工作量很大，需要比较长的时间才能交付，比如说，测试人员有问题，不能及时验收，中间出现了堆积等待。比如说这是一个流程性的关联任务，需要几个点串起来才能验收，受限流程与场景，不能及时验收等。作为团队的敏捷教练，我们要帮助团队及时发现这样的问题，通过团队共创的方式，找到适应当前团队的解决方案。

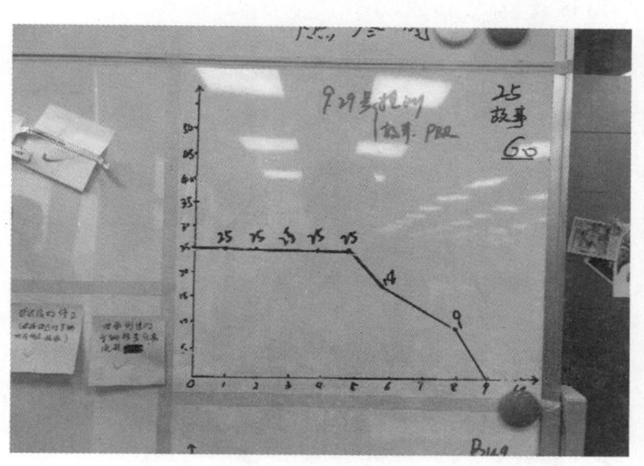

团队日常支持

情绪管理：尽力让团队成员更爽

情绪管理的初衷当然是想让团队成员爽一点。在敏捷转型实践中，我们发现，所有的干系人都有情绪问题。这些在转型前后干系人面临的情绪问题对于我们敏捷教练来说，到底要不要管理？要不要进行疏导？我在一个敏捷开发实践管理微信群里做了一个调研，大多数人认为不需要管理，认为所有干系人都是公司职员，自己有问题自己疏导。对于敏捷开发转型的硬性要求和团队在前期面临的问题，能自已解决就解决，不能解决就滚蛋。听到这样的群友回复，有些人可能会觉得这样回复很职业，但是对于我来说，敏捷开发转型以柔性方式进行落地，敏捷教练需要帮助团队进行情绪管理，帮助团队解决更多的事情，让团队在更加轻松的氛围中完成转型。对于那种爱干就干，不干滚蛋的做法，在我负责的敏捷开发转型团队中不太适用，我更期待敏捷教练可以付出更多，情绪管理是敏捷教练团队工作的一部分。

压力是产生情绪变化的最直接原因，团队不同的干系人会面临哪些压力哪？对于团队管理者来说，他们的压力在于保证企业随时沿着正确的战略方向前进。对于产品负责人来说，要保证团队永远的最有价值的事情，创建产品愿景并驱动产品成功。对于开发团队来说，要遵守敏捷价值观，适应敏捷变革，持续自我改进，在每个迭代的结尾交付潜在可发布的产品增量。对于敏捷教练来说，要辅导团队、帮助团队并带领团队取得成功。抛开作为敏捷教练自己的压力问题，团队其他干系人因各种压力而产生的情绪问题，我们需要进行及时疏导，否则，团队氛围会变差，团队成员的情绪会低落和消极，从而大大降低敏捷转型的成功率。

为了更有效地进行情绪管理，我们需要套用一点方法论。在这里，我引用团队情绪管理 4A 模型，如下图所示，4A 模型包含识别情绪、接受情绪、分析情绪和调整情绪四个环节，在不同的环节，关注点是不一样的。

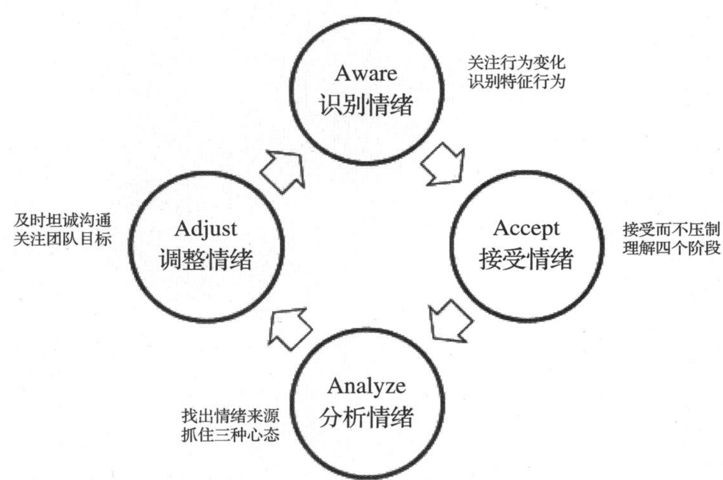

- 识别情绪：识别团队干系人的消极情绪是第一步。只有识别出团队干系人的消极情绪，才能开始处理，因此需要重点把握两个方面，第一是关注并发现团队的日常行为变化，如团队沟通问题和上下班问题。第二是识别团队成员的特征行为，特别是关注消极情绪，如沉默、抱怨和推脱等。
- 接受情绪：接受团队成员的情绪，而不是压制团队成员的情绪，这是进行团队情绪管理的第二步。从人性的角度来讲，很少有人喜欢变化，因为变化意味着风险，意味着付出更多却不见得有回报。在经历转型时，团队成

员的心态和情绪往往会经历 4 个阶段，如下图所示，第一阶段是不愿面对，第二阶段是进行抵制，第三阶段是重新聚焦，第四阶段发挥能力。

- 分析情绪：分析团队成员的情绪关键在于分析出团队成员消极情绪的来源，基层的团队成员特别容易产生三种消极心态。第一种是受害者心态，觉得自己是受害者，很无辜。第二种是坏人心态，之所以有问题是因为高层愚蠢的决策。第三种是无助者心态，我说了不算，做不了主，人微言轻。
- 调整情绪：在调整员工情绪时，作为敏捷教练，要做到与团队成员中有情绪问题的成员保持及时、双向、坦诚的沟通，在调整情绪时，推动问题成员关注团队目标而不是过去出现的问题。通过利用自我反思和换位思考两个方法帮助有情况问题的团队成员扭转心态，在调整情绪时要合理结合团队中意见领袖的积极影响力，以使调整向有更加有利的方向进行。

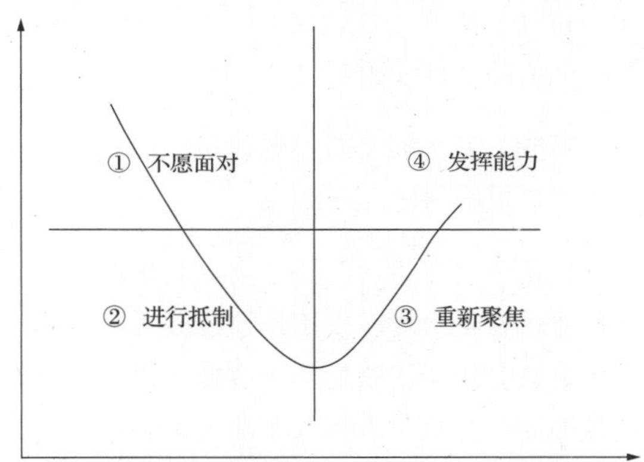

接下来是实战情绪管理案例分享。

案例 1

识别情绪：数据团队刚刚调入了新的产品负责人，原来的一位团队成员正式晋升为项目经理，数据团队原来的文档通过 SVN 进行管理，新的产品负责人加入团队后，一方面觉得不想用 SVN，一方面觉得项目经理不能管自己，因而对新团队的事务非常抵触，情绪问题就反馈到我这里。

接受情绪：新的产品负责人因为历史使用习惯问题，不愿意接受新团队的文档管理方式，产生抵触情绪，不愿意接受，可以理解。

分析情绪：我们来分析一下她为什么不愿意接受，首先是因为个人习惯问题不愿意使用 SVN，想使用禅道或 Seafile 进行管理，其次是因为自己的电脑是 Mac，需要进行配置才能用 SVN，不会配置，觉得麻烦。最后是因为新的产品负责人觉得项目经理不能管自己，公司又没有规定必须用 SVN 进行文档管理，凭什么命令我用 SVN。难怪新的产品负责人的情绪非常激动。

调整情绪：作为敏捷教练，要及时与新任产品负责人进行沟通，期待他可以先接受团队现有的文档管理方式，然后逐步融入到新的团队中，最后再对团队现有的文档管理方式进行改进与优化。作为一个新人，一来到团队就进行改变，让团队适应自己，这是不太现实的。不接受团队就无法融入团队，就更别说改变，甚至个人的存活都是问题，基于对团队现状的分析，逐步平息新的产品负责人心中的抵触心理，接受团队现有的文档管理方式。最后，新任产品负责人同意并接受了现有的文档管理方式。

案例 2

识别情绪：App 团队中一位开发成员，在迭代中，面对产品负责人的业务逻辑变更彻底爆发，“我靠我靠”叫个不停，牢骚频发。

接受情绪：团队成员情绪不满，我们要及时察觉，早会后我就发现了这个问题，团队成员的反应也许合理，我们要正确面对。

分析情绪：为什么会不满，是因为变更，到底是突如其来的变更，还是变更了自己不知道？迭代过程中的业务逻辑变更会对开发工作造成毁灭性的打击，有可能辛苦几天开发的工作，因为一个变更就完蛋了。我们作为敏捷教练，要分析清楚不满情绪来源及真实原因，他的不满是因为产品负责人修改了业务流程，原来写的业务逻辑需要重调，但是上线发布的时间已经很近，给他带来了完不成的风险。在廉耻心的驱动下，他要完成，要遵守承诺，这种压力带来的不满也就爆发了。

调整情绪：这个团队成员很守承诺，会完成任务。作为团队接下来的改进事项，在回顾会上，团队承诺要加强产品待办事项的梳理与变更管理。对于迭代中出现的变更，产品负责人要先找领导审批通过，审批通过后要在早会上告知所有涉及到的团队成员，然后把变更记录在变更记录表中，在产品开发完成后，产品负责人要跟踪变更点，进行验证工作。同时，对于变更中涉及到的文档改变，要及时更新，并放入团队指定的文档存储位置，方便团队成员查阅，基于以上的团队承诺，这个团队成员的情绪得以平复。

在敏捷转型实践中，团队出现的情绪问题多种多样，如对产品负责人不满，觉得文档不够详细，应该说没有说明白，故事澄清时也没有讲明白。比如抱怨开会时间太长，会太多。比如抱怨工作量大，人太少，人手不够。比如抱怨产品设计架构有问题，想改又不给时间，进度逼死人。比如抱怨公司基础技术架构有问题，需要很长时间进行重构等等，形形色色的问题等待我们去帮助解决。作为敏捷教练，我们要做好团队成员情绪管理，尊重每位员工，营造宽松氛围，加强团队成员间互助学习与知识传递，一切的一切都是为了打造一个高效快乐的团队。

理性看待成员冲突

有团队就有冲突，没团队也可能有冲突。冲突在整个团队管理过程中是不可避免的，我们作为团队的敏捷教练，要时刻准备着面对团队冲突，帮助团队缓解或解决冲突。我们先来了解一下什么是团队冲突以及如何进行冲突管理。把概念了解清楚后，再发现问题，探寻对策。

团队冲突是组织冲突的一种特定表现形态，是团队内部或外部某些关系难以协调而导致的矛盾激化和行为对抗。

冲突管理是指在研发团队中对各种冲突的管理。对一名敏捷教练来说，冲突管理的实际执行方式就是分析问题，然后识别问题来源，根据问题来源分析冲突对团队利益的影响，然后选择一种解决策略，降低冲突的影响。结合个人的敏捷转型团队实践经验，我把常见冲突分为 9 大类，不同的冲突所产生的原因是不同的，接下来一一解析其产生的原因。

1. 对于资源类冲突，主要是因为不同团队间抢夺设计资源、研发资源和测试资源等产生的，主要倾向于软性资源。
2. 对于周期类冲突，主要是因为部分团队成员反对固定迭代周期，希望按工作量来随意调整时间盒，一次想把所有任务做完，不是把任务塞进时间盒，而是根据任务来调整时间盒的区间跨度。
3. 对于人际关系类冲突，主要是因为某些团队成员看似外表低调，但是内心却非常骄傲，脾气相当火爆，一点就着，不容许别人对自己有质疑，与团队成员关系紧张。
4. 对于需求类冲突，主要是在迭代开始前后，研发抱怨产品前后不一致，这一版否定上一版，或迭代期间变更需求，变幻不定，给开发工作带来严重打击。
5. 对于工作量类冲突，主要是因为团队没有参与工作量的评估，工作量是由项目经理或领导拍脑袋决定的，给团队一个时间点，这个时间点必须完成，团队就会比较压抑。

6. 对于能力类冲突，主要是因为经常因个人能力问题造成迭代失败，拖团队后腿，或在进行代码审查及 Bug 责任人确定时而不服引起冲突。
7. 对于时区 / 地域类冲突，主要是因地域差异和时区差异，给工作沟通和按排不便带来冲突。
8. 对于新旧"势力"类冲突，主要是因为部分团队成员习惯了手头的老技术，应用自如，部分团队成员对新技术充满信心，并想尽快实践，新旧团队成员在新老技术使用上产生冲突。
9. 对于进度类冲突，主要是围绕着计划的完成时间、完成次序，团队成员产生的冲突。当然，我们在敏捷转型实践中还会遇到其他的冲突类型，期待大家能在自己的团队中不断总结，找到最合适的冲突解决方案。

冲突时常发生，作为敏捷教练，要以正确的态度来面对冲突，要明确认知冲突会给团队带来一些危害。比如，冲突会打击成员士气，拖延迭代的进度，重则使迭代无法正常进行，冲突会引发团队内部的分裂，带来不和谐音符，更有甚者，冲突会引发团队人员离职。

现在的团队成员，干得不爽，会立马离职，根本不考虑后果，因此我们要尽力帮助团队解决冲突，同时要尽量避免和消除有破坏性的恶性冲突。当然，冲突也有另一面，合理的冲突可以增强团队活力，减少一团和气但缺乏团队凝聚力的现象发生。同时，控制好边界的冲突可以帮助团队成员碰撞新的思想火花，提升决策质量。良性冲突有利于组织改革和创新的推进，因此，作为敏捷教练，我们在辅导团队时，要积极倡导和激发有建设性的良性冲突。

接下来我们一起探讨冲突的解决策略。就敏捷团队冲突解决策略来说，单纯从理论层面来说，结合我自己的实践经验，以下五种策略还是比较适用的。

- 第一种策略是冷处理。当然也不是完全不管不问，我们对所有的冲突不应该一视同仁，不能一发生冲突就冲上去救火。当冲突微不足道时，回避是一种巧妙而有效的策略。通过回避琐碎的冲突，可以提高整体的管理效率。尤其当冲突各方情绪过于激动而需要时间使他们恢复平静时，或者立即采取行动所带来的负面效果可能超过解决冲突所获得的收益时，采取冷处理是一种明智的策略。
- 第二种策略是缓和冲突，探寻共同目标。作为敏捷教练，我们需要尽力在冲突中找到意见相对一致的地方，以此为基础来探寻共同的目标，形成共同的使命感和向心力，意识到任何一方单凭自己的资源和力量无法实现目标，只有在全体成员通力协作下才能取得成功。

- 第三种策略是建立团队规范。我们在敏捷转型初期要建立明确的团队行为规范，贯彻落地尊重、开放、勇气、专注、承诺、廉耻心、不成功便成仁的团队价值观，以此价值观来规范团队的行为。同时贯彻 Scrum 3355 框架，形成流程行为规范。通过制定一套切实可行的规范并将团队成员的行为纳入到规范范围，靠规范回避和降低冲突。
- 第四种策略是相互妥协。我们要促成团队成员间在冲突后的沟通，通过沟通协商，彼此都做出一定的让步，达到各方都有所赢、有所输的结果。当冲突双方势均力敌或焦点问题纷繁复杂时，妥协是避免冲突并达成一致的有效策略。
- 第五种策略是来点硬的。这种策略与相互妥协是对立的解决方式，当需要对重大事件做出迅速的处理时，或者需要采取不同寻常的行动而无法顾及其他因素时，通过领导层的介入，以牺牲某些利益来保证决策效率也是解决冲突的途径之一。

理论一起学习过了，接下来给大家分享一下我在敏捷开发转型团队中遇到的各种冲突及对应的解决方案。

资源类冲突

实战案例 1：敏捷开发转型后，A 团队的开发周期变短、开发速度变快，测试人员抱怨加班多，赶不上进度。

解决方案如下。

- 延长测试周期，回归的时间单独剥离出来，单独计算。
- 增加新的测试人员，招募新的测试人员到团队，补充力量。
- 开发团队加强自测，保障每日提交给测试人员的代码质量。
- 引进高级测试人员，推行更好的测试策略。
- 加快推进自动化测试。

实战案例 2：A 后台开发人员带 B 后台开发人员做项目，这个项目一共就两个后台开发，B 开发提出离职，半个月后，A 开发人员也提出离职，后台资源缺失，影响迭代进行。

解决方案如下。

- 从其他团队紧急抽调牛逼的开发人员紧急交接与支援项目。
- 迅速招募新的后台开发人员加入项目。

- 培训新招募人员，快速适应团队的文化、工作方式、工作规范。
- 挽留 A 开发，与新入团队的开发顺利交接。
- 与 A 开发保持良好的关系，以便在后期开发过程中遇到问题时，随时咨询。
- 推行“定期”轮岗与人员备份策略。

周期类冲突

实战案例：A/B/C 团队都采用 2 周的固定迭代周期，在 D 团队敏捷开发转型时也采用了 2 周的迭代周期，但是 D 团队的需求受领导层的主观干预很大，经常有紧急类需求插入当前迭代，影响当前迭代的交付。

解决方案如下。

- 全员重新培训，重申敏捷价值观。
- 签署承诺书，加强需求管控，合理控制变更。
- 调整迭代周期，从 2 周调整为 4 周。
- 留足迭代任务冗余，在合理估算工作量的同时，保留一定的冗余，应对紧急需求。

人际关系类冲突

实战案例：D 团队 A 成员与 B 成员在每日站会上，因 B 成员数据刷新时造成数据丢失，A 成员直接问，谁改的，也不说一下，B 成员回复，我改的，咋滴了？两人直接在当天站会上开撕，不欢而散。

解决方案如下。

- 冷处理，暂时搁置。
- 期待 A/B 成员有备份人员，因为这两个人员确实在团队内部脾气都比较火爆，一点就着。

能力类冲突

实战案例：A 成员在迭代计划会时，评估开发周期为 5 天，结果 5 天结束时，任务没有完成，A 成员还一堆的理由，造成整个迭代延期，最后用 10 天才完成，每个团队成员都反馈这个人工作态度和工作能力都有问题，怨气很大。

解决方案如下。

- 强化 PBR，在需求梳理时，保证大家对需求的一致理解。
- 培训估算，通过对需求的熟悉，提升估算的准确性。

- 严控变更和产品设计时，不合理的控件样式要求。
- 合理安抚其他团队成员情绪，缓解团队紧张。
- 重视看板，通过每日站会，及时发现进度风险。

提升团队速率

本节主要分为两个部分，第一部分示例了 5 个实战团队的速率统计数据，以此为基础，进行团队速率分析，成熟度评估和发展预测。第二部分提供了 4 点促进团队速率提升的建议，展示直观，可操作性与可参照性强。

实战团队速率统计与分析

团队速率其实就是一个团队一个迭代可以完成多少的工作，代表团队的交付速度。评估团队速率的前提是团队在进行任务拆解或故事点拆分时，是相对标准的，是参考基准故事点进行拆分的。团队的初始速率是猜出来的，随着迭代的持续与团队成熟度的不断提升，团队速率会相对稳步提升并开始趋向于稳定。团队速率的稳定对团队承诺的达成与团队的持续交付能力提升非常有帮助，敏捷教练要协助团队，让团队速率稳定在某一个区间内。

以我带的其中五个敏捷转型团队为例，请大家观察下面这五个团队的迭代完成故事点情况，可以观察计划完成与实际完成的差异、观察实际完成的趋势线，发现经过的迭代次数越多，团队的实际完成故事点数越趋于稳定。

下图为 A 团队迭代完成故事点数，经过 9 个迭代的统计我们发现，基于标准故事点的估算，A 团队的速率持续稳定在 35 个左右，极限情况下可以达到 48 个，如果再高，有出现迭代失败的风险。A 团队的整体成熟度不断上升，发展势头良好。

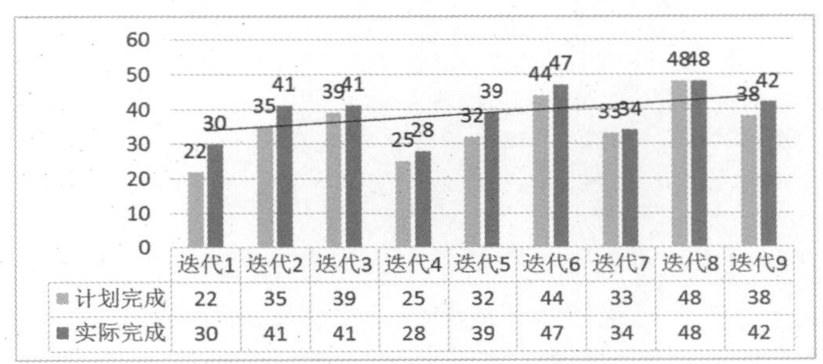

	迭代1	迭代2	迭代3	迭代4	迭代5	迭代6	迭代7	迭代8	迭代9
计划完成	22	35	39	25	32	44	33	48	38
实际完成	30	41	41	28	39	47	34	48	42

下图为 B 团队迭代完成故事点数，通过 4 个迭代的统计数据发现，这个团队每次实际完成的任务数都大于计划完成任务数，看似良好，其实说明这个团队存在估算失误问

题，或是在任务拆解时存在着拆解遗漏，在迭代过程中新增了任务。4 次迭代中领取的任务差异挺大，说明团队的基准故事点有可能存在异常，估算标准不统一的情况，也有可能说明团队经历了大的人员变动，作为团队的敏捷教练，要有能力通过图表发现可能性问题。

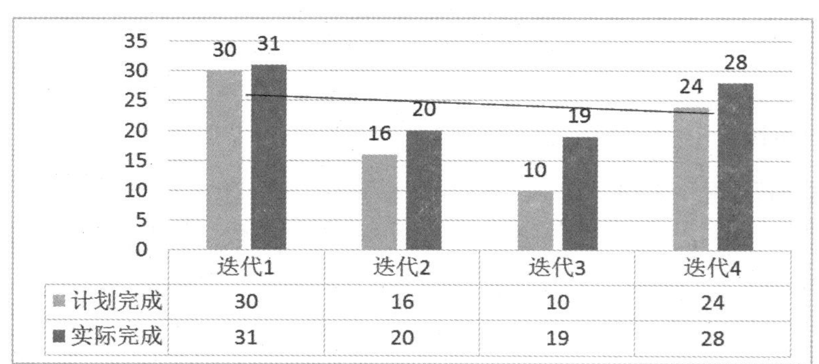

下图为 C 团队迭代完成故事点数，10 次迭代。在第 6 次迭代中，因为计划任务是 59 个，但是只完成了 31 个，说明迭代失败。观察迭代前后的数据我们发现，这个迭代存在着严重乐观估算的情况，认领的任务明显超出前后迭代可以承受的情况。也有可能是紧急任务，团队不得不做，存在着来自上层的压力，不得不领，但是真是完不成。也有可能是作为敏捷教练的我们没有及时帮助团队发现迭代风险，让团队进了坑。

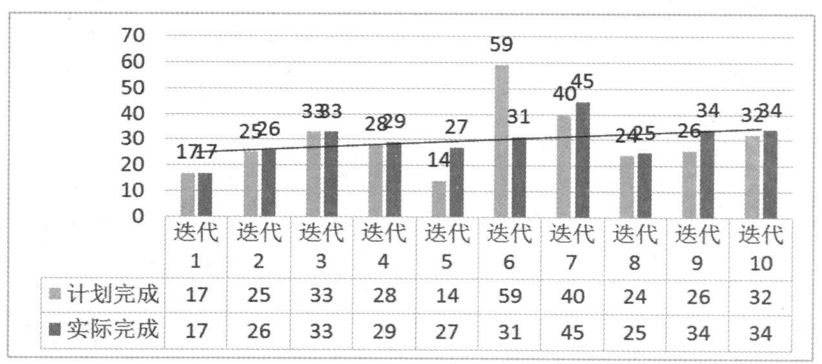

下图为 D 团队迭代完成故事点数，这是一个采用自动化率最高的团队，团队的人员也是强强组合，战斗力突出，认领和完成的任务数明显高于其他团队，虽然存在着第一次迭代过于盲目，造成迭代失败的情况，但总体情况乐观，进步明显。

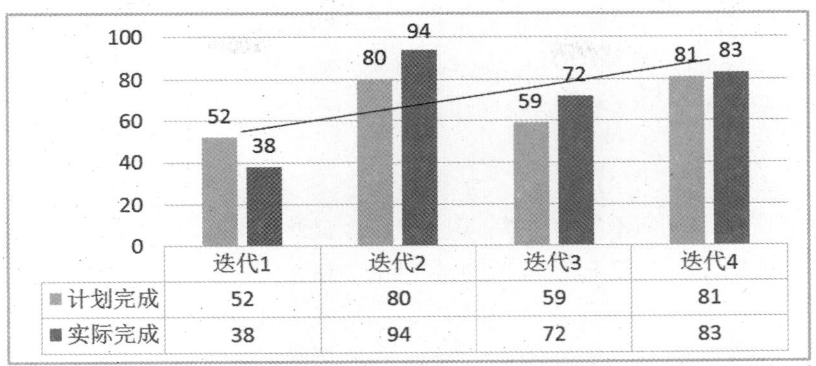

下图为 E 团队迭代完成故事点数，这是一个超稳的团队，计划完成数与实际完成数几乎没有差异，说明这个团队对自身能力的认知非常的透彻，也有可能说明这是一个非常保守的团队，在经过几个迭代的观察后，可以适当的压一压，鼓励团队有更大的勇气去挑战更大的压力。承接更多的任务，有时，犯错不一定不好。

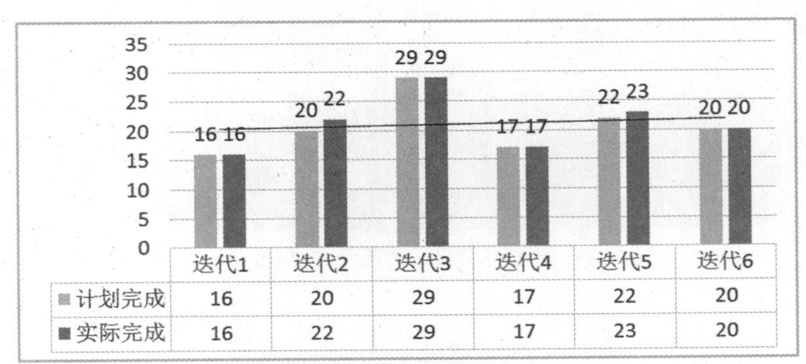

影响团队速率稳定性的常见问题有很多，比如团队稳定性差，人员流动频繁，人员的离职意味着大家所熟悉的配合流程的断裂，在配合效率上就会出问题。比如探索新技术，迭代期间出现了新的技术难点，需要花专门的时间用于调研，导致团队的产能受到影响。比如团队成员请假，不论是因为什么原因，客观的主观的，战斗人员的丧失，必然带来战斗力的丧失。比如外力使需求变动或因为开发人员对业务理解存在偏差，迭代期间有返工，受时间限制，团队实际的产能也会下降。比如座位分散，遇到问题不能面对面沟通，需要走动很远，沟通协作会受到影响。再比如关联系统开发，牵扯众多关联接口互通、联调，一方接口没有好或接口不通、有 Bug，都会影响整个迭代效率，影响团队速率的稳定性。

团队因成员人数不同、成熟度不同和迭代时间盒不同，实际完成的故事点数会有差异，我们要通过长期的迭代跟踪发现问题，找到影响迭代实际交付能力提升的障碍，促成团队迭代速率的提升与稳定。

速率提升

在敏捷转型初期，团队不断的成熟，速率会稳步提升，团队速率提升秘籍呢？在我的敏捷开发转型团队中，首先是改变团队以往的沟通方式，建议团队减少邮件和社交软件的沟通，多用面对面沟通，如下图所示，当团队成员间遇到问题时，团队成员主动走到一起，面对面沟通，成员间及时协商，消除彼此间对同一问题的理解误差，减少等待成本，提升研发效率。

其次，建议团队加强功能联调，团队开发人员每天自测，测试人员每天验收，如下图所示，在完整的迭代回归测试前，开发团队聚集在一起进行功能联调，保证所有迭代中开发的功能通过验收标准。开发品质的提升也可以减少后期回归测试时，发现大批量 Bug 来修改 Bug 的时间，从侧面也可以提供更多的开发时间，提升团队速率。

不论是使用新技术，还是在开发过程中遇到问题，团队小结队可以更好对迭代问题进行重点突破。如下图所示，通过小结队，可以有效防止因信息闭塞、不愿意沟通带来的进度阻碍现象。建议团队成员在遇到技术问题时共同商议，迅速突破，疏通迭代障碍，从而提升团队速率。

新人作为团队的新生力，是团队的重要组成，对于团队中的新鲜血液，如果能让其快速的成长，发挥战斗力，必须要老带新。如下图所示，在我的团队中，建议老队员给予新队员更多的辅导和实践机会，不能不闻不管，任其自生自灭。新队员的成长和担当能力的提升，可以有效帮助团队提升战斗力，带来团队速率的提升。

提升团队速率的办法还有很多种，作为敏捷教练，我们在实践中要善于探索，结合自己的团队情况进行总结，找到适用于团队的速率提升方案。

迭代后三天可以“放羊”吗？

敏捷开发的后三天到底是哪三天？以一个两周的迭代周期来讲，两周的迭代一共有 10

个工作日，在迭代的第一天上午会开迭代计划会，中间每个工作日会进行每日站会，在迭代的第 10 天会进行迭代评审和迭代回顾，每个迭代会留有 2.5 天的回归时间，综上所述，以两周的迭代为例，迭代的后三天，就是指迭代的第 8、9、10 天。

接下来，以我带的其中一个 A 团队为例，这个 A 团队已经进行了 21 次迭代，我们截取其中的 9 个迭代数据来进行观察，如下图所示，展示了 A 团队在 9 个迭代中任务完成数和 Bug 数，这个团队采用两周的迭代时间盒，我们发现在迭代的最后三天，团队几乎完成了所有的开发任务，Bug 数也很少，说明开发团队交付的代码品质很高，团队每天自测做得很好，团队空闲三天？貌似不太可能，要做些什么事情呢？可以加一些新的任务，当然也可以偿还一些技术债。

迭代	第13次迭代	第14次迭代	第15次迭代	第16次迭代	第17次迭代	第18次迭代	第19次迭代	第20次迭代	第21次迭代
迭代时间盒	2018/02/22-2018/03/07	2018/03/08-2018/03/21	2018/03/22-2018/04/04	2018/04/05-2018/04/18	2018/04/19-2018/05/02	2018/05/03-2018/05/16	2018/05/17-2018/05/30	2018/05/31-2018/06/13	2018/06/14-2018/06/27
预计完成任务数	10	16	18	19	15	65	24	6	12
第1天燃尽任务数	0	0	0	0	0	0	3	0	0
第2天燃尽任务数	0	0	0	0	0	17	3	0	0
第3天燃尽任务数	1	-1	0	0	0	0	4	0	0
第4天燃尽任务数	3	0	1	0	0	0	6	1	7
第5天燃尽任务数	1	3	6	4	8	4	5	2	2
第6天燃尽任务数	-1	5	1	2	0	3	1	2	2
第7天燃尽任务数	4	8	2	3	2	3	2	0	1
第8天燃尽任务数	0	0	8	15	0	6	0	1	0
第9天燃尽任务数	0	0	0	0	0	4	0	0	0
第10天燃尽任务数	0	0	0	0	5	4	0	0	0
实际完成任务数	10	17	18	24	15	41	24	6	12
第1天BUG数	0	0	0	0	0	0	2	0	0
第2天BUG数	0	0	3	0	0	0	1	0	0
第3天BUG数	4	1	3	0	0	0	4	0	0
第4天BUG数	3	5	0	0	5	0	9	0	1
第5天BUG数	0	4	4	5	11	0	13	0	1
第6天BUG数	2	4	4	11	4	0	3	0	1
第7天BUG数	3	5	0	4	18	0	2	0	0
第8天BUG数	0	2	0	18	5	0	1	0	0
第9天BUG数	0	0	0	5	2	0	0	0	1
第10天BUG数	0	0	0	2	0	0	0	0	0
[illegible]	12	21	14	45	44	19	35	0	4

可以领取新任务

观察下面的燃尽图我们发现，在迭代的第 7 天或第 8 天，燃尽图上的任务燃尽到零，说明团队完成了当前迭代的任务，但是在燃尽到零后，燃尽图开始呈上升趋势，会添加 1 到 4 个新的任务，然后在迭代时间盒内再次燃尽到零，整个迭代实际完成的任务比计划完成的任务多，由此我们可以得出如下结论：团队在开发过程中，自我要求比较高，自测充分，回归测试 Bug 少，可以在迭代时间盒内承接更多的任务，团队没有休息和偷懒，在保证产品品质的同时，认领了新的任务并在迭代规定的时间内交付，符合勇气和承诺这两个敏捷价值观。

我们在敏捷开发转型实践中，随着迭代的稳步推进，团队成熟度不断提升，对用户故事的拆分更加准确，对任务的估算更加准确，团队协调性更好，交付效率提高，提前完成任务或准时完成任务的比率大幅度提升，因此，作为敏捷教练要及时发现变化的到来。帮助团队认识到，如果当前迭代顺利交付，团队其实可以重新进行评估，再领取一些任务加入到当前迭代，完成更多开发任务。当然，团队要有勇气认领新的任务并承诺在迭代时间要求范围内高品质交付。

可以偿还技术债

当然，团队也可以不领取新的任务，在相对空闲的时间内来偿还技术债，自己挖的坑，只有自己知道，自己不填，等到别人找到时，那就是踩到了雷，所以说在这段时间内，团队可以去做代码评审和补全测试，也可以对 SonarQube、Bugly 发现的问题进行修修补补。

补全测试分为三个层级：单元自动化测试、接口自动化测试和 UI 自动化测试。对敏捷团队来说，可以先从补全单元测试来开始，每个迭代单元测试的覆盖率可以提升一两个百分点。在单测稳步提升的基础上，稳步开始接口自动化测试。单元测试在最底层，对代码结构，甚至系统架构的实现方式都会导致比较大的变化。单元自动化测试如果一开始就缺失，这个债务如同高利贷，越往后，越难以偿还。接口测试既测试接口也会涵盖部分业务逻辑。

持续开发中的产品，一直没有单元测试，突然加上单元测试，好像起不到特别明显的作用，外行人往往会这么看。虽然从 UI 自动化测试入手，效果会比较明显，但如果一个产品从没有做单元测试与接口测试，只做 UI 层的自动化测试是有待商榷的，从而很难从本质上保证产品的质量，并且 UI 层的控件元素会随着产品的迭代不断的发生改变，妄图实现全面的 UI 层的自动化测试，最终获得的收益可能会远远低于所支付的成本，因此，作为敏捷教练，我们要建议开发团队尽量先从单元测试做起。

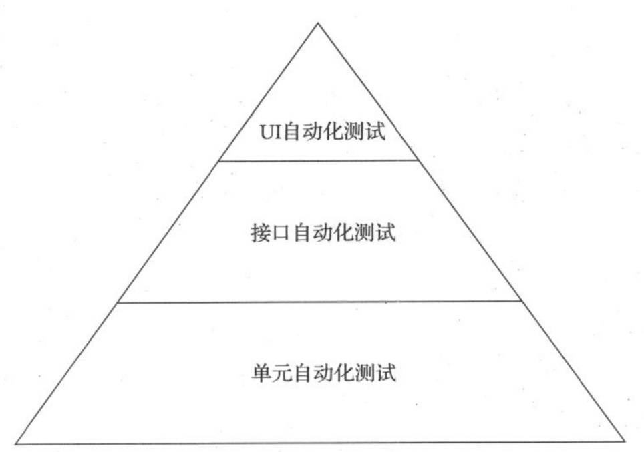

不管什么样的产品，最终呈现给用户的是 UI 层，所以，专业测试人员也可以把更多的精力放在 UI 层，那么也正是因为测试人员在 UI 层的测试中投入了大量的精力，所以有必要通过自动化的方式帮助他们解放部分重复劳动，UI 自动化测试就势在必行，团队可以正好在此时补全 UI 自动化测试。

我负责的敏捷开发转型团队目前在使用 SonarQube 进行代码质量管理。如下图所示，SonarQube 为静态代码检查工具，帮助检查代码缺陷，改善代码质量，提高开发速度。可以帮助判断代码重复严重的情况，帮助统计单元测试覆盖率，帮助检查代码编写是否规范、注释是否规范，帮助团队判断代码中类及方法的复杂度。

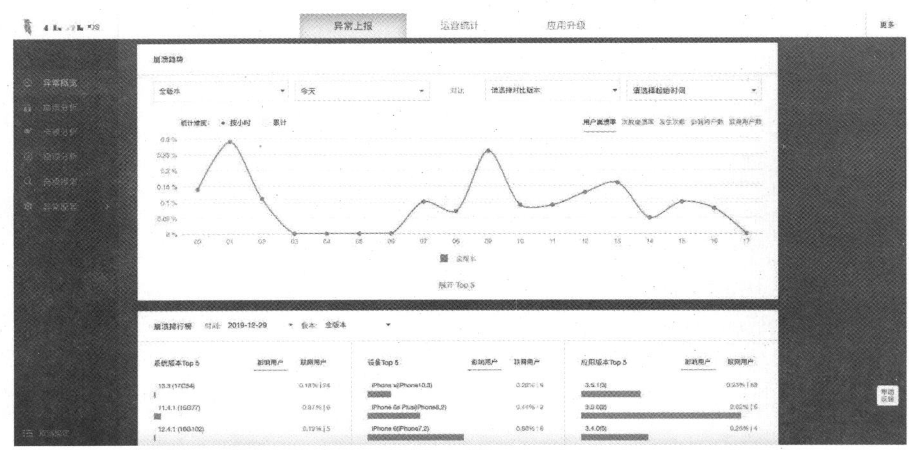

Bugly 是“鹅厂”的一款产品，主要用来帮助产品进行异常上报和运营统计，帮助团队快速发现并解决异常，同时掌握产品运营动态，及时跟进用户反馈。我负责的敏捷开发转型团队中有两个团队在使用 Bugly，原因是这两款产品都面向 C 端用户，在迭代的后三天，团队开发人员关注 Bugly 上集中反馈的问题并进行修复，重点是崩溃、卡顿、错误。Bugly 每天以邮件形式把相关信息推送给管理员，如果波动率过大，会直接报警。目前，团队没有使用 Bugly 进行运营统计分析，使用的是另外一款收费产品。

下图展示了我所带的一个团队在进行代码评审时的场景，代码评审可以帮助团队及时发现代码不规范的问题，提高代码质量，将代码缺陷引起的损失降低到最低。代码评审优势诸多，我负责的敏捷开发转型团队中，有团队把代码评审放在迭代的最后三天做。具体如何评审及相关分析，会在接下来的章节中详细讲解。

品质效率协同提升

品质保证之代码评审

在敏捷开发的不同阶段，敏捷教练对团队的要求应该是不一样的。在团队转型的初期，是让团队熟悉敏捷开发的流程与模式，在遵循大的 Scrum 流程的基础上逐渐深化。当团队熟悉流程后，就要求团队提升执行力，执行力表现在两个方面：一是进度承诺；二是品质承诺。

在此先不分析产品价值，开发团队要保证进度，每个迭代可以成功交付，同时还要注重开发的品质，不能开发完成的功能全是 Bug，要保证代码品质。团队刚开始时，我们要求开发团队自己写验收标准，期待团队成员可以通过写验收标准来梳理开发逻辑。开发完成后，再按照验收标准进行自测。等一个大的功能模块开发完成后，再聚集到一起进行联调。所有功能通过验收标准的验收后，才提交给专业的测试人员进行回归测试、兼容性测试、安全测试和探索式测试。对于开发人员来说，还可以通过哪些办法再次提升开发质量呢？代码评审，通过提升代码编写质量与执行规范来再次提升产品质量，为产品品质提升再加力。

代码评审的困难与优势

团队在进行代码评审时也会遇到一些困难，结合我自己的敏捷开发转型实践经验，就敏捷开发团队本身来说，主要困难如下所示。

- 没有人。没有人评审，团队人数有限，分工不同，职能重合的人员较少或根本没有，所以没有人来审，或者是大家能力差不多，也评审不出问题，所以，人是核心。
- 评审的时间。放在迭代的什么时间评审比较合适？10 天的迭代，开发的节奏安排很紧凑，每天领取任务、开发、自测、验收，有人建议放在下班前的半小时。但是互联网公司什么时间是下班时间？下班前大家是在自测和验收，又如何保证当天的开发工作，天天如此，又如何坚持？所以评审的时机非常重要。
- 是以代码行数为参考进行评审，还是以代码开发的天数为刻度进行评审，团队内部要达到统一。
- 评审发现的问题是现场改，还是评审完成后改？下次评审如果再出现同样的问题，如何处理？有没有什么奖惩机制？还有就是老带新的辅导问题。评审中发现的问题，如何改？在后面的开发中如何落地？如何做？这些都是问题。

综上所述，对一个敏捷团队来说，谁来评审？评审的时机及改进的落地执行，都是要面对的主要困难。

当然，代码评审的优势诸多，我最认可的是老带新的指导作用，经验丰富的同事评审新成员的代码，帮助其发现代码问题，提高代码质量，帮助其成长，同时将代码缺陷引起的损失降低到最低。此外，代码评审可以促进团队代码规范的落地执行，规范就是团队的法则，法则人人懂，但是懂并不代表会做，团队通过代码评审，可以促进团队代码规范的落地。

代码评审的切入时机

代码评审的总体切入时机我们要注意：假如团队原来没有做代码评审，那么在转型敏捷开发模式后，在什么时间切入代码评审？可能大家都有这个评审的动机，但不一定有代码评审的能力。面对的最大问题就是谁来评审，比如一个 App 团队，只有一个安卓开发，一个 IOS 开发，一个后台开发，一个测试人员，一个产品负责人，一个设计师，一个敏捷教练，这种功能单人的小团队作战模式，在敏捷团队中很常见，谁来评审？每个领域只有一个人，谁也没法评审，有可能各自看不懂各自的。试问这时如何办？

对于敏捷教练来说，对关联团队的评审联合也是一种策略。把业务相关的团队和职能相同的人拉到一起进行评审，这是一种方法。所以，对于团队的总体切入时机，一方面要考虑是不是有相关能力的人一起评审；另一方面要考虑团队的成熟度，转型前期在评审上可以花费的精力比较少，后期，随着团队的稳定和持续交付能力的提升，可以把精力逐步分散一些到代码评审与单测提升上面。作为团队的敏捷教练，我们要控制好切入的时机和硬性条件。

每次代码评审的切入时机我们也要注意：如果是 10 天的迭代周期，开发的时间大约为 7 天，我在敏捷开发转型团队中。给予团队的意见更倾向于在迭代的第 7 天进行代码评审。在开发代码评审的同时，测试人员可以进行回归测试，评审过程中如果发现问题，还来得及修改，太早可能影响迭代进度，太晚可能发现问题后来不及修改。如果是 20 天的迭代周期，可以每 5 天做一次代码评审，并且可以把代码评审与功能联调放在一起，先代码评审，保证代码品质，再进行功能联调，保证功能点通过验收。

代码评审的等级与步骤

我们知道代码评审的诸多优势与切入时机，对于代码评审的等级，我们也需要有如下了解，把代码评审分为三个等级。

1. 第一等级是基本规范，就是检查代码编写是否满足编码规范。
2. 第二等级是程序逻辑，就是检查基本的程序逻辑、性能、安全性等是否存在问题，以及逻辑流程是否满足要求。
3. 第三等级是软件设计，检查软件的基础设计、模块之间的耦合关系等。

目前，我所负责的敏捷开发转型团队中，代码评审以第一等级和第二等级为主，重点评审一些代码规范问题、代码合理性问题与业务逻辑相关问题。

知道代码评审的等级之后，我们再了解一下代码评审的步骤。

1. 确定编码规范。在确认实施代码评审前，进行代码规范的培训，目前在我的敏捷开发转型团队中，使用的是“猫厂”的编码规范，并没有自己制定规范。所有敏捷团队中的成员，学习这个规范，作为标准的编写规范，在内部推行。

2. 确定评审时间。有些团队会按代码量进行评审。在我的敏捷转型团队中，是按照时间进行评审的，是固定的时间和节奏，放在迭代的流程中，作为敏捷流程的一部分，固定做，但不同团队会有微小的差异。
3. 实施代码审查。Sonar 和 Bugly 通过自动化的方式帮团队成员发现一些代码问题，进行代码质量检测，对代码不规范或有错误的地方进行标识，并进行通知。在我的敏捷开发转型团队中，代码审查在工具辅助的基础上，还会辅以人工审查，主要是技术小组组长来进行审查，在固定的时间点，技术负责人会召集团队成员，对阶段性代码编写工作进行完整审查。
4. 代码整改。在代码评审现场，直接对发现的代码问题进行整改，修改成规范要求的编写方式。对于在评审时发现的问题，技术负责人会在接下来的开发过程中进行跟踪，与团队及时交流，避免类似的问题再次发生，从多个角度提升团队成员的代码品质，为高品质交付，打好基础。

代码评审的场地

关于评审场地问题，只要有一块大屏幕足够使团队或一个独立的功能小组坐下来沟通就可以，如下图所示，每日工作完成后，技术负责人直接在工位上评审小组成员当天的代码，直观高效。

在我的敏捷开发转型实践团队中，不同团队的评审时间不一样。A 团队 3 个工作日评审一次，B 团队 5 个工作日评审一次，E 团队、F 团队、G 团队一个迭代评审一次。目前我们团队还没有做到一个工作日评审一次或按照代码行数进行评审。对于评审的场地，我会提前预定，根据会议室使用情况进行选择。如下图所示，其中两个团队在迭代即将结束时，在会议室进行集中的代码评审，保证当前迭代的代码品质。

5. 代码评审实战案例

接下来是我所负责团队的代码评审实操案例。

案例 1：只顾实现功能，不思考实际使用中的各种情况

错误示例：代码是根据关键字搜索网点，应该是一个耗时的操作，却直接在 UI 线程里执行。虽然在少量网点搜索的情况可以正常执行，但是一旦出现大量网点搜索，必定会出现卡死的情况，而代码里却完全没考虑过这种情况！

正确示例：至少在一个新的子线程执行耗时操作，这个地方还需要思考线程的生命周期的管理。

```java
//搜索事件
mBridgeWebView.registerHandler( handlerName: "searchShopList", ne
    @Override
    public void handler(String data, CallBackFunction function) {
        try {
            searchDataList.clear();
            searchByDistance.clear();
            JSONObject ob = new JSONObject(data);
            String keyWord = ob.getString( name: "keyWord");
            if(!TextUtils.isEmpty(keyWord)){
                LatLng currentLatLng = MapUtil.getCurrentLocation();
                for (int s = 0; s < shopDataList.size() ; s++) {
                    if(shopDataList.get(s).getShopName().contains
                            shopDataList.get(s).getShopAdress().cc
                        ShopData shopData = new ShopData();
                        shopData.setShopSeq(shopDataList.get(s).ge
                        shopData.setShopName(shopDataList.get(s).g
                        shopData.setShopAdress(shopDataList.get(s)
                        shopData.setShopCloseTime(shopDataList.get
                        shopData.setShopOpenTime(shopDataList.get(
```

错误示例

```java
BridgeWebView.registerHandler( handlerName: "searchShopList", new Br
    @Override
    public void handler(String data, final CallBackFunction function) {
        try {

            searchDataList.clear();
            searchByDistance.clear();
            final JSONObject ob = new JSONObject(data);
            final String keyWord = ob.getString( name: "keyWord");
            if(!TextUtils.isEmpty(keyWord)){
                customDialog.show();
                mSingleThreadExecutor.execute(new Runnable() {
                    @Override
                    public void run() {
                        sortShops(keyWord, function);
                    }
                });
            }
        }catch (Exception e){
            e.printStackTrace();
        }
```

正确示例

案例 2：没有提炼公用方法，冗余代码遍布各处。

```java
try {
    JSONObject jsStr = JSONObject.parseObject(data);
    shareTitle = jsStr.getString( key: "title");
    shareContent = jsStr.getString( key: "content");
    shareUrl = jsStr.getString( key: "shareUrl");
    web = new UMWeb(shareUrl);
    web.setTitle(shareTitle);
    web.setThumb(new UMImage( context: InviteFriendsActivity.this,
    web.setDescription(shareContent);
    //type=1为微信，2为朋友圈，3为QQ，4为微博
    int type = jsStr.getIntValue( key: "type");
    if(type ==1){
        initShare(SHARE_MEDIA.WEIXIN);
    }else if(type ==2){
        initShare(SHARE_MEDIA.WEIXIN_CIRCLE);
    }else if(type == 3){
        initShare(SHARE_MEDIA.QQ);
```

错误示例

```java
    shareTitle = jsStr.getString( key: "title");
    shareContent = jsStr.getString( key: "content");
    shareUrl = jsStr.getString( key: "shareUrl");
    //type=1为微信，2为朋友圈，3为QQ，4为微博
    int type = jsStr.getIntValue( key: "type");
    //调用友盟分享
    ShareUtils.shareUMWeb( context: InviteFriendsActivity.this, shareTitle, shareContent,
            shareUrl, type, shareListener);
} catch (Exception e) {
    e.printStackTrace();
}
```

```java
public class ShareUtils {
    //友盟分享
    public static void shareUMWeb(Context context,String shareTitle, String shareContent, String
        UMWeb web = new UMWeb(shareUrl);
        web.setTitle(shareTitle);
        web.setThumb(new UMImage(context, R.drawable.evcard_launcher));
        web.setDescription(shareContent);
        //type=1为微信，2为朋友圈，3为QQ，4为微博
        if(type ==1){
            shareUMByType(context, web, SHARE_MEDIA.WEIXIN, shareContent, shareListener);
        }else if(type ==2){
            shareUMByType(context, web, SHARE_MEDIA.WEIXIN_CIRCLE, shareContent, shareListener);
        }else if(type == 3){
            shareUMByType(context, web, SHARE_MEDIA.QQ, shareContent, shareListener);
        }else  if(type == 4){
            if (isWxInstall(context)) {
                shareUMByType(context, web, SHARE_MEDIA.SINA, shareContent, shareListener);
            } else {
```

正确示例

案例 3：view 层与逻辑层混淆不清。

错误示例：代码将逻辑判断放在 view 层。

正确示例：将逻辑代码后移，托管到 presenter 层。

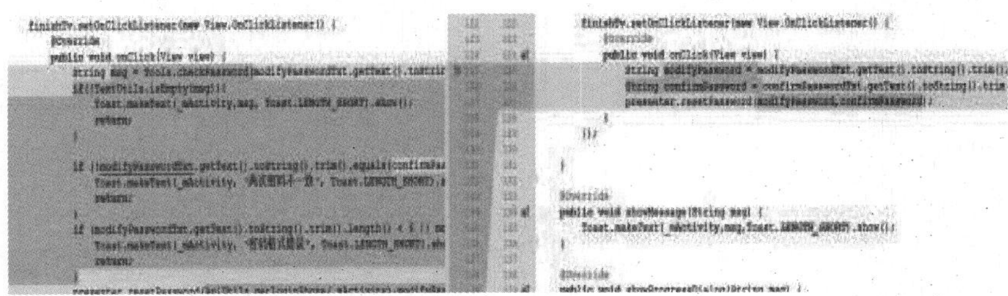

错误示例

```
public void resetPassword(String modifyPassword,String confirmPassword){
    String msg = Tools.checkPassword(modifyPassword);
    if(!TextUtils.isEmpty(msg)){
        view.showMessage(msg);
        return;
    }
    if (!modifyPassword.equals(confirmPassword)) {
        view.showMessage( msg: "两次密码不一致");
        return;
    }
    if (modifyPassword.length() < 6 || modifyPassword.length() > 20) {
        view.showMessage( msg: "密码格式错误");
        return;
    }
    view.showProgressDialog( msg: "");
    smsLoginModel.resetPassword( ApiUtils.getLoginPhone(context),modifyPassword).compose(fragment.<~>bindToLifecycle())
            .subscribe(new RxSubscribe<BaseResponse>() {
                @Override
                protected void _onNext(BaseResponse baseResponse) {
                    view.hideProgressDialog();
                    if (baseResponse.getStatus() == 0) {
                        if(view!=null){
                            view.showMessage( msg: "密码重置成功");
                            view.succeed();
                        }
                    }else if(baseResponse.getStatus() == 2){
                        view.showMessage(baseResponse.getMessage());
                    } else{
                        view.showMessage(baseResponse.getMessage());
                    }
                }

                @Override
                protected void _onError(int errorCode, String msg) {
                    view.hideProgressDialog();
                    view.showMessage(msg);
                }
            });
```

正确示例

强化自测、验收、联调

高品质、严要求的自测

我在敏捷团队中推行高品质、严要求的自测，团队会编写用于每个迭代任务验收的验收标准，我们统称为AC，每一个被贴在物理看板上的任务卡片，都有对应的AC。这样，开发的同学每天领取对应的任务，完成后，就可以用所对应的AC进行自测，自测完成，通过验收，没有问题后，就在对应的AC后面写上PASS，代表自测通过，没有问题了。当然，对于前端同学来讲，特别是App，对视觉的要求非常高。在自测的时候还要认真的核对视觉稿，对于字体的大小、位置、色号、是否对齐，色条的色号，整个版面的视觉还原度进行检查，以尽力做到100%的还原。

下图展示了我所带团队使用的纸质版AC，大家可能会疑惑，在电子系统这么发达的今天，为什么还要打印出来？用这么原始的方式，不是在JIRA中，或禅道中，或是Excel中、PDF中也可以吗？是的，当然可以，我在这里只是示例，并且我比较追寻敏捷过程中的仪式感，就像JIRA中也有电子看板，但我还是比较喜欢物理看板，我喜欢那种直观存在的画面感。当然，大家根据自己的项目情况进行因地制宜的调整。

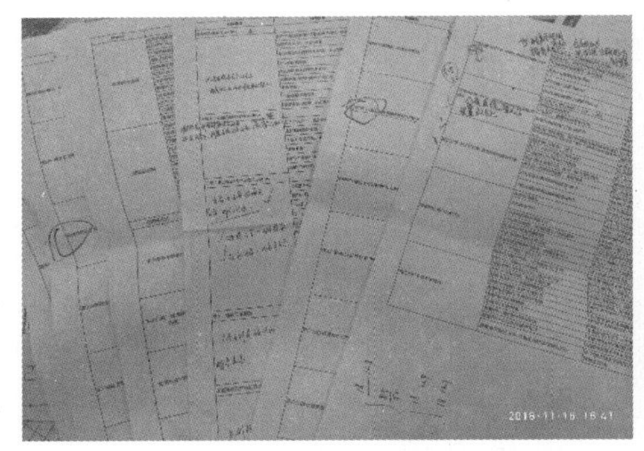

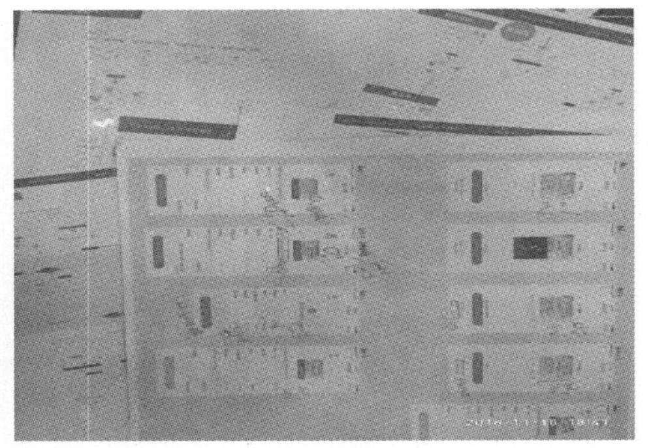

目前，我们在自测阶段依然使用的是纸质版的AC，绝大部分的视觉稿，现在使用的是浏览器打开的电子方式，只有个别部分会打印出来，并非全部，也并非所有团队都这样做，不作为推广的强制性要求。签字承诺，如果在电子系统中可能点击一下就过去了，作为团队的敏捷教练，要根据团队的实际情况进行选择性的调整，孰优孰劣，自己要知道。不要在意具体的形式，形式只是表象，只要能围绕高品质交付的目标就可以。

每日事每日毕的验收

我们推崇每日任务每日闭。我们现在的团队中还是有专职的测试人员，目前让研发完全胜任开发和测试的双重工作，在我带的团队中目前还做不到，离真正的敏捷团队和T型人才还有一定的差距。专职的测试人员在团队中依然存在，他们主要负责写验收标准，每天已完成任务的验收、全量的回归测试、兼容性和安全性测试。

下图展示了一个团队每日验收的情况。开发人员每天会把自己已经开发完成的任务按照专业测试人员提供的验收标准进行自测，然后把自测完成的任务放入到物理看板的待验收栏中，测试人员从待验收栏中领取待验收的任务进行验收，验收完成后，在对应的验收标准中填写Pass或是Fail，然后移动已经Pass的任务到已完成栏。对于每天验收发现的Bug，要求开发人员解决完成才能离开办公室，也就是要求，每天不能遗留Bug。对团队成员来说，这是一个硬性的要求，但是在执行的过程中，如果遇到协同性的Bug，或者是真的太晚，会留到第二天解决。对团队成员的意识性要求是，发现Bug，立马解决，这是一种意识性、责任感问题。

被关进“小黑屋”的联调

在迭代开发完成后，以两周 10 个工作日的迭代为例，在迭代的第 7 天，所有的开发工作会完成，在进行综合回归测试前，把所有的开发聚集起来，关进“小黑屋”统一进行联调，如下图所示，联调有以下目的。

- UI 视觉联调。以 App 开发为例，保证安卓 App 页面和 IOS App 页面相同，主要是通过同屏显示的方式，参考视觉效果图进行同界面全量对比，保证视觉原稿的还原度，防止出现平台页面效果差或元素不同的情况。
- 流程联调。保证经过一个迭代的开发工作后，App 的主要流程依然是畅通的，关键流程没有出现阻塞不通的现象，所有的开发工作可以控制在有效的影响范围内，不会不知道本次的迭代开发到底影响到哪些，无底、无范围进行盲测。
- 需求点确认。参照本次迭代开发的用户故事列表，核对具体的需求点，一点一点进行需求还原呈现，确保迭代中要求的功能点都得以准确实现。这个步骤的关键点在于，每一个被实现的功能点都要通过验收标准的多重验证。

迭代开发过程中，为了保证快节奏下的高品质。高品质的开发、自测、验收、联调，对于开发人员来说都不可缺少，环环相扣，每一环节都是为了提升交付品质。此方法在实践中得到长期检验，可以有效控制 Bug 的流出，保证开发的品质。作为团队的敏捷教练，在实践过程中可以尝试上述方法。如果能结合自动化测试，并采取更加有效的测试策略，交付结果会更好。

制定“团队级”奖惩方案

制定“团队级”的奖惩方案前，我们先了解一下团队的背景。从开发团队的情况来说，部分团队成员的 Bug 量一直居高不下，经过多个迭代的观察，发现 JIRA 中出现的 Bug 主要出现在某几个人的身上，也友善提醒过，但改进效果不大，Bug 数量依然不能得到有效的控制，交付品质还是有待提升。

从产品发布品质的角度来说，每次产品发布上线，总有漏网的 Bug 流入到生产环境，极大影响用户体验和团队的形象，只能通过紧急发布“小版本”来进行修复，为此，公司曾要求团队负责人写书面检查报告，基于以上原因，期待团队的测试人员可以加强测试，提升责任感，以更专业的态度，高效的测试效率，完备的测试方案，及时发现产品的问题，防止 Bug 的流出，维护团队形象，提升用户体验和满意度。

迭代前后，不难发现我们的产品团队有自己推翻自己设计的情况发生，更改已经评审通过的设计稿的情况也时有发生，需求变更没有审核就让团队开发，或变更没有记录没有及时通知到相关人员的情况也会偶现，变更后的验证工作也没有跟踪到人。看似是项目管理的问题，其实也是产品团队亟待提升的地方。

基于以上几点，我们在经历几个迭代后，决定在团队内部制定“团队级”的奖惩方案，以期起到一点点约束作用，但最终的目的不是惩罚，而是激励和促进团队的成长与提升。

惩罚方案（2 选 1）

1. 写 Bug 分析报告，2000 字以上，邮件发送所有团队成员，并在回顾会上进行分析总结。
2. 团队一人一杯奶茶（26 人份 *25 元 / 人）+ 美式冷咖啡一杯，单人请，不能联合，在回顾会上进行分析和总结。

岗位	惩罚规则	注释说明
开发	• 第一次统计，超过 15 个 Bug，必须罚，（15 个 Bug 是上限） • 从第二个迭代开始，每个迭代只要超过 15 个 Bug，必须罚。如小于 15 个 Bug，且大于上一次迭代的 Bug 数，则接受罚。如果低于 5 个，不罚 • 管理类 Bug，证书过期，忘记替换，超过 1 个，罚	• 兼容性 Bug 的特殊处理，A 来负责判断 • 封代码后还在改代码的，私自改代码，算主动接受惩罚 • 重构类 Bug 算在 A 和 B 身上 • 15 是上限，如果上下两次的浮动超过 10，则罚，举例，如上次的 Bug 是 8 个，下次的 Bug 是 12 个，则要罚。如上次的 Bug 是 8 个，下次的 Bug 是 9 个，虽然 Bug 有上升，但是没有超过 10 个，则不罚。如上次的 Bug 是 12 个，下次的 Bug 是 11 个，则不罚。如上次的 Bug 是 12 个，下次的 Bug 是 13 个，则要罚。15 相当于红牌，10 相当于黄牌，5 相当于清零重来，坐等奶茶 • 安卓 Bug 由 A 判断分配。IOS 的 Bug 由 C 判断分配。后台与服务指给 D • Bug 统计范围只限定在 App 范围内 • 紧急迭代，领导强压的紧急迭代不算在内，只统计标准迭代时间盒内的 Bug
测试	• 已经封代码（以测试完成报告发出的时间为准），但是被测出来的（产品验收时、开发检查时）除 UI 外的功能性 Bug，超过 2 个 • 流出到生产环境的（用户反馈、业务方反馈等）除 UI 外的功能性 Bug，超过 1 个	• UI Bug（不包括按钮与图标位置类、颜色重大偏差、字号重要大偏差）与兼容性 Bug（包括版本兼容性 & 机型兼容性）不计入功能性 Bug • 已提风险点的 Bug 不计入在内（P 来评估风险点，决定是否关闭风险点），毕竟我们测试过程中已经提出风险，但没有得到妥善解决，这些 Bug 肯定会留到线上 • 已知的遗留 Bug 不记在内，jira 上提过的 Bug 但各种原因未解决的（A、B 决定是否解决），这些 Bug 线上肯定会有 • 环境问题除外（代码未部署、服务器问题等） • 如安卓热更新类，A 需告诉 T 影响范围，超出范围产生的 Bug，算 A 的 Bug。如线上遗留 Bug，不算 A 的，如产生的新 Bug，算 A 的 • 线上弱网问题，开发团队保证不闪退，如闪退，计入开发人员的 Bug。如拉不到数据，测试团队需要去分析，查找 Bug 原因，后期完善
产品	需求不变，但是业务逻辑更改或产品对场景的考虑不周，产品自己推翻自己的设计，需要更改产品设计稿的情况，开发需要重做，产品主动提出变更业务逻辑，或未经领导审批引起的重做，归类为需求类 Bug，大于 1 个。 交互 + 视觉类 Bug，话术更改不算，图片更换不算（需提前通知开发 A、B 与测试 T，如没有通知，则算 Bug），大于 4 个	领导强压引起的业务逻辑变更不计算在内。 技术可行性调研前出现的交互类更改不算。 极度冷门交互设计类问题，需团队商议，团队共同裁决。 优先级变更引起的，新需求插入替换老需求，开发同意加入后，不计算在内。 当前迭代没有变更，在后续迭代做优化不算。 评审或技术评估未确认，后面在迭代中又确认的不算。

奖励方案如下。

1. 开发人员在一次迭代中如果有一人 Bug 小于 5 个，B 请这个人吃鸡或等价品。
2. 开发人员在一次迭代中如果所有人 Bug 都小于 5 个，A/B/P/T/S 请所有开发人员吃鸡或等价品。
3. 测试人员在一次迭代中，如果在预发环境中没有出现 Bug，T 请这次迭代的测试负责人吃鸡或等价品。

4. 测试人员在一次迭代中，如果在生产环境中没有出现 Bug，A/B/P/T/S 请这次迭代的所有测试人员吃鸡或等价品。
5. 产品人员在一次迭代中，如果没有出现需求类 Bug， 交互 + 视觉类 Bug 小于 1 个，A/B/T/S 请产品负责人吃鸡或等价品。
6. 产品人员在一次迭代中，如果没有出现需求类 Bug+ 交互 + 视觉类 Bug，A/B/T/S 请产品团队吃鸡。

改进效果

在奖惩方案开始执行后，我们发现，团队成员在开发完成和提交测试前会进行非常认真的自测。当测试人员提到一个关于自己的 Bug 时非常紧张和在意，就说明大家非常重视游戏规则，都不想成为那个被惩罚的人。

观察下图，展示的是这个团队的第 1 次 Bug 数，我们发现，只有 F 成员的 Bug 超过了红线。再认真看一下，我们发现，JIRA 中记录了 16 个关于 F 成员的 Bug，但是 F 成员只认领了 5 个 Bug，中间有 11 个的差异。同时我们发现 E 成员也出现同样的问题，JIRA 中记录了 12 个 Bug，但是 E 成员只认领了 5 个 Bug。当我们在回顾会把这个结果公布给大家的时候，大家道出了其中更深的原因，历史遗留问题、责任归属问题、版本问题等等。这时，不论是作为团队的负责人还是团队的敏捷教练，两者都不希望在此时去惩罚任何人，既然大家提出了标准的问题，对结果不认可，则说明我们的规则是有改进空间的，需要进一步明确规则，在下一次迭代中可以达成共识。

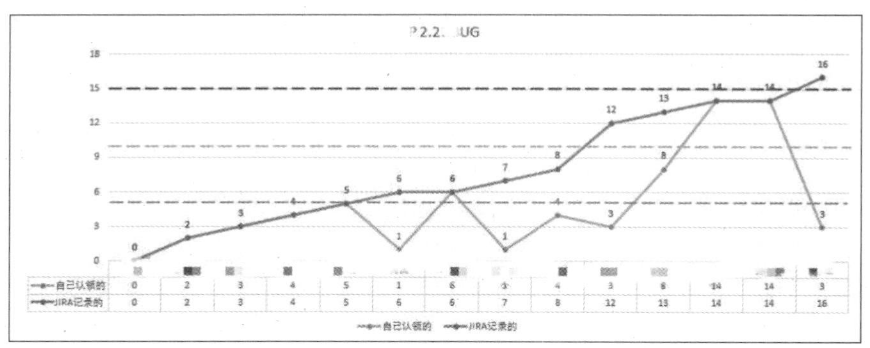

其实，我们的管理目标已经实现了，已经引起了大家的重视，足矣！我们需要告诉大家，下一次迭代不管是什么样的 Bug，只要是你负责的模块，Bug 都算你的。共识的达成，对大家都是胜利，是双赢。

下图是第 2 次的 Bug 记录。观察发现，团队取得了很大的进步。首先是单人 Bug 数量，经历两个迭代，一个大版本，20 个工作日，没有一个人的 Bug 量超过 15 个，最少的一个团队成员的 Bug 竟然只有 1 个，这是非常大的提升。其次是我们发现，JIAR 中记录的 Bug 量和团队成员认领的 Bug 量与上次相比，一致性得到很大的提升，已经非常趋近或趋同，中间的差异缩小了。最后，团队的 Bug 总量也得到降低，产品品质得到进一步的提升，说明奖惩方案起到了一定的“提醒与促进”作用。

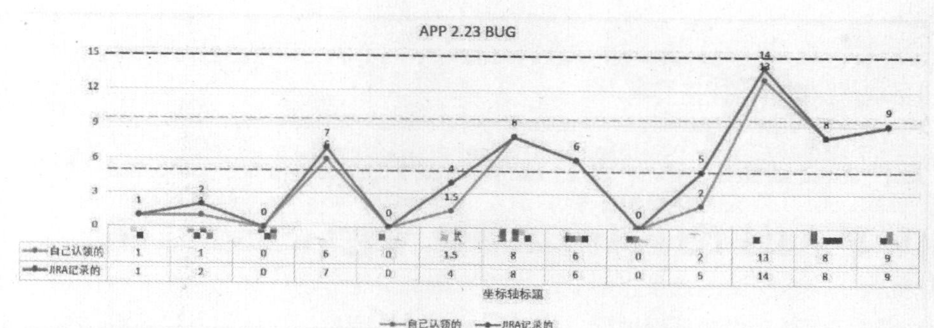

对比第 1 次迭代和第 2 次迭代的 Bug 数，如下图所示，我们发现，不同团队成员在迭代中的 Bug 控制是有起伏的，有 4 个团队成员出现了上升趋势，有 10 多个团队成员是下降趋势。上升的这些团队成员可以给予必要的提醒，下降的团队成员可以给予必要的表扬。作为团队的敏捷教练，我们不能只观察短期的改进，要更加关注团队的持续改进与提升。类似上述的改进方案，需要持续的记录，才可以起到更好的作用。在此只是示例，只列举了两个迭代的对比，大家在团队辅导的过程中一定要持续记录，持续跟踪，不能短视。

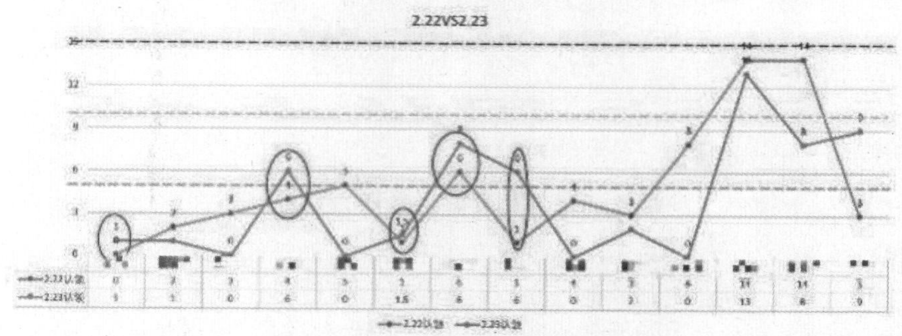

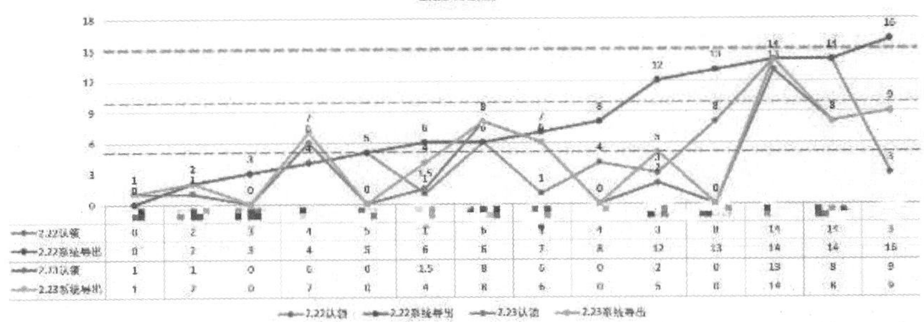

接口自动化测试的阶段性实施

接口，即 API（应用程序编程接口），接口测试关注函数和类（方法）所提供的接口是否可靠。接口测试能够提供系统复杂度上升情况下的低成本高效率的解决方案，接口测试天生为高复杂性的平台带来高效的缺陷检测和质量监督能力，平台越复杂，系统越庞大，接口测试的效果越明显，将接口测试实现自动化。当系统复杂度和体积越大时，接口测试的成本反而越低，相对应的，效益产出反而越高。接口自动化测试的根本目标，是在测试环境中，保证新增接口功能的正确性，保证原有接口不被修改“坏”。在生产环境中，保证接口层面服务可用，功能的正确性，保证服务挂掉时，可以及时发现。

那么，在一个敏捷开发转型团队中，是否需要做接口自动化测试哪？如何判断接口自动化的时机和成熟度？首先，如果团队所开发的产品完全没有前端页面或含有少量前端页面，则应该尽可能多采用自动化接口测试，对于接口自动化测试结果的判断可以使用人工辅助的办法，进一步达到自动化测试的效果。其次，对于业务交互检查特别复杂的场景，可以使用脚本实现，此时脚本和业务关联比较紧密，不太适合把相关的脚本做成框架。总之，应该根据自身团队的特点来评判自动化的程度，使得自动化能更好结合手工测试，来完成质量保障。

接口自动化测试的层级划分

作为团队的敏捷教练，我们在敏捷开发转型团队中推行接口自动化测试也是一个循序渐进的过程，由浅入深，在不同的层级完成不同的层级任务，像游戏关卡，一层一层通向核心。接口自动化测试的最外层，主要是希望通过接口自动化测试来保证产品基础功能的正确性，产品中相关功能逻辑操作的正确性，在本层中会对接口进行非常详细的检查。

接口自动化测试对测试人员的要求比较高，如果测试人员对产品非常熟悉，对相关的接口设计和文档也非常熟悉，那在本层中就会测试得很深，会发现更多的问题。在本层中，主要会通过编写脚本的方式来检查产品中所涉及接口的正确性。当然也会结合一些手工检查方式，从测试环境到生产环境，在生产环境中也会对接口进行定时的检查，主要是自动定时触发接口检查。就目前我所带领的敏捷开发团队来说，每天定时检查一次，检查报告会通过邮件和钉钉通知的方式推送给相关的负责人，一旦遇到接口变动或者接口不稳定情况（如超过某个阈值），接口就会报错，在实战部分会给大家举例。

接口自动化测试的中间层在保证功能正确的同时更加深入，主要是保证数据的正确性。自动化脚本执行时，假如返回的是一个 JSON，那么可以通过直接查询数据库或执行相应的查询语句和接口返回的数据进行对比，在测试时要注意产品的版本与代码的分支情况，因为既有线上环境也有当前的开发环境和测试环境。接口测试要保证当前测试环境的正确，也要保证线上环境的稳定，及时发现问题，在同样的条件和配置下，通过返回的 JSON 是否一致来判断接口数据的正确性，如果数据判断不一致，则需要开始排查。

接口自动化测试的最内层是保证接口的可用性，主要是保证线上接口的可用性，就是通过接口及时发现接口返回的数据是错的，是非要求的，该层主要是对接口的一个持续监控，可以根据监控定时的频繁程度，决定接口检查的详细程度，一般来说，监控跑的越频繁，接口检查的详细程度随之下降。否则，如果接口变动比较频繁或者接口不稳定，会频繁报警，总之，在本层中，主要是想监控生产环境接口的可用性，保证相关服务突然挂掉时，可以及时监控到。

实战案例

接下来给大家分享一个实战案例。App 团队是我负责的其中一个敏捷开发团队，团队准备做接口自动化测试。App 的当前版本为 V1.13，在 V0.09 版本前，接口存在大量变动与调整，非常不稳定。在 V0.09 后，团队集体决定，对于 App 的接口原则上只增不改。但在实际开发过程中，还是存在极少接口会微调的情况。经过几个迭代的努力，团队决定从 V1.13 开始做接口自动化测试。团队内部目前没有专门的自动化测试人员，目前的测试人员以功能性测试为主，招募了新的自动化测试人员来负责 App 接口的自动化测试工作。自动化测试人员采用 JAVA+TestNG 的自动化测试框架。

TestNG 是一个开源自动化测试框架，其灵感来自 JUnit 和 NUnit，功能更强大，使用更方便，消除了大部分旧框架的限制，使开发人员能够编写更加灵活和强大的测试用例。TestNG 的特点非常明显，使用 Java 和面向对象的功能，在运行时可以灵活的进行配置，可以加注解，拥有灵活的插件 API，支持依赖测试方法、并行测试、负载测试、局部故障和支持多线程的测试方法。

对于接口自动化的前期准备工作，团队内部要开始制定接口编写规范，如下图所示，展示了我团队中的一部分接口编写规范，基于一点，对于接口只增不改在团队内部达成共识，限制团队成员私改接口，接口修改需要经过评审，接口增加需要在迭代计划会时统一规划与协调，如果涉及到关联系统的开发与联调，互调互通接口更要注意。

更改注意：
每次更改发版请[illegible]历史记录；
接口问题请联系[illegible]。
历史记录暂时只[illegible]方面的修改，涉及到后台业务逻辑修改可能会有遗漏
接口文档地址

2.9 版本

开发者	接口名字	新增/修改	开发时间
[illegible]	查询[illegible]款地址	新增	2017/10/20
[illegible]	查询[illegible]款历史	新增	2017/10/20

2.10 版本

开发者	接口名字	新增/修改	开发时间
[illegible]	[illegible]支付	新增	2017/10/24

10. [illegible]支付
注：本接口[illegible]实现，供第三方系统调用
服务名称：[illegible]
服务描述：[illegible]支付
服务地址：http://[host]:[port][illegible]/app?service=[illegible]
HTTP Method：POST
开发版本：2.10
开发人员：

- 请求body参数：

说明	参数名	类型	备注
令牌	token	string	必须填
充值类型	chargeType	int	1:支付押金 2：支付订单 3：支付押金和订单，必须填
金额	amount	string	单位：元，必须填
订单编号	orderSeq	string	
支付方式	payType	int	1: 支付宝 2：微信 3：银联 必须填

- Response（返回结果）json

说明	参数名	类型	备注
结果	status	int	0:成功 -1：失败
交易流水号	tradeSeq	string	该接口需要传给支付宝接口，根据该seq知道是哪个用户的账号充值了。
补充信息	additionalInfo	string	json格式

接口文档存储的规范化也非常的重要，开发当中，有不少的后台开发人员喜欢把接口信息写在 Word 文档里面，保存在自己本地电脑上。当涉及到关联人员需要用时，就通过邮件或社交软件传递，这种方式不利于文档的同步更新与安全保存，文档有被转移到外部的安全泄密风险，不方便团队协同维护。当然，还有一些开发人员喜欢把接口文档放在有道云笔记或是语雀里或是相应的信息管理系统中，这比单纯存放在 Word 里面好多了。总之，建议大家把接口文档存储做到规范化，尽量能保证协同工作与文档安全。

在开始自动化测试以前，原有的功能测试人员给新来的自动化测试人员讲解现有产品的业务逻辑，因为 App 更新速度挺快的，每个版本都有独立的功能清单与交互文档，如果一个版本一个版本看，效率可能比较低，所以前期，原有的功能测试人员会协助新来的自动化接口测试人员准备一些用例，下图展示了团队中使用的部分用例。

接口名	备注	实现流程	测试用例	结果
getSenseTimeSignInfo	获取签名信息	传入token,appkey获得sign签名	1. 传入正常token,传入正常appkey 2. 传入正常token,传入非正确appkey 3. 传入空token,传入正常appkey 4. 传入错误token,传入正常appkey 5. 传入错误toen,传入错误appkey	1. {"data":"key=530c89b0974c4a47bd3ad8603b,timestamp=1513383943,nonce=JcgILwMAv913Cwr,signature=xxx","mesage":"成功","status":0} 2. {"data":null,"message":"appKey无效","status":-1} 3. {"data":null,"message":"检查参数正确及完整性","status":-1} 4. {"data":null,"message":"未登录","status":1} 5. {"data":null,"message":"未登录","status":1}
queryUserInfo	查询用户详情	传入token获得用户信息	1. 传入正常token 2. 传入空token 3. 传入错误token 4. 检测表数据	1. 正常数据 2. {"data":null,"message":"检查参数正确及完整性","status":-1} 3. {"data":null,"message":"未登录","status":1}

自动化接口测试人员在业务理解的同时，更新用例，并制定相应的参数规范。在实战中，我也遇到过“比较个性”的自动化接口测试人员，他竟然给团队说，他不需要懂业务，也不参加相关的业务会议，只是给功能测试人员说，你让我做什么，给我用例，我转化就行。如果大家在团队中也遇到这样的人员，还请进行合理的引导。最后，就是自动化测试环境的搭建工作，结合自己团队的技术情况，选用合适的自动化测试框架，对团队最合适的，也是对团队最有用的。

下图展示了一个影响接口覆盖率的问题，注意，Jacoco 对于异常类的统计处理必须写在 service 实现层才能算覆盖率。如果异常捕获是写在接口 Controller 层或者全局时，异常分支的 Throw exception 代码是不会算覆盖到的，但是具体捕获异常类的逻辑处理是会覆盖到的，有些公司 mas 项目，目前 handle 异常是全局 handle 的，

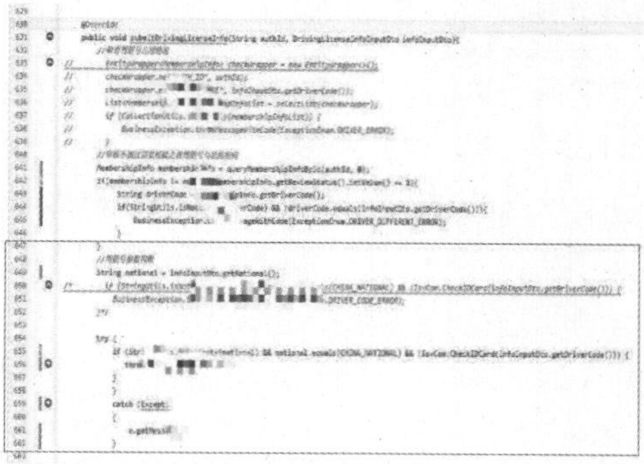

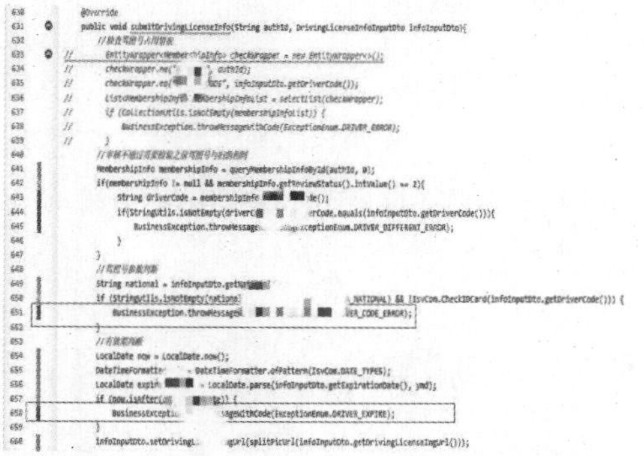

接口自动化测试每天会在固定的时间定时执行，执行结果会通过钉钉和邮件推送给配置人员。一旦发现执行失败，立马进行处理，保证接口的有效与畅通。

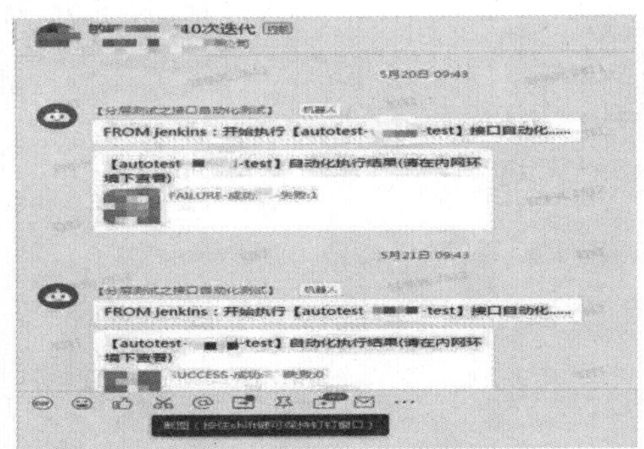

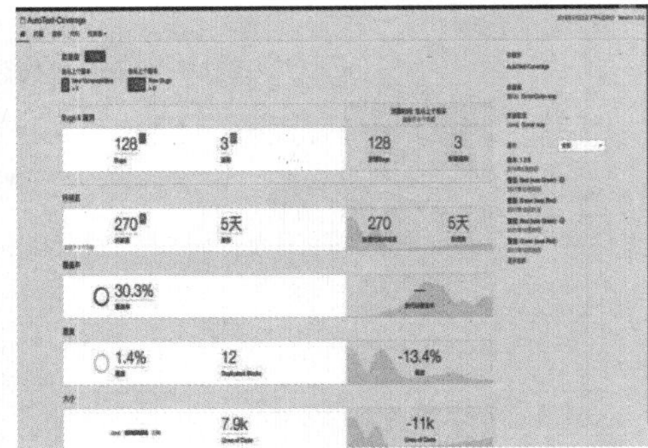

一个敏捷团队在实现接口自动化测试的路上还是会遇到很多的问题，结合我个人的敏捷开发转型实践经验，团队可能会遇到以下 6 个问题。

1. 现有测试团队主要为功能测试人员，没有编程基础，比较难转型，在学习新东西上缺乏动力和激情。
2. 现有开发人员，也不熟悉自动化测试框架，其精力和任务不在测试上，只想守好自己的一亩三分田，安安心心做好开发，不想做测试的工作。
3. 软件处于开发初期，改动大，有些版本会对自动化测试造成毁灭性打击。
4. 功能测试人员的危机感，觉得有了自动化测试就不需要自己了，自己有可能失业，天生的危机感与排斥感。
5. 无自动化测试人员配置，原有团队中并没有这类专业人员，需要从新招募，涉及到资源配置与招聘成本。
6. 原代码编写逻辑不太符合自动化要求，对覆盖率统计产生影响。

总之，想实现接口自动化测试，是一个历程，不是一蹴而就，不可能一开始就把覆盖率达到 100%。既然达不到 100%，就定个小目标，80% 如何？一步步去实现。要知道，从 0 到 1 的新团队还是比较少的，大部分还是已有产品的成熟团队，在改造的过程当中，也要因地制宜，量力而行。

引入 UI 自动化测试

我们要有这样的认知，手工测试到自动化测试是必然的。在团队初期，产品功能相对单一，功能点少，团队中的测试人员通过手工测试来控制 Bug 流出，保证产品质量。随着产品功能的不断完善，业务逻辑的不断复杂，测试的复杂性越来越大，测试的时间消耗越来越多，特别是回归测试，因为回归测试并不因为当前迭代做的东西少就回归得少。回归是对整个产品功能的回归，全流程的重测，由此所带来的测试成本会随着迭代的增多而越来越高。随着团队业务扩张所带来的信息断点问题加剧，单单依靠手工测试来保证产品品质已经不行了，此时需要把以人为驱动的测试行为转化为机器执行，以便节省人力、时间和资源，提高测试效率，自动化测试则成为团队下一阶段的必然选择。

实战历程

在我负责的敏捷开发转型实践团队中，UI 自动化测试首先从 App 团队开始，原因是 App 团队的产品是面向 C 端用户的，用户体量大，发布频次高，对产品的品质和稳定性要求极高，每次回归所占用的时间长，工作量大。在当前阶段，主要依赖手工测试，测试人员虽然经常加班，但是还是感觉测不完，伴随而来的就是测试脱节引起的产品质量问题。从产品角度讲，App 产品逐步趋向成熟，页面元素及业务逻辑相对稳定，切入的时机也比较好，具体的实战步骤如下。

1. 测试人员与自动化实现人员配合梳理目前系统中可以实现UI自动化测试的主流程，计划主流程覆盖率为 70%，除与硬件进行交互的流程不覆盖外，其他的要全部覆盖掉。然后基于梳理的主流程，准备相应的测试用例。
2. 自动化实现人员搭建 App UI 自动化测试平台，总体规划是采用 Appium+Testng+STF+Appetize +Jenkins 实现一键自动化，自动分配可用机型，执行用例，采集性能数据，帮助发现 App 的 Bug 和性能瓶颈，然后形成报告，推送到相关负责人的邮箱。
3. 自动化实现人员基于搭建的自动化测试平台，实现 DEMO 级别的应用还原，保证技术选型的正确与测试框架的稳定。
4. 开发人员修改 App 页面元素 ID，为 UI 自动化测试的快速实现提供更加准确的页面元素定位，同时完善主流程自动化的实现方法，依据每次迭代进行优化改进，逐步补强 UI 自动化测试环节。

自动化代码执行时两台手机同时安装 App，并打开配置好的 CASE 对应 App 页面，两台手机因硬件配置不同，执行相同的 CASE，反馈速度是不同的，具体参考下图。虽然同时执行登录操作，但是一台手机仍旧停留在弹窗提醒界面，一台手机已经到了接受验证码的界面。

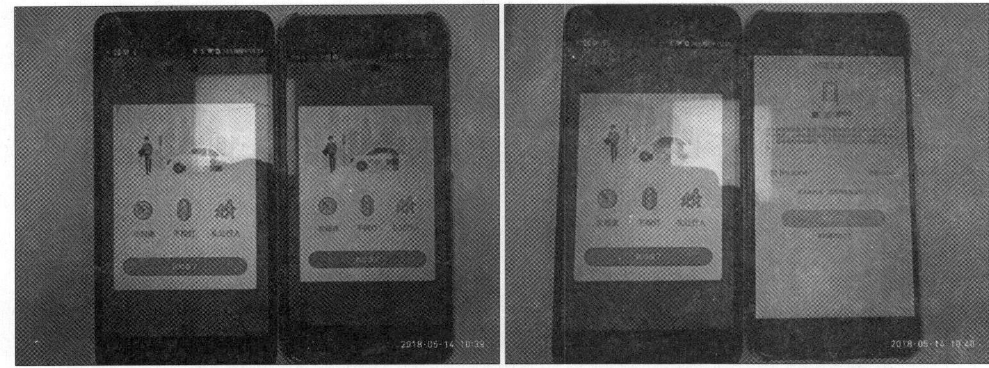

如下图所示，自动化测试报告在 Jenkins 中可以进行邮件通知母版配置，配制完成后，自动化测试报告会以邮件的方式推送给相应的负责人。

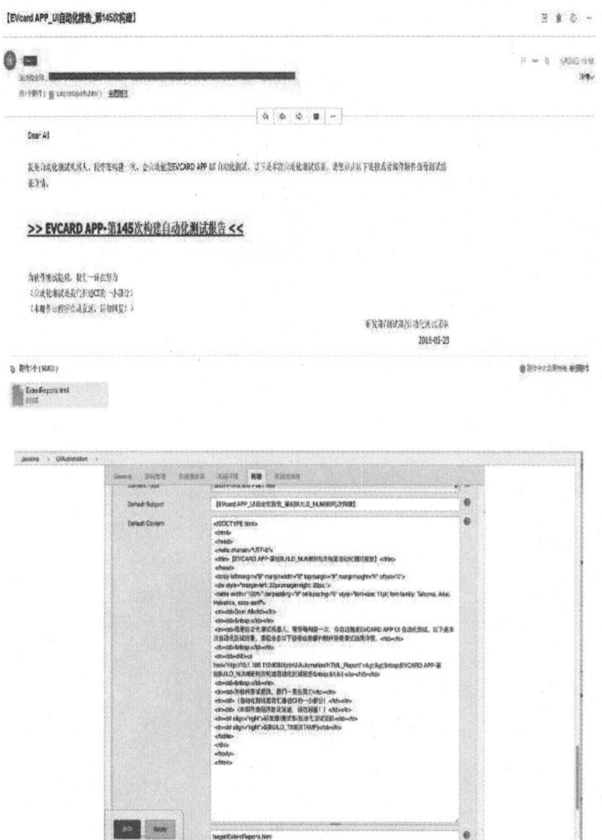

自动化测试报告会挂在邮件附件当中，点击后可以打开看到完整的测试报告，报告清晰直观。在刚才的实例中，我们用的是两台手机，报告中会提供两台不同手机的用例执行结果，对于出错的用例，会提供出错的 LOG、运行的 LOG 、错误截图、视频录制，如下图所示，举例了一个报告总体情况及一个用例执行报错情况，对于错误视频，可以点击回看。

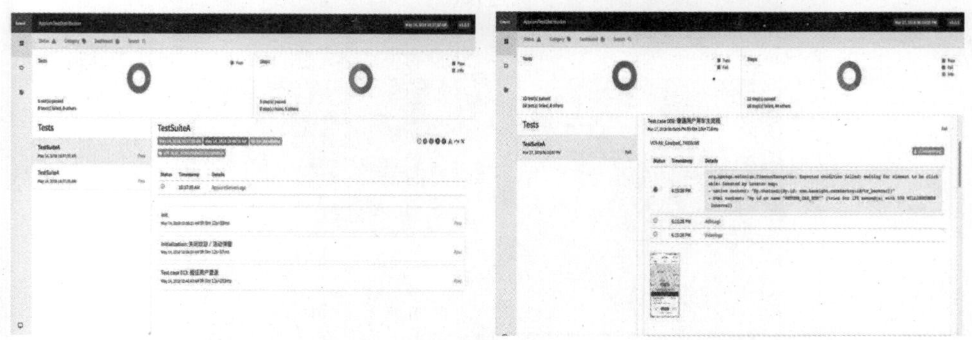

STF 是一款非常便捷的移动设备管理控制工具。在转型实践中，我们发现，公司购买了很多手机，分散在不同的团队中。虽然公司有一个手机管理员，管理所有手机的借入与借出，但时间一长，就乱了。想用手机时，别人在用或是根本找不到可以使用的手机。手机管理面临管理混乱和管理难的问题，同时设备的利用率低下。后来，自动化测试同学提议，通过 STF 可以批量的对大量的移动设备进行 WEB 端管理，把手机集中在手机箱中，通过网络访问来使用手机，指定安装 App 与执行相关操作。除减少指尖的触感外，其他操作相同，对提高手机资源使用效率，非常有帮助。在实践中，我们发现，团队成员在前期非常不适用 WEB 端的操作，还是非要拿手机，说“我就喜欢拿在手上的感觉”。如出现这种情况，团队会灵活处理，毕竟，团队成员对新事物的适用需要时间。而手机握在手里的真实触感和方便操作更是团队成员短期内无法突破的习惯障碍，对于 STF 能否在团队中存活下来，目前还没有结论。

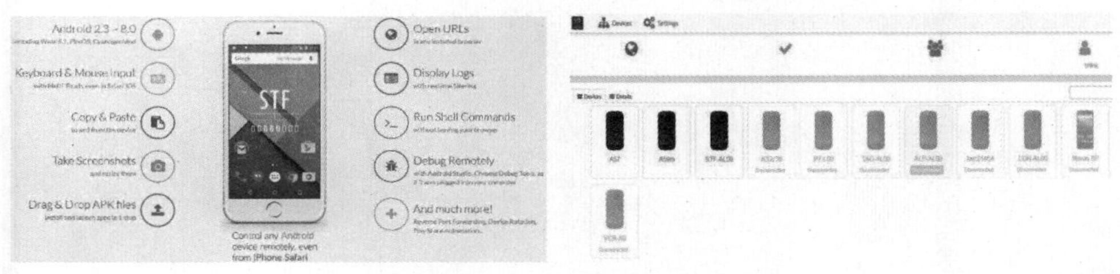

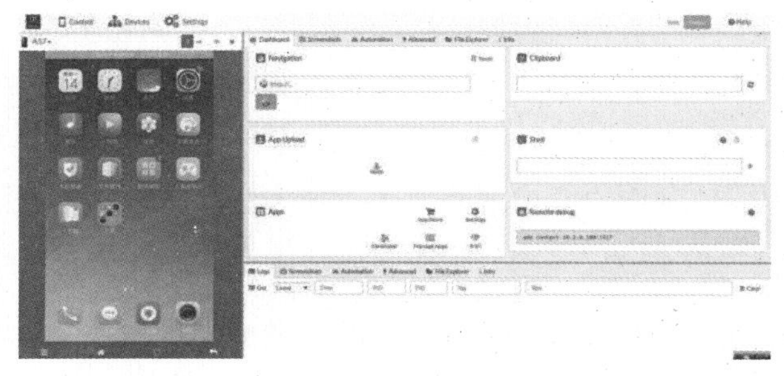

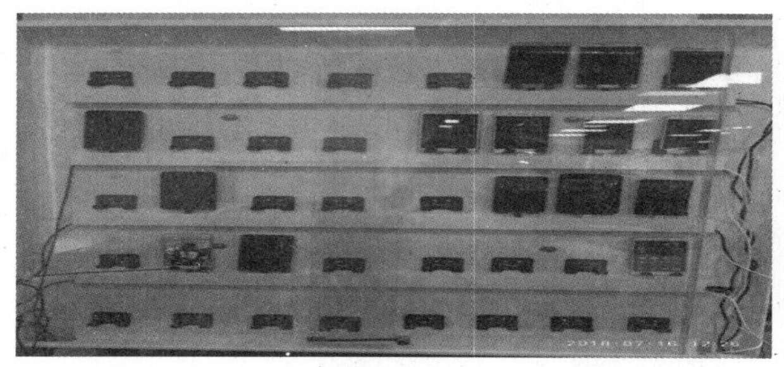

Appetizer 通过 DEX 插桩的方法，全自动地向 App 内多处插入代码，在程序运行的过程中，监控异常和闪退、搜集主线程卡顿与耗时操作、HTTP/HTTPS 请求和响应、CPU 和 Java 堆内存消耗等。采集代码经过调优，对 App 运行性能影响小于 1%。收集的运行数据存储在设备的本地，完成测试后上传到 Appetizer 服务端进行分析，产生详细的问题报告和各项指标等。各项数据可以以多种格式导出，JSON， CSV，HTML，支持不同定制化数据分析以及集成服务。在我的敏捷开发转型实践团队中，主要通过 Appetizer 进行 UI 自动化测试以及性能分析，展示性能报告，目前主要应用到移动 App 端。

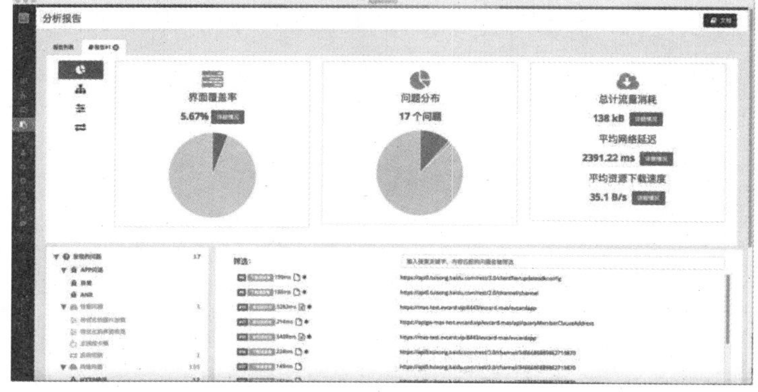

可能有的疑问点

大家可能会疑惑，为什么团队先引入了 UI 自动化测试，没有做单元自动化测试和接口自动化测试。这是因为团队开发人员已经放弃了对原老框架做单元测试，代码没有做分层，所涉及的服务没有办法做。因为单元测试要求每一个服务都要做，如一个类几千行，类太大，各模块耦合性太高，拆分工作量大或无法拆分。还有就是常见的搪塞理由，时间紧，任务重。对于这样的问题，我对团队给出了以下建议。

- 可以只跑新增的版本，从转敏捷后的版本开始。
- 增加人员，在迭代期间，相对空闲的时间，专门来补全单元测试，重视单测，虽然是造数据这样的体力活，但很重要。
- 重视逻辑，建议开发人员理清业务逻辑，因为单测的每一个用例相当于模拟正常用户操作，不同的用户用的数据是不一样的，这样在造数据时，要跑到不同的逻辑分支。
- 新团队成员写单测，熟悉业务，提升覆盖率，一箭双雕。

当然，还有一些团队有后端做了部分单元测试，但是不纯，比如，理论上应该把所有的逻辑覆盖掉，所有的分支，如每一个 if else。但是现实只跑到了一个 if else ，因数据严谨性问题，有些场景模拟起来工作量大，有些只跑到了某一个 Service 层面。团队开发人员可以跑一些正常的逻辑，但是对于非正常逻辑，团队开发人员确实不可能全部覆盖掉。当然，单元测试是比较复杂的测试，需要专业的测试工程师来做，团队开发人员本身的工作量大，在开发上分布精力更多，而测试精力分布得少，因此，不纯的现象常常发生。

团队还会面临其他的问题，比如现有测试团队主要为功能测试人员，同时团队中也没有自动化测试人员配置，现有人员没有编程基础，比较难转变。现有开发人员，也不熟悉自动化测试框架，其精力和任务不在测试上。还有就是软件处于开发初期，改动大，有些版本会对自动化测试造成毁灭性打击。最后就是功能测试人员的危机感，觉得自动化测试如果覆盖过多，会影响自己的工作机会。

自动化测试，虽然大家一直在强调，没有实现自动化测试的团队就像开了一辆跑车跑在坑洼泥泞的道路上，但，真不是可以一蹴而就的，我觉得敏捷开发转型不是重组，是基于当前团队的变革，要因时因地进行，柔性导入，否则，真有可能出师未捷身先死。

尝试探索式测试

什么是探索式测试

探索式测试的创始人詹姆斯在《探索式软件测试》[①]书中如此定义："了解被测软件、设计测试用例、执行测试同时进行的软件测试技术。"简单说，就是事先不进行计划和设计的一种特殊类型的测试，由有经验的测试人员根据实际情况，凭借自身的测试经验和对系统的认识来进行测试，而正是这一特点，往往能帮助测试人员在测试设计之外发现更多的软件缺陷。

结合下图的探索式测试流程，我们发现，探索式测试跟传统的测试方法有很大不同。过去一般都是按照预先编写的测试用例和计划进行测试执行，然后再进行测试结果分析。探索式测试与这种"先设计后测试"的思路有显著的不同。在探索式测试中，软件学习、软件用例设计以及软件测试执行同时进行，这个适用于要求在短时间内或者在测试需要频繁变更下快速发现重大缺陷的情况。

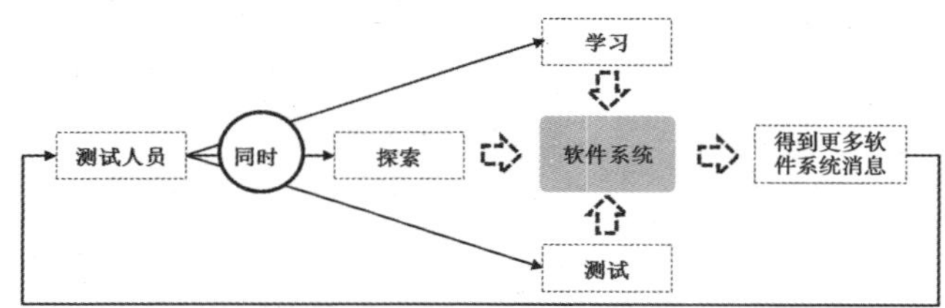

对于探索式测试的目标，我们首先要理解应用程序如何工作、它的接口看起来怎样以及实现了什么功能，关键点是找到软件切入点。其次，是期待通过探索式测试强迫团队所开发的软件展示其全部能力，满足所有功能上的需求。最后，期待通过探索式测试找到产品可能或确认存在的缺陷，树立明确的目的，而不是漫无目的寻找影子，要找到真正可以让产品改进的地方。

对于探索式测试的前提，测试之前必须要有一个全局的测试方针战略，即整体的测试计划。它可以避免测试团队在测试时走错大方向，比如该测的部分没有覆盖到，但是产品计划之外的部分却投入了大量时间，测试的效率和针对性大大降低。还有，对于探索式测试，测试一旦开始，是没有固定思路的，测试人员不受任何先入为主的条条框框约束，在遵循大框架的基础上比较发散和自由，根据测试途中获取的信息，指导各个测试人员走不同的路径，漫游在不同的逻辑之中，最终目的就是发现潜藏的缺陷，

① 编注：扫码可了解更多详情。

提升产品的稳定性与健壮性。

探索式测试的优点与缺点也十分明显，探索式测试是将相关的学习、测试设计、测试执行和测试结果分析相互支持的活动，并行执行，旨在一步步探索测试系统的功能，一步步加深测试的深度和广度。探索式测试是一个手工测试加局部自动化测试的过程，因此探索式测试相比传统测试来说，测试方法更加灵活，并且探索式测试对测试文档的要求不高，测试文档的准备可以不用太充分，在大策略计划的指引下，只需要很少的准备工作，能快速发现测试设计以外的缺陷，增强了发现难以发现的缺陷的能力。因为测试过程发散，不受拘束，从而可以激发测试人员的创造性和主观能动性，因此，探索式测试的优点非常明显。

当然，探索式测试也非完美无缺，也有相应的缺点。首先，探索式测试事先对测试工作没有一个整体规划，测试过程发散，不利于测试的标准化。其次，探索式测试可能存在重复性，不能确定哪些测试已经被执行过，不像普通的测试有测试用例，可以一条条地执行，执行完可以打标注，因此不能确定哪些测试已经被执行过，可能存在遗漏和重复的不确定情况。最后，探索式测试对测试人员的要求比较高，大部分测试人员都比较难于驾驭，同时，对于领导来说，测试结果难以评估，难以在软件测试工作中大量普及应用。

测试旅程简述

詹姆斯在其书中用了一个恰当的比喻来描述探索式测试的方法论，即把测试比做一场旅程。测试的对象就是旅游的目的地（比如说像伦敦这样一座古老的城市），软件的缺陷就比作是在这座城市里所有有趣的角落。显然，在软件发布周期规定的有限时间里，你不可能把城市的每一个角落都逛遍，这样你也就不可能发现城市里每一个有趣的、吸引你的角落，你得严格制定你的行程和各种后备方案，但同时你也会在旅途中遇到许多突发状况，临时改变你的路线，就为了能走遍最好玩的地方，往往有些角落是沿途发现的，这些角落没出现在你的计划中。这样来比喻有计划又鼓励自由发挥的探索式测试，真是太贴切了！

为了继续发挥这个比喻的效果，我还是引用《探索式软件测试》书中的一些描述。我们在旅程开始之前，首先会做一些全局的计划，比如把一座城市划分为商业区、旅游景点、娱乐区、旅馆住宿区、历史区还有治安不太好的旧城区。这就像软件产品中的各个模块一样，有主打卖点的核心功能、也有辅助功能和历史遗留代码等。例如商业区就代表真正产生经济效益的实际业务完成区域。当设计路线的时候，通常我们会拿着一份城市的地图来做规划。同样的道理，我们也可以拿着一份产品说明书来设计探索式测试的路线。我们把一个完整的测试旅程分为六个区域，每个区域与软件产品的功能点相对应，具体来讲，商业区主要对应软件上的各种特征，类似我们的用户故事；历史区主要对应软件上一个版本遗留下来的问题或则曾经出现过多次 Bug 的功能；旅游区主要对应产品的新特性、新功能，能够更吸引新的用户；娱乐区主要对应软件的辅助特性和功能，可以作为补充测试；旅馆区主要对应软件内部的一些交互，不一定是由用户来触发的；最后，破旧区主要对应软件的历史稳定的代码，一般很少人去接触，除非团队下定决心重构。

敏捷测试与探索式测试

接下来我们来综合分析一下敏捷测试与探索式测试。

- 敏捷开发是以用户的需求进化为核心，采用迭代、循序渐进的方法进行软件开发。敏捷测试是在不断修正质量指标的同时建立测试策略，确认客户的有效需求得以圆满实现，并且确保整个研发过程安全、及时发布最终产品。敏捷测试人员因而需要关注产品需求、产品设计甚至解读源代码。在独立完成各项测试执行工作的同时，敏捷测试人员需要参与几乎所有的团队讨论和团队决策。
- 敏捷开发者及 DevOps 专家通常使用封装好的预定义测试脚本，实际上，敏捷爱好者将这视为敏捷开发的一部分。但是，探索式测试又是以往老套开发程序的关键性突破，是整个敏捷 IT 成功因素的一个组成部分。传统的软件测试是封闭的，使用生搬硬套的方法来测试一段代码的所有部分。这些方法，说白了，完全测试不到一个应用的所有操作环境，尤其是一个经常升级的应用程序。相比之下，探索性软件测试能发现不寻常环境及操作方式下的问题，这些是老式测试无法做到的。探索式测试者目标在于找到代码不对的地方，从而指出错误，所以能更好地适应敏捷测试的节奏。
- 事先准备的测试脚本无法处理所有新功能的测试，就是这么简单的道理。所以，探索式测试要用所有可用的脚本来进行测试，密切反复的测试，这和敏捷测试过程相匹配。探索式测试参与了完整的管理和持续的开发过程。测试员不是被动地只对程序员的大段代码做测试并反馈，而是主动地想方设法干掉 Bug，这是符合敏捷精神的。
- 要想成为一名优秀的探索式测试人员，还是需要具备一些基本的能力。在测试设计方面，要会分析产品功能，能有效评估产品和测试风险，并制定有针对性的计划。要非常细心。对于测试过程中发现的不正常或有疑问的地方，要能在推论和假设中辨别真伪，通过评判性的思维方式，去伪存真，快速评审和解释其思考逻辑，得出相对准确的结论。同时，对于探索式测试人员，要有非常丰富的想法。当然，这是相比普通测试人员来说的，要比他们有更多更好的想法。还有探索式测试人员要有非常强的沟通协调能力，要能及时协调到想要的或即将需要的资源，提升测试效率。

实战案例

我所负责的敏捷开发转型实践团队中，有两个团队使用了探索式测试，主要是在 TESTIN 测试平台上来做的，公司本身并没有培养专门的探索式测试人员。现有公司的测试人员以功能性测试人员为主，当然还有部分自动化测试人员、性能测试人员和安全测试人员。下面就实战案例与大家做一下分享，主要分享测试报告。

如下图所示，是我们使用的 TESTIN 测试平台，这个平台产出的测试报告把探索到的 Bug 分为致命级、严重级、缺陷级、瑕疵级、建议级五个大类，其中致命级主要指程序无法正常运行或程序无法跑通，无法正常启动、异常退出、crash、资源不足、死循环、崩溃或严重资源不足等。还有安全问题，如支付漏洞、被劫持、信息被盗取、被注入等。严重级指核心功能无法完成、功能报错和数据错误等，但不影响程序运行。对于其他三类就不一一解释。

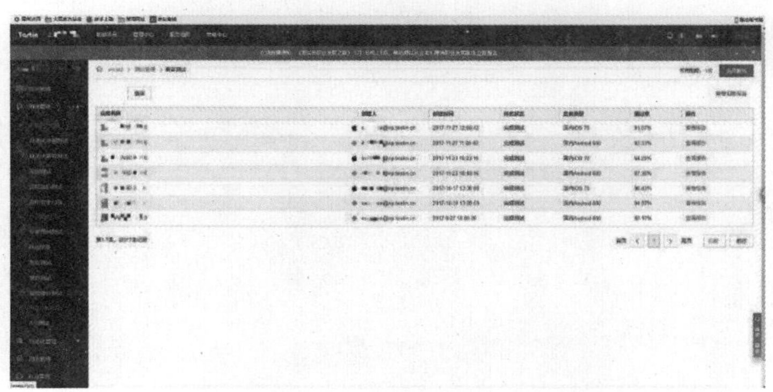

如下图所示，是 TESTIN 平台给出的测试报告，列出了每个测到的 Bug，对于测到的每个 Bug 都有详细的说明，包括复现率、测试步骤、测试结果、提交人数、视频截图等，内容详实，方便开发修复，示例如下。

850398	【我的-我的】没有存储空间权限从相册上传头像app崩溃	致命级
851455	【首页-首页】点击右下角筛选按钮，停止运行	致命级

必现Bug详情

850398 / 没有存储空间权限从相册上传头像app崩溃

测试设备:	乐视 X501 (Android - 6.0)	网络:	WiFi
严重等级:	致命		
复现概率:	100%		
前提条件:	没有存储空间权限		
测试步骤:	1、首页->菜单->个人资料 2、点击头像 3、点击相册 4、相册中点击一张图片		
期望结果:	出现存储空间权限申请提示		
实际结果:	app崩溃		
备注:			
提交人数:	1人		
附件:	没有存储空间权限从相册上传头像app崩溃.mp4　没有存储空间权限从相册上传头像app崩溃.log		

850230	【首页-首页】无法查看扣押说明提示用户404	严重级
850404	【我的-我的】邮寄地址中输入表情提交资料提示"Incorrect string value......"	严重级

850404 / 邮寄地址中输入表情提交资料提示"Incorrect string value......"

测试设备:	乐视 X501 (Android - 6.0)	网络:	WiFi
严重等级:	严重		
复现概率:	100%		
前提条件:	无		
测试步骤:	1、首页->菜单->个人资料->身份认证 2、邮寄地址文本框中输入表情 3、补充其他内容点击提交资料		
期望结果:	提示"邮寄地址中不能输入表情"		
实际结果:	提示"Incorrect string value......"		
备注:			
提交人数:	1人		
附件:	邮寄地址中输入表情提交资料提示"Incorrect string value......".mp4		

850244	【首页-首页】支付时提示里程数为-1公里	缺陷级
850257	【首页-首页】提交评价页面输入评价内容时无法查看到输入的内容	缺陷级

前面分享了探索式测试的理论部分，也引用了测试大神的测试旅程说明，最后举例说明我们敏捷开发转型实践团队应用探索式测试的两个团队的测试报告情况。此时大家可能心中还有疑惑，比如，是不是每个迭代都必需做探索式测试？答案显然不是必须的，我们只在大版本发布时才做探索式测试。再比如，探索式测试放在迭代的什么时

间点做？我们是放在产品交付完成，产品相对稳定时，大家在敏捷开发转型实践中也可以放在功能性测试或兼容性测试完成后做，建议在产品相对稳定时做，否则感觉有点费钱。毕竟费用不少。最后，探索式测试对现有功能测试和回归测试的补充帮助在哪里？我觉得最大的好处是可以发现一些非常规类问题，从而更好地辅助常规测试。

试点转型成败论

前进还是后退？

成败界定标准

在敏捷转型开始前，我们要定义相对清晰的成败标准。我们知道，企业及领导一定是抱着某种目的才引入敏捷开发模式或招聘敏捷教练的。作为敏捷教练，在进入新企业后，要找准这种目的性，即使最后发现，企业并不是想真正转敏捷，只是想走个样子或只是想体验体验，看看自己的企业是否适合。如果这家企业想真正转敏捷，你也想好好实现自己的敏捷梦，那你可以全力开干了。如果发现企业中的某些人想拿敏捷当幌子，那你还是趁早离开，除非你也想跟着混日子。如果觉得企业想尝试敏捷，在敏捷的选型上犹豫不决，那你更应该努力，拿出敏捷转型后的成绩，做好敏捷的代言人，让敏捷在这个企业生根发芽。基于以上三种假定情况，不同的情况要设置不同的成败界定标准，在真正的转型前，要和企业及相关的领导沟通好，即使短时间内不知道他们的真实目的，但是要通过调研和访谈知道他们的表面目的，在转型的试点阶段，以表面目的为前期奋斗目标。如果领导不给目的，说自己不专业，让你自己设定，那我推荐以下几个短期目标，比如团队工作流程化、团队工作透明化、团队响应速度提升、团队自管理提升、产品品质提升、业务方满意度提升、团队持续交付能力提升等，但也不要给自己挖坑，挖一些自己都不知道所以然的宏伟目标，这些目标的设定，一定要在短期内可以通过数字对比看到效果，一定要是客观的，这样才有说服力。

失败了怎么办

试点的失败对敏捷教练会是巨大的打击，出于个人的自私目的，试点的失败可能意味着个人的失业。作为公司的敏捷教练，自己精挑细选的试点团队都没有转型成功，说明敏捷教练的试点甄选出了问题，评选标准有问题，或是转型方案有问题，或是沟通能力有问题，辅导能力有问题等等。这个责任不能甩锅，只有敏捷教练一个人来扛。可能在某些情况下，有些不想转敏捷的人给敏捷教练造成很大的阻挠，做了一些不好的事影响到了敏捷团队，从而引起了试点转型的失败，没有达到预期的转型目标，已转型团队的成员也不认可敏捷，这对敏捷教练来说会是双重的打击。在这种情况下，真的要看公司或领导的判断了。

如果企业及领导不同意再试点，那就相当于直接宣判敏捷教练的死刑，直接被判决能力不行，直接干掉，没过试用期就“挂掉”了，这种情况是极度不愿意看到的。所以，作为敏捷教练，在新加入一家公司转型敏捷前，也可考虑一下这家公司的容忍度，零容忍的，最好想清楚了再去，毕竟在新的环境中，在陌生的人群中去搞“革命”，是需要魄力和勇气的，有时也需要一点运气。

如果企业及领导同意再试点，还继续让作为敏捷教练的你在其他团队继续尝试敏捷开发，那么恭喜你，顺利度过一个劫难。在新的试点团队甄选前，一定要好好总结，是资源没有到位，还是迭代周期有问题，还是需求梳理有问题，还是团队成员配合有问题，一定要找到失败的原因再开始新的转型。

成功了怎么办

试点成功，皆大欢喜。试点成功后，可以做一个阶段性汇报，向领导汇报一下试点团队都取得了哪些成绩和有哪些显著性改变。不要仅仅用数字汇报，要有试点团队成员的现身说法，让团队成员来讲，这样更有说服力。

在汇报的最后，可以有试点团队的提升方向，也可以有接下来的推广计划。当然，不可或缺的是领导对转型的支持和试点成功后对领导及团队成员表示感谢。教练只是改革的引路人，是新方法的引入人，团队成员才是真正的实践者，领导才是根本的支持者，所以，要想推广，依然离不开领导的支持和更多团队的配合。做好汇报，做好推广计划，做好资源寻求，是试点转型成功后亟需要做的事情。

试点团队阶段性汇报

试点团队试运行敏捷开发模式 5 ～ 8 个迭代后，建议进行一次阶段性汇报。那么，为什么是 5 ～ 8 个迭代？不能更短或更长吗？我的建议是，以 10 个工作日一个迭代来算，5 个迭代只有 2 个半月的时间，如果少于 2 个月，团队在敏捷模式的试用上，可能还不太成熟，敏捷转型的效果也不突出，对团队观察改进的针对性也不足，那么，汇报就不能看到明显的改变，没有改变，怎么上敏捷？即使不认可敏捷，敏捷失败了，也需要时间来检验。所以，汇报的时间要控制好。

对于汇报的目标对像，我会选好汇报的目标对象。如果敏捷转型取得不错的结果，那应该是积极的汇报信号，所以，针对这种情况，一定要请到公司的高层，特别是亟待支持的人。这些人的参加，可以为后期的推广争取到资源，帮助推进敏捷开发转型。因此，我会在评估后，邀请相关的人员参与会议，并做好准备工作。

对于进行汇报的人员，我作为汇报的策划人与执行者，当然是汇报的主角，但是不建议作为汇报内容的呈现主角，因为团队成员的讲述更有信服力。在某些环节，需要邀请团队成员进行呈现，作为敏捷教练的我与团队中的某些成员相比，可能是新人，这些资历比较深的团队成员，不论在团队中，还是在原来的领导面前，说话让人信服，因此，找到合适的内容呈现主角是非常重要的。

从汇报内容上来讲，我主要围绕团队在转型敏捷后所带来的变化，主要是优点来汇报，重点围绕以下六个维度来展开。

团队工作更加流程化

我在敏捷 Scrum 框架主流程的基础上，和团队成员一起优化、细化和固化流程 5 个，分别是产品待办事项梳理流程、迭代计划会流程、每日站会流程、迭代评审会流程、迭代回顾会流程。所有流程充分考虑原有团队管理流程，是对原有团队管理流程的优化升级，而不是全盘否定。下图展示了一个具体的细化流程。

团队工作更加透明化

带领团队转型敏捷开发模式后，团队工作更加透明，首先做到任务透明，具体每个迭代做什么事情，做多少事情，具体的任务谁来完成，都进行了透明的展示。其次做到进度透明，通过看板中的准备做、进行中、已完成，及时查看任务的完成状态，通过每天的站会及时更新任务状态，不论是在物理看板上，还是在电子看板上，都可以随时查看进度状态，做到进度透明化。最后是风险透明化，通过燃尽图的趋势情况和每日站会的沟通，可以及时察觉团队的风险，预知团队风险，保证迭代的稳定交付。下图是我们在团队中使用的物理看板与电子看板。

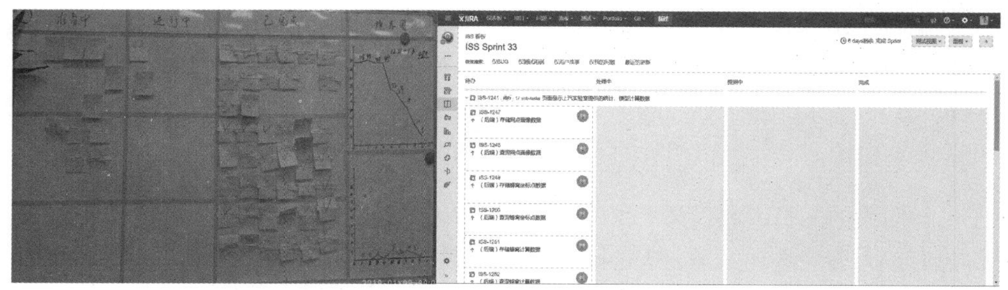

团队响应速度提升

带领团队转型敏捷开发模式后，团队的响应速度得到提升，对比以往的响应速度，转型敏捷开发前，业务方提出一个需求，到需求实现上线发布，理想情况下，至少需要45 天。转型敏捷开发后，对于大的功能模块，两个迭代 20 个工作日内可以实现上线发布，对于小的功能需求，一个迭代 10 个工作日内可以实现上线发布，团队对需求的响应速度提升 200%。下图是我们完成的一个个任务，贴不下的已经被储存起来了。

团队自管理提升

带领团队转型敏捷开发模式后，团队在自管理方面得到提升。首先，每天早上开 5 到10 分钟的站立会议。在会上，团队成员讲述自己昨天完成了什么，今天准备完成什么，遇到了什么样的困难。每人自愿发言，自主领取当天的任务，并标示任务的状态，完成了就打对号，没有完成，就在任务标签上打上横杠。其次，团队在迭代过程中遇到问题时，团队成员会主动在看板前聚集起来，针对遇到的问题进行沟通，看板成为团队成员面对面沟通的圣地。最后，每天完成的任务，每天自测，每天验收，只有测试人员可以把任务从进行中移动到已完成。测试人员在每天验收通过后，会自主到看板前移动任务，整个团队在敏捷 Scrum 流程的规范下进行自管理。

产品质量提升

转型敏捷开发前，团队一个迭代（约 4 周）的 Bug 数量可以达到 200 多个，团队成员不自测就直接提交到测试环境，像主流程阻塞这种现象经常发生，更别提逻辑与页面显示类问题，整个品控流程存在诸多的问题。转型敏捷开发后，开发团队加强自测、自己编写验收标准，每天自测通过验收标准后，才提测，测试人员每天验收，并且大功能点做好后，团队还集中联调，保证所有的功能点通过验收标准后才提交给测试人员，最后还要进行回归测试、兼容性测试、性能测试等，通过多个环节来保证产品品质，在团队的努力下，每个迭代发生的 Bug 数量也在稳步下降，并且是倍数级的下降。

结合下图转型前后 Bug 数的对比数据，Bug 数只所以减少，产品品质只所以提升，首先，主要是因为敏捷开发转型后，团队自管理，责任心加强，团队自测试，自测通过才可提交测试。其次是因为产品负责人澄清用户故事后，开发前，制定验收标准，并认真执行。最后是因为团队沟通效率提高，不论是开发之前还是开发过程中。同时，团队成员学会了相互理解，有同理心。

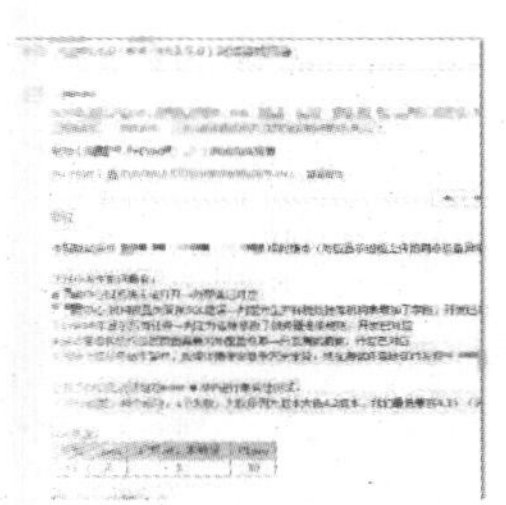

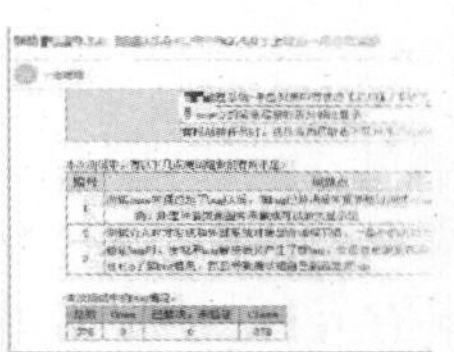

迭代	时间	BUG数
第一次迭代	20170809/20170823	35
第二次迭代	20170824/20170906	31
第三次迭代	20170907/20170920	48
第四次迭代	20170921/20171011	21
第五次迭代	20171012/20171025	31
第六次迭代	20171026/20171108	24

业务方满意度提升

转型敏捷开发前，产品的迭代周期不固定，拍脑袋情况较多，没有固定的迭代周期，上线时间更有可能延期。转型敏捷开发后，团队按照固定的迭代周期进行迭代，敏捷 Scrum 框架五项活动的时间是固定的，发布的时间也是固定的，业务方可以在标准的时间点获得自己想要的结果。同时，产品品控加强，产品质量提升，无厘头 Bug 极大减少。

在每个迭代中都会有迭代评审会，邀请业务方进行迭代评审，在评审会上，业务方可以看到和体验即将发布上线的产品，可以提出自己的建议，评审结束前，可以进行当前迭代的满意度打分，充分尊重业务方的建议，业务方的满意度得到提升。

满意度评价维度	平均值
1: 产品功能是否满足市场运营要求？	90.5
2: 产品操作是否简单？是否人性化？	87
3: 产品性能是否稳定？	82.93
4: 产品培训与产品文档是否齐全？	90.36
5: 产品开发是否能够及时响应市场运营需求？	86.14
6: 产品创新能力？	80
7: 产品竞争力？	83.86
	平均：85.83

持续性交付能力提升

转型敏捷开发前，迭代周期不固定，延期现象严重，产品需求存在堆积现像，所有需求堆在一起，堆足了才启动做。并且，如果有人员离职，或是需求没有评审通过，或是一个人的延期，会造成整个迭代的延期，团队间相互等待，停停走走，不持续，不稳定。转型敏捷开发后，团队按照固定的迭代周期进行迭代，时间紧凑、任务紧凑，中间没有停滞，没有等待，团队像上了一辆列车，到站并不停止，只是装载新的需求，驶向下一个完成的站点。团队的工作大量并行，减少相互等待，产品工作大量前置，设计工作大量前置，开发紧随，测试并行，团队风险预知与评估能力加强，做到持续交付，并且交付的效率也在磨合中不断提升。

迭代	时间	预计完成故事点数	实际完成故事点数
第一次迭代	20170809/20170823	22	30
第二次迭代	20170824/20170906	35	41
第三次迭代	20170907/20170920	39	41
第四次迭代	20170921/20171011	25	28
第五次迭代	20171012/20171025	32	39
第六次迭代	20171026/20171108	44	47
………	………		

人无完人，事无完事，我们不能只讲成绩，也需要在汇报的最后，结合团队试点过程中的问题，讲一下试点团队的提升方向。比如我所带的这个试点团队，建议从以下三个方面进行提升。

- 团队对于敏捷 Scrum 框架的执行度要进一步提升。比如，框架的执行到位情况仍需在实践中改进。还有，前期需求梳理速度与完善程度尚未达到理想状态，需进一步前置。团队仍然需要在迭代实践中不断纠正和总结经验，带动整个团队在迭代实践中推进敏捷团队成熟度完善和团队对敏捷理念加深理解。在团队内部逐步推行测试驱动开发和代码评审，推进每日的代码检查互审机制建立，并且形成代码互审的习惯。再有就是逐步完善自动化测试、自动化集成和自动化构建。
- 团队相关角色的成熟度需要提升。对于产品负责人来讲，用户故事管理成熟度 60%，在用户故事管理上需要进一步提升，注重需求澄清，需求优先级排序，全面提升用户故事管理能力，故事前置。开发团队的敏捷开发成熟度 60%，开发团队需要提升自测能力、稳步提升代码单元测试覆盖率，对代码进行互查，提升代码稳定性。此外，敏捷教练也需要提升协调能力，提升团队稳定性。
- 团队的测试成熟度需要提升。对于单元自动化测试成熟度，目前只能做到 30%，对于 UI 自动化测试，还没有开始开展，团队需要引入单元自动化测试与接口自动化测试成员，并开始逐步推进 UI 自动化测试，提升自动化测试的覆盖率，为后期的大规模回归测试及产品稳定性提供保障。

第五章

承前启后：旗开得胜，多团队开启新征程（第 8 ~ 11 月）

进入第 5 章，意味着试点团队取得了敏捷转型的成功，其转型成绩获得了公司及团队的认可，敏捷框架值得在公司进行更大规模的推广。本章主题涉及敏捷教练如何进行预转型敏捷开发新团队调研及调研汇报、新团队转型方案编写、新转型团队启动会、优化敏捷培训教材、新转型团队实战敏捷培训、新转型团队执行敏捷框架以及处理多团队执行敏捷框架时所面临的新问题。

试点成功，拓展多团队

调研伴行，时刻掌握动态

调研环节

我在敏捷开发转型实践中大量应用调研，调研伴随着我的整个敏捷转型过程，有过程就有节点。就转型实践来讲，我甄选下面几个调研环节推荐给大家。

- 新入陌生环境时，作为敏捷教练，我们可以做一下团队敏捷认知度调研，看看团队对敏捷的了解程度。
- 迭代评审时，可以做产品满意度调研，获取业务方对产品本身相关属性的满意度和开发响应速度的满意度等。

- 迭代回顾时，可以通过问卷获取团队关于累计改进项、禁止项和优点项调研的反馈。
- 迭代失败时，匿名问卷可以收集到相对真实的迭代失败原因与对策分析。
- 转型阶段性汇报时，可以通过问卷广泛获取转型问题，改进优化提升。

调研非常有用，不仅可以相对客观的收集团队问题，还可以获得趋势性分析结果。因此在整个敏捷开发转型过程中，调研不可缺少，从上到下，从下到上。作为敏捷教练，我们要善于基于调研、基于数据进行改进和优化，不能臆测。

调研形式

对于常用的调研形式，我比较推荐两种，每种调研的形式适用的情况不同。

- 电子调研问卷：电子调研问卷可以通过专用工具进行发布，比如可以通过问卷星进行发布，发布后可以通过社交软件分享传播，发布软件会自动对调研结果进行统计和分析，工作的复杂度远远低于过去纸质调查方式通过人工汇总和分析的方式。通过电子调研问卷，被调查者可以不受外部客观因素的干扰，相对真实的表达自己的观点，特别是针对敏感性问题的调研，往往可以得到更为真实的信息。电子调研问卷以客观题为主，使用标准化问题，被调查者回答相同的问题，不存在调查人员对问卷的主观随意解释和诱导，避免了调查人员的偏见。同时，通过电子调研问卷，如果对某些较为敏感的问题进行调研，可以设置匿名调研，从而减轻被调查者的心理压力和思想顾虑。
- 面对面访谈：面对面访谈的适用比较广，只要善于表达，可以适用于不同的层次。此外，面对面访谈因为是双方面对面的交流，所以比较灵活，访谈过程中可以根据访谈对象的反应随时调整访谈节奏，适当的控制访谈的环境，减少外部因素的干扰防止访谈对像的草率行为，因此，访谈的成功率比较高，所获得的信息也更加真实有效，因为访谈者可以观察被访者的动作和表情等非言语行为，以此鉴别回答内容的真伪，从而截取有效的信息。作为敏捷教练，我们要结合团队情况与所处阶段，通过两种调研方式的融合与取舍，积极有效地获取想要的信息。

实战案例

接下来的实战部分给大家分享一些调研问题的编制。观察下图，这是敏捷认知度调研。敏捷认知度调研主要调查团队成员是否了解公司现有的开发模式，是否知道敏捷开发，敏捷开发的个人价值、团队价值，是否愿意加入第一批敏捷开发团队等问题。主要应用在敏捷转型的初期。进行试点筛选时，找到第一批的种子试点。调研结果是一个很好的判断依据，可以准确定位与找到种子试点，对敏捷开发转型的成功非常重要。

* 3.　您以前是否知道敏捷开发？

○知道
○不知道
○不清楚

* 4.　您觉得公司现在的开发模式是？

○敏捷开发
○瀑布式开发
○螺旋开发
○其他______
○不知道

* 13. 下列关于敏捷开发给团队带来的价值，你认同的有？【多选题】

□应对优先级的变化
□项目更透明
□提高团队生产率
□其他______

* 14. 您是否愿意加入第一批敏捷转型试点团队？

○愿意
○不愿意
○不知道

下图是产品满意度调研的内容。我们知道，业务方，出钱的，是产品的“奶妈”，是“上帝”，做出来的东西业务方不满意，被砍掉的可能性很大。为了有效收集业务方的建议，建议敏捷团队在迭代评审会后可以做一下产品满意度调研，主要涉及产品功能是否满足市场运营需要，产品操作是否简单，是否人性化，产品性能是否稳定，产品培训与产品操作手册是否齐全，产品开发是否能够及时响应市场运营需求等问题。具体可结合团队特性，每次问卷问题不一定一样，但要持续跟踪，针对调研反馈进行改进，以期下次调研时可以获得更好的反馈和更高的满意度。

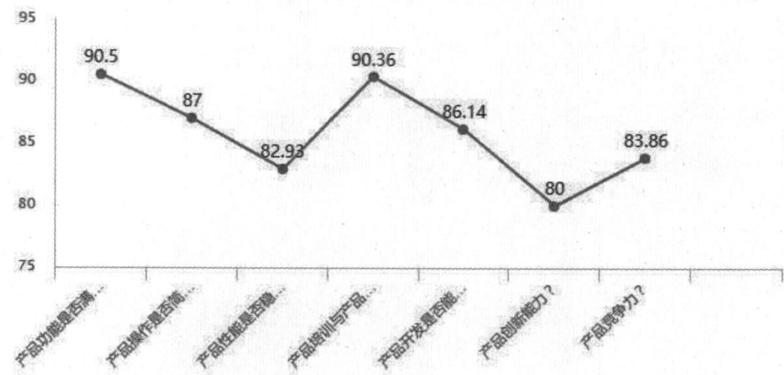

下图是迭代回顾调研的问题示例，刚开始，团队可能会采用在纸质便利贴上写的方式来进行回顾，后期会发现这种方式不便于问题的收集和汇总，也不便于记录，所以，就有了电子问卷的调研方式。敏捷教练可能会发现，每次回顾会都会有改进项，也会形成改进方案，但是这些改进方案能不能落地？有没有落地？落地的情况如何？有没有反弹？这些都需要持续跟进，不能只停留在概念阶段，所以，可以在迭代回顾会时，通过调研问卷的方式，再次了解上次迭代改进方案的落地执行情况。

1\. 对于在第一次迭代中产生的“改进项”，你认为是否在第二次迭代中得到有效改进，请打分。*

	1	2	3	4	5
1：自测过程不仔细，偏重功能，需加强自测的质量。	○	○	○	○	○
2：拆任务不合理，要拆的更细，UI，接口拆分成多个任务，拆分更加细。	○	○	○	○	○
3：发布有缺陷，要有发布的流程与检查清单。	○	○	○	○	○
4：沟通的流程需要精简，比如在写用户故事时，产品经理先拆解，拆解后提前发给团队看。	○	○	○	○	○
5：前期开发前需要把API文档梳理好。	○	○	○	○	○
6：BUG和任务与故事分不开，BUG解决不及时。	○	○	○	○	○
7：功能点和BUG走两个流程。	○	○	○	○	○
8：流程需要精简。	○	○	○	○	○

第1题：对于在第一次迭代中产生的“改进项”，你认为是否在第二次迭代中得到有效改进，请打分。 [矩阵量表题]

该矩阵题平均分：4.02 查看详细数据

题目\选项	1	2	3	4	5	平均分
1：自测过程不仔细，偏重功能，需加强自测的质量。	0(0%)	0(0%)	1(14.29%)	6(85.71%)	0(0%)	3.86
2：拆任务不合理，要拆的更细，UI，接口拆分成多个任务，拆分更加细。	0(0%)	0(0%)	0(0%)	6(85.71%)	1(14.29%)	4.14
3：发布有缺陷，要有发布的流程与检查清单。	0(0%)	0(0%)	5(71.43%)	1(14.29%)	1(14.29%)	3.43
4：沟通的流程需要精简，比如在写用户故事时，产品经理先拆解，拆解后提前发给团队看。	0(0%)	0(0%)	2(28.57%)	3(42.86%)	2(28.57%)	4
5：前期开发前需要把API文档梳理好。	0(0%)	0(0%)	2(28.57%)	5(71.43%)	0(0%)	3.71
6：BUG和任务与故事分不开，BUG解决不及时。	0(0%)	0(0%)	0(0%)	4(57.14%)	3(42.86%)	4.43
7：功能点和BUG走两个流程。	0(0%)	0(0%)	0(0%)	4(57.14%)	3(42.86%)	4.43
8：流程需要精简。	0(0%)	0(0%)	1(14.29%)	4(57.14%)	2(28.57%)	4.14

迭代失败是痛苦的，会影响团队的信心。有一次，我带的一个敏捷开发团队出现了迭代失败，我做了一个纸质的调研问卷，又做了一个电子调研问卷，请参考下图。结果，所有的团队成员都选择了电子调研问卷，难道是大家的书写能力退化了？对于迭代失败的调研问题比较特殊，所有的问题以团队角色作为切入点，每个人反思自己的问题，找到自己反馈问题的解决方案，同时，一起探寻影响迭代成功的客观因素，自己反思问题，总比别人指出问题更好，更能深入内心。

第三次迭代回顾会

注：考虑到部分同学不喜欢发言、喜欢电子书写，特准备了纸质与电子书写两种，扫码即可。

一、 请写出团队在第三次迭代中的优点项:

二、 请从四个维度来分析迭代失败的原因并写出对策，以下次改进:

a) 迭代失败因——Scrum Master

问题：

对策：

b) 迭代失败因——产品经理

问题：

对策：

c) 迭代失败因——开发团队

问题：

对策：

d) 迭代失败因——客观因素

问题：

对策：

三、 请写出团队在第三次迭代中的禁止项:

请从四个维度来分析迭代失败的原因并写出对策，以下次改进。

2\. 迭代失败因——Scrum Master *

问题：

对策：

3\. 迭代失败因——产品经理 *

问题：

对策：

4\. 迭代失败因——开发团队 *

问题：

对策：

5\. 迭代失败因——客观因素 *

问题：

对策：

只有获得认可的转型才算是成功的转型，团队认可和领导认可就算一个敏捷教练成功了。一个成功的转型不仅在团队工作透明度、产品品质、迭代进度、团队融合和团队效率等方面给团队带来提升，还应该在此基础上引导团队成员认识到当前阶段的不足。成绩虽然有，但成长空间还是有的，在一个敏捷开发团队转型6个月后，我给团队提出了两个新的问题：你认为团队接下来的成长方向在那里？如果你是一颗种子，你愿意传播敏捷思想，让敏捷思想在其他团队生根发芽吗？示例请参考下图，对我们敏捷教练来说，如果能找到传播的种子，帮助自己宣传敏捷，特别是敏捷的优势与价值，那就找对了帮手，对敏捷的正向传播是质的改变。

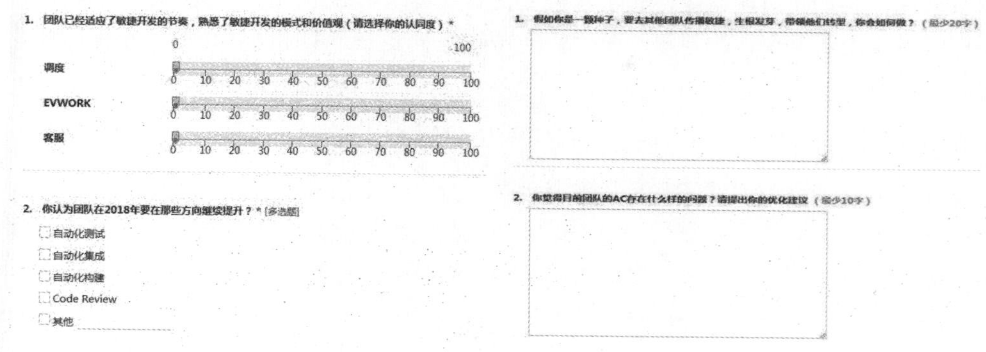

1\. 团队已经适应了敏捷开发的节奏，熟悉了敏捷开发的模式和价值观（请选择你的认同度）*

调度 0 10 20 30 40 50 60 70 80 90 100

EVWORK 0 10 20 30 40 50 60 70 80 90 100

客服 0 10 20 30 40 50 60 70 80 90 100

2\. 你认为团队在2018年要在那些方向继续提升？* [多选题]

- 自动化测试
- 自动化集成
- 自动化构建
- Code Review
- 其他

1\. 假如你是一颗种子，要去其他团队传播敏捷，生根发芽，带领他们转型，你会如何做？（最少20字）

2\. 你觉得目前团队的AC存在什么样的问题？请提出你的优化建议（最少10字）

预转型敏捷开发新团队调研

在团队真正开始敏捷开发转型前，我会做一次地毯式的面对面访谈，访谈每一位预转型敏捷开发新团队的团队成员，每个团队成员的单独访谈时间控制在 20 分钟。访谈以填写固定格式的电子问卷开始，电子问卷共包含 15 道选择题。在电子问卷填写完成后，我会与团队成员面对面沟通，是否存在其他问题不在这 15 道选择题中？如果有，待他们反馈，我会记录下来放在问卷问题反馈中，然后告诉被调研人员，我会基于反馈的问题形成解决方案。

*1. 结合自身的工作，请选出你认同的选项？【请选择5-10项】

- 1:项目延期，承诺的日期不能按时交付
- 2:需求频繁变动，开发过程中需求不停变化
- 3:产品质量不可控，提测后BUG很多
- 4:进度不可控，需要经常询问进度
- 5:响应速度慢，从需求到产品实现，周期超过一个月
- 6:用户满意度低，用户很少参与评审
- 7:对其它产品和项目组以外的人依赖大，经常受限
- 8:无法快速的协调到资源来帮助项目，缺乏协调人
- 9:团队各干各的，沟通不畅，无法有效协调彼此进度
- 10:开发出的产品用的人少，产品方向不明确，没有成就感
- 11:产品框架有问题，需要改进，但是项目很紧，没时间改进
- 12:项目重要性低，经常被插队
- 13:团队人员不足，需要补充人手
- 14:没有稳定的项目团队，缺乏归属感
- 15:身兼多职，同时负责多个项目，并行开发，效率低下

做面对面的访谈，其实也是为了尊重团队成员的意愿，也是想真正发现团队中现存的问题。为什么要做敏捷开发转型？转型能给团队带来什么？转型能帮助团队解决什么？是让团队成员更忙碌吗？团队成员会带着种种疑问来迎接我这位新入的敏捷教练，如果敏捷开发不能帮助团队解决问题，给团队带来好处，敏捷开发还有什么价值？对我来说，面对面访谈就变得非常有必要，不仅可以解答不同团队成员心中的疑问，还可以发现团队中现存的问题，而这些问题就是我要去帮助团队解决的，也是敏捷开发的优势所在。

不同团队的成员在填写好标准调研问卷后，还补充了很多的问题，因每个团队成员人数比较多，就不一一列举了。我从每个团队中分别摘录出几个成员的反馈问题，给大家分享一下。大家可以熟读一下这些团队成员的反馈，然后认真思考，想想基于这些团队成员的反馈，敏捷教练如何进行汇总整理？如何进行汇报？

E 团队调研记录	
团队成员	客观问卷以外问题反馈
AAA	• 前端不固定，团队协作有问题，联调时，前端与后台不一定能匹配的上，可能一方在忙 • 想多学点东西，提升代码质量。工作经验不多。相互学习的氛围，定期组织学习 • 人有懒惰性，每天只能模糊前进，可能有空有多，质量和总进度不可控 • 开发中会产生需求变动，需求不经过产品，直接找了后台开发，前端不知道，调试时前端不认账，需要找产品
BBB	• 任务比较杂，做的功能很多 • 前端不固定，XX 是兼职的，希望有一个固定的前端 • 希望对组员的职责进行明确的区分，有人专门做财务，有人提供一些对外的支持，要有产品负责人提前沟通排期 • 人员不固定，外包人员的可培训性问题 • 测试精确性有待提高，目前只能测试功能，但是数据的准确性不能保证
CCC	• 感觉没有工作重心，希望可以固定工作内容，这样方便对业务的了解，这样会不精。经常切换与变动，会造成业务脱节，跟踪会很困难 • 因为没有固定的团队，缺乏归属感，有问题都不知道找谁，希望有一个明确的团队归属 • 数据测试准确性问题，希望可以有更好的方法，保证测试的准确性，希望有预发环境，可以验证正式环境的数据 • 期待自己的测试更专业，与开发有更多的沟通机会，学到更多的东西
DDD	• 整个产品缺乏一个阶段性的目标，不知道做出来的效果与目标，为什么有这个需求，需求具体实现的意义希望可以分享，这样觉得做出来的东西才更有成就感 • 使用人数比较少，缺乏反馈与验证，一旦有问题就是钱有问题，挺害怕。一出问题就是大问题。怀疑自己，以前自己为什么没有发现，需要反复比对 • 产品需求不够详细，产品定了大方向，具体的实现上，开发自己在摸索，容易考虑不周。希望业务流通更加详细，所开发的功能作用更加明确 • 因与多个团队合作，发现不同人写的框架思路不一样，可否有一些共同的方法，作为项目参考依据，供大家学习共用。主要是规范性的东西。方便代码阅读。怕人挖坑，不敢用 • 不希望因时间太紧，造成开发质量不高

F 团队调研记录	
团队成员	客观问卷以外问题反馈
EEE	• 已经有的技术框架对产品和开发限制很大，评审时没有问题，但是在实现时，实现不了，比如数据库的设计框架。这时产品就要变动，性能就要弱化 • 阶段性问题频繁，经常延期 • 产品感觉自己对原本的设计了解不够，所以，有些需求过了评审，但没法实现 • 目前对与 F 系统已经有了比较明确的理解和定位。需再次确认 F 产品的阶段性目标还有明确方向。对于 F 系统与 G 产品的作用划分还需要再次定义 • 产品负责人有兴趣去做好这个产品，产品负责人判断需求是可以持续的，清晰的需求梳理周期是一月 • 目前产品负责人精力太过分散，产品负责人希望剥离两个产品，X，Y
FFF	• 经常被调派到别的团队，并且是中途参加，如何降低中途加入的风险，减少坑，增加新加人员对产品需求的理解，对数据库的理解。以使代码质量得到更好的保障 • 产品在前期设计时缺乏统一的沟通途径，一传一，传话会出现信息差，不同的人理解会不一样 • 产品在设计阶段，缺乏全面的技术评估，特别是与关联系统和关联产品的沟通协调，边做边发现问题，会产生大量的需求改动，造成开发延期，挫伤开发的积极性 • 团队负责人需要把团队凝聚起来，有团队的归属感，团队的事情，比如讨论，不管是否自己负责，都要参与起来，可能会给别的团队成员以指导帮助
GGG	• 想提升开发的质量 • 有时虽然改 Bug 很快，但 Bug 也很多。缺乏版本控制，随意发布 • 期待开发加强自测，提升交付的质量 • 缓解项目组成员的拖延症，稳步交付 • 期待产品对订单的业务更加的了解，与团队成员就技术实现方面多多的沟通

G 团队调研记录	
团队成员	客观问卷以外问题反馈
HHH	• 需求不定，需要花大量的时间去调研需求、确认需求。前期的准备时间需要比较长 • 个人感觉，敏捷是一种趋势，团队在需求成熟后，必需要做，其他公司也一样，小步快跑 • 期待可以有更好的资源和团队支持，拿出更好的产品 • 本身不是做大数据的，产品经验不足，担心敏捷节奏过快，会不会影响自己的学习节奏 • 重点关注两点：A: 产品交付（小步快跑、专注迭代，而不是做完一版后，等很长时间，才开始下一个迭代）、B: 自我学习 • 期待打造一个完整的项目组，希望引进数据分析师、算法工程师
III	• 明晰问题，遇到问题，要找到问题的根源 • G 团队需要有自己的规划和目标，希望在今后需求实现时间上的排期能够考虑进去。可能在时间上与其他团队的需求有冲突 • 如何评估需求的合理性问题以及与需求提出的规范，不能随意无计划的提，一定要经过需求的评审，G 团队开发人员是否也需要参与到需求（此需求需要 G 团队来实现）的评审当中 • G 团队系统底层的建设还不够完善，2018 年可能需要花费时间和精力来做这块儿事情 • G 团队只能解决特定的问题，每项技术都有特定的使用场景，另外要规范什么类型的需求才能拿到 G 团队实现
JJJ	• 用户真正的需求在那里？不是简单的堆积，看板上的东西是不是真正需要的 • 信息只是展示，业务线条没法串联，需要提升可用性 • 加强产品的设计，与真实用户的沟通、理解 • 看板的真正用户是谁

H 团队调研记录	
团队成员	客观问卷以外问题反馈
KKK	• 期待工作排期上更确定，不希望被其他项目阻断，造成开发延期 • 期待 4 月份启动比较合适，产品负责人想先与其他业务方进行对接，为敏捷开发持续交付做好准备 • 希望 H5 有自己的节奏和步调，与 App 形成完美的配合 • 希望提升团队的效率，明确当天交付的东西，准时交付 • 希望更加明确 H5 产品的定位，从原来单纯的拉新到与大平台合作引流，需要做好，关系到公司的形象
LLL	• 因为 H 产品是一个完整的前后端产品，原来在协调后台时，因时间差问题，存在资源协调不顺畅问题，希望通过敏捷后，在资源协调上减少困难 • H 产品中会有需要原生协调的部分，期待可以更好的协调到资源 • H 产品中涉及到权限管理的问题，期待可以获得更多原生的支持 • 期待有更好的团队归属感 • 期待 PRD 文档更加的详细，这样方便工作量的评估。防止太粗，评估懵，不知道如何评估
MMM	• H 产品在某些条件下是和 App 同步的，有敏捷的土壤，但是只有一个开发，开发能力需要加强 • H 产品的战略地位需要明确，提升 H 产品的重要性 • H 产品的需求持续性需要加强，做好产品规划，做到需求与交付的可持续性 • H 产品的产品负责人与原生的产品负责人要同步开发的节奏，做到资源的合理利用与匹配协调 • H 产品的技术架构需要优化 • H 产品的用户量和引流量是多少？谁在用，体现其价值，明确其用户群体，提升针对性，提升效益

I 团队调研记录	
团队成员	客观问卷以外问题反馈
NNN	• 存在资源交叉的问题，期待可以有固定的人员，这样对团队成员业务理解上有帮助。有些浪费时间 • 期待与敏捷团队的配合上响应速度更快，更好的配合，减少滞后。期待迭代可以同步 • 目前一半在快速迭代，一半在慢速迭代，期待可以更好的配合 • 需求是持续性的，目前有专人对接，并且对流程很熟悉 • 期待可以 2 周一个迭代，期待与别的系统一个迭代频度
OOO	• 期待系统分开，但是相关的任务可以协调，因为人员是共用的 • 期待开发人员可以提升业务能力和技术能力，期待可以有更有经验的开发人员介入。期待有更多的人 • XX（资产、外包 XX）、车管（XX、XX、XX）、网点（XX、XX）、会员（XX、XX） • 希望可以有一个自己的 backup，可以带人，可以分担工作
PPP	• 经常被拉走，不稳定 • 带新人做项目，指导他们，但是自己也很忙，没有时间指导，新人做出的东西，Bug 很多 • 生产环境出现一些问题，定位问题比较困难，因为没有权限，需要找核心开发人员，但是核心开发人员比较难协调，比较忙。期待可以开放相关的权限 • 因为项目采用了一些不太可控的第三方框架，发现问题改起来很困难，改时不知道有没有连锁反应，期待可以对框架有一些培训，或者直接用原生来写 • 期待有一版本可以专门用来做系统重构，完善现有框架

预转型敏捷开发新团队调研汇报

经过半个月的团队成员访谈，不论是客观数据还是主观数据，我都已经整理汇总好。首先，我对团队调研结果进行了总结，得出了团队总体调研结论。其次，我分析出来团队目前面临的主要问题。最后，基于团队面临的问题，我提出了可以落地执行的敏捷开发转型方案，并提出了个别团队在转型时可能面临的风险。

为了让大家再次相信敏捷开发是有优势的，在整个汇报的开始，我重新对上一年度的敏捷开发转型成果进行了汇报，从需求管理、持续交付、产品品质、团队融合方面进行了简略的概述。如下图所示，我先介绍在上一年度一共转型了几个团队。

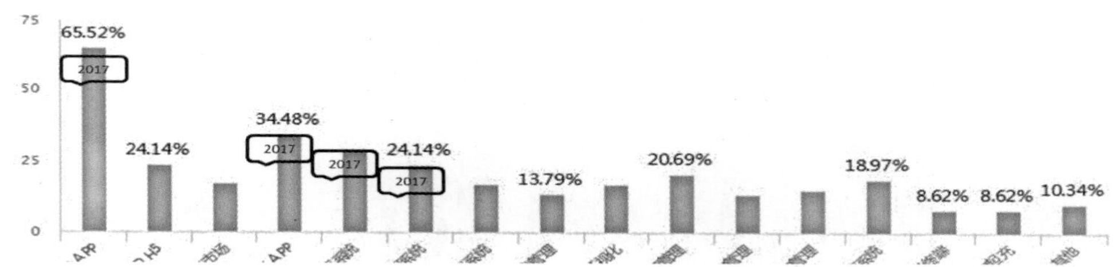

如下图所示，已完成敏捷转型团队在团队持续交付、产品品质、需求管理方面取得显著改变。团队通过执行标准 Scrum 流程、任务细拆、每日测试、模块联合测试、需求澄清与答疑、变更控制等取得这些成绩。

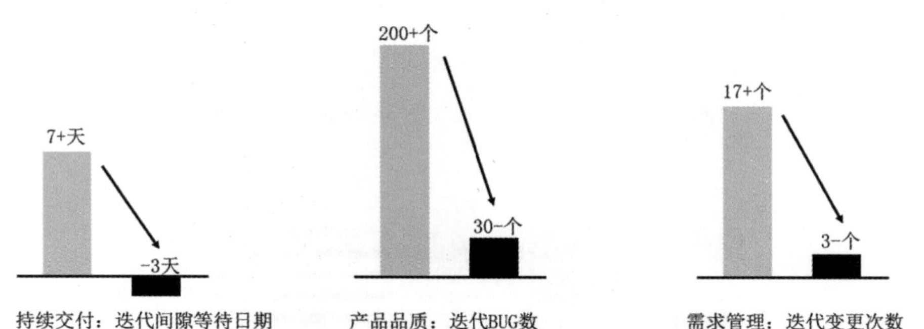

已完成敏捷转型团队在团队工作透明化、团队建设方面取得显著改变。团队通过看板，每日领取任务、每日提测、更新任务燃尽图与 Bug 记录图，预测风险、保证进度。通过游戏互动，帮助团队成员放松迭代期间的紧张情绪，增进团队成员间的感情。通过回顾团队优点项、改进项、禁止项，及时发现并解决团队内外问题。

看板管理促进项目透明化

迭代回顾会反思迭代优缺点，促进团队融合

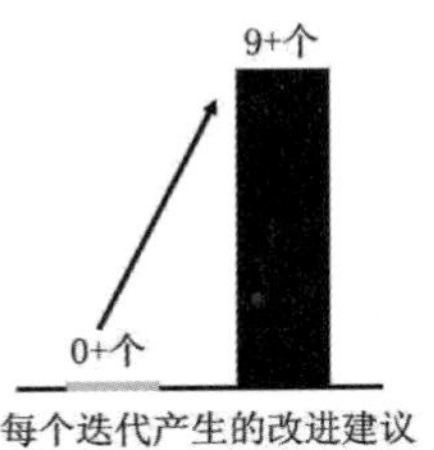

每个迭代产生的改进建议

最后再给出一个敏捷开发的计划导入团队，这些团队已经完成了调研，发现了问题，并且通过转型敏捷开发可以有效解决团队现存的问题，但是这只是一个建议性方案，具体敏捷开发导入执行会征询领导和相关团队的同意后开展！也给相关领导和同事一个缓冲。

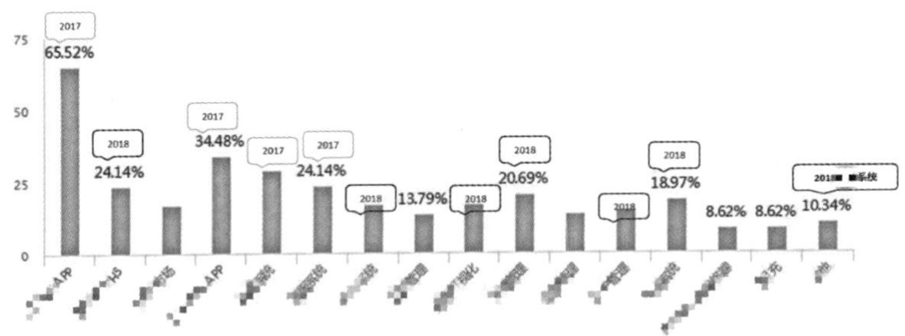

在前面，我给出了几个计划导入团队，但这些团队到底有什么亟待解决的问题呢？我得出来的最后结论又是什么？我又提出了什么样的解决方案？也需要进行一些简要的呈现，下面分享一下我的实战案例。

E 团队调研结果

E 团队对身兼多职、缺乏归属感、人手不足、经常被插队这些问题的认同度最高，亟待解决。

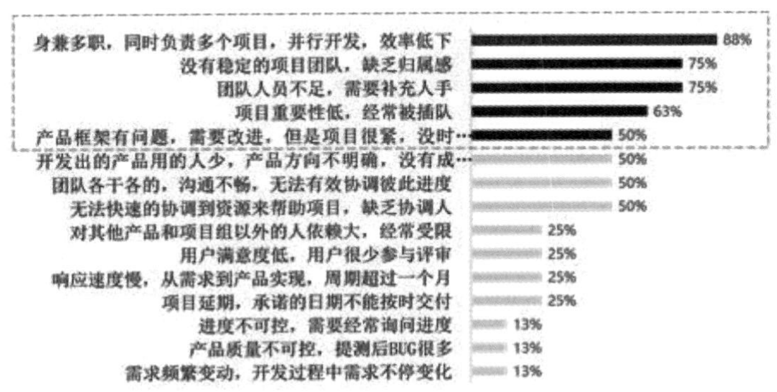

结论

- 团队内部职责分工不明确。
- 团队进度把控能力需要提升。
- 产品业务能力与规划前瞻性需要提升。

亟待解决的问题

- 身兼多职、并行开发、效率低。
- 没有稳定的团队，缺乏归属感。
- 产品重要性低，经常被插队。
- 团队进度不透明，客户满意度低。
- 产品被动吸纳需求，需探索互联网公司财务产品新思路。

解决方案

- 明晰团队成员职责，专注迭代开发或对外支持。
- 通过固定团队，提升组员责任感、廉耻心，提升工作效率。
- 强化需求管理，所有需求通过迭代计划会进迭代开发。
- 采用看板管理，加强迭代评审，高品质交付。
- 主动学习探索，通过财务业务外训来解决。

团队转型计划

风险点

- 人员不稳定造成的业务不清。
- 测试不专业、环境模拟不到位造成的品质问题。
- 老带新，学习成长。

F 团队调研结果

F 团队对需求变更频繁、迭代进度不可控、交付质量差和资源依赖强这些问题的认同度最高，亟待解决。

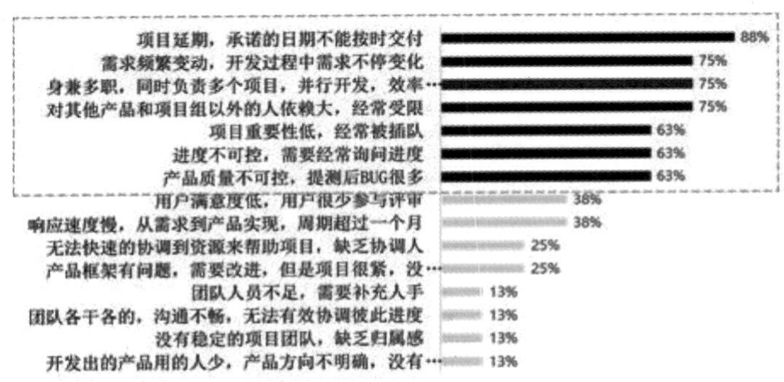

结论

- 产品负责人需求梳理与澄清需改进。
- 团队进度把控能力需要提升。
- 极度依赖系统架构设计师的架构设计。

亟待解决的问题

- 需求变动频繁。
- 迭代延期。
- 并行开发、效率低。
- 对外部资源依赖大。
- 缺乏基于订单的 BI 分析。
- XXXX 系统的架构前瞻性、兼容性、复用性。

解决方案

- 通过需求梳理与评审，强化技术评审，降低迭代期间的需求变动。
- 固定迭代时间盒，形成不成功便成仁的团队价值观，拒绝延期。
- 通过固定团队，提升组员责任感、廉耻心，提升工作效率。
- 关联需求前置，强化产品负责人需求协调与 PM 支持力度。
- 产品负责人需强化产品设计能力，让订单系统可以承载更多服务类型。
- 形成以项目经理和系统架构设计师为核心的团队，在新平台里面做好充分的设计。

F 团队转型计划

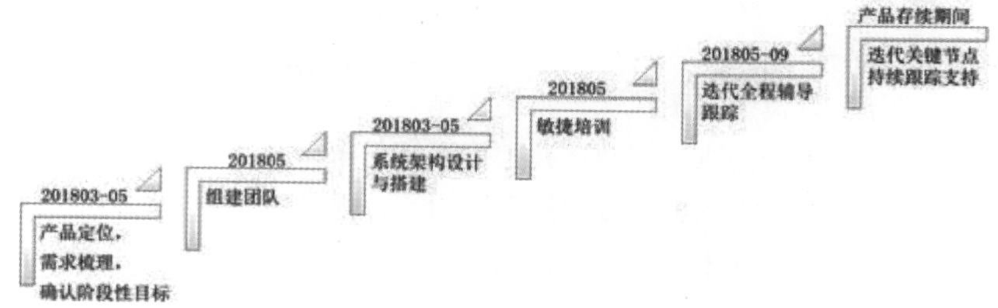

风险点：

- 架构设计。
- 老带新，学习成长。

G 团队调研结果

G 团队对需求变更频繁、项目延期、产品方向不明、用户满意度低这些问题的认同度最高，亟待解决。

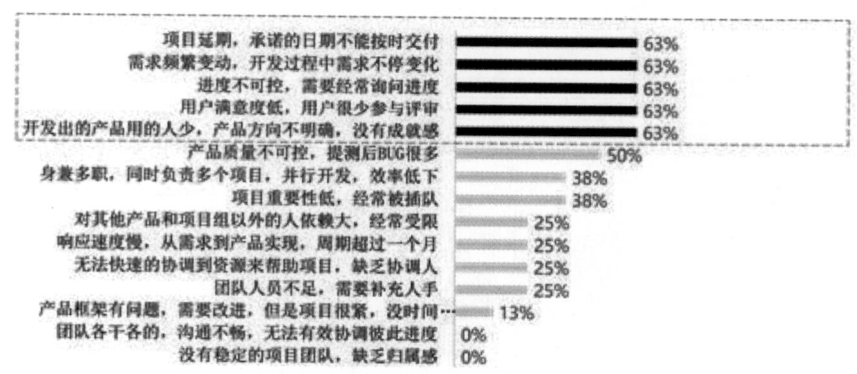

结论

- 产品方向不明，缺乏业务支撑。
- 团队进度不可控，工作不透明。
- 需求变更频繁，缺乏评审和估算。

亟待解决的问题

- 进度不可控、品质差、迭代延期。
- 产品方向不明确，没有成就感。

- 用户满意度低，实用性差。
- 需求变动频繁。

解决方案

- 通过看板管理及燃尽图跟踪，强化自测、及时发现问题，预测风险。
- 产品负责人需找到真实用户，并挖掘真实用户需求，形成产品方案。
- 产品设计要与业务紧密结合，提升可用性，提升对业务的支持能力。
- 通过需求梳理与评审，降低迭代期间的需求变动。

G 团队转型计划

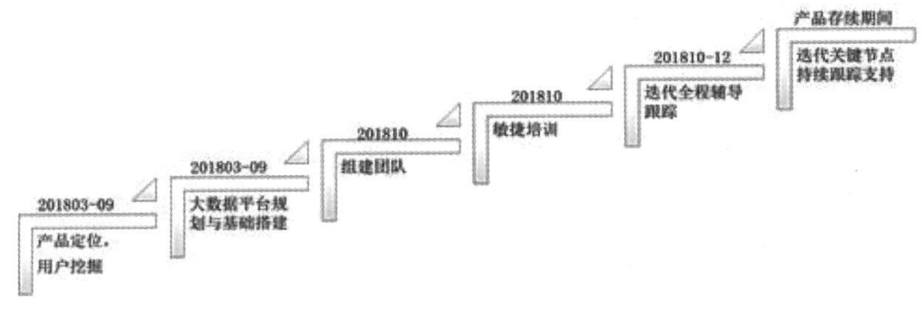

风险点

- 产品规划完成时间点。
- 平台搭建完成时间点。

H 团队调研结果

H 团队对需求频繁变动、外部资源依赖大、交付质量差以及缺乏归属感这些问题的认同度最高，亟待解决。

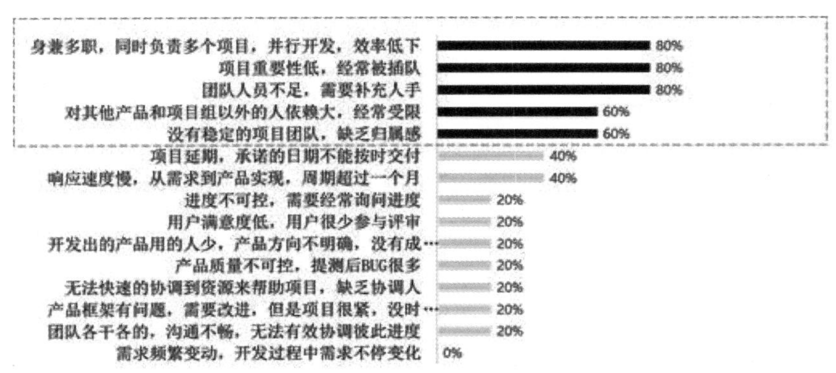

结论

- 产品负责人需提升需求梳理与控制能力。
- 提测质量不高，品控不严格。
- 缺乏明确的团队归属与团队支持。

亟待解决的问题

- 外部资源依赖大，缺乏协调人。
- 团队成员缺乏归属感。
- 产品定位不明晰。
- 需求变动频繁。

解决方案

- 纳入 App 迭代，统一资源步调。
- 纳入 App 团队，形成明确的团队及归属。
- 产品负责人需准确定位产品，梳理需求及阶段性目标，告知团队。
- 通过需求梳理与评审，降低迭代期间的需求变动。

H 团队转型计划

I 团队调研结果

I 团队对身兼多职、频繁发版、人手不足、经常被插队这些问题的认同度最高，亟待解决。

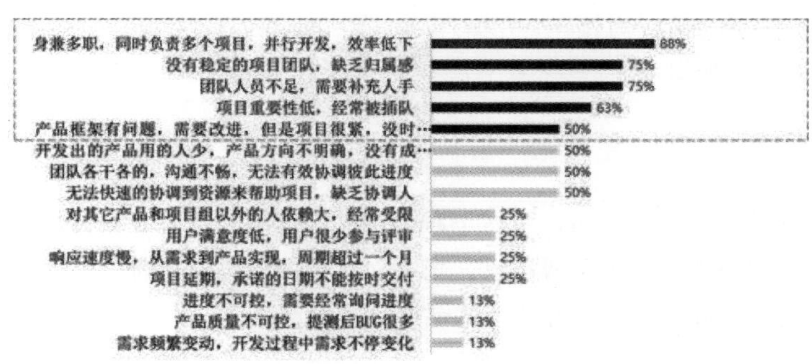

结论

- 版本控制混乱，交付质量差，频繁发版。
- 团队进度把控能力需要提升。
- 产品业务能力与规划前瞻性需要提升。

亟待解决的问题

- 身兼多职，并行开发，效率低下。
- 团队人员不足，需要补充人员。
- 产品重要性低，经常被插队。
- 外部资源依赖性大，经常受限。

解决方案

- 后端固化、前端兼任，明确归属。
- 老带新补充新人，看板管理，工作透明化。
- 固定迭代，明确任务与责任，插队限定在迭代计划会期间。
- 进入迭代计划会中的需求需要经过评审，并协调好资源。

| 团队转型计划

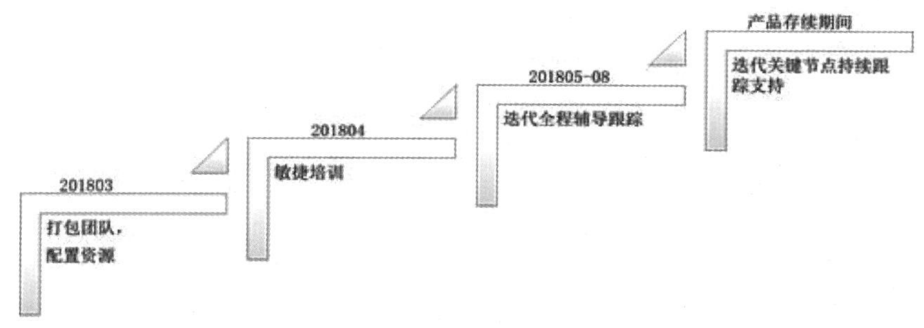

风险点

- 外包人员的执行力。
- 老带新，学习成长。

大产品渗透策略

关于大产品的界定，首先声明，我这里对大产品的理解可能存在狭隘和偏激，这个所谓的大产品界定与理解只限于我自己，那我对大产品的理解是什么？如果一个产品满足下面的任何一点或几点，我就认为这个产品是大产品。

- 公司里面最看重的产品。
- 公司中使用用户最多的产品。
- 公司里占用开发人员及其他资源最多的产品。
- 公司领导经常干预开发的产品。
- 关系到公司存亡的产品。
- 公司中经常被用户投诉 但又非常重视用户的产品。
- 公司中的所有同事都想拿把这个产品做好后邀功的产品。

大家可以思考一下自己目前所带的团队，所打造的产品是否满足上述的一点或几点？如果满足，恭喜你，你就是在做一个我界定的大产品。接下来看看我分享的大产品柔性渗透策略。

在大产品柔性渗透前，我们还需要定义关键干系人。从我们作为敏捷教练的角度来讲，辅导团队进行敏捷开发转型，其实提供的是一种教练服务，这项服务往往需要满足其中涉及到的关键性人物或组织的某些需求，为他们提供理想的价值。他们的需求和利益可能影响着转型的成功与失败，他们也可能直接或间接地参与敏捷开发转型过程，这些关键性人物或组织就是我所说的关键干系人。

这里的关键干系人主要指对敏捷转型的成功推广影响很大的人。通常包括公司领导，经常指挥产品方向和进度的那个人或那几个人；产品负责人，决定着产品方向和命运的人，能力如何？配合如何？产品所在团队项目经理，决定着是支持你一起干，还是捣糨糊的人，看他是把敏捷当“革命”，还是把敏捷当“割命”；敏捷教练的上级，最强力的后盾，看他转型的真正目的是什么，作秀还是实干？能从他那里获得什么样的支持与资源？

大产品渗透实例分享

A 产品目前为公司活跃用户数最多的移动端产品，公司领导非常重视，经常指导产品方向并干预产品设计和开发工作。关于 A 产品的需求，都要经过集团评审委员会的评审，开发过程中经常被插进临时性需求，这些临时性的需求都是领导相当突然的创新性金点子，必须快速上，并要求插在当前迭代中或要求临时发个小版本，给个截止时间就要求发布。

领导对 A 产品的绩效考核指标有一条是这样的，要求 A 产品每个月做一次上线发布，发布一个新的版本，但是上线日期经常受到其他团队的影响而延期。原因是，A 产品的开发团队除了负责A产品的开发，还要承担一些临时性的开发任务。目前A产品的开发经理要亲自参与开发，同时担任项目经理工作。A产品产品负责人为一新人，团队一共有14人。这14个人中，IOS团队由项目经理亲自带队开发，项目经理只懂IOS，不懂安卓。安卓团队能力相对比较差，由一个中级，两个初级人员组成，开发出的产品品质不高，经常出一些严重缺陷性问题。

公司有领导极力想在A产品开发中推行敏捷开发模式，因为A产品在公司最重要，最容易做出成绩来。A产品的项目经理不想在近期转敏捷开发，因为现在团队的压力很大，同时并行两个项目，团队吃不消。A产品的产品负责人刚入手，完全不知道敏捷开发，觉得还没有准备好，A产品的产品副总裁觉得A产品牵扯范围太广，和公司众多支撑端的产品都有业务交集与耦合，并且A产品的需求评审机制复杂，在前期不适合采用敏捷开发模式。公司CEO在看到敏捷试点有不错的效果后，多次询问敏捷教练，A产品什么时间开始推敏捷开发。在如此情况下，敏捷教练应该如何做？

- 明确导入策略。对于我们来讲，首先，需要明确在A产品导入敏捷开发已经是必然趋势，所以自己要下定决心推，只是需要找到更好的推进办法。其次，搞定敏捷开发转型的关键阻力，就是A产品的产品负责人和项目经理。然后，找准关键时机，采用合适的导入策略，找到合适的时机切入，外力干预加内力需要。最后，制定导入方案，明确导入规则，稳步导入，谨防冒进、激进。
- 稳步消除敏捷导入的关键阻力。首先是软磨硬泡，我每天去A团队项目经理饮水机旁接水，顺便聊几句，通过经常聊天，中午一起吃饭，一起聊聊足球来不断加深感情，从单纯的同事关系慢慢向朋友关系过渡。其次，在聊天中倾听项目经理关于目前团队的痛点与困境，以专业人士的角度来帮其解答。推荐项目经理参加自己的培训，定制化培训，充分考虑到项目经理目前时间的紧张度，制定专门性课程，每天给他单独培训15分钟，逐步吸收敏捷思想，让其慢慢感受敏捷思想，留有改进成长的想象空间。再次，邀请项目经理、产品负责人和团队成员到试点成功项目观摩，交流经验，看看别的团队是如何做的，取得了哪些改变，敏捷开发给个人和团队带来了哪些价值，邀请试点成功的团队成员进行分享，这样更有说服力。最后，通过外部培训学习的方式，带领项目经理与项目总监外出学习敏捷知识与认证培训，通过外部因素来侧面引导，再次提升项目经理对敏捷开发的认同度和支持度。
- 柔性导入Scrum框架。关于柔性导入敏捷3355，我一般从以下几个方面来进行分享，每个方面都尽力体现柔性与适应。

- ✧ 关于迭代时间盒。其他敏捷转型团队采用固定的迭代时间盒，2周或4周，但团队不能固定太死，虽然会影响团队的迭代节奏感，但保证了团队工作的灵活与迭代的成功。
- ✧ 关于测试策略。要求开发每天自测、测试每天验收，但如果测试不愿意每天测试，原因是每天提交的功能点不全，浪费时间，敏捷教练就需要优化调整，优化用户故事拆解策略，同时修改每日提交测试人员的方式，以完整功能点提交测试为主。
- ✧ 关于产品质量保证。开发人员每天自测、测试人员每天验收，除了这些，团队还可以做什么？还可以做大功能点联调，还可以做兼容性测试，做性能测试，做安全测试，用一切可以用到的方法，保证大产品的质量。
- ✧ 关于团队成员提升。有成员不行直接开掉？要是开不掉呢？那只能内部培训？当然还有一些内容（比如开发方式和编码规范）也是可以统一的，通过组织团队内部培训与分享，有效提升团队成员的能力，保证团队能力的综合提升。
- ✧ 关于团队看板。是单一固化的准备做、进行中、已完成，还是可以更加百变？看板中加入自测中、待验收、已验收、待发布，更加清晰地标注每一个步骤，保证工作内容的可视化。同时，看板上加入纸质变更记录，更加清晰地控制变更。
- ✧ 关于团队工作量。拆解出来的用户故事就代表工作量吗？领导不一定这么看啊，签个字，让负责的领导在专门设计的工作表上签字，评估一下工作量，增加领导对团队工作的认可。
- ✧ 关于跨团队沟通。作为敏捷教练，要积极承担跨团队沟通的润滑作用，帮助团队成员协调需要的资源，特别是对于跨系统联调任务，要能起到串联沟通的作用。
- ✧ 关于团队资源外借。帮助项目经理合理评估团队资源外借的风险，优先保证迭代的正常进行与顺利交付。
- ✧ 关于产品优化。大产品团队常面临快速交付的压力，如何能做到快速交付，又能在每个迭代期间优化产品，比如优化页面刷新速度，比如重构底层，比如试用新框架，这些技术性任务要单独停下来做吗？这是不可能的，所以合理帮助团队领取功能性任务，并留有时间做技术性任务，也是我们在工作当中不断需要为团队提供帮助的。

团队组合、拆分与新组建

古人云："夫兵，诡道也。专任勇者，则好战生患；专任弱者，则惧心难保。"意思是打仗用兵时，如果只用勇敢的人，这些人往往由于好战而惹祸端；如果只用弱者，这些人往往会因胆小怕事而难保胜利。由此可见，用人需要合理搭配，优化组合，这样才能最大化激励每一个团队成员，使团队的效能达到最佳状态。敏捷开发也是如此，我们知道敏捷开发期待团队人数控制在 3 到 9 人，每个团队成员都专注投入到当前团队的产品开发中，每个成员都有特长和专注的领域，一专多能，团队持续改进、透明沟通。可见，一个敏捷团队的实力，不仅依赖于各个团队成员的能力，也依赖于团队合理的人才结构。

合理的人才结构，有利于各个成员扬长避短、取长补短，从而产生"化零为整"的化学反应。因此，在敏捷开发中，我们也要优化团队组合，结合团队成员的实际情况，对团队进行组合与拆分，让每个团队成员都能在适合自己的岗位上工作，同时又能与其他团队成员协同共进，不断提升敏捷团队的凝聚力和战斗力。基于团队人数的控制与团队成员能力的配置，我们在敏捷开发转型实践中需要对团队进行拆分、组合和新组。接下来我以实战案例的形式和大家进行分享。

实战团队组合

背景分析

A 产品负责人负责 IDS 系统，IDS 系统主要用来进行车辆的区域调动、钥匙管理和预约送车等。目前有专职开发人员三名，其中一名前端开发工程师 B，后台开发工程师两名，分别是 C，D。在敏捷开发转型前，团队没有专用测试，有迭代进行时，会临时指派测试人员。E 产品负责人负责工作 App，工作 App 主要辅助巡检等内部车辆管理人员工作，比如车辆调拨和清洗等，目前有一名专职安卓开发工程师 F。在敏捷开发转型前，团队没有专用测试，有迭代进行时，会临时指派测试人员。

工作 App 与 IDS PC 系统共享后台数据，IDS 系统的派单指令会传递到工作人员的工作 App 中，工作人员通过工作 App，完成指定任务，并上传相关数据，数据会保存到 IDS 系统后台。IDS 系统有独立的 PC 端，工作 App 相当于 IDS 系统的移动端，开始时，后台开发人员共享与协同开发，G 产品负责人负责 CS 系统，CS 系统主要对接呼叫中心，负责一些会员管理和开票管理等工作，有一名专职全栈开发工程师 I，可以独立负责前后端开发工作，在敏捷开发转型前，团队没有专用测试，有迭代时，会临时指派测试人员。IDS 系统、工作 App 系统和 CS 系统在敏捷开发转型前归属于同一团队，由一名项目经理负责。

组合方案

把三个系统组合成两个敏捷团队，第一个团队负责 IDS 系统和工作 App 的开发工作，保留原有的团队成员，A/E 为产品负责人，B/C/D/F 为开发团队，招募一名固定的测试人员 H 加入团队，同时 M 担任团队的敏捷教练。团队共有 8 名成员，符合敏捷团队的人数要求，团队人员的角色和能力也能满足正常的开发需求。第二个团队负责 CS 系统的开发工作，G 产品负责人负责 CS 系统，I 工程师继续负责 CS 系统的开发工作，同时补充实习开发一名 K，补充固定测试人员一名 L，M 也担任第二个团队的敏捷教练，团队共有 5 名团队成员，符合敏捷团队的人数要求，团队人员的角色和能力也能满足正常的开发需求。

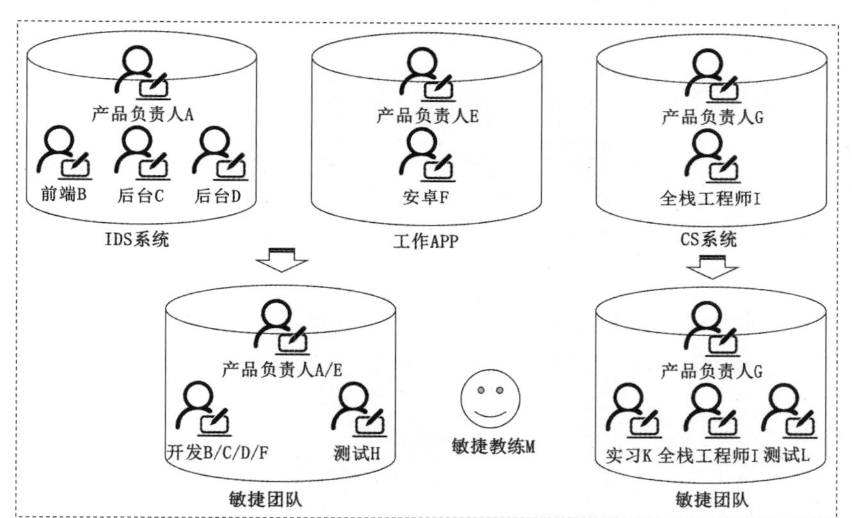

组合实践总结

需要对团队进行组合的因素有很多，比如一个产品没有专有开发，没有专有测试，随机指派。比如一个产品有专有开发一个，只有 App 前端，没有专有测试。比如一个产品有专有开发两个，一个网页前端，一个后台，没有专有测试。再比如，一个产品有专有开发两个，一个前端，一个后台，有一个专有测试。当团队人数不够，能力不全时，在敏捷转型时，都可以对团队进行组合，以形成完整的团队，打造专业与专注的团队，提升团队战斗力。

作为敏捷教练，我们需要控制好团队组合的时机，建议在团队调研后，敏捷转型开始前进行团队组合，不论是两个团队合成一个，还是补充新的人员，都要在敏捷转型开始前做，先形成稳定的团队，再开始进行培训和转型。以稳定的团队切入敏捷开发转型，做到团队的准备好状态。

在团队实战组合时，作为敏捷教练，第一，要先找团队关联因子，团队间如果有互补互利的地方，是最方便组合的。第二，建议部门负责人，提出组合方案，当然我们也可以提出组合的建议，但组合涉及到相关人员的利益，所以要考虑到相关干系人的利益与感受。第三，在组合前，我们要协商团队成员，特别是产品负责人，积极听取他们的建议，组合也可能意味着竞争。第四，组合后可以优化迭代计划会，上下半场分开做，提升团队扩大后带来的效率问题。第五，优化看板管理，统一站会，统一流程，可以对原有看板进行改进，扩大看板容量，符合大团队真实需求。

实战团队拆分

背景分析

X 产品团队现有 IOS 开发工程师 4 名、安卓开发工程师 4 名、后台开发工程师 2 名、H5 开发工程师 2 名、产品负责人 3 名、交互设计师 1 名、视觉设计师 1 号、测试人员 6 名，团队成员共计 23 名。X 产品团队除了负责主 App 的开发外，还负责 App 衍生产品的开发，包括 H5、App 配置后台两个产品。团队现有 1 名项目经理，同时兼任团队 IOS 开发工程师与架构师，团队规模比较大，已经远远超出了 Scrum 框架中对敏捷团队人数的要求，在敏捷开发转型前，团队没有每日站会，组织相对松散，任务没有拆解，大包大揽，前松后紧，任务永远到最后一刻才加班完成。

拆分方案

团队可以拆分为三个组，第一组是 IOS 组，第二组是安卓组，第三组是其他组。IOS 组、安卓组、其他组共享两名后台开发人员，三组前端人员独立，三组测试人员独立，IOS 组、安卓组每组有两名测试人员，其他组有一名测试人员。

三组共享一名敏捷教练，由同一名敏捷教练带。IOS 组、安卓组参加同样的迭代计划会、评审会、回顾会，只是站会独立开。IOS 组、安卓组采用相同的迭代周期，第三组采用独立的迭代周期。

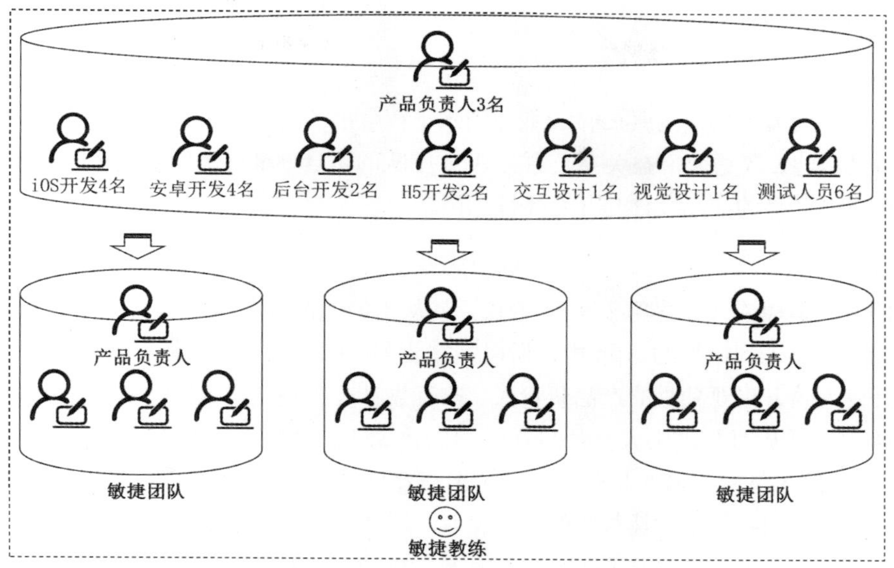

拆分实践总结

在团队进行拆分时，我们要寻找团队拆分因子，因为一个大团队内部，耦合关系很多，人员共享的情况也是常事，在拆分时要考虑到原来的协作关系，哪些可以拆，哪些不可以拆，特别是在资源不足时，固化的拆分与资源稳定反而会造成资源的浪费。

要考虑拆分的情感因素，团队一拆，一些团队成员就要被划分到别的组，组别的差异，必然会给团队成员的情感产生冲击，因为团建时可能就不在一起了，不能一起玩耍了，在资源协调和配合上也可能会没有拆分前顺手，独立的组，必然会把本组的事儿放在第一位，当自己的问题不能及时处理时，必然会感到失落。

要注重协商与沟通，虽然不能做到自由组织，但是要也尊重团队成员的意愿，特别是像 PC 端的前端资源可以共享时，或者像后台可以共享时，其实每个人还是有偏好的，更愿意做自己喜欢的事情，所以可以和大家商议一下，在拆分时，力争在资源配置均衡的情况下，考虑情感因素，多协商，多沟通。

要优化迭代计划会，大团队的迭代计划会很冗长，拆分成小团队后，优化迭代计划会的时长与时差，在标准区间范围内，时差主要考虑共享人员的使用情况，要考虑到对他们工作时间的占用。要优化看板管理，统一流程，但是每个团队分别进行站立会议，小团队站会更有利于团队沟通，会更加高效和有针对性。

实战团队新组

背景分析

公司因业务发展需要，在原来的 A 业务需求上衍生出 S 的新业务，新的业务线与开发团队亟待组建，考虑到利益关系及原有 App 团队的体量，最终决定新组建一支团队，单独负责 S 产品的产品设计与开发执行工作。

组建方案

要组团队，但没有人，招募新人来不及，就从别的团队开始抽调人手。S 产品以 H5 页面为主，嵌入到原生的 App 中，所以，需要单独的 H5 前端开发人员，需要 JAVA 后台开发人员，需要独立的产品负责人、交互设计师、视觉设计师、测试人员。其他的团队都要“放血”过来人。最后在公司的协调下，形成两名后台开发人员，一名 H5 前端开发人员，一名产品负责人，一名交互设计师，一名视觉设计师，一名测试人员，与其他团队共享敏捷教练的产品团队。团队人数符合敏捷团队的人数要求，团队能力满足产品规划与开发落地的现实需求，最后新组建团队完成。

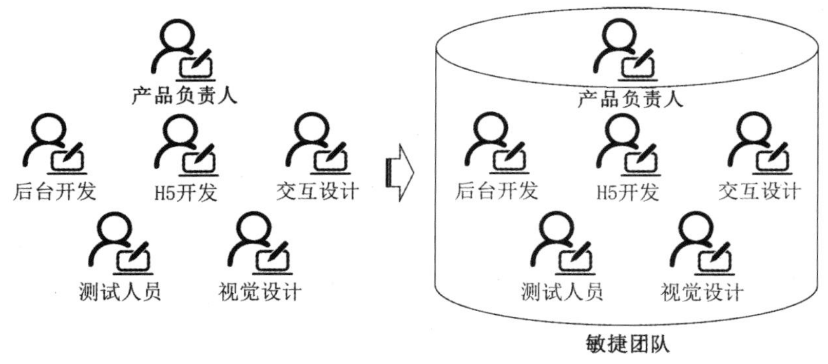

组建实践总结

新组一个团队需要能力与实力，能力是讲有独立打造一条产品线的能力，需要一个强力产品负责人的支撑，并且有一个技术负责人的支持，打好配合，才能把一个产品做好。实力是新建团队的背景支持，不是谁都有底气说“老板，业务需要，我要拉一帮人新组一个团队”。要知道，这样占用的资源可是日以万计的，所以，没有实力，是不可能做成的。

多团队开展新培训

Scrum 基础理论学习

新转型多团队的培训不再以理论培训为主，以案例分享、标杆分享、观摩学习、场景化体验与模拟为主，以理论学习为辅助。对于理论学习，需要相对详细的串讲敏捷 Scrum 框架的 3355。对于案例分享环节，主要讲解试点成功团队的各个活动如何做，每个角色的权利和义务在各个活动中如何体现，真实的流程是如何运转的，真实情况下会遇到什么样的问题，问题是如何被解决的，等等。

学习基础理论框架

首先，给团队讲述敏捷 Scrum 框架中的 3 个角色，分别是产品负责人、开发团队和敏捷教练，每个角色的职责和使命是什么？对应到当前团队中，每个人是什么样的角色？可以邀请每个人进行发言，结合角色的职责与使命，讲讲自己在迭代中会如何做以及如何做到尽职尽责，角色之间如何协同，谈谈自己与同事之间如何协同配合。

其次，给团队讲述敏捷 Scrum 框架中的 3 个工件，分别是产品待办事项表、迭代待办事项表和增量。对于产品待办事项表，主要阐述产品待办事项表的内容、可用性和优先级以及产品待办事项表的管理与更新问题。产品待办事项要恰当的详细，要可以估算，要渐进明细，要有优先级排序。产品待办事项排序时要综合考虑价值、风险、优先级和必须性。对于产品待办事项要定义清晰的验收标准，要知道什么是准备好的状态，什么是完成的状态。要知道迭代待办事项表是产品待办事项表的子集，要落实到某一个迭代，要足够具体、足够详细，迭代待办事项表中的条目可以由开发团队决定增删改。对于迭代的输出必须是可用的增量，开发团队在每一个迭代完成一个潜在可以交付的产品增量。这个增量，不管是否是 PO 决定发布它，它都是可交付的，必须是可以使用的，我们要尽早发布增量，而不是在一个版本中交付所有的增量。

然后，给团队讲述敏捷 Scrum 框架中的 5 项活动。对于产品待办事项的梳理，期待所有的团队成员都可以参与其中，而不单单是产品负责人。产品待办事项的梳理是一个持续性的活动，而不是一个正式的迭代活动，通过产品待办事项的梳理，每个人都可以清楚产品待办事项。针对下一个迭代的产品待办事项可以非常细，可以很容易估计。对于迭代计划会，通过迭代计划会，可以详细理解最终用户到底想要什么，产品开发团队可以从该会议中详细了解最终用户的真实需求，通过会议，团队可以决定他们能够交付哪些东西。产品开发团队可以为他们要实现的解决方案完成设计工作，在会议结束时，团队知道如何构建他们在当前迭代中要开发的功能。对于每日站会，团队成员主要回答我昨天完成了什么、我今天准备完成什么以及我遇到了什么样的困难，这三个问题。团队在会议中计划、协调团队每日活动，还可以报告和讨论遇到的障碍。通过物理看板帮助团队聚焦于每日活动上，并在物理看板上更新任务状态和燃尽图。对于迭代评审会，团队在会议中向最终用户展示工作成果，团队成员希望可以得到来自最终用户的反馈，并形成新的产品待办事项，这是一个非正式的会议，每个人都可以在迭代评审会议上发表意见，团队会找到他们自己的方式来开迭代评审会议，需要记住，开发团队展示新功能，并让最终用户尝试新功能。注意，在迭代评审会议上不要展示不可能发布的产品增量。对于迭代回顾会，期待通过迭代回顾会来帮助团队识别那些做的好，那些做的不好，并找出潜在的改进事项，为将来的改进制定计划，让团队决定开始做什么、停止做什么及继续做什么。注意，不要对找到的问题妄下结论，尽力不要让管理人员参加会议，不要在团队之外讨论。最后是核心的敏捷价值观，会单独的进行阐述。

贯彻敏捷核心价值观

敏捷 Scrum 框架中主要有尊重、开放、勇气、专注和承诺五个价值观。我们可以讲解这五个价值观具体的含义，可以举一些实际的案例来印证这些价值观在真实案例中的应用和体现，但是这也是比较抽象的。我们可以邀请团队成员去分享他对这五个价值观的理解，比如他是如何看待承诺的，他在工作过程当中通过什么样的行动来保证自己是遵守承诺的。比如说对于尊重价值观，他也可以举例说他是如何尊重团队成员的等，他是用一种什么样的开放的心态看待别人对他的评价，接受别人的意见，可视化所认领任务的进度与风险，或者说它是如何有勇气去迎接挑战，不管是超额工作量的挑战或者说技术难度的挑战等等。

我们邀请每一个团队成员分享这五个价值观。每个团队成员对价值观都有自己所拥有的独立的感受。通过他所理解的价值观，我们可以了解他对价值观的感受或者他对价值观的认知。最重要的是，我们可以了解这个团队成员，因为同样的名词不同的人理解可能是有差异的，要让团队成员自己站起来，说一说这些价值观，这样可以使我们更好地理解彼此或者说能够对彼此产生更好的认同感。

我们也会在这五个价值观的基础上增加廉耻心、不成功便成仁和同理心这样的附加价值观。比如廉耻心，我们在团队管理过程当中肯定不能辱骂或者责备团队成员。但是如果一个人的工作真的没有做好，然后也没有这样的责任心和意识去做好，那我们是不是可以换一个名词提醒一下这个人，或者说有一个名词可以去给这个人打上一个临时的标签。比如说开发，开发完成后没有自测就把代码推到了测试环境，结果流程阻塞，Bug 频出，这种没有自测的行为可以定义为没有廉耻心。廉耻心不是惩罚，只是让团队成员意识到有些行为是不对的，值得加以改进。

看看成功团队的 PBR

为什么要做 PBR

我把产品待办事项列表梳理简称为 PBR。其实，对于产品待办事项的梳理，产品负责人随时都可以和团队成员一起梳理，为什么在迭代进行中需要在上一迭代的第 8 天做一次专门的 PBR？我们来看一下外部原因。

首先，是因为产品待办事项通常会很大，也很宽泛，而且想法会变来变去，优先级也会变化。通过 PBR，可以为即将到来的迭代做准备，并且在梳理时会特别关注那些即将被实现的用户故事。其次，通过 PBR，让每个人都清楚产品待办事项，让大家对产品待办事项有一个统一的理解。最后，通过 PBR，可以提高迭代计划会的效率，节约时间，并为可能出现的技术障碍留有准备时间。

接下来，我们来分析一下内部原因。首先是因为人性的懒惰，不到迭代计划会，部分团队成员根本不看产品待办事项，好像事不关己一样。特别是因为产品负责人发给团队的产品待办事项邮件，部分团队成员根本不打开看，信息传递的有效性大打折扣。最后是因为缺乏紧迫感与预测性，不到事情发生，部分团队成员根本不会主动预想和准备，即使迭代的后三天有空余，也不会主动做任务的预习与细拆。

如何做 PBR

如下图所示，我会在上一个迭代的第 8 天组织团队成员招开一个 15 分钟的 PBR 站会。之所以选择放在上一个迭代的第 8 天，一方面是因为在第 8 天，上个迭代的开发任务已经完成，团队进入测试阶段；另一方面是因为第 8 天距离下个迭代计划会还有 3 天的时间，团队提前熟悉下个迭代的内容，可以对下个迭代的需求及设计提一些修改完善建议，产品团队也有相对充分的完善时间。对于开发团队来讲，这 3 天的相对空闲时间，也可以做好相应的技术选型与技术储备。当然，具体的 PBR 时间，团队可自行商议。

B迭代PBR时间

A迭代	1	2	3	4	5
	迭代计划会	例+开+测+交	例+开+测+交	例+开+测+交	例+开+测+交
	例+开+测+交	站会	站会	站会	站会
	6	7	8	9	10
	例+开+测+交	例+开+测+交	回归测试	回归测试	回归+集成上线
	站会	站会	站会	站会	评审会+回顾会
B迭代	1	2	3	4	5
	迭代计划会	例+开+测+交	例+开+测+交	例+开+测+交	例+开+测+交
	例+开+测+交	站会	站会	站会	站会

如下图所示，PBR 以站会的形式进行，主要是想提高沟通的效率，减少不必要的扯皮，在 PBR 会议上，产品负责人简要澄清下一迭代的产品待办事项，尽量不要答疑。通过会议让团队成员强制熟悉下一迭代准备要做的事，判断前置，预知困难，避免风险。

PBR 中常见的问题

因为 PBR 是非正式的活动，产品负责人简要澄清后，团队在会后并没有找产品负责人反馈修改建议或可能出现的问题，或者是根本不看，结果造成迭代计划会时，产品负责人反复澄清，这时，开发团队恍然大悟，发现需求有大问题，但是，团队已经进入迭代计划会，迭代的第一天已经开始，留给产品团队进行调整的时间几乎没有的。还有一种就是 PBR 时，开发团队不好好听，会后也不看，结果在迭代计划会时，发现有用户故事不独立，存在严重的交叉关联关系，或者说是重复需求，耦合需求。这时，再让产品团队来调整方案，更新文档，对整个开发过程来讲，是有风险的。最后，如果 PBR 与迭代计划会的间隔太短，那么留给相关联团队的反馈和准备时间可能会相对不足，所以，PBR的时间点控制也是非常重要的。PBR是敏捷Scrum框架的第一环节，给团队预预热，通通气，我在实践中会指导产品负责人进行PBR，从非正式到正式，从未知到已知。

最重要的迭代计划会

好的开始，等于成功了一半。迭代计划会是敏捷Scrum框架中第二项活动，但是是第一项正式活动，代表着一个迭代的正式开始。敏捷转型实践中，我会负责迭代计划会的组织工作，包括约会和会议议程，会邀请所有团队成员参与迭代计划会。

迭代计划会以产品负责人的用户故事澄清开场，产品负责人再次澄清本次迭代需要实现的内容。在澄清过程中，如果涉及到关联系统，会邀请关联系统的产品负责人进行澄清。澄清完成后，如果涉及到交互和视觉内容，会继续讲解交互稿和视觉稿内容，讲解完成后，团队会对用户故事进行更加细致的拆解和估算，拆解与估算完成后，团队会按照用户故事优先级的高低，从优先级最高的开始领取，领取符合团队容量的工作量。接下来我会和团队确认，是否确认领取这些任务，这些任务是否可以承诺在规定的时间内完成高品质交付工作？如果没有问题，团队则开始进入详细的方案讨论环节，边讨论边编写验收标准。

对于任务拆解打印部分，虽然公司购买的有JIRA，但是有些团队不喜欢用，所以，我也没有强制让团队用JIRA，有些团队依然使用EXCEL进行拆解打印操作。我对团队的要求是，只要贴在便利贴上，放在物理看板上就可以。验收标准编写完成后，专业的测试人员会再补充一些用例，最后汇总的版本会发给产品负责人进行确认，如果没有问题，团队在每天自测时，则按照验收标准开始自己验收测试，作为每天交付的依据。

实战图例十连拍

我认为迭代计划会是迭代中最重要的一项活动，开头一定要开好，需求存在不确定性，涉及到迭代期间要储备的技术及关联文档没有准备好，都是一个不好的开端，都会给迭代的成功交付带来风险。在迭代计划会认领任务前，我会和团队成员确认一下，团队在接下来的迭代中有没有要请假，因为这样可以帮助团队合理的估出冗余，虽然迭代期间难免会有紧急请假的情况发生，但是，在迭代计划会时，询问一下，可以起到有效的预防作用。下图示例了团队产品负责人与关联产品负责人澄清用户故事的场景。

产品负责人澄清完用户故事后，团队成员会提出一些疑问，产品负责人要对团队提出的疑问进行详细的解答，直到团队成员对需求有了统一一致的理解，防止迭代期间因需求理解不一致带来的开发返工问题。下图示例了团队成员对用户故事及关联设计文档提出疑问的场景。

我在敏捷转型实践中推崇团队集本估算，所有的团队成员都参与到当前迭代任务的估算中来。对于估算的差异问题，进行解释，再次估算，达到相对的统一，即完成了当前任务的估算。下图示例了团队成员对用户故事进行拆解和集体估算的场景。

理论上是要求开发人员来编写验收标准，实践中，我这边带的团队中只有一个团队是这么做的，其他的团队是开发边说，测试人员边记录边补充，是采取相结合的方式。一方面开发编写验收标准对他们是新的挑战，他们不愿意，有时，是因为耗时原因，耗时太长，他们也不愿意。所以从各种层面上，虽然说，开发编写验收标准是好事，值得推广，但在实践中有推广的难度，关键是有坚持的难度。由测试人员来编写验收标准或是测试人员与开发人员联合编写验收标准的情况还是比较多的。下图示例了团队编写验收标准的场景。

把任务打印出来，剪裁好，贴在便利贴上，然后再贴在物理看板上，表示整个迭代计划会的完成。至少，我这边的团队是以任务黏贴在物理看板上作为迭代计划会完成的标志，贴好后，更新任务燃尽图，更新 Bug 记录图，开始领取当天的任务，迭代正式开始。下图示例了团队成员剪贴任务卡黏贴到便利贴上与贴好后物理看板的场景。

迭代计划会中的常见问题

我认为迭代计划会非常重要。迭代计划会成功了，迭代就成功了一半。避免影响迭代成功的各种问题发生，是迭代成功的关键。常见的问题有，用户故事没有经过业务评审或技术评审，就进入了迭代计划会。团队在迭代计划会前根本不知道这个用户故事的存在，也没有进行技术储备。还有，产品的原型设计存在缺陷与逻辑不通的地方，特别是存在业务矛盾的地方。迭代计划会时，设计稿文件没有上传到电子系统，澄清时没有办法打开等低级失误。用户故事在拆分时拆得不细，没有明确的拆分标准。再者有迭代计划会时，因存在会议冲突，关键人员迟到。估算不准，造成迭代期间任务越做越多，团队不愿意在迭代计划会时编写或补全 AC 等等。问题真的多种多样，每个敏捷教练在实践中都会发现很多问题，要善于总结，找到应对策略。

联组每日站会细节

站会是敏捷转型实践团队一天的开始或总结。如果站会放在上午招开，可以理解为一天的开始，如果站会放在下午下班前招开，则可以理解为一天的总结。站会并没有要求必须在上午招开。不过，我所负责的敏捷转型团队，团队成员会把站会当成一天工作的开始，是上午上班的第一件事，目前还没有团队在下午开站会。

站会有三件事，团队成员自发说“我昨天完成了什么”，“我今天准备完成什么”，“我遇到了什么困难”。在说的同时，在相应的任务卡上打标签，没有完成的画横杆，完成的打对号。任务卡标注完成后，领取新的任务，在任务卡上签上自己的名字。如果团队成员少，会通过任务卡的颜色进行区分，团队成员过多时，会在任务卡上签名。据说，有些同行的团队中会在任务卡上贴上人像，我发现 JIRA 中也有这样的功能，可以设置个人头像，这样任务卡打印出来后，任务卡上就会有对应开发人员的头像，但其前提是任务要提前在 JIRA 中完成分配，我的几个敏捷团队也在使用这样的方式。

敏捷转型前期，团队成员在说时，会有推让的情况发生，不愿意主动先讲，有的团队会玩儿传笔或抛绣球的游戏，指定下一个。其实，我们会慢慢发现，等过了几个迭代，团队相对成熟后，每天站会述说的顺序是相对固定的，团队成员会轮流说。敏捷教练只要站在旁边倾听就可以了，团队会自己完成每天的站会。引导好，规范好，对后期效应的形成非常重要。

在团队成员都说完三件事后，团队的技术负责人会负责更新任务燃尽图，测试同学会更新 Bug 记录图，等这些都做完后，站会就可以结束了。站会的总时间会控制在 10 分钟以内，目前，我所负责的团队，站会时间从 5 ～ 10 分钟不等，并没有说必须开够 10 分钟，只要团队讲清楚站会三件事，更新完任务燃尽图和 Bug 记录图就可以了。记住，更新工作一定要让团队来完成，不能是敏捷教练，更新的过程，其实也是一次进度和风险评估的过程，对团队非常重要。

在站会时，敏捷教练的站位也是一门学问，团队不是在向领导汇报工作，更不是向敏捷教练来汇报工作，站会是团队内部的一次正常沟通和交流，敏捷教练不能在站会上指指点点，评头论足，只能是引导团队按照正确的流程和方法来做。如下图示所示，建议不要站在团队的正中央，可以站在边上，稍微偏后的地方，能观察到团队成员的行动就行，不要太突出自己，明确自己的服务角色。

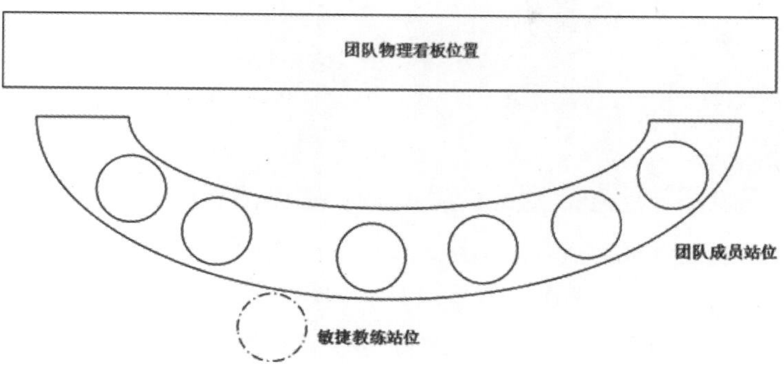

观察实战团队在看板前的行动

我的团队成员会在固定的时间出现在看板前，准备站会的开始。在敏捷开发转型前期，我会召集大家参加站会。在转型的中后期，团队成员会自动自发参加站会，我会慢慢弱化自己的组织形象，让团队形成每日站会的自管理。下图示例了团队聚集在物理看板前的场景。

站会中，团队成员会说站会三件事。在站会结束前，我会询问团队成员是否有变更、困难和需要协调帮助团队的事情，及时帮助团队解决。前一日站会领取的任务，前一日没有完成，第二天站会需在任务卡片上标注一横杆，两日没完成，标注两横杠。只有验收通过的任务才能移动到已完成，目前在我的团队中，只有测试人员可以把任务从进行中移动到已完成。开发同学开发完成，自测完成后，只用在任务卡片上打对号，代表可以验收就可以。下图示例了团队成员说站会三件事与领取新任务的场景。

尽管有 JIRA 管理系统或禅道管理系统，但不同的团队依然会有自己的风格。有的团队喜欢用 JIRA 进行打印，有的团队则喜欢整理到 Excel 里面，打印后再剪裁。我赞同这种差异的存在，并没有特别强调形式。毕竟，最终的目标是成功交付。下图示例了使用 JIRA 进行打印的一个团队领取新任务并在新任务上签名的场景。

因需求变动或需求增加等原因，在迭代期间可能会添加新的任务进入到看板中的“准备做”一栏，通常这一时刻放在站会时，团队成员会告诉我，需要加新的任务，这时的任务卡是手写的，不再打印。团队成员写好后，直接贴在准备做或进行中，依据进度情况判断。下图示例了团队成员添加新的任务并贴入物理看板的场景。

站会的最后一个环节是更新图表。首先是燃尽图，大家一定要记得，燃尽图中燃尽的是已经“完成”的任务或故事点，燃尽的不是时间。对于具体的完成标准，不同的团队会有不同的界定，一定要遵守这个界定标准。更新完燃尽图后更新 Bug 记录图，对 Bug 的记录，可以是每天新产生的 Bug，也可以每天剩余的 Bug，只是起到督促的目的，目标就是当天发现的 Bug 当天解决掉，记录为零，当然是最好的。下图示例了团队成员更新故事点燃尽图与 Bug 记录图。

在物理看板和电子看板的选择上，我是比较喜欢物理看板的，方便直接。即使开完站会后，团队成员也可以在每日的任何时间，聚集在看板前沟通任务的状态，及时发现问题，协调问题，转型中后期，看板前会成为团队沟通的圣地。下图示例了神奇的物理看板圣地，不论是在上班中还是下班后，都有同事在看板前查看并随时更新任务动态，方便直观。

每日站会中的常见问题

在此列举一些站会前后常常遇到的问题。比如，时间到了，还有团队成员没有到，怎么办？从时间点上讲，比如 9 点开站会，9 点时，我会出现在看板前，团队成员也会聚集在看板前。如果有一个成员没有来，我在敏捷转型实践中是不等人的。时间点到了，站会准时开始，不会因为某个人的不到而等到团队成员到齐了才开始。不是说不近人情，而是想让团队养成准时开会的习惯，让团队成员意识到 9 点钟是要开站会的，必须到场，不到场需要请假。如果错过了，今天就不知道你的进展，你也不知道别人的进展，配合上就可能出现问题。当然，在敏捷转型实践中，如果有团队成员没有参加当日站会，等他来时，我会单独和他沟通当天站会的情况，以防止信息缺失，全力确保团队当天的工作顺利进行。

站会都应该有那些团队成员来参加？按原来的“猪鸡”说法，猪和鸡都可以参加站会，不过，只有猪可以在站会上发言，鸡不能在站会上发言。实践中，团队中的所有成员都可以参加站会，不同的转型团队，要求其实也是不一样的。比如，我的一个团队，是要求产品负责人和设计人员都要参加站会的，因为站会上有一些问题咨询，会有一些需要设计当天配合的任务，并且在看板中会加入产品一栏，用来跟踪一些产品的沟通协调任务。在迭代当中，会有一些跨团队的需求沟通问题，需要产品负责人来做，由于事情多，容易遗漏，所以会给产品负责人单独加一栏任务，在站会上进行跟踪管理。但是也有一些团队，产品负责人是不参加早会的，对于需求稳定的内部产品来讲，是可以采取这样的方式，大家可以结合自身的团队情况灵活组织。

站会中还有形形色色的问题，比如，站会是不是必须按照机械的述说方式来开？站会上是不是可以讨论问题的细节？在开站会时，领导来袭，如果变成了汇报会，应该如何办？比如，站会时，要求产品负责人必须参加，但是这时产品负责人有别的会议要参加，有冲突，这时如何办？还有就是站会时，团队成员忘记了站会的规则，自由发言变讨论，这时如何处理？等等，我们要想到及时应对策略，化解问题。

迭代评审会四连载

为什么要评审？我对评审的理解是，做好了，是骡子是马，拉出来遛遛，是对迭代成果的一个检验。我们常说，需求是由业务方提出的，产品负责人汇总、整理、分析、设计后，开发团队进行开发，开发好了，通过迭代评审会给业务方看一看，给一些反馈建议，以便在下个迭代中进行持续改进。

在敏捷转型实践中，我会建议产品负责人来组织迭代评审会，产品负责人召集业务方、相关领导和团队部分成员来参加迭代评审会，开发团队会提前准备好演示环境。迭代评审会开始后，产品负责人先澄清本次迭代实现了什么样的功能，讲解完成后，开发团队负责产品功能操作演示，请注意，是开发团队演示产品功能操作，而不是产品负责人在那里播放产品功能演示 PPT。演示完成后，参会人提出一些改进建议，产品负责人负责改进建议的记录与跟踪落地。在所有这些结束后，我会做一次迭代满意度调研，涉及到产品功能和开发品质等几个问题，获取参会人的真实反馈，为产品改进与团队提升提供更加有用的建议。

同一团队跨迭代连载四次迭代评审

以两周的迭代为例，建议产品负责人把迭代评审会放在迭代的第 9 天或第 10 天，具体可以看产品负责人的安排，因为评审涉及到测试环境产品的演示，所以产品稳定为妥。在实际敏捷转型团队中，产品负责人要及时与团队测试人员进行沟通，因为评审时需要邀请业务方和领导，所以时间要准，产品功能要稳。随着团队成熟度的不断提升，评审会的时间逐渐趋向稳定，以两周的迭代为例，迭代评审会可以放在迭代的第 9 天下午 15:00。

对于新的试点团队来讲，建议团队在第一次迭代评审前，再进行一次方法论培训，不论是否培训过，培训过多少次，都建议再次进行统一。如下图所示，是我在试点敏捷转型团队第一次迭代评审会前发给团队成员的方法论表。

评审会方法论

方法论统一是行动统一的基石，行动统一是目标达成的基石

会议目的：

诊断！其目的不是为了找到治愈方案，而是要发现哪些方面需要改进。

构成部分：

① 2个挂图。
② 白板、即时贴、马克笔。

基本要求：

① 从过去中学习，指导将来，改进团队的生产力。
② 决定：开始做什么，停止做什么，继续做什么。

持续时间/举办地点：

① 45-60分钟，在Sprint评审会议结束后开始。

会议输出：

① 障碍Backlog 产生输入。
② 团队Backlog 产生输入。

注意事项：

① 不要对找到的事物妄下结论。
② 不要让管理层人员参与会议。
③ 不要在团队之外讨论找到的东西。

会议过程：

① 准备一个写着“过去哪些做的不错？”的挂图。
② 准备一个写着“哪些应该改进？”的挂图。
③ 绘制一条带有开始和结束日期的时间线。
④ 给每个团队成员发放一本即时贴。
⑤ 开始回顾。
⑥ 做一个安全练习。
⑦ 收集事实：发放即时贴，用之构成一条时间线，每个团队成员（包括Scrum Master）在每张即时贴上写上一个重要的事件，此项活动进行3-5分钟，然后每个人把自己手中的即时贴放在时间线上，并说明对应的事件。
⑧ “过去哪些做的不错？”：采取收集事实同样的过程，不过这次要把即时贴放在准备好的挂图上。
⑨ 做一个分隔，以区分“过去哪些做的不错”和接下来要产出的东西。
⑩ “哪些应该改进？”：像“过去哪些做的不错”那样进行。
⑪ 现在将即时贴分组。
⑫ 我们能做什么→团队Backlog的输入。
⑬ 根据团队成员的意见对两个列表排序。
⑭ 将这两个列表作为下个Sprint的Sprint规划会议第一部分和Sprint规划会议第二部分的输入，并决定到时候要如何处理这些发现的信息。

第一次迭代评审会的成功会提升团队的自信心。我在团队第一次迭代评审时特别注意，把所有的细节给团队成员提醒到位，因为迭代评审会是相对对外的，关乎团队的形象与承诺，所以只能成功，不能失败，演示时不能出问题，出现准备不充分的现象。

如下图所示，展示了试点团队第一次进行迭代评审时的场景，PO 先给业务方讲解本次迭代实现的主要功能点，完成的用户故事，具体说明本次迭代做了什么。然后是开发团队的同事给业务方演示本次迭代的功能，通过真机在测试环境进行真实的操作演示、逻辑功能演示。业务方可以真实体验并上手使用，以便获得更好的反馈。

如下图所示，展示了试点团队第二次进行迭代评审时的场景，这次评审与第一次相比最大的改变是演示界面可以直接投射到大屏幕上。第一次演示时，用的是手机，我们在回顾时发现，这样不利于观看真机操作，所以第二次迭代评审时进行改进，使用比较合适的投屏软件，所有参加评审的同事都可以清晰地看到每一步演示，而不用拥在一个小手机前面观看演示。

如下图所示，展示了试点团队第五次进行迭代评审时的场景，业务方的投入度越来越高，有人拿着手机在录像，以便更好地记录演示中的细节，以便温习回顾。在真实系

统演示环节，Web 端与 App 端同时进行，互相呼应。

如下图所示，是第九次迭代评审的场景，参与评审的业务越来越多，依然是开发团队在做演示。我们要清楚的认识到，开发团队在迭代评审会的现场，并进行产品功能演示。只有敢于演示，才是有信心的，不能自己做的东西自己都不敢演示。在我的敏捷开发转型实践团队中，开发团队的成员可以轮流负责迭代评审会的演示工作。常常发现，很多开发同学不善于表达，演示时声音比较小，比较内秀，虽然做了很多功能，但是讲不出来，这时，我会建议产品负责人积极的介入，进行穿插讲解，促成演示的成功。

在迭代评审会的最后一个环节，我引入了满意度调查问卷，如下图所示，一共有两种问卷，分别针对不同的团队情况，A 问卷包含五个问题：产品功能是否满足市场运营要求？产品操作是否简单，是否人性化？产品性能是否稳定？产品培训与产品操作手册是否全？产品开发是否能够及时响应市场？ B 问卷包含九个问题：产品功能是否满足要求？产品操作是否简单易用？开发团队开发速度？开发团队开发质量？产品培训与操作手册是否全？产品负责人的业务理解与业务梳理能力？产品负责人对开发过程和进度的掌控力？产品负责人对交付物质量的把控能力？产品负责人是否有创新性想法，帮助客户提升业务价值？

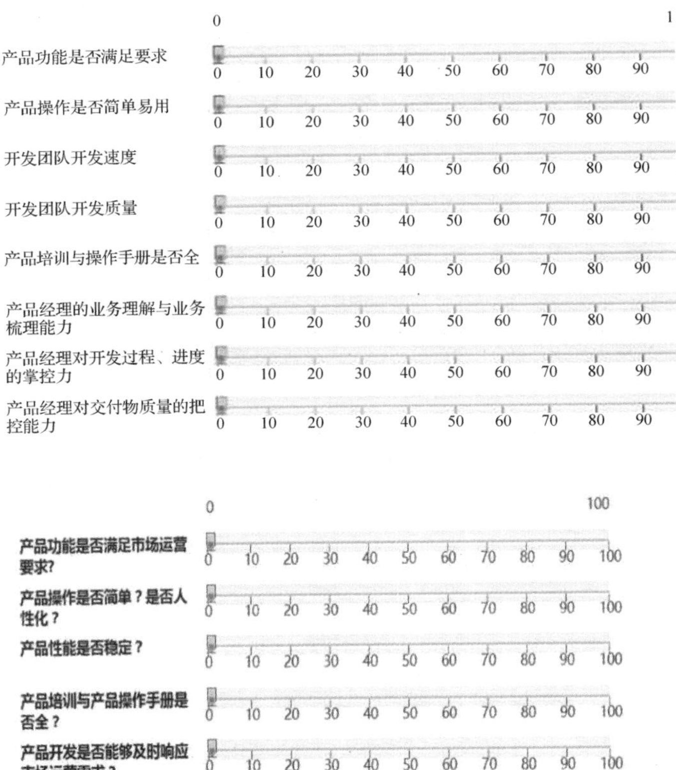

如下表所示，为A问卷满意度调研结果示例，产品操作简单，人性化获得的分数最高，产品培训与产品操作手册是否全的评分最低，说明这个团队需要在产品培训与编写操作手册方面进行提升。

满意度评价维度	平均值
1. 产品功能是否满足市场运营要求？	86.56
2. 产品操作是否简单？是否人性化？	90.78
3. 产品性能是否稳定？	85.22
4. 产品培训与产品操作手册是否全？	81.89
5. 产品开发是否能够及时响应市场运营需求？	88.11
	小计：432.56 平均：86.51

如下表所示，另一个团队也面临着同样的问题，依然是产品培训与操作手册不全的问

题，并且评分极低，问题暴露异常突出，提升空间巨大。

满意度评价维度	平均值
1. 产品功能是否满足要求	79
2. 产品操作是否简单易用	86.8
3. 开发团队开发速度	92.6
4. 开发团队开发质量	92.6
5. 产品培训与操作手册是否全	67.4
6. 产品负责人的业务理解与业务梳理能力	94.2
7. 产品负责人对开发过程、进度的掌控力	89.6
8. 产品负责人对交付物质量的把控能力	94.2
9. 产品负责人是否有创新性想法，帮助客户提升业务价值	93.8
	小计：790.2 平均：87.8

在实际的敏捷转型团队中，A/B问卷可以应用在团队转型的不同阶段，维度不同，所反馈的情况也就不一样，建议A问卷应用在团队转型初期，B问卷应用在团队转型相对成熟后。问卷形式建议采用电子问卷方式，推荐用问卷星进行调研，可以通过二维码或链接进行分享，方便问卷填写、回收和统计。

迭代评审会中的常见问题

在迭代评审会前后也常常会遇到一些问题。比如，演示环境没有准备好，特别是涉及到Web+App（安卓+iOS）的综合环境。时间到了，通知的业务方没有来，会议通知发出的过早，但是会前没有提醒和确认。参会人员评审时对发现的一个问题过多讨论，占用了大量的时间。忘记记录新的待办事项，没有为待办事项产生新的输入。

比如满意度调研问卷的频次问题，每个迭代做？还是隔几个迭代做？比如牵扯到很多业务方，人数众多，会议室根本坐不下，如何邀约业务评审人员？再比如，产品负责人迭代评审和培训一起做，因为觉得会太多，讲两次麻烦。迭代评审的演示人选问题，到底谁演示？产品负责人把迭代评审与下个迭代的业务评审一起做等问题。对于团队来讲，要做好产品演示环境准备，并确认好演示人员。产品负责人要做好产品满意度调研问卷，评审后进行现场调研，及时获得反馈数据。敏捷教练及产品负责人要合理控场。对于客户反馈的新需求，产品负责人要做好记录。

同时，迭代评审会时，可以邀约业务方及关键领导，获取产品支持。开发团队在演示时，要合理突出演示重点。对于评审会前后遇到的问题，敏捷教练一方面可以结合自身的经验，加以解决，一方面要有临场应变能力。问题常常发生在转型初期的评审时，所以，前期敏捷教练的筹划与辅导尤其重要。

迭代回顾会

迭代回顾会也很有必要，我会在迭代上线发布后组织迭代回顾会，目的是回顾并总结在迭代过程中出现的问题，发现优点，改进缺点，让团队稳步提升。在迭代回顾会中去使用三种形式：一是 Scrum 框架中所阐述的优点项、改进项、禁止项；二是游戏互动，提升团队凝聚力；三是穿插培训，补全团队理论知识。至于具体的回顾会形式，只要能帮助团队改进提升团队本身开发过程中的问题，比如团队成员的融合问题，从工作本身到心态成长，都可以。我在敏捷转型实践中，在团队转型的初期，会按照标准的回顾会形式来做。但在团队转型的中后期，会进行灵活调整，以团队建设为主，通过团队活动来进行问题觉醒，在活动中暴露问题，意识问题，觉醒问题，改进问题。

同一团队连载七次回顾会内容

在实战应用环节，将连续列举同一个转型团队的 7 次迭代回顾会内容，以便让大家有一个连贯的认知。这个转型团队采用两周的迭代时间盒，第一次迭代回顾会在迭代的第 10 个工作日进行，因为是团队的第一次迭代回顾会，所以在第 10 天的站会上，我给每个团队成员发了一张表，如下图所示，详细讲解了迭代回顾会的目的与过程，让团队成员有一个提前的认知。

大家可能会觉得奇怪，这在前期的敏捷培训中不是已经给团队成员讲过吗？是的，以前讲过，但是，10 天，15 天，已经过去了，建议还是给团队成员温习一下理论知识。方法论统一是行动统一的基石，行动统一是目标达成的基石。在敏捷开发转型实践中充分重视方法论的统一，不是所有人都知道敏捷教练在想什么，想让大家做什么，方法论是行动统一的保障。

下图为第一次迭代回顾会时的场景，观察发现，我们使用的是最传统的回顾方法，也是我们在敏捷培训时所讲授的方法。每人先把自己认为的优点项、禁止项、改进项写出来，然后进行归类分析，找到原因，探索方案，最后达成共识。在接下来的迭代中进行保持或改进。下面是记录的一些问题，给大家分享一下。

迭代	第 1 次迭代	第 2 次迭代	第 3 次迭代
优点项	• 开发的过程中遇到的 Bug 沟通能力有提高，主动性提高，能相互理解了 • Bug 反应速度提高，上一版，300 多个 Bug，这一次 Bug 在控制线下 • 开发过程中发现 PRD 中没有的，改进非常快 • 沟通效率有提高，不论是开发之前还是开发过程中 • 流程基本是遵守的，任务领取也还算合理 • 团队成员有责任心	• 自测很好，Bug 少 • 估算很准 • AC 拆的很好，逻辑清晰了 • 磨合比较成熟 • 响应速度更快，比如接口（最多隔一天就完成了） • 保持 AC，发现 AC 有助于保证开发效率与产品质量	• 前后端开发在开发时坐在一起提高了效率，相互之间沟通很好 • 敢于尝试，挑战团队上限，勇于接受失败 • 出现问题大家都没有抱怨，依然积极参与到迭代开发中
改进项	• 自测过程不仔细，偏重功能，需加强自测的质量 • 拆任务不合理，要拆得更细，UI，接口拆分成多个任务，拆分更加细 • 发布有缺陷，要有发布的流程与检查清单 • 沟通的流程需要精简，比如在写用户故事时，产品负责人先拆解，拆解后提前发给团队看 • 前期开发前需要把 API 文档梳理好 • Bug 和任务与故事分不开，Bug 解决不及时 • 功能点和 Bug 走两个流程 • 流程需要精简	• 不要说改了什么，让测一下 • 技术层面把代码加强封装，减少线性，提升可扩展性，可维护性，开发可以更灵活，减少对单人的依赖 • 加强对细节的检查，全程关注 • 产品需花更多的精力来做需求，加强需求梳理，提升需求前瞻性 • 不能拿改需求当成改 Bug，要区分需求与 Bug • 要加强用户体验优化，视觉优化，交换优化，特别是对于新用户 • 用正确的态度看待 Bug，加强记录与前瞻性发现，Bug 要当天清理干净 • 任务拆解保持在 1 到 2 天必须完成，但不能太粗，绝对不能超过两天，防止进度不一致	• DT 制定估算标准，细化估算。在评估时要征询前端的意见，前端要积极参与到评估中 • DT 加强自测试 • DT 尝试代码评审 • DT细化任务拆分维度，分基础任务、关联任务、重点任务，拆分环节加入页面功能点 • PO 与 DT 沟通常用页面控件元素，提升易用性 • PO 做好 PBR，及时发现用户故事中的问题，在迭代计划会前沟通好，确认好 • PO 和 DT 严格遵守 DOR/DOD 标准 • 敏捷教练及时提醒团队
禁止项	• 随意增加需求，开发完、发布前不能突加需求 • 强制安装 App 更新时，要提前通知（1 到 3 天），给出预留时间，让工作人员更新 • 讨论主要问题时跑题 • 没信心 • 任务划分混乱，任务领取不实际 • 不遵守“完成”标准	• 历史遗留任务不能拖	• 不遵守需求变更流程 • 不完全按照 AC 进行自测

下图为第二次迭代回顾会的现场，给团队准备了一些零食，大家在相对轻松的氛围中进行回顾。同时，我们再观察第二次回顾会中记录的优点项、改进项和禁止项，我们发现在第一次迭代回顾会中禁止的内容，在第二次迭代中没有出现。第一次迭代中有 8 个改进项，对于第 6 个关于 Bug 解决不及时的改进项，在第二次迭代中依然存在，虽然其他 7 个改进项目已经落实执行，但对于 Bug 解决不及时的改进项，依然值得我们关注。

在第三次迭代回顾中，团队开始关注到了对于变更的管理。虽然在第一次回顾中提出了开发完、发布前不能突加需求这条禁止项，但是迭代中可能还是偶现，对于变更的管理也不完善，所以提出了遵守变更流程。

在团队的第四次迭代计划会时，我们改进了回顾方式，不再是使用便利贴，改用了电子问卷，对于具体出现的优点项，我会在会上读出来给团队成员听，对于具体的改进项与禁止项进行统一的记录管理，把问题一一记下来，问题让团队成员群策群力，自己找到合理的解决方案，这些方案在迭代回顾会后公布出来，在下个迭代中进行重点的落实跟进。

第四次迭代回顾会的问题与方案

问题 1：开发环境与测试环境要分开。
方案 1：开发人员 16 点前不动测试环境，16 点提测后或 9:30 前才可以。
方案 2：搭建单独的开发环境 ---》技术性任务（两个迭代）。

问题 2：开发自测不足。

方案：安卓测试流程总结（周五前给测试）、JAVA 功能代码独立，公用代码抽出（开发环境搭建完成后，两个迭代）。

问题 3：发版的配置文件不能随意的改。

方案：配置文件加入 confluence 版本管理，添加 check 人（A 开发配置，B 开发检查）（下个迭代）。

问题 4：测试人员不足。

方案 1：争取测试人员。

方案 2：开发加强自测（A 测试提醒有无自测、互测，可否选择性拒绝）。细化估算，留足自测时间。

方案 3：坚持每个版本做深度兼容性测试，每个迭代的第 7 天下班时（A 测试监督）。

问题 5：外面的项目影响到我们的开发人员效率。

方案：每天晨会反馈干预项目。减少外部项目干预与影响。

问题 6：团队中需要的人员在需要时应立马到位。

方案 1：迭代计划会时告诉团队需要的关联人员，拆 AC 时备注好，提前协调时间。

方案 2：每天晨会反馈需要的人员，敏捷教练协调人。

问题 7：Bug 解决速度太慢，有堆积倾向。

方案：当天 Bug 当天解决。尊重承诺，有廉耻心。晨会反馈。

问题 8：合理方案应对外部环境的影响。

举例：如通信协议更改。

方案：单独通知，发版小心。

第五次迭代回顾会采用游戏与理论测试相结合的方式进行，通过踩报纸游戏来提升团队凝聚力，使团队成员在迭代后期得到有效的放松。通过流程填空来测试团队成员对 Scrum 框架流程的熟知程度，稳固团队成员对理论知识的理解，提升团队成员对流程的认知度，以便更加的遵守流程，彼此间的衔接与配合更加的默契。

虽然已经进行了 6 次迭代，我们发现，团队中依然还是有很多问题亟待改进，在第 6 次的迭代回顾中，依然有 5 个问题需要改进，但是我们发现，这些问题变的越来越深入，越来越细化。

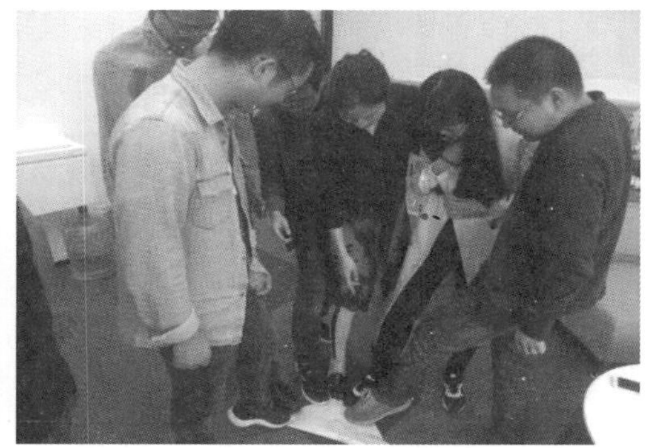
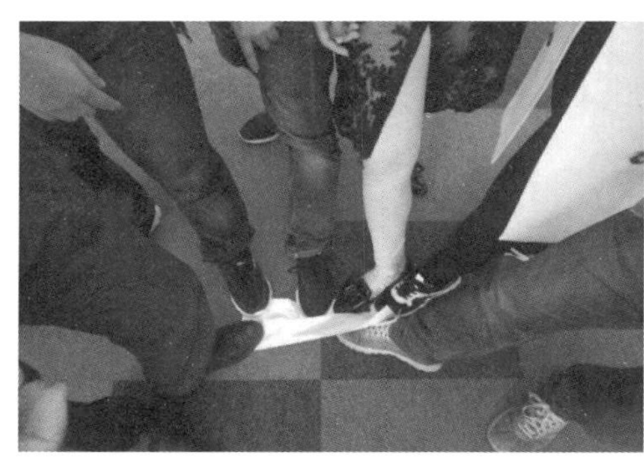
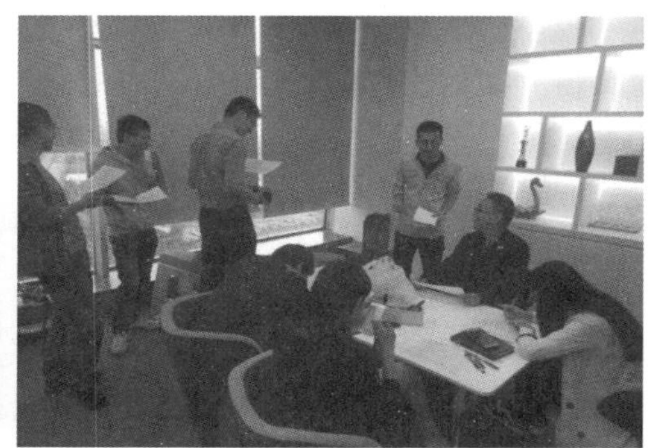

第六次迭代回顾会的问题与方案

问题 1：最后一天发现有人动代码。

方案 1：第 9 天下午 4 点后不能动代码。

问题 2：涉及多系统的业务或者功能响应不及时。

方案 1：AC 预估时如有第三方对接，需要前置（PO 与 PO 需要在评审前沟通好，迭代计划会时明确是否可以做，否则 DT 可以取消用户故事），有不确定性，尽早提出。

问题 3：蓝牙适用性问题。

方案 1：开发评估网络比蓝牙快，需要找某开发人员及相关硬件人员一起评估。（某老师主持）。

问题 4：技术任务的 AC 确认，应当在确认的过程中添加详细的 AC 说明。

方案 1：技术任务的 AC 编写要更加详细，确认加强。提出人对技术任务加强说明，缘由。验证需要更加详细。

问题 5：关联系统的发布还是有漏。

方案1：影响模块列表（某老师统计，放入TB，第10天上午完成检查。某老师最后check）。

下图展示了第7次迭代回顾会时的场景，平淡私密的直面团队中依然存在的问题，比如AC不通过就提测，自测的质量还是不高等问题。但深入的问题依然存在，如多系统对接协同问题等。回顾会的目的依然是发现问题，提出方案，在以后的迭代中落实问题的解决。作为团队的敏捷教练，要坚持对团队的持续辅导提升。

第七次迭代回顾会的问题 & 方案

问题1：开发改动范围与测试用例的覆盖匹配问题。

方案：每日站会领完任务后，测试告诉并发给开发人员所用到的测试用例，每天提测时，开发人员要保证所有的任务通过测试用例，并给测试人员反馈涉及到的改动范围（以txt文档形式交给测试）。

问题2：多系统对接和沟通效率低，响应不及时。

方案：PO前置迭代需求内容，涉及到关联性开发，需提前与涉及到产品的PO协调，没有协调好，不进入迭代计划会。紧急对接问题每日站会反馈给团队相关人员协调。

问题3：发版前准备工作不充分就发版（发布有问题 故事拆分有遗漏）。

方案：准备预发环境，以后迭代必须发预发环境。

问题4：进度时间节点还是需要保证，不轻易延期。

方案：没有做完就是失败，拒绝延期。

问题5：禁止AC不通过就提测。

方案：禁止，发现不自测一人一瓶爽歪歪，回顾会反思。

问题 6：提测时间不固定。

方案：XX 同学（XX 同学）决定提测时间，并告知测试人员。每日下午 4：00 或早上 9：30 。

问题 7：任务领用要改进，保证一个周期内能完成。

方案：领完做完，不领不做，遵守承诺。

最大的问题 8：胆子太大！！！！！！！！！！！！！

方案：谨慎、谨慎、再谨慎，保护团队信誉，除了高效，团队要做到稳、稳、稳。

迭代回顾会中的常见问题

在组织回顾会时，难免会遇到各种各样的问题，比如回顾时，有成员一言不发，或是在问卷时，全是好话，没反馈任何问题。当你问他为什么这样时，他常常会给出如下理由。比如，别人说过了，没有什么可说的了，觉得说不好的事，容易造成敏感反应。比如，就算说了也没法，改不了，再说也不善于表达。再比如，无所谓，没想法，插不上话，对不上点。

在团队回顾会时遇到这样的人员时，可以采取如下对策。首先，可以私下找他沟通，鼓励他，下次回顾会让他先发言，明确指出回顾会不是批斗会，讨论团队问题而非个人批斗。其次，培养好的沟通氛围，团队成员加强信任，开诚布公，不流于形式，每次的改进项都有跟进，回顾执行情况。最后，我们可以准备一些茶点，做一个轻松的开场破冰，从轻松聊天开始，可以让每人写便利贴，写完再发言，分清事实与推论，从数据与趋势开始，沟通中避免猜疑。

当然，回顾中还会有别的问题，比如团队成员真把回顾会当腐败会，比如团队成员只讲优点和改进项，不讲禁止项目。比如回顾会拉上了领导，回顾会形式固化，团队成员不轻松。再比如，迭代失败，回顾会不能按时进行等等。以正确的态度面对问题并找到合理可靠的应对方案，是我们敏捷教练需要做的，也是应该做的。

总之，对于敏捷教练来讲，在回顾会中，要给团队成员营造一种安全的沟通氛围，增加团队成员的“安全感”，每个人都感觉到自己受到尊重，能够尽情讨论，畅所欲言。同时，作为敏捷教练，要做好会前准备与时间分配，提升团队重视度。最后，要提醒团队重视总结与跟进，避免旁观者效应，监督改进落地。回顾章法诸多，在变中进行改进，做好回顾会，找到团队凝聚力，在回顾中改进，在回顾中提升。

燃尽图的秘密

我们知道，燃尽图用来燃尽开发完成的故事点数，而不是燃尽工作小时数。燃尽图的纵轴展示故事点数，燃尽图的横轴展示当前迭代的天数。团队每天更新燃尽图，如果在迭代结束时，故事点数降低到 0，迭代就成功结束。

在敏捷开发迭代过程中，因团队配合问题、流程熟悉问题、准备是否充分问题、风险问题等都会对每天燃尽的故事点数产生影响，燃尽图所展示出来的趋势也会产生很大的差异，那这些燃尽的趋势线到底代表了什么？能反应出团队在迭代中到底经历了什么？在接下来的实战团队燃尽图连载环节，我将会给大家展示 7 张不同的燃尽图，剖析燃尽趋势线的秘密，每张燃尽图的个性突出，趋势各异，对于每个趋势线背后到底代表了什么，下面以问答的形式剖析趋势原因，给出相对合理的解答。

问题 1：如图所示，迭代时间盒为 10 天，在迭代的前 7 天，故事点数不仅没有下降，反而每天在波动上升，这是为什么？

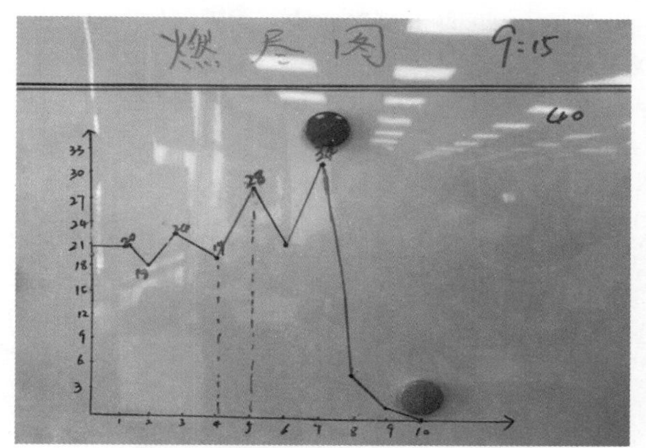

解答：团队处在敏捷开发转型的初期，需求没有澄清，导致随着迭代的不断推进，没有发现的需求问题逐渐被暴露出来，在每日站会上，新的任务不断的被添加到看板上，虽然每天完成的有任务，但是新任务的新加量完全大于每天任务的燃尽量，最终在迭代结束时，累计燃尽任务 40 个，要知道，当前迭代开始时，只有 21 个任务，整个迭代期间增加了 19 个任务。可见，整个团队在需求理解上存在很大的问题，理解不清楚，导致任务拆解不详细，遗漏了大量的任务细节，在迭代期间不停补，补全了应该交付的功能点。

问题 2：如图所示，为什么在迭代的第 8 天，故事点数陡然下降？

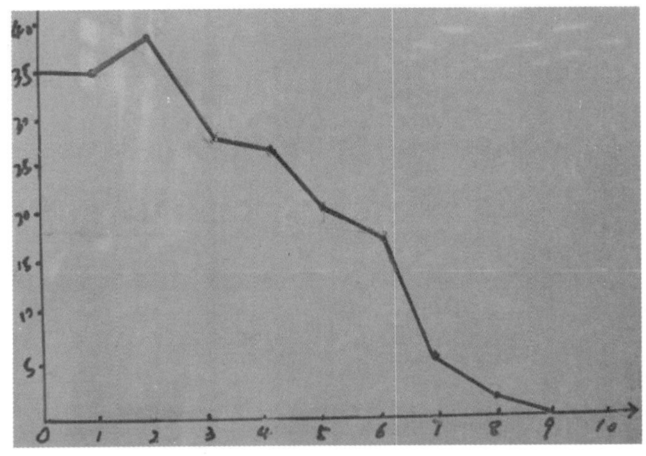

解答：在迭代第 5 天，团队还有 28 个任务，我作为团队敏捷教练，及时告知团队当前迭代可能存在失败的风险。团队在廉耻心的驱动下，加班加点，虽然任务还在增多，但是终于在第 7 天取得突破性进展，任务被团队开发大批量交付并验收通过，最终呈现出断崖式下降的趋势。

问题 3：如图所示，为什么在迭代的第 2 天会有微小的起伏上升？

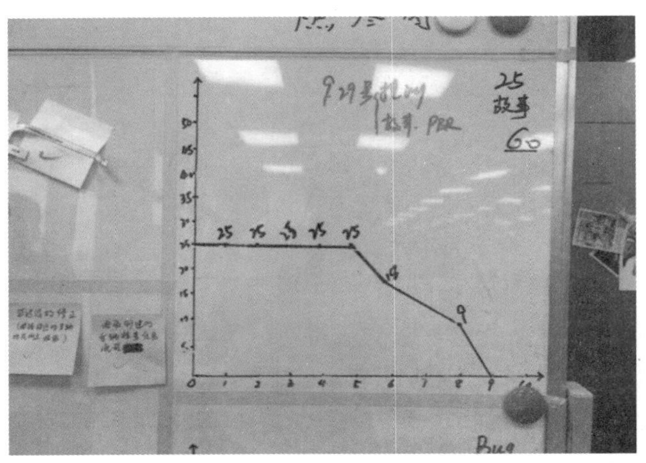

解答：因为微小的失误，任务拆解出现遗漏。在迭代的第 2 天，及时发现遗漏的任务，补充进来，最终呈现出在第 2 天微小的上升趋势。

问题 4：如图所示，这个迭代燃尽图趋势线是否正常？

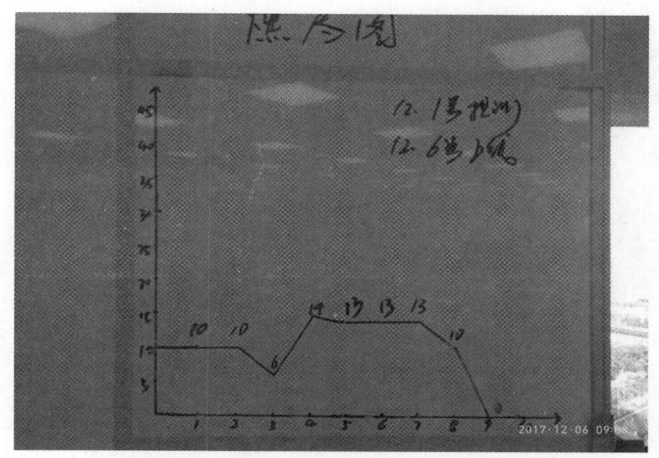

解答：过个燃尽图还是比较正常的，是我们比较希望看到的任务燃尽趋势，也是团队努力的目标。每天都有任务的领取、自测、交付、验收，每天都有完成后的燃尽更新，这是比较好的状态。

问题 5：如图所示，为什么在迭代的前 5 天没有燃尽一个任务？

解答：只有完成的任务才可以燃尽，这里就需要理解“完成”的概念。什么是完成？团队会定义完成的标准。在我的敏捷开发转型实践团队中，只有任务自测通过，并被专业的测试人员测试通过，满足验收标准后，才被认为是完成的。也就是任务从进行中到已完成状态的更新，是由专业的测试人员来更新的，开发人员把任务从准备做领取到进行中，开发完成并自测完成后，在对应的任务上打上完成的标识，这时，专业测试人员开始介入，他们测试完成，验收通过后，才算真正的完成，才能在燃尽图上进行更新标识。在迭代的前 5 天没有燃尽一个任务意味着没有一个任务是被“完成”的，敏捷开发转型实践中发生这种情况的原因可能有：第一，后台接口太多，一直没有开发完成，与前端页面不能进行及时的联调；第二，测试任务积压，一直没有测试完成，验收通过；第三，需求变更，团队在等待；第四，迭代一开始，团队资源就出现问题，迭代的前几天没有资源。

问题 6：如图所示，为什么从迭代的第 3 天开始，任务突然增多了 8 个，但持续 4 天没有任务被燃尽？

解答：产生这种现象的原因有两个。一是在迭代的第 3 天，任务已经完成了 4 个，预期任务将在第 4 天全部完成，所以，在迭代的第 3 天，团队领取了新的任务。二是团队迭代正常进行中，因外力影响，强制要在当前迭代中插入新的任务，造成任务突然增多，但因需求理解问题或需求的不确定性影响，持续 4 天，任务没有完成，造成燃尽图上升、持平均衡的现象发生。

问题 7：如图所示，为什么在迭代的第 4 天，任务突然飙升 14 个，在迭代的第五天，任务回归 14 个，直到迭代结束，任务还是 14 个，一直没有燃尽？

解答：首先，这是一个失败的迭代，在迭代的最后一天，任务也没有完成，迭代开始时，团队有 14 个任务，迭代结束时，团队依然还有 14 个任务，但团队实际完成了 14 个任务。本次迭代，团队累计承接任务 28 个。其次，产生这种现象的原因可能是团队在迭代开始时，采用了不可预知的新技术，团队成员本以为迭代可以正常进行，顺利交付，但直到迭代的第 5 天，任务才完成 1 个，团队依然有 13 个任务等待完成。在迭代的第 5 天，团队意识到，如果坚持采用新技术，任务不可能完成，于是，放弃新技术，改用原来的成熟方案，结果，用老方案，造成开发任务增加了 14 个，虽然团队加班了 2 天，冲刺完成了部分可以快速完成的任务，但是依然有 14 个任务，直到迭代结束，也没有做完。这是我在敏捷开发转型团队中遇到过的比较诡异的燃尽图。

问题 8：如图所示，为什么在迭代的第 9 天，任务还没有被燃尽？意味着迭代出现了什么问题？

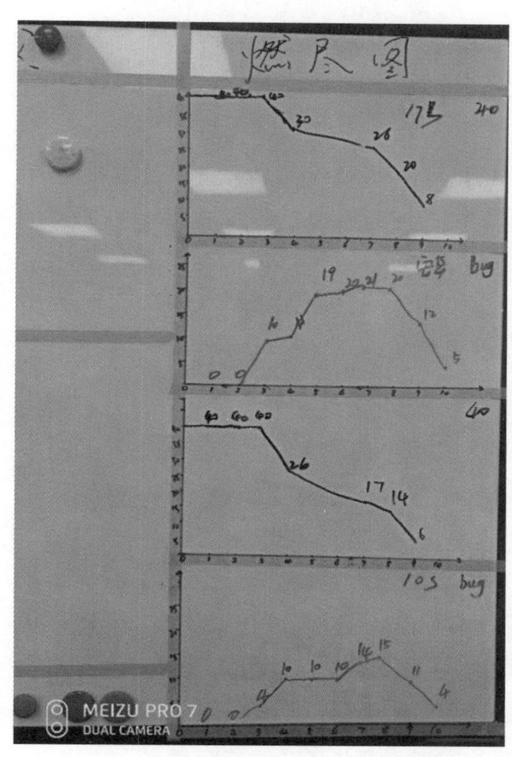

解答：团队估算出现问题，因为估算不准，任务量超过了团队每个迭代的速率，所以到最后也没有燃尽完，造成迭代失败。也可能是因为团队有人员离职、资源变动，导致团队在缺乏资源支持的前提下，造成迭代的失败。观察此图，我们发现，在迭代过程中，任务并没有增多，所以，团队的任务拆解还是比较准确的，迭代的前三天任务没有燃尽，也属于相对正常的现象，唯一的问题就是要查找，是什么原因造成了迭代的失败。在燃尽图的下方，是对应迭代日的 Bug 记录图，可以看到，在迭代的后半程，Bug 剧增，也反馈了，团队在开发品质上需要提升，在保证产品质量上需要再下功夫。整个迭代一共 10 天，在迭代的最后一天，发现还有 Bug 没有处理完，一方面说明了任务没有完成，对应的 Bug 还在解决中，一方面说明了部分 Bug 可能不太影响当前的迭代，有可能放在后期处理。作为团队的敏捷教练，要通过燃尽图及时帮助团队预知和发现风险，在保证产品品质的同时，促成迭代的成功。

问题 9：如图所示，为什么有两个团队的燃尽图中出现了双线？

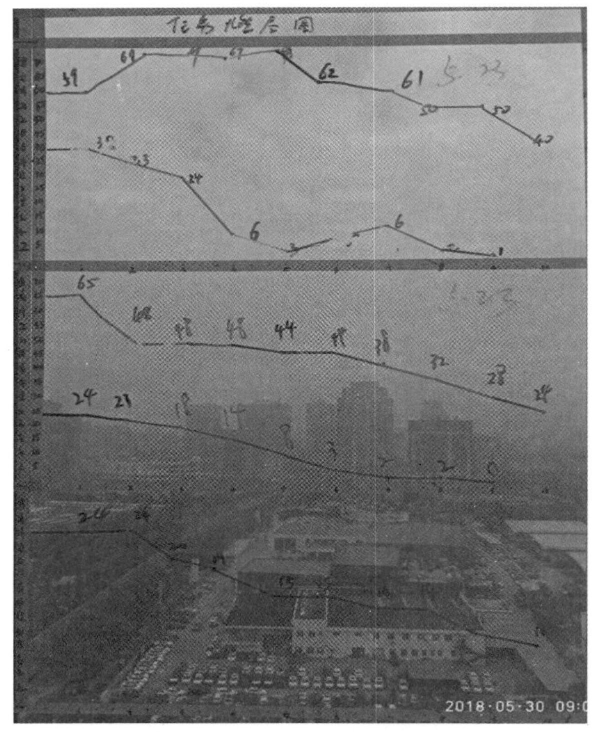

解答：这是一个特殊的迭代，原本 10 个工作日一个迭代，现在横跨 20 个工作日，并且在第一个迭代区间的前五天，迭代任务在不断增多，持续居高不下。首先说明，当时肯定有一个紧急的迭代任务，是一个完整的大的功能模块，在一个迭代内是没有办法完全交付使用的，出于任务耦合性强的特殊情况，我在不改变迭代节奏的情况下，让两个迭代连续，让一个大功能横跨两个迭代，保证整个开发节奏的稳定。在迭代合并的情况下，留有的回归测试时间可以增多。在迭代的第 17、18 天，还有任务增加，说明在迭代最后，还有变更的发生，因变更引起任务的调整。再观察这个燃尽图的纵轴，有两条任务数量标识线，靠右的那条，刻度区间比靠左的那条线的刻度区间大多了，说明这确实是一个特殊的迭代，在迭代计划会中拆解的任务数量，远远大于正常迭代的拆解任务量，燃尽图因这个迭代的特殊性而进行了微调。这种横跨双迭代的交付和奇特的燃尽图只有在极特殊的情况下才会发生，我们要帮助团队控制发生的频次，严格控制这种极其偶然的现象发生。

标杆分享与观摩学习

为什么要进行标杆分享与观摩学习？标杆分享与观摩学习是理论学习与案例学习的有效补充，可以通过场景化的体验，让团队成员更好地理解敏捷的价值与精髓。特别是在同一家公司中，已经有团队完成了敏捷开发转型，通过标杆分享与观摩学习可以起到更好的培训效果，让敏捷的价值更加有说服力，可以更加深入人心。

如上图所示，是我们在新团队培训时，邀请标杆团队的负责人进行分享。标杆分享的参考意义非常大，我们发现对于试点团队的培训和新转型多团队的培训，所采用的方法是不一样的，试点团队的培训以理论为主，新转型多团队的培训以案例分享和场景化学习为主，理论学习为辅。因为毕竟这些团队是在同一家公司，试点团队的成功案例有更好的参考价值和参考意义，毕竟成功的团队在这家公司不管是在人员的能力或者说公司的环境、团队的组成、团队的成熟度方面都更符合这家公司的情况，也跟新转型团队的情况比较相似，或者说差异不大。如果说我们拿外边公司的团队来进行标杆分享，参考价值不大，所以说邀请这个试点成功的团队进行标杆分享具有更好的"同境"参考意义，在相似的环境中有更好的参考价值，所以从这个角度来说主要是参考价值，可参考性更大。

理论学习只能停留在纸面，案例分享只能停留在赞叹，身临其境的实战观摩才是最好的学堂。如下图所示，是邀请其他团队的成员到标杆团队中进行观摩学习。我们知道，团队成员在理论学习中学到的是知识点，学到的是如何做，但是不一定知道怎么做，在实战环境中怎么做，如何应对。实战观摩可以理解为我们的老带新，可以理解为我们的传帮带，比如说 15 分钟的 PBR 到底如何高效完成，中间产品负责人如何与团队成员进行沟通？对于不理解的需求，澄清的程度又如何？反馈与商榷机制又是什么？

对于迭代计划会中，验收标准到底如何写？任务如何拆？和自己相像中有什么差异？大家是如何讨论技术方案的？如何估算与保证迭代可以顺利成功交付？试点成功团队的每日站会又是如何开的？是不是真的只回答三个问题就可以了。大家是不是真的按照任务状态更新的标准进行任务更新的等。通过实战的观摩，这些疑惑会有一个更加立体直观的感受，这是场景化体验、情景化感受的完美诠释。对于理论转化实践、理论知识的消化吸收和消除真正实践前的恐惧感非常有帮助。

多团队面临新问题

三个团队就这样自然而然地开始了

三个团队如何进行会前沟通

三个团队一起参加培训，持续了一个月。然后一起学习敏捷方法论，学了很多关于敏捷的工具，也了解了试点团队成功的转型经验。也就是说，在真正的转型实践开始前，他们首先学了理论知识，然后听了其他人的一些分享。但是，是不是这些就足够了？其实在真正的开始之前，就像在试点团队那样，我们需要跟团队商量很多的事情。比如需要跟团队再次商议团队的看板怎么规划、具体放在哪个地方以及看板里边的每一个栏目应该怎么设计。然后，看板什么时候制作，站会的时间放在什么时间点比较合适。站会是所有人都需要参加，还是只有一部分人参加就可以了？站会时具体怎么落实和沟通？现在的需求到底是一个什么样的状态？

如果说我们计划在某月某日正式开始迭代，这时我们的需求到底能不能达到准备好的状态。谈到准备好，我们可能会想，什么是准备好？那对我们这三个团队来说，我们准备好的标准是什么？这个有没有参考？还有，说到准备好，我们还有一个完成的定义，比如，我们承接的任务，做到什么样的程度才是做完了，做好了。对于团队内部来说，每个团队的标准又是什么？还有就是我们团队每天自测的标准，每天验收的标准，我们每个迭代联调的标准，冒烟测试通过的标准。还有就是我们这个迭代的交付物谁来决定发布，要不要发，每个迭代发布的时间是什么样的，放在几点发？需要协调什么样的人员，发布的顺序和发布检查的清单又是什么样的？在发布前，我们需要经过哪些审批，然后等等的一些协调的或者具体的工作，需要我们在这三个团队真正的开始迭代前准备好。

我们知道，在敏捷培训过程中，并不能够培训到这些具体的细节。我们在真实的培训过程当中其实是以模拟或者理论讲解为主；具体细化到每一个环节，需要我们在方案中或者在前期的真正开始前再做细致的沟通。作为敏捷教练，在转型的前期，完成了试点团队转型的成功，接下来从一个团队扩展到多个团队，多团队一起执行敏捷开发框架，这不仅是一个量的改变，也是一个质的改变，代表着敏捷开发的全面铺开。我们可以基于以前的工作经验或是已经转型成功的试点团队的经验，把这些成功的实践经验迁移到新的团队，但是也要基于新转型团队的真实情况进行因地制宜的改进，不能够全盘照搬。即是在同一家公司，也没有两个完全一样的团队，两个团队所采用的方法论可能一样，但是具体实践的形式就有可能产生差异，比如最大的差异可能就是看板都有可能不一样，或者说流程也有可能会有差异。对于这些细微的差异，敏捷教练要做好充分的方案准备和沟通工作。

三个团队的会议如何组织

一个敏捷教练只辅导一个团队的时候，非常惬意，单团队辅导，不用考虑多团队辅导所带来的协同问题，只把一个团队的会议约好并组织好就可以了。一旦变成多团队，多团队所带来的协同问题就产生了。

会议预约的时间要提前，可能提前一个月，也可能更早。这是可行的，因为敏捷团队的迭代周期是固定的，所以，Scrum 框架中五项活动的时间也可以固定到那一天，有利于给预约会议室提供便利。为什么要提前预约？原来约一个会议室就可以了，现在需要同时约四个会议室，所以在会议预约方面需要考虑更全面，要提前提前再提前，保证三个团队都可以正常启动，防止因为会议室不足或者会议室没有提前约好和组织好而造成会议无法正常进行，给迭代造成非常不好的后果。结合我自己的转型经验，团队的迭代计划会和迭代回顾会，我都会提前一个月约好，辅助好迭代的开始和结束，做好服务工作，保证迭代的顺利启动和完美结束。

会议的组织要协调好，迭代计划会和迭代回顾会是由敏捷教练来亲自组织的，约会、召集、控场，亲力亲为，把控好几个关键的环节。对于产品待办事项梳理和迭代上线评审会，我会建议产品负责人来约会和组织，我也会串场性的加入，但不一定会全程参与。对于每日站会，每一个团队的每日站会我都会参加，不一定能够参加全程，但至少会听五分钟。敏捷培训时，要求每个团队每天的站会控制在 5 到 10 分钟，其实，有的时候，有些团队的站会时间可能会控制在五分钟内，这个要结合团队的成熟度和迭代的复杂度来进行。站会时，只要紧紧围绕“我昨天完成了什么”，“我今天完成了什么”，“我有什么困难”这三件事情，其实站会的时间，还是可以得到比较好的控制。

对于多团队的会议组织，从会议室的预约来讲，一定要提前预约，做到提前一个月或者更早的一个时间，从会议的组织来说，自己组织的会议一定要尽力，一定要认真筹备好，对于需要外部其他人员来协助组织的会议，也一定要认真参与其中。作为敏捷教练，我们的目的是保证转型团队在每个迭代中都可以成功、高品质的交付，所以说，不管我们做任何事情，只要围绕这样的一个目标，就是可以的。坚定目标，不忘初心。

三个团队并行辅导的常见问题

其实想来想去最尴尬的应该就是资源的问题。比如，团队中现在所谓的产品负责人，他不单单是负责一个产品，他有可能是负责两个产品，甚至三个产品的都有。这个时候，如果正好有其中的两个团队是同一个产品负责人所负责的，如果这两个团队同时启动，都是敏捷团队，或者一个团队要开迭代评审会，另一个团队要开迭代计划会，两个会议的时间重叠了怎么办？产品负责人分身乏术，只能协调好或者是规划更好的方案。

还有就是，多团队并行回顾的尴尬问题，比如有个团队迭代进行得很顺利，有个团队迭代失败，有个团队迭代没有失败，但是发版不顺利，总是一波三折，这样，在迭代回顾时，每个团队所面临的改进问题是不一样的。虽然可以吸收彼此的优点，汲取彼此缺点的教训，但是有时，也会让部分团队成员感到尴尬。如果说几个团队分开进行回顾，受精力和时间的限制，也会有羁绊。总之，作为一个辅导多团队的敏捷教练来讲，协调和平衡的个人魅力，异常重要。

有一个团队突然掉队了

这里所讲的“有一个团队突然掉队了”是指有一个团队，已经完成了敏捷开发的转型调研、方案与培训阶段，准备开始正式进行敏捷开发模式。但是在这个时候，比如，迭代计划会时间，突然说需求没有了，迭代不能开始了。再回到我们现在所处的转型阶段，我们已经经历过单团队的转型，现在是多团队同时转型，这次是三个团队一起转型，三个团队采用一样的迭代时间盒，一起开始，一起结束。假如这三个团队分别是 B/C/D 团队，B/D 团队都开始开迭代计划会了，C 团队突然说，开不了，迭代不能启动，要暂停，这就说明 C 团队掉队了。

多团队一起转型，一起启动，可以产生多团队迭代效果的横向对比，看到多团队共同迭代的规模效应。当然，前提条件是敏捷教练一定要有这样的能力和精力去同时辅导多个团队。在这里，我所讲的三个团队，其实就是他们一起完成敏捷转型，一起参加培训，然后一起制定方案，然后一起约定正式转型开始的时间。

比如，我们用一个月的时间进行敏捷培训，然后约定在某一个月的某一天正式开始计划会，原来计划会的时间是计划好的，需求已经准备好，但是，提出需求的业务方突然出现了问题，比如说业务方人员的离职，或者说业务方需求的变动、业务方需求评审的流程产生变动等等，这些都会造成需求的突然缺失或无效!

没有确认的需求是没有价值的。而我所带的这个 C 团队，恰恰在转型刚开始就遇到了这种问题。原来需求的提出人员离职，新人加入，不了解业务，牵扯到采购与责任归属问题，需求被否定，迭代还没有开始就暂停。当然，这是团队还没有启动就暂停的案例。还有一种案例是迭代开始后，或者是已经过了多次迭代，因为各种原因而造成迭代的暂停，不能和其他团队协同并进。

来自技术负责人的抱怨

可能有些人会认为，没有需求或需求很少不是很好吗？没有需求，大家都不用干活了，需求很少，大家都可以天天磨洋工，什么事情也不用干，然后还可以拿工资。其实作为一个团队的技术负责人，他有自己独有的想法。比如一个固定成员的敏捷团队，一旦没有需求，一旦出现迭代空转，那也就意味着他的团队成员要被剥离走，出现了闲人，公司花钱招聘进来的人肯定是要考虑到投入产出比的。如果这些人在这个迭代中没有活干，又不能够承接其他团队的需求，这种情况肯定不长久，团队肯定要被解散掉的。或者人员肯定要被抽走的。如果这些人被抽走，对技术负责人来说，至少是对这个团队的技术负责人来说，他所管理的人员就会减少，对他来说其实是一种损失，本来他可以管 20 个人，但是现在因为没有需求，他们团队要减员，他可能要损失掉几个人，对自己的职业成长和威信等都会产生影响。所以说，如果碰到一个非常有责任心的技术负责人，当出现迭代空转或者没有需求的时候，就会有来自技术负责人的抱怨。

敏捷教练可以作为技术负责人抱怨的倾听者，并给对方提供合理化的建议。当遇到有团队因为没有需求或者说其他的原因而造成迭代没有正常启动的时候，团队内部首先要进行充分的沟通，不管是与产品负责人、业务方还是领导。其实，我的团队也遇到了这样的情况。C 团队启动时，业务方人员的突然变动，新交接的业务人员对上一个业务人员提出的需求不太理解，提出来否定和无价值的建议，觉得没必要做。本来约定要做的事情结果被否定掉之后，团队就没有事情可以做了，因为需求没有确认，即使做出来也会被人否定，是没有价值的，所以团队就突然停止了。另外两个团队正常启动，这个团队突然停止，掉队了。

然后，技术负责人开始找到我说，可能不单单是业务方的原因，产品负责人可能也存在一定的原因，说产品负责人最近变得没有责任心，工作比较拖沓和懈怠，经常说是因为自己太忙而没有更多的精力等。最后，这个技术负责人拉上我一起去找公司的研发总监反馈情况。虽然说，最后事情得到了一定缓和，但是并没有得到根治，因为整个产品的走向随着公司业务线的转变，也发生了很大的变化。在当前阶段，即使公司的领导也没有办法给出一个比较明确的答案，并且如果公司比较大，涉及的业务部门比较多，牵涉的利益关系也比较多，要做哪个产品不做哪个产品，每个产品之间的资源如何协调，中间也有很大的学问。作为敏捷教练，我们可能不能够干涉太多的公司的整个的战略方向和业务走向和产品规划，但是要安抚好内部团队成员，让大家尽量开心地投入到当前的工作当中。

敏捷教练可以持续观察几个迭代，如果真的没有需求，或者说真的没有合理的需求，持续的产出，也就意味着当时我们的转型方案可能出现了问题，或者说我们团队规划的时候也出现了问题。所以，敏捷转型过程当中其实是有很多变数的，一方面我们要在转型初期做好团队的调研，要能够判断这个团队所负责的产品线是具有绝对持久的生命力还是相对持久的生命力。然后，团队完成搭建之后，团队成员的稳定，迭代的正常开展。当然也很难预料，转型开始时产品很有生命力，但是在迭代过程当中突然发现公司的业务线产生转移，否定这样的产品而导致团队突然被解散，这也是很难避免的。总之，在这个过程当中，敏捷教练要起到很好的一个协调组织或者安抚的一个作用，缓解因为迭代空转造成的团队危机感。

依旧没有赶上的空看板

我们回到刚刚谈到的 C 团队，他们在第一个迭代中没有正常启动。然后在第二个迭代中开始了，在第三个迭代中又没有了需求，在第四个迭代中开始了，但是第四个迭代的需求非常的少。观察下图，可以发现，原来计划的是只有六个任务，但是实际上来说，这个团队根本就吃不饱的，所以中间又临时加了五个“所谓”的需求。但是团队中的看板依然空空如也。

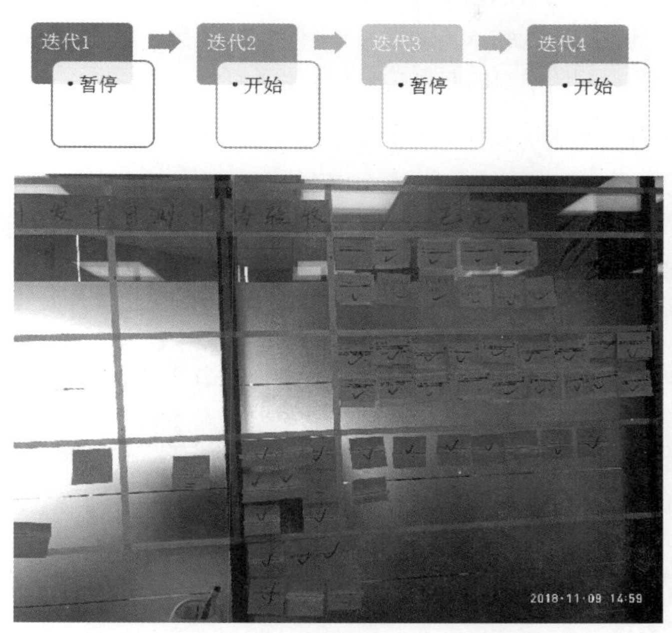

作为敏捷教练，我们在培训团队的时候已经告诉团队，在任务拆分的时候要基于标准任务进行拆分。每个迭代具体承接多少的任务，每个团队成员具体做多少工作，对外展出的任务卡片的数量是相对稳定的，这也就回到了我们当初所讲的速率的问题，每个团队的速率其实是在稳步上升，但是到一个阶段之后，会是一个相对平缓的情况，不会是无限上升。如果发现这个团队的任务有时很多，有时很少，则说明不是估算不准或者是每次拆分的标准有问题，就是每个迭代的需求的松紧程度或者多少有问题。

其实通过观察物理看板的任务量，也是对团队工作量或者团队可持续能力或者需求池等等方面进行判断的一个综合的考量。在我的团队中，也会出现某些迭代工作量比较少的情况，有些团队是偶尔发生的，但是有一个团队发生的频次是比较高的，从中我们也可以发现这个团队其实是有问题的。在整个敏捷转型过程当中，不管是一个团队还是多个团队，作为敏捷教练，都应该持续观察团队的看板，不仅要观察燃尽图的情况，还要观察团队每个迭代所承接任务的数量，及时预测或者发现相应的问题，然后做出及时的应对方案，防止不良事件的发生。

被抽走的队员

一个不得不面对的现实是，公司肯定是不会养闲人的。每一个在公司的团队成员都需要发挥自己的价值，为公司创造效益，这样才能在公司生存下来，才能在这个团队活下来。不能够创造经济效益的团队或者人员，总有被淘汰的那一天。这个团队其实就是出现了这样的问题，因为需求不能够有一个稳定的产出，当时计划的团队人员就被抽调去了别的团队，团队成员的归属其实也发生了变化。

对于这个团队的技术负责人来说，人员被抽调走，相当于消弱了自己的力量，对他来说是一种损失。对团队成员来说，本来在这个团队还是蛮有归属感的，但是因为需求的问题或者因为现在不需要这么多的人而被抽调到其他的团队当中，在另一个团队中，其实需要适应新的环境、去了解新的业务和新的需求。但是这个情况已经不可避免，没有事情待在那里也是没有意义的，最终就是被抽调走的结局。

还有一点，我们这里想谈的是对于产品负责人来说，虽然说这个团队被保留了，但是团队成员被抽走了，团队的实力大大缩减。如果接下来还是没有持续性的需求产出，或者说接下来就没有了需求，这个团队可能真的没有价值，面临着完全解散的风险，那这个产品的负责人其实也就没有了存在的价值，也有可能被剥离走，或者转到其他的产品线。

PO 带着开发“跑路”

消极怠工的 PO

我当时对这个 PO 还是很有好感的，为什么这样说呢？因为我刚开始加入这家公司的时候，或者说我刚开始带这个团队进行敏捷转型的时候，这个 PO 非常支持我做敏捷转型。他当时应该在上一家公司体验过敏捷的好处和优势，所以说在这家公司当中，他也希望可以引进敏捷开发这样的工作方法。前期我对这个 PO 的判断是，思维非常缜密，工作能力也很强，在目前的产品负责人团队当中属于佼佼者，是个领头羊的角色。

后来情况就有了转变。有人说，有些人没有能力，但是工作非常努力，有些人有能力，但是就是不干活。在团队当中到底需要什么样的人？或者说这个人在团队中存在的意义，或者说这个人为什么要加入这个团队？其实是会影响整个团队发展的。这个 PO 不知道受了什么样的刺激，开始变得不愿意承担更多的工作，只专注于自己团队的工作。其实他有实力或者说有能力承担更多的事情，或者说是承接更多的工作，或者说带着其他的团队做更好的事情，但是他没有。

别人或者领导安排什么样的事情，他会说拿一份工资出一份力。在什么样的岗位上，就做什么样的工作，我们没有办法用自己的价值观或者说道德标准来评价这样的人，也不能主观评判这种行为的好与坏，或者对与错，因为每个人的价值观或者说思维方式不一样。刚开始，我对这个PO的评价非常好，随着工作的深入，或者说我不了解他出现的某种变故或者自身受到什么打击而产生了这样的一个思想转变，工作开始出现了懈怠。然后真的是拿一分钱出一份力，吊在那里不走也不离。后来，这个工作状态被其他团队成员逐渐发现，领导也发现有这样一个产品负责人存在。再后来，公司调薪和职位调整也没有惠及到这个PO，薪资没涨，职级没有提升，可能后来他也意识到了自己的问题，就离职了，随后就产生了一系列不良的后果，这都是我们没有预料到的。

被挖走的团队开发负责人

这位PO离职的时候，团队一起吃了个饭，叙叙旧，然后我也单独去送了送他。其实，虽然说他在工作中出现了懈怠，但是他的工作能力我还是非常肯定的，我也非常感谢他在前期对敏捷转型支持。没有想到的是，他后来挖角到当时的D开发团队，致使D团队开发负责人的离职。

D团队开发负责人的离职给团队带来了非常严重的影响，公司也做过多次的挽留，刚开始反馈是说他在公司和别人合作过程当中的种种不愉快，然后感到公司可能有派系或者说公司某些人有天生的优越感，自己的某些价值主张和价值观得不到实现，觉得和某些人在一起相处可能会比较好。然后他的请假就开始变多，我们也能够明显观察到，但是请假的理由可能说去照顾孩子或者说生病等等，也不方便去质疑或者说挑明他到底做什么。

再后来，这个研发负责人私下跟我说他有离职的想法，但是还不知道要去什么地方？其实我当时也没有多想，我只是问了一下他的一些原因，因为我知道他住的地方离公司是很近，并且配有班车，可以很方便地回家照顾小孩，但是他私下里跟我说过两次他要离职，说明对我还是非常信任的，也非常感谢他对我的信任。当时这个事情我也没有反馈给领导，或者说领导应该也有这样的一个猜测，或者已经知道这样的事情，只是没有挑明，再后来，他就离职了，他加入的那家公司就是离职PO所在的公司及所在的团队。他原来一直在纠结的是是否加入那家公司，反复比较了一个月，最后下定决心离开。

又离职的后台开发和前端

更可怕的事情来了，另一个后台也要离职，前端也要离职。当然了，这两个人的离职也有各自的原因，他们其实并没有和这个 PO 走，而是选择了其他的公司。后台成员反馈说，他在上海没有户口，没有房子，用同样的钱在上海可能买郊区，或者说上海周边的房子。在杭州，或者说在其他地方可以买更好的房子。相同的待遇，有更好的居住场所，对于现在的团队成员来说，他们的选择去向，我们也不好去质疑，也可能是对的。因为生活在上海，或者说类似上海这样的城市，压力确实非常的大，有新的工作去向和生活向往也是很好的。前端也要离职，前端要离职的原因是要回家结婚，说，年龄大了，想回家。从 PO 提出离职，到研发负责人的离职，到后台提出离职，再到前端提出离职，整个过程只有 1 个多月。最后，团队只剩下了一个测试没有离职，想想多可怕。

紧急“填坑”，渡过难关

人要走，迭代还要照常进行。留给新人学习的时间非常短，老人离职又非常仓促。紧急从架构团队抽调了一名研发工程师负责这个系统的交接工作，又从另外的团队抽调了两名实习生来加入。唯一让我们感到非常庆幸的是，测试没有离职，测试，竟然成了最了解这个产品和最了解这个系统的人。我们从产品团队抽调了一个产品负责人来进行整个产品的交接工作，前前后后总共持续了一个多月的时间，我们就完成了整个团队的重构。在整个团队重构的过程当中，我们的迭代并没有停止。首先我在这里要感谢我们那些离职的同事，给我们留有一定的缓冲时间，让新人可以顺利完成工作的交接，所以我还是非常感谢这些离职的同事所付出的努力。其次，我们要感谢我们新接盘的团队成员，在很短的时间之内完成了工作的交接，并且保证迭代的正常进行，没有让迭代出现失败，没有让迭代进行不下去，整个迭代还是非常顺利。最后，敏捷价值观，尊重、承诺、开放、勇气、专注，一直贯彻在这个团队当中，每一个团队成员离职的时候，我们都会请这个团队成员吃饭，进行推心置腹的交流，希望离开这家公司以后大家还是朋友，通过这样的感情联络，大家互留联系方式，承诺以后互相帮助，以后系统有问题，还可以互相请教。确实，离职的员工在后面我们迭代开发当中遇到逻辑性问题或者发布问题的时候，也提供了一定的支持和指导。虽然说因为某种原因造成了团队的爆炸性溃散，但是，新人的加入并没有影响我们正常迭代的进行，让我们顺利度过了难关。

最后的感触

这件事对我的影响很大，我的感触也颇多。首先，有一点不得不说，我们要比较坦然地面对人才的流失。研发是一个人才流失比较快的群体。俗话说，铁打的营盘流水的兵，研发过程中的人才流动不可避免，面对人才的快速流动，我们除了在薪资福利和公司环境等方面努力外，也要打造特性团队，真正实现一专多能，实行轮岗与备份机制，一人了解多个系统，可以交叉开发，快速轮换，防止因人才快速流失所带来的窘迫与紧张。其次，我们要更好地贯彻敏捷的价值观，然后让团队成员可以更好地遵守这样的价值观。大家在保持同样价值观的情况下去共同做同样的事情，这样在出现紧急情况的时候，也可以在共同价值观的驱使下，不必采取激动或者激烈的行为，产生不可挽救的报复性后果。

我们要以开放的心态打造一个温情的团队，不管是走还是留，吃一顿饭，不是说即将离职的这个人会挖坑，只是说，这种出去"转一转"的想法和渴望，也是可以理解的。就像公司的领导所说的，希望大家可以出去走一走，如果大家觉得在外边遇到了什么困难，也可以选择回来。其实这是一种很包容的心态，不是说离职了就是仇人就是敌人，不是这样的，即将离职的团队成员，在这个团队中可能已经待了几年。在这样的环境中已经感觉到很疲劳，需要去新的环境呼吸一下新鲜的空气，说不定他会得到更好的成长，在思想、待遇和人际关系方面都会得到提升，我们也非常欢迎或者接纳这样的团队成员再次回到我们的团队当中，以一种非常包容的心态去看待他们。总之包容吧，包容。

"断粮没奶"

如何定义"断粮没奶"

最明显的表现是团队没有任务做，没有事儿干，团队有人员闲下来。我在团队转型的最开始，会甄选团队成员，也就是说先组队，先把团队给组建起来，因为在前期调研的时候发现有些团队是缺乏相关资源的。在前期调研的时候，有些团队可能会反馈说缺乏前端，有些团队可能会反馈说缺乏后端资源，有些团队可能会反馈说缺乏产品等。这是在调研的初期，我们会发现不同团队所反映的情况不一样，那就是说，我们首先要解决团队组建的问题，搭建好团队。

结合调研的情况，再结合我们敏捷里面对团队角色的要求，一共有三个角色，分别是产品负责人、敏捷教练和开发人员，对应每一个角色，在团队转型的初期，应该补全这些角色。团队的人数要求是三到九个人，正常情况下，目前我所负责的团队人员控制在七个人左右，但是也不排除有非常大的超过 20 人的庞大团队。

参考我们前期团队的组建情况，这些团队成员应该在迭代过程当中是满负荷运转的，每个人在每个迭代过程当中都有很充足的工作去做，这是我们预想的结果，也是我们期待的结果，在需求非常多且产品具有可持续发展的情况下。在真实的情况当中，如果说需求出现枯竭，或者说没有需求，或者说产品不再具有可持续性发展，不是公司重点发展的方向，公司的重点发生了偏移，这个时候团队就可能出现闲置和空档期，没有什么事情可以做。

常见的“断粮没奶”表现

首先，该开的会议没有开或者与其他会议一起开。敏捷 Scrum 框架一共有五项会议，其中，第一个非正式的活动是产品待办事项梳理，还有迭代上线评审会，这两个会议其实都是由产品负责人来组织的，至少在我的团队当中是这么要求的，那么我们可能会发现产品负责人说这个迭代不需要做产品待办事项梳理了，上个迭代已经讲过，不需要再讲了。或者说这个迭代做的内容很少，不需要邀请业务方评审了。又或者迭代上线评审时，业务方根本没有人来或来的人非常少，这看起来是会议没有开或开得不成功的表现，其实是因为团队对外输出的内容相对来说已经比较少，已经是“断粮没奶”的表现。

其次，任务量变少，团队吃不饱。如下图所示，一个迭代只有 4 个小任务。在迭代计划会的时候，团队的任务量变少，团队评估之后根本就不饱和，不能够满足整个迭代运转的需求。我们可以看到有些团队，在一个迭代过程当中，可能只有一些前端优化的简单需求，并没有后台相关的业务逻辑的修改，或者说我们看到有些团队没有前端的需求，只有后端部分简单报表的开发等等类似情况，前后端搭配出现分离。按照常理说，前后端应该紧密协调，每个迭代过程当中，他们的任务应该是相辅相成，相互支撑，共同完成整个迭代的。但是，一旦我们发现前端有闲置或者后端有闲置，或者双方不能够相互支撑，就表明可能出问题了。还有一种情况是在迭代计划会的时候拆分的任务量比较少，但是在迭代过程当中会出现任务增减情况比较频繁，也就是说这个团队已经出现了需求不稳定和需求修改的这种情况，其实也是一种没有需求或者说需求中断的潜在表现。

最后，需求池枯竭，业务重心转移。需求池出现枯竭，公司的业务重心发生了转移，比如说业务方不再提需求了或者产品负责人也发生了变化，他不再把主要的精力放在这个产品上了。

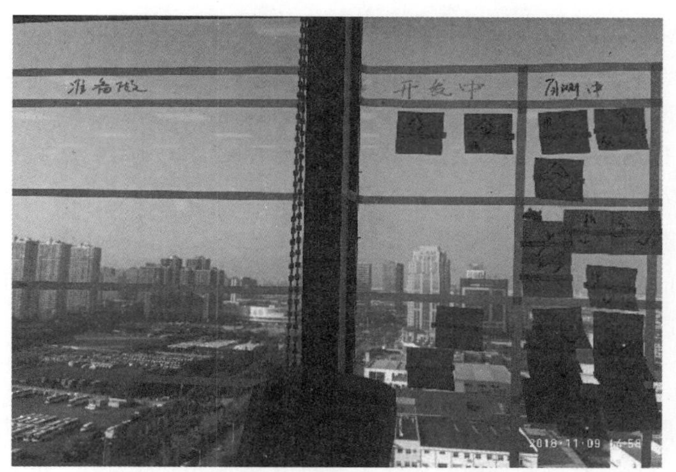

举一个我所负责的敏捷团队中出现的情况，产品负责人 R 其实负责两条产品线，A 产品线与 B 产品线，其中一条产品线 A 已经转型敏捷开发了，他的主要精力也放在 A 产品上，后来随着公司转型敏捷团队的不断增多，那 B 产品线也开始转型敏捷开发。A/B 并行，R 的工作也出现了并行，因为两个产品线的迭代开发时间只相差一天，如果说原来一个产品线是走敏捷，另一个产品线不是走敏捷，中间其实还是有缓冲的。但一旦 A/B 产品线开始并行敏捷，对 R 来说，原来收集并整理一次需求需要七天，现在两个团队，需求都要压缩在七天之内完成，所以说 R 这边的工作就会相对来说比较紧张，同一时间区间要完成的工作量就会增大。一旦需求池中没有需求，在 R 的精力无法顾及的情况下，就有可能出现“断粮没奶”的情况，那在 A/B 产品线的案例当中，我们就发现，B 产品线逐渐被 R 忽略，R 要放 80% 的精力在 A 产品线上，B 产品线的需求量逐渐减少，只有一些修修补补的需求。B 产品线的技术负责人其实也有很大的抱怨，给公司的领导反馈，说 R 工作状态不行，工作出现懈怠等等。该来的总会来，作为团队的敏捷教练，必须尽力平复好团队每一个成员的情绪。

“断粮没奶”的处理机制

关于团队成员的安排。首先我们在转型初期组建了这样一个团队，希望这个团队是有生命力的、是有存活价值的。一个团队要想存活下来，必须有它的价值，产品要有持续不断的需求让他们开发，让他们做最有价值的事情，但如果没有需求，他们不能做最有价值的事情，不能够创造价值的团队肯定会被公司解散或者转移的。那么对于断粮没奶的处理机制，对于团队成员来说，最简单粗暴的处理办法就是转移到其他的团队，该团队解散。

但是目前在我的敏捷团队中，在出现需求不足的情况时，并没有让团队直接解散，首先，团队可能还会有一些零零散散的需求，迭代的过程当中还是会断断续续有需求去实现，但是可能用不了那么多的开发人员。但我们也发现其他团队会有很多需求来不及做，我就会把这两个团队或者三个团队进行打包，比如ABC三个团队：A团队正常迭代；B团队因为需求比较少，没有足够的需求能支撑整个迭代，有开发人员闲置；C团队有很多的需求，业务方要求又比较急迫，这个团队没有足够人员在迭代过程当中去完成这样的工作量。其实B团队和C团队之间的人员可以互补。在我的团队当中，目前前端互补的情况比较多，后端偶尔也会互补。

谈到团队互补，又让我意识到打造特性团队的重要性。如果有特性团队，可能就不会出现这样的问题，所以我的综合建议是，如果说这个团队没有足够的需求而出现中断的情况，不建议直接很武断地解散团队或者暂停这个团队的迭代。我希望团队之间可以实现交付能力的转移或者人员的短暂的一个互帮，在保留团队成员归属感和稳定性的同时，也能够协同帮助其他团队准时、高品质的交付业务方的需求，为打造特性团队做好准备。

关于对产品负责人的建议。一个团队或者一个产品没有需求，首先要咨询产品负责人，产品负责人一方面可以和业务方进行沟通，去挖掘相应的需求；另一方面，他也可以根据市场的反馈或者业务方的反馈去独立创造一些更有价值，更有业务前瞻性的需求。基于产品负责人的经验或者说能力的考量，我们不希望一个团队的产品负责人只是一个需求的二传手，不是一个需求的挖掘者或一个价值点需求的创造者，这样是没有意义的。遇到这种情况的时候，我们首先要和产品负责人进行沟通，也就是说先听一听产品负责人自己的原因。如果说是因为产品负责人没有精力，可能需要解决精力和并行的问题。如果是工作态度的问题，则需要重树职业价值观。我们希望产品负责人在产品规划和产品战略设计方面提供更好的建议，带领团队做更有价值的事情。

探听领导的意见。团队中如果没有需求，领导有可能知道、领导有可能也不知道，我们知道敏捷团队中关于工作量的估算或者任务的领取，其实是团队说了算，领导也不能干预。在我的敏捷团队当中，团队成员确实有这样的权利决定自己的事情，不管是公司的领导。还是产品负责人，都不能够强迫团队去做超出他们能力范围的事情，团队也有责任认领在这个迭代可以完成的工作。

通过什么途径让领导知道团队到底做了什么事情呢？在我的转型团队中，每次迭代计划会开完之后，团队确认这个迭代领取的任务量，一起了解了这个迭代过程当中需要和哪个团队进行配合。我会让他们填写一个表格，这个表格记录需求和关联系统，需要找领导签字。相当于让领导知道这个团队在这个迭代过程当中要做什么样的工作，其实也体现了对领导的一种尊重。

接下来重新回到“断粮没奶”，当真的出现断粮时，第一个知道的是产品负责人。如果产品负责人有意隐瞒，则表明他不愿意暴露这样的情况。但是我们作为团队一份子，应该可以及时察觉到确实没有需求，这个时候，作为团队的敏捷教练，是需要和产品负责人谈一谈。如果说真的是没有需求，就要向相关的领导反馈，如果领导也知道没有需求，说明公司的业务方向和战略已经产生了转移，确实无能为力。如果领导认为这个产品线有需求，和产品负责人反馈的情况不一样，教练就应该警醒。挖掘一下领导的意见和产品负责人所产出的东西为什么不一样？及时辅导团队并制定应对方案。

虎视眈眈的其他风险

我们知道，在敏捷开发转型团队中存在着诸多的风险，比如下列风险。

- 因个别技术人员采用了新技术带来的迭代失败或产品功能与性能不稳定风险。
- 因环境搭建的缺失带来的测试风险与生产风险。
- 因人员离职导致的任务遗漏或任务不能完成风险。
- 因未遵循发布流程、参数配置失误造成的发布失败风险。
- 因用户故事未确认、老板没有审批或审批通过，结果上线评审没有通过，从而带来的返工风险。
- 因老板强制把新用户故事插入到当前迭代，而没有删减部分迭代任务，团队总任务量超过团队可承接任务量，造成的迭代失败风险。
- 因客户说很重要，很紧急，非加不可等变更造成的迭代失败风险。
- 因“伪敏捷”或“局部敏捷”带来的团队信任风险。
- 因超负荷工作，团队工作与生活不能有效分离，从而带来的团队高流动性风险。

风险多种多样，只要能引起迭代失败，给团队带来不稳定的因素都是风险。作为团队的敏捷教练，我们要有风险应对与应变能力，保证团队按照计划的流程稳定持续的交付，当团队遇到风险时，也可以帮助团队排忧解难，化解风险，促成迭代的成功。

下面是给大家举的一些具体风险应对策略示例。

风险：强烈想把新用户故事插入到当前迭代。

对策如下。

1. 给想在当前迭代插入新用户故事者讲这样做带来那些不好的影响和后果，比如未评估，开发节奏会被打乱，给正常迭代带来风险。
2. 评估当前新故事，根据当前团队的承载量，事实反馈，增删用户故事，不超载。
3. 让老板做选择题，加入当前迭代的故事走变更置换等量的用户故事（任务）出来。
4. 在迭代中加入长期性事务（冗余）做为灵活机动的备选项，比如可以在每个迭代中留有优化性质的技术性任务，作为紧急任务的冗余备份。
5. 让 CTO 和老板沟通，寻找平等对话权，获取老板的支持。
6. 让新增者说清楚需要插入的用户故事的价值，单独抽人做临时版本，并评估对其他项目和当前迭代的影响，告知相关业务方，并通过邮件归档确认。
7. 团队成立时就达成一致，定义可以迭代内加入需求的条件，按照约定好的来做，让老板看到成效，反过来影响已有的团队。
8. 先接受一次，通过收集影响，下次和老板说尝试放到下个迭代，做完后和当前迭代结果做个对比，看看哪个更好。
9. 长期收集多方面数据，让老板通过数据看到临时增加需求造成的数据图表上的异常。
10. 通过报表等让老板看到遵守敏捷带来的成功，让老板相信遵守敏捷的规范是正确的选择。

风险：人员离职的风险。

对策如下。

1. 引入心情五线谱，如下图所示，让团队成员每天记录自己的心情。
2. 引入心情垃圾桶，不愉快时写到纸条上，投入心情垃圾桶。
3. 轻松私密回顾会，让团队成员轻松尽情吐槽。
4. 通过汇报会让成员可以表达自己的想法，给予表现机会，获得表扬。
5. 阶段性奖金与薪资提升，公平合理的绩效考核机制。
6. 视情况而定的团队建设，团队建设要深入、有感情，不能留于表面。

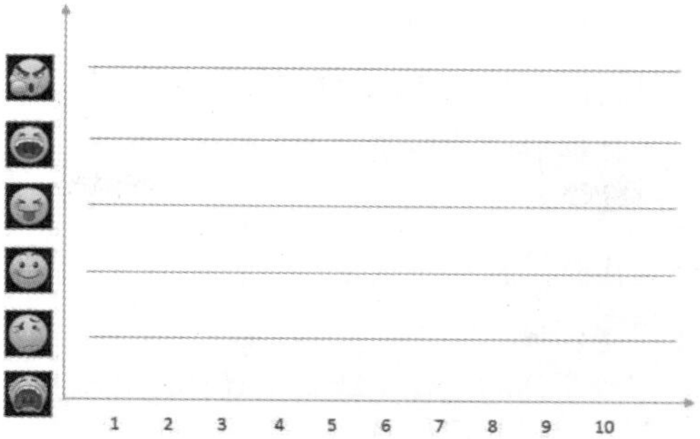

1 2 3 4 5 6 7 8 9 10

风险：迭代失败，没有按时“完成”本次迭代中要交付的增量就是迭代失败！

原因及对策如下。

失败归因	失败原因分析	对策
产品负责人	• 需求没有评审或评审不细，部分控件元素太过个性，开发时耗时过长 • 迭代计划会前没有做产品待办事项梳理 • 迭代计划会澄清时间过短，答疑不充分或答疑不准确 • 当前迭代所对应的 PRD 文档缺失，开发过程中沟通不畅又缺乏有效的参考 • 需求拆分不合理，影响评估，估算不准，造成工作量过大 • 产品负责人主人翁意识不强，没帮助开发梳理业务逻辑或业务逻辑本身就存在逻辑问题，产品没有预知到，开发时才发现	• 产品负责人与开发团队沟通常用页面控件元素，提升易用性 • 产品负责人做好 PBR，及时发现用户故事中的问题，在迭代计划会前沟通好，确认好 • 产品负责人严格遵守 DOR 标准，迭代中需要的功能清单、业务流程、功能逻辑、交互设计、视觉设计等都不可少
开发团队	• 任务拆分粒度不细，估算过粗，估算不准 • 任务拆分没有考虑到关联因子，关联系统的开发危险没有考虑进去 • 勇气可嘉但过于乐观，盲目承接，勇气可嘉，但是最后失败 • 迭代进行中没有提早预判到迭代失败的风险，及时应对 • 需求评审会前没和产品一起都认真研究过所有需求并理解透	• 制定并尊重标准任务，细化任务拆分粒度，分基础任务、关联任务、重点任务，拆分环节加入页面编号 • PBR 后要主动去看下次迭代的用户故事（需求），主动找产品负责人答疑 • 开发团队制定估算标准，细化估算，在评估时要征询前端的意见，不单单是后端的意见，前端要积极的参与到评估中，合理估算，尊重团队容量与速率 • 开发团队加强自测试，遵循每日验收标准。 • 开发团队尝试代码评审和团队开发语言、开发风格的规范统一
敏捷教练	• 没有及时发现造成迭代失败的风险，提醒力度不够 • 对敏捷落地环节中的部分问题坚持度不够	敏捷教练及时提醒团队不遵守流程问题，让大家养成习惯
客观因素	• 测试环境出问题，无法集成测试，无法交付 • 团队因突发情况而造成人员离职，造成人员缺失，缺失角色没有及时补上	• 搭建稳定的测试环境，考虑周边项目发布对本团队测试环境的影响 • 添加长期建设或技术类任务进入到迭代中，增加迭代冗余，防止因人员不足造成的当次迭代失败

迭代失败总结

1. 加强敏捷理论培训，保证团队成员方法论的统一。
2. 规范敏捷开发流程，及时提醒团队成员。
3. 及时收集反馈，提振团队士气。
4. 坚守敏捷宣言，固定迭代时间盒，不成功便成仁，禁止延期。
5. 及时反馈问题，寻求领导支持。
6. 正确看待迭代失败，转型前期的迭代失败可以让团队得到学习和锻炼。

不给力的测试

不给力有哪些特征？当测试不给力时，测试人员能力不行或工作态度不行时，通常具有这些特征。

- 测试人员缺乏完整规范的测试方法理论支撑，测试基本概念缺乏。
- 测试用例编写不规范，不完整，无法有效覆盖关键业务逻辑，测试用例没区分优先级。
- 测试人员的逻辑能力差，无法快速准确理解产品需求。在测试过程中，测试流程不规范或无测试流程，分不清测试重点与测试优先级。
- 在估算测试工作量时，估算与协调能力差，不能合理估算测试工作量与安排测试任务。
- 软件测试缺陷管理不足，对于 Bug 不进行分析、不提出有效的改进方案，只是单纯的测测测，改改改，Bug 如何产生的？是重复性 Bug，还是连带 Bug？不进行分析，不能有效改进和提升。
- 只会基本的功能测试，缺乏专项测试能力，如安全测试、性能测试、接口测试、单元测试、测试环境及数据库的搭建。不熟悉编码语言，缺乏基本的脚本编写能力，不会写自动化测试脚本，存在大量低效重复劳动。
- 不愿意接受变革或面对变革的适应能力差，无法适应团队需要，思维固化。

在目前的阶段，团队是离不开测试人员的。不能像一些大神推崇的那样，团队成员都是全栈工程师，前后端都可以搞定，这些人员会开发、又会测试、还会自动在部署与运维，这种超强战队在团队中比较难遇到，几个人不足以组建这样的团队，需要测试人员，并且期待测试人员具有以下状态。

- 测试人员愿意接受变革，能快速适应新的工作模式和流程。
- 期待测试人员有比较强的逻辑思维能力，能快速准确地理解产品需求和并转化为准确规范的测试用例，有规范的测试方法理论支撑。

- 期待测试人员在写用例时能够把控一个度，用例精简，但覆盖率高（有效用例），能高效覆盖到关键流程及主要细节。

“黑猫、白猫、逮住老鼠就是好猫！”，对于敏捷开发团队的测试人员来说，一句话，不要让 Bug 流出团队！这就是要求和期待的状态。

下面给大家举一个实战案例。

背景

A 产品团队准备从瀑布式开发转成敏捷开发，前期先给产品负责人和开发经理进行培训。培训完成后举行转型启动会，对团队成员进行敏捷开发培训，主要培训内容为 Scrum 框架及相关理论。此时，团队才开始进入敏捷开发模式。在第一个迭代计划会中，测试人员反馈没法在迭代计划会时写好验收标准，然后敏捷教练同意改，同意会后写好验收标准。再后来，迭代结束后回顾，测试人员说半个月周期的迭代，时间太仓促，回归测试时间不足，当时定的一个迭代 2 周 10 天，后来再改进，迭代周期调整为一个月，测试人员自己评估回归测试用时。

再后来，测试人员反馈，每天测试不行，因为每天提交的功能点不是一个大流程，不能全通，这样重复测试，是重复劳动，不如一个大功能点做好后提测，就测试一次。团队再次调整，改为一个完整的大功能点提交测试一次。在此期间，每天测试人员将不再测试，开发人员自己测试，真实的情况是敏捷教练和开发人员一起测试，时间还是为每天下午 4 点钟。这样一个月的迭代，只提交给测试人员 2 ～ 3 个完整的功能点。

又一次回顾会，测试人员反馈，迭代速度太快，测试人员都没有时间写用例，开发人员自测不负责，其实，采用敏捷开发后，开发人员通过自测，原来一个月的迭代要产生约 200 个 Bug，现在已经降低为约 100 个 Bug。这时，所有团队成员真的想爆发了，测试的速度已经跟不上开发的速度，测试依然没有认识到自身存在的问题。

敏捷教练在每日无测试人员时

首先，可以进行适当的妥协，比如谁来测试，但要坚守流程的完整性。其次，在团队引入新的测试人员之前，敏捷教练可以协助团队进行自测和每日验收测试，并完整记录测试结果。如下图所示，是敏捷教练协助团队进行每日测试时所使用的纸质 AC。随后，敏捷教练要在适当的时机进行汇报，反馈现状及亟需解决的问题。最后，通过回顾会，适当暴露现存的问题，通过群体其他成员潜移默化的影响，来改变现状。

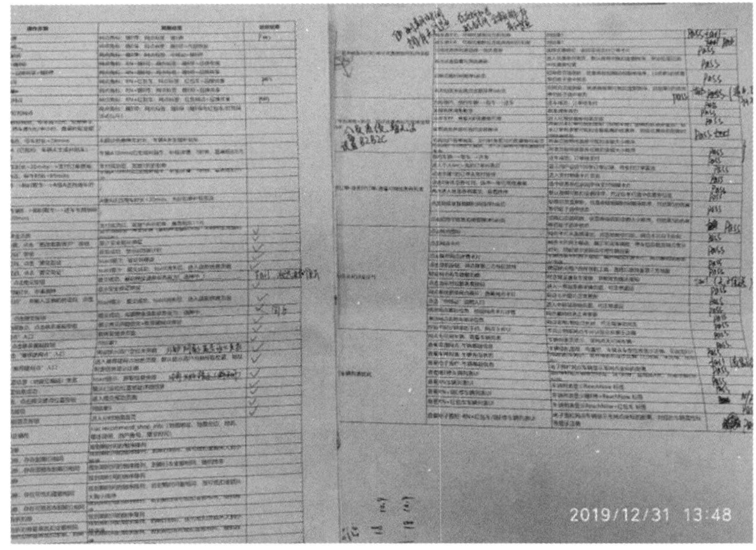

其他方案同步进行

首先，引入新的测试人员，逐渐剥离原有不适应敏捷开发的测试人员。其次，加快自动化测试团队搭建，稳步做好单元测试与接口自动化测试，适当引入 UI 自动化测试。最后，对现有测试人员进行培训改造，和现有测试人员建立共同的敏捷价值观，使用相同的方法论，逐渐适用现有的开发模式。

某迭代结束后的汇报

背景：APP V2.12 迭代周期20171124-20171207，所以V2.13开始时，V2.12已经完全结束						
APP V2.13 迭代周期20171208-20180112，提交审核时间：20180112，上线时间：20180116						
SCRUM流程	时间	功能点	自测完提测时间	V2.13提交审核时间（上架）	有效单功能点开发时间	有效单功能点测试时间
迭代需求梳理时间：	20171205					
迭代计划会（第一次）	20171208	第一批功能点（自动审核）	20171222	20180112	10天（1208-1222）	16天（1222-0112）
迭代计划会（第二次）	20171222	第一批功能点（支付）	20180102	20180112	9天（1222-0102）	9天（0102-0112）
每日站会	每天10分钟					
迭代评审会	20170108					
迭代回顾会	20170116					

观察上表，我们发现，两个迭代间存在时间交叉，开发在每个迭代开发完成，自测完成后就交付给测试人员，不再等待发布上线才开始下一个迭代，而是直接开始下一个迭代的开发工作。每个迭代，开发预留的时间在 10 天，对于测试人员来说，从开发人员交付给测试，到真正的发布上线，每一次迭代后，有 16 天的时间，第二次迭代后有 9 天的时间。在时间有重叠的情况上，对开发人员的要求更高，不管是代码分支管理还是 Bug 的解决，都带了不一样的难度。相比测试来说，测试周期拉长，可以更好地协调资源。当然，这是一种极端案例。

APP V2.13 BUG 分析				
禅道记录BUG数量	禅道记录已解决	禅道记录未解决	未解决原因（设计如此、外部原因、重复BUG、无法重现）	
136	93	43		
禅道记录已解决93个BUG分析				
BUG类型	IOS	安卓	后台	合计
页面问题	11	6		
功能性问题	21	16	18	
需求问题	4	7		
数据问题	2	1		
兼容性问题	0	1		
性能问题	0	0		
环境问题	3	3		
用户体验问题	0	0		
合计	41	34	18	93

在 2.13 版本发布后，对 Bug 进行了分析，团队自测完成提交测试人员后，专业测试人员共测出 136 个 Bug，如上表所示。其中，解决 93 个，有 43 个不予解决，大部分 Bug 集中在功能性问题，因需求不确定而造成的 Bug 有 11 个，因页面视觉样式问题而产生 Bug18 个。这些问题的暴露，给开发人员提出了更高的要求，为接下来的回顾与改进指明了方向。

APP V2.13 每日自测BUG数据跟踪			
每日自测BUG	安卓	IOS	后台
第1天产生BUG数	0	0	0
第2天产生BUG数	4	2	0
第3天产生BUG数	3	3	0
第4天产生BUG数	1	0	0
第5天产生BUG数	5	3	0
第6天产生BUG数	8	2	0
第7天产生BUG数	0	0	0
第8天产生BUG数	21	17	2
第9天产生BUG数	0	0	0
第10天产生BUG数	2	4	0
第11天产生BUG数	0	2	0
第12天产生BUG数	5	3	0
第13天产生BUG数	4	1	0
第14天产生BUG数	9	4	0
第15天产生BUG数	1	0	0
自测BUG产生总数	63	41	2

APP V2.13 任务燃尽数据跟踪			
每日任务	安卓	IOS	后台
预计完成任务数	33	33	9
第1天完成任务数	0	0	0
第2天完成任务数	1	1	0
第3天完成任务数	11	10	5
第4天完成任务数	3	3	0
第5天完成任务数	1	0	0
第6天完成任务数	10	0	0
第7天完成任务数	11	14	5
第8天完成任务数	3	3	0
第9天完成任务数	0	9	1
第10天完成任务数	-9	-9	-3
第11天完成任务数	0	4	2
第12天完成任务数	8	4	2
第13天完成任务数	0	0	1
第14天完成任务数	0	0	0
第15天完成任务数	3	0	0
实际完成任务数	60	57	19

观察上表我们发现，安卓团队每天验收测试发现的 Bug 比较多，说明团队在品控上需要提升，IOS 团队每天发现的 Bug 比较少，团队成员对品质要求比较高，在进度可控的同时，非常注意开发过程中的细节管理。后台在迭代的第 8 天才发现 Bug，除开发人员对自已要求比较高，自测比较好外，主要的原因还有我们在每天并没有做接口测试，没法每天有效的验证业务逻辑，只在前后端联调后，才开始验证后台业务逻辑是否正常和准确。

APP V2.13 变更数据跟踪		
功能点	变更次数	备注
第一批功能点（自动审核）	9次	交互稿改版9次，内容改动更多
第一批功能点（支付）	5次	白板跟踪记录5次

需求变更是开发团队的痛点，敏捷拥抱变化，不抗拒变更。我在敏捷开发转型实践团队中一直给团队成员强调，我们可以把 A 用户故事替换成 B 用户故事，这时可能没有改动原有的开发逻辑，只是新增和替换了用户故事，但是我们比较反对把 A 用户故事变成 A+ 用户故事、A- 用户故事。要知道，替换和变更是完全不一样的，产品负责人在待办事项梳理时，在迭代计划会前，要和团队及业务方做好需求的确认工作，尽量减少迭代过程中的变更，因为很多变更会否定迭代前期的开发工作，给开发造成毁灭性的打击，所以在这次迭代中，我们严控变更，所有的变更要取得领导同意签字后，才可以变。

总结

敏捷开发团队中的队员要坚定敏捷之路。作为敏捷教练，我们要在团队成员不适应时提供合适的培训，通过培训引导，让团队成员逐渐熟悉敏捷开发模式。如果有团队成员一直不适应敏捷开发模式，那只能调换到别的团队，再不适应就要舍得放人！

第 III 部分　收关

当试点团队取得成功、团队批量转型敏捷后，作为敏捷教练，我们就可以稳重求进，在迭代中持续改进，促进团队的持续提升。同时，精益求精，对团队进行持续的支持与辅导，践行已知与探索未知。

第六章

稳中求进：团队再提升（从第 7 个月开始）

从第 7 个月开始，对于已转型敏捷开发团队进入持续支持期，稳中求进，辅导团队再提升。如果后期还有新的团队再次需要进行敏捷开发转型，可以参考第 2 章、第 3 章和第 4 章的步骤进行。转型团队在执行敏捷框架约 3 个月后，可以进入持续支持期，依次循环，不断推进。

持续改进，拥抱变化

为方便传播而进行的文档规范

敏捷强调面对面的沟通，弱化了对文档的需求，但是弱化并不代表不需要文档。在敏捷开发转型实践中，对产品负责人来说，需要功能清单，这是我的叫法，也有叫 PRD，也有叫需求列表或故事列表，总之，就是用来存放产品待办事项的。还需要交互设计文档、视觉设计文档、业务逻辑、功能逻辑和变更控制文档等。对于开发团队来讲，需要接口开发规范文档、代码开发规范文档、数据库开发规范文档和测试用例规范文档等。对于我们敏捷教练来讲，需要培训文档和敏捷流程文档等。

就目前的管理水平和协同水平，敏捷过程当中对文档的需求还是必不可少的。接下来和大家分享一些敏捷开发转型实践过程当中我们团队用到的部分文档，可以结合项目实践情况修正挪用，做到文档管理的相对规范化。标准规范的文档，就像通行的标准语言，对项目的持续化和稳定化运行意义重大。

功能清单

我的大部分敏捷开发实践团队中并没有纯粹的、标准格式的用户故事，而是像下图所示的功能清单，功能清单中包含需求表述，实现此需求的目的与原因，谁提的需求，需求的优先级，实现此需求所关联到的其他系统信息等。整个产品待办事项的梳理和需求的持续更新及对需求变更的处理，都是以此为依据的，产品负责人主要负责维护这个文档的持续更新，做到持续、准确、高效。

功能清单									
验收	用户故事	目的	业务方	优先级	功能模块	功能点	备注说明	关联系统	验收标准
FALSE	故事名称	效果，目的，解决什么问题	汇报、验收方、部门、领导	高／普通	大功能、一堆功能的组合名称（非必需）	增删查改	字段，类型，明细，描述，备注，必填／非必填等……	APP／资产／网点／调度等	

业务流程

每一款软件都有业务流程，如下图所示，除了业务实现流，有些还需要做技术实现流，规范准确的业务流程可以给开发带来很大的帮助，也是团队内部沟通的基础。单纯的功能清单并不能够完全清楚的表达产品负责人的想法，产品负责人与交互设计师沟通、与开发沟通，都离不开业务流程图，业务流程图是交互设计的根。业务流程图的制作需要符合基本流程图的规范，如果涉及多角色，还需要分泳道呈现。还有，如果涉及到跨系统，需要明确接口内容。

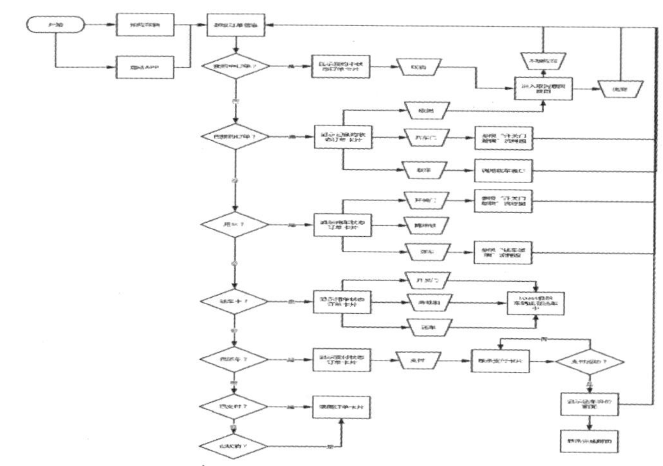

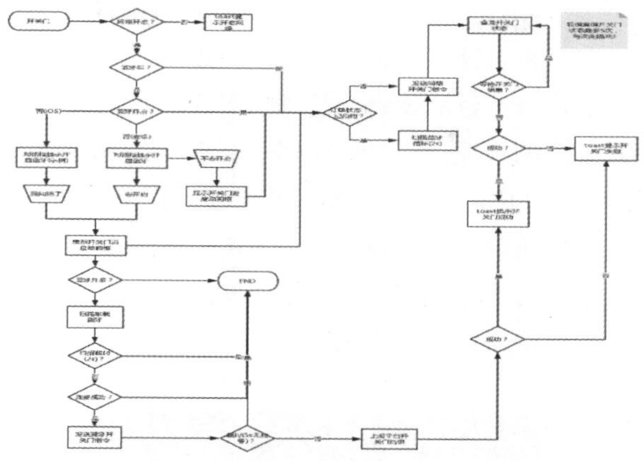

功能逻辑

功能逻辑是对业务流程图的增量补充，是进一步的完善，主要用来结合业务流程图阐述流程性逻辑。如下图所示，功能逻辑涉及到按钮权限和字段定义等较为复杂的逻辑内容，需要以表格的形式详细说明。此外，需要在功能逻辑文档中给出标准话术文案，假如涉及后台算法等较为复杂的功能，建议加入示例方便理解。

任务名称	发起方式	流程步骤	操作权限										大系统[illegible]	系统[illegible]	车辆状态
			系统			调度				[illegible]					
			编辑	取消	处理	[illegible]	[illegible]	[illegible]	取消	指派	上报	完成			
车辆[illegible]	巡检手动发起	巡检[illegible]务→区域	不涉及			×	×	×	●	●	●	×	不涉及		故障，[illegible]
		区域上[illegible]→调度				●	×	●	●	×	×	×			
		区域[illegible]报返厂→巡检				×	×		●	×	×	×			
		巡检[illegible]完成				任务已完成									
车辆	调度手动发起	巡检[illegible]结果并关闭	不涉及						●			×	不涉及		故障，[illegible]已送
		调[illegible]→区域				×	×	×	●	●	●	×			
		[illegible]手动指[illegible]→巡检				×	×	×	●	×	×	×			故[illegible]未送
		[illegible]异常上[illegible]→区域				×	×	×	●	●	●	×			
		区域上报→调度				●	×	●	●	×	×	×			
		调度[illegible]消任务				任务已取消									不变
		巡检[illegible]用车				×	×	×	●	×	×	×			故障，[illegible]未送
		巡检[illegible]试				×	×	×	●	×	×	×			故障，[illegible]已送
		维修[illegible]上报→调度				●	×	●	●	×	×	×			故障，[illegible]未送
		维修[illegible]提交[illegible]				任务已完成									故障，待巡检
车辆	客服手动发起	客服手[illegible]创建任务→调度	●	●	×	●	●	●	×	×	×	×	不涉及	不涉及	故障，待巡检
		调度手[illegible]指派→区域	●	●	×	×	×	×	×	●	●	×			
		区域手[illegible]指派→巡检	●	●		×	[illegible]	×	×	×	×	×			
		巡检[illegible]上报→区域	●	●	×	[illegible]	[illegible]	×	×	●	●	×			
		区域[illegible]→调度	●	●	×	●	[illegible]	[illegible]	×	×	×	×			
		调度[illegible]→客服	●	●	●	●	×		×	×	×	×			
		客服[illegible]消任务	任务已取[illegible]												不变
		巡检[illegible]成任务	任务已完[illegible]												恢复[illegible]
[illegible]	调度手动发起	调度[illegible]建任务手动指派→区域	不涉及			×	×	×	●	●	●	×	不涉及	不涉及	[illegible]，待巡检
		区域手[illegible]指派→巡检				×	×	×	●	×	×	×			
		巡检导[illegible]上报→区域				×	×		●	●	●	×			
		区域上[illegible]→调度				●	×	●	●	×	×	×			
		调度取[illegible]任务				[illegible]务已取消									不变
		巡检完[illegible]任务				[illegible]务已完成									[illegible]复故障
[illegible]收车	调度手动发起	调度手[illegible]动创建任务指派→区域	不涉及			×	×		●	●	●	×	×	[illegible]	故[illegible]，返厂收车
		区域[illegible]动指派→巡检				×	×		●	●	●	×	×		
		区域[illegible]派→调度				×	×	●	●	×	×	×	×		
		巡检[illegible]收车辆并创建任务				×		×	●	×	×	×	×		
		巡检[illegible]成任务				任务已完成									[illegible]故障
		调度[illegible]消任务				任务已取消									不变
		调度[illegible]派返库				×	×	×	●	×	×	×	●		不变
		返库[illegible]成任务				任务已完成									恢复故障
车[illegible]调拨-主任务	调度手动发起	调度[illegible]动创建任务指派→区域	不涉及			×	×	×	●	●	●	×	不涉及	[illegible]	不耦合
		区域[illegible]动指派→巡检				×	×	×	●	●	●	×			
		区域上[illegible]→调度				●	[illegible]								
		调度取消任务				[illegible]									
		主任务完成[illegible]				任务已完成									
车[illegible]调拨-子任务	巡检手动发起	巡检发起调拨[illegible]任务				×	×	×	●	●	●	×			故障，活动调度，调度中
		巡检导[illegible]上报[illegible]区域				×	×	×	●	●	●	×			不变
		巡检[illegible]任务				×	×	×	●	●	●	×			恢复故障/不恢复故障

设计文档

如同技术文档一样，产品在设计方面也需要文档与规范。产品设计规范可以帮助简化开发过程、使多个产品拥有一致的体验，是落到实处的好东西。有了设计规范，可以有效解决多人协作时混乱的情况。只要使用同一套规范，就可以让多名设计师完成同样风格的界面设计，不仅可传达统一的品牌形象，也可以降低与开发人员的沟通成本。由于业务需求的变化，规范制定出来并非一成不变，随着业务发展、需求增加，规范要在原有内容基础上进行修改、增删。在敏捷开发转型团队中，常用到的设计规范包括配色、图标、字体、控件尺寸和控件交互等。

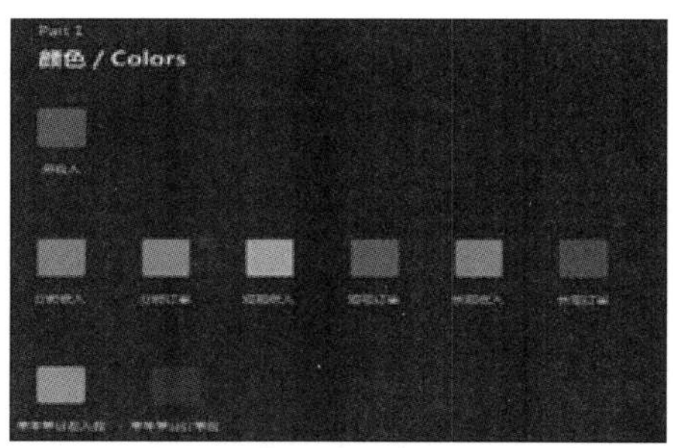

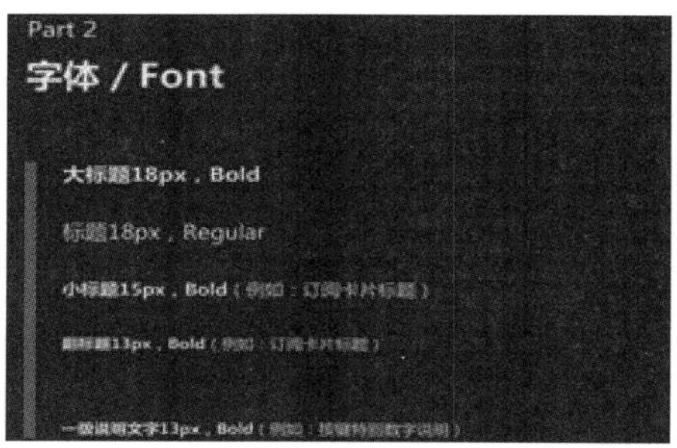

团队过大，迭代过快，当一个交互设计师搞不定时，就需要多人来协同，设计师都是一帮很有个性的人。不同产品设计师之间的设计理念、设计方法、设计习惯肯定会有不同，如果没有统一的交互设计规范，协作完成的产品往往会缺乏一致性，质量可能会有差异。如下图（因涉及关键信息，故进行了模糊处理）所示，是我们团队平时所使用的交互设计规范示例，此时就需要一份交互设计规范来规范和指导产品交互设计，从而保证产品设计的一致性，提升产品整体质量，比如对标题的规范，对图片的规范等。当然，在各种常见规范面前，我们的敏捷团队进化出了自己的交互规范，那就是在交换稿上加编号，每一个页面都有独立的编码，为后期的任务拆解与页面准确快速定位提供了很好的索引。

交互设计　修改记录　版本号 V1.8　日期 2018.03.30　交互设计 张晓凤

版本号	修改日期	修改详细内容	交互设计师
V1.0	2018.03.02	交互稿 文档建立	[illegible]
V1.1	2018.03.13	1.需求调整：违章，缴款凭证必填，处决书选填	[illegible]
V1.2	2018.03.15	1.优惠券增加使用限制	[illegible]
V1.3	2018.03.15	违章处理说明页面：细化内容	[illegible]
V1.4	2018.03.19	优惠券交互优化	[illegible]
V1.5	2018.03.20	网点服务费动态调整	[illegible]
V1.6	2018.03.22	增[illegible]优化	[illegible]
V1.7	2018.03.27	充E币页面[illegible]城市部分做了调整	[illegible]
V1.8	2018.03.30	增加芝麻信用免押[illegible]显示优化；根据需求，取还车服务费界面调整	[illegible]

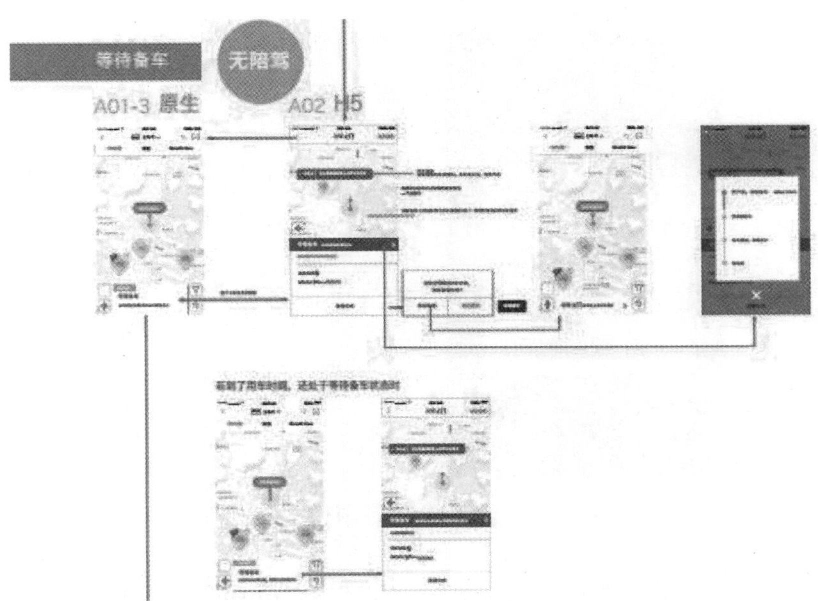

这是一个看脸的时代，产品的视觉界面就是我们产品的门面。看着好看，用户多看几眼，看着不好看，就立马删掉，毫不留情。通常来讲，视觉设计就是通过特定设计的插画和图形来传达信息的一种有效手法，生动有兴趣的排版，让用户产生共鸣的图标，明亮的配色，适中合理的间距和布局，还有很多别的“小确幸”。这些都会给用户带来别致的体验，因此，视觉设计决定了用户在使用产品时对其产生的第一印象，视觉设计对一个产品，由其是对面向 C 端用户的产品非常的重要，下图为我们的视觉设计示例。

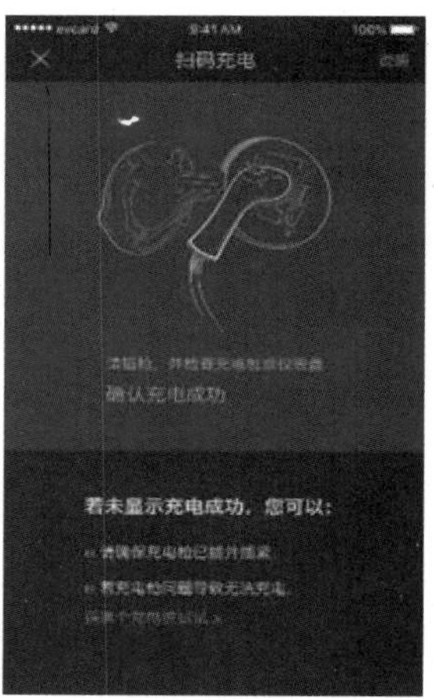

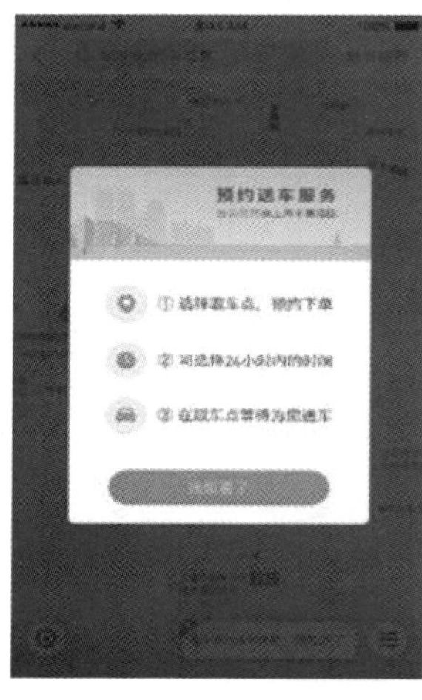

变更文档

敏捷调研过程中，研发和测试同学一直反馈需求变更给团队带来的影响，对开发来说，流程变更，推倒重来，我以前写的代码就作废了。对测试来说，所有的测试用例需要重测一遍，但这些都不是最重要的。最重要的是变更后，信息没有在开发、测试、设计和领导之间同步，没有同步就意味着对某些人来说，信息就会缺失不全，就会给交付带来风险。敏捷转型前团队中曾经发生过因为测试人员不知道，结果漏测，上线后产生重复退款的悲剧，导致团队负责人及公司领导都受到现金处罚。

下图为我们团队的变更示例，变更管理不善带来的恶性后果不胜枚举，对变更的管理也非常重要。在敏捷开发转型实践中，建议敏捷教练加强需求变更管理。首先，所有的变更要在团队技术评审通过后，变更的设计稿完成后找领导签字。其次，变更要在每日站会上通知全体开发与测试人员。最后，对于变更要找到对应的负责人和跟踪上，并且在上线前要完成核查。我们可以通过多个环节来预防因变更带来的各种恶性问题。

文档变更日志

日期	变更位置	变更内容	变更原因	重要性	备注
2017.03.15	/	初稿	/		
	任务创建	车辆调度需求暂缓	功能负责，需要EVWORK配合调整	高	
2017.03.22	[illegible]修改	子系统不加密码修改功能	技术实现复杂，可前往单点登录系统修改	低	
2017.03.24	[illegible]台许移功能	车辆/网点/订单/会员/分析报表类内容	其他子系统实现，不在调度系统中实现	低	
2017.03.28		需求评审			
2017.04.10	任务列表	指派对象细分为指派的运营区域+巡检名称	业务需求	中	
2017.4.13	任务列表/任务记录	细化了导出字段显示内容	需求细化	中	
2017.4.27	重新整理任务文档	[illegible]字段/处理信息/操作权限	文档细化	高	
2017.5.2	区域处理任务	[illegible]务指派巡检可模糊搜索选择	操作功能统一	低	
	任务处理	[illegible]待审核TAB	流程优化	中	
2017.5.4	任务编号规则及详情字段	补充了"未暂停会员原因"字段	文档遗漏	低	
	批量指派功能	新增批量指派的判断逻辑	需求细化	低	
	evwork设置	暂不迁移	开发时间不够	低	
	保养任务	新增保养任务可指派条件（仅待运） 细化部分保养需求细节	需求细化	中	
2017.5.10	车辆事故/挑错、轮胎没气/损坏/爆胎任务	新增车辆损坏字段	[illegible]务需求	低	
	任务编号规则及详情字段	[illegible]任务编号规则更正为QCWH	[illegible]变更	低	
	网点设备异常	[illegible]到网点后，网点可上报回调度	[illegible]求变更	中	
2017.5.19	网点设备异常	[illegible]任务流转至网点后，网点不可上报回[illegible]直接处理	技术实现	中	
2017.5.22	车辆保养任务	细化车辆保养计划筛选条件	业务需求	中	
2017.6.5	网点设备异常任务	取消"其他"项	网点系统不支持	低	
2017.6.21	客服创建[illegible]常任务	修改用户/联系电话/车牌为选填项目，取消其他	业务需求	低	
2017.6.27	车辆保养任[illegible]	指派时校验车辆条件	需求细化	中	
2017.7.3		上线			
2017.7.4	fix	网点设备异常任务去[illegible]违规字段"，任务完成接口状态不getPid[illegible]			

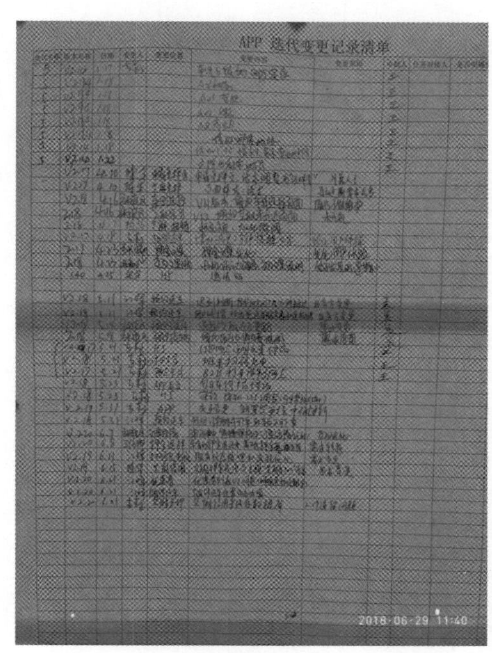

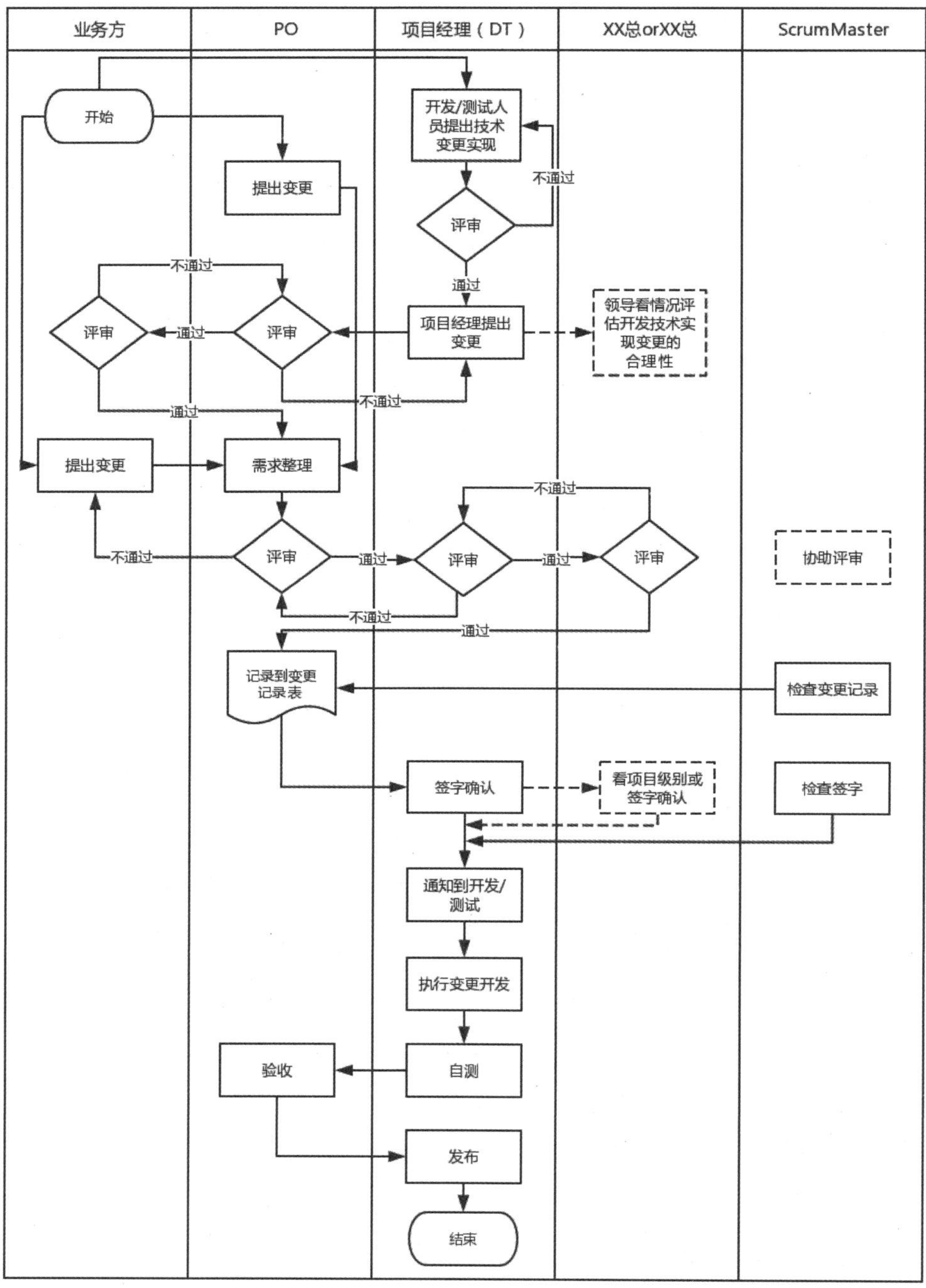
业务方
PO
项目经理（DT）
XX总orXX总
ScrumMaster
开始
开发/测试人员提出技术变更实现
提出变更
不通过
评审
通过
不通过
评审
通过
评审
项目经理提出变更
领导看情况评估开发技术实现变更的合理性
不通过
通过
提出变更
需求整理
不通过
不通过
评审
通过
评审
通过
评审
协助评审
不通过
不通过
通过
记录到变更记录表
检查变更记录
签字确认
看项目级别或签字确认
检查签字
通知到开发/测试
执行变更开发
验收
自测
发布
结束

XXX团队迭代期间需求&技术实现变更申请表

<table>
<tr><td>产品名称</td><td colspan="4"></td></tr>
<tr><td>变更申请人</td><td colspan="2"></td><td>变更申请日期</td><td></td></tr>
<tr><td>变更类型</td><td colspan="4">新增需求（ ） 原需求变更（ ） UI样式&文案变更（ ）
优化用户体验（ ） 技术实现变更（ ） 其他（ ）</td></tr>
<tr><td rowspan="2">变更描述</td><td colspan="4">变更前的描述（若是新需求，则不需要填写此栏）：</td></tr>
<tr><td colspan="4">新需求或变更后的描述：</td></tr>
<tr><td>变更原因</td><td colspan="4"></td></tr>
<tr><td rowspan="3">变更的影响</td><td>进度</td><td colspan="3"></td></tr>
<tr><td>质量</td><td colspan="3"></td></tr>
<tr><td>成本</td><td colspan="3"></td></tr>
<tr><td rowspan="2">评审负责人</td><td>业务方</td><td></td><td>PO</td><td></td></tr>
<tr><td>项目经理</td><td></td><td>领导</td><td></td></tr>
<tr><td colspan="5">同意/不同意理由：</td></tr>
</table>

接口文档

接口，它是前后端交互密不可分的环节，接口的规范性会直接影响双方对接过程中的效率和质量。本着快速高效开发的目的性，避免对接过程中的错误率。接口应当有规范的约束，在这里，我们主要讲接口的文档规范。如果没有文档，仅仅靠两个人口头交流，估计一天只能搞定几个接口配合。接口文档主要有两种形式，第一种是 Excel 和 Word 等文档形式。虽然我的转型团队中也有两个团队在用，但我是非常不赞同，已经逐步迁移到线上。也有人说用有道云笔记或语雀进行管理，这个我也不赞同。第二种是使用接口管理开源网站。这种方式高效便捷，是我在敏捷开发转型实践中大力推广的，目前已经有多个团队在使用这种方式进行接口管理，参考访问链接：http://tanghezh.cn/#/home，具体如下图所示。

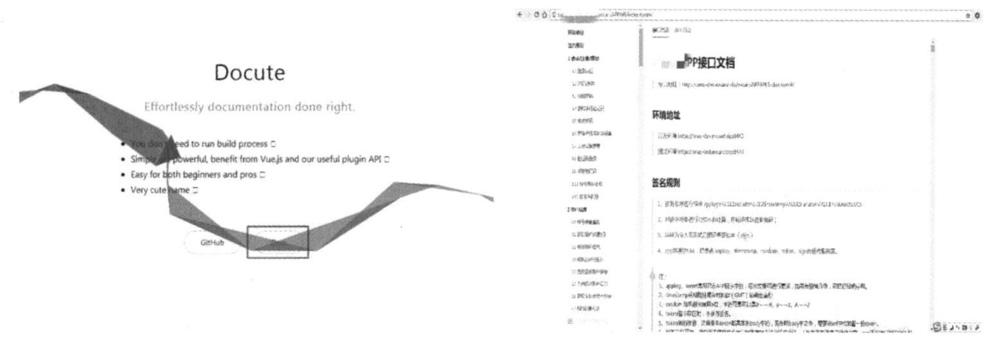

代码规范

一个成熟的项目必然是由一个团队来协同完成，如果没有统一的代码规范，那么每个人的代码在写法上必然会有差异。下图为我们的代码规范示例，团队协同工作时，会存在多个人同时开发同一模块的情况，虽然分工明确，每个人每天站会领取的任务也很明确，但是等到要整合提交代码的时候就开始遇到困难了。大多数情况下，并非程序中有复杂的算法或是复杂的逻辑，而是去读别人的代码实在是一件痛苦的事情，特别是有团队成员离职且新的人开始接手上一任的代码时，真是欲哭无泪，痛苦历历在目。如果有统一的代码规范，代码的可读性就可以大大提高。显然，规范的代码在团队的合作开发中是非常有益而且必要的。但凡能制定代码规范的团队，都是比较厉害的。我在敏捷开发转型实践中，并没有让团队制定专门的代码规范，而是参考“猫厂”的代码规范，就是网上流传的版本，规范在于执行。敏捷教练要在团队内部推行代码规范。

前言

一、编程规约 …… 1
（一） 命名风格 …… 1
（二） 常量定义 …… 3
（三） 代码格式 …… 4
（四） OOP 规约 …… 6
（五） 集合处理 …… 9
（六） 并发处理 …… 12
（七） 控制语句 …… 14
（八） 注释规约 …… 16
（九） 其它 …… 17
二、异常日志 …… 18
（一） 异常处理 …… 18
（二） 日志规约 …… 19
三、单元测试 …… 21
四、安全规约 …… 23
五、MySQL 数据库 …… 24
（一） 建表规约 …… 24
（二） 索引规约 …… 25
（三） SQL 语句 …… 27
（四） ORM 映射 …… 28
六、工程结构 …… 30

一、编程规约

(一) 命名风格

1. 【强制】代码中的命名均不能以下划线或美元符号开始，也不能以下划线或美元符号结束。
   反例：_name / __name / $Object / name_ / name$ / Object$
2. 【强制】代码中的命名严禁使用拼音与英文混合的方式，更不允许直接使用中文的方式。
   说明：正确的英文拼写和语法可以让阅读者易于理解，避免歧义。注意，即使纯拼音命名方式也要避免采用。
   正例：alibaba / taobao / youku / hangzhou 等国际通用的名称，可视同英文。
   反例：DaZhePromotion [打折] / getPingfenByName() [评分] / int 某变量 = 3
3. 【强制】类名使用 UpperCamelCase 风格，必须遵从驼峰形式，但以下情形例外：DO / BO / DTO / VO / AO
   正例：MarcoPolo / UserDO / XmlService / TcpUdpDeal / TaPromotion
   反例：macroPolo / UserDo / XMLService / TCPUDPDeal / TAPromotion
4. 【强制】方法名、参数名、成员变量、局部变量都统一使用 lowerCamelCase 风格，必须遵从驼峰形式。
   正例： localValue / getHttpMessage() / inputUserId
5. 【强制】常量命名全部大写，单词间用下划线隔开，力求语义表达完整清楚，不要嫌名字长。

数据库规范

表乱建，数乱插，值乱改，越权访问频繁发生，这些不良的数据库开发和使用管理会给生产环境的稳定性及后期的数据处理与数据分析带来极大的隐患。在转型实践中，经常见到团队因数据库的使用管理不规范和乱改值而导致财务月末结账时对不上账。因为乱建表，导致重复冗余。因乱插值，导致单表异常大等等情况，如此不良的设计除了带来刚才提到的问题外，还会影响数据库的性能，造成性能低下，影响数据的完整性，不利于统计与计算，造成数据无法跟踪其变化，影响分析的准确性等问题，所以，考虑到整个产品的品质，我们可以建议团队推行数据库开发规范，下图为我们的数据库开发规范示例。

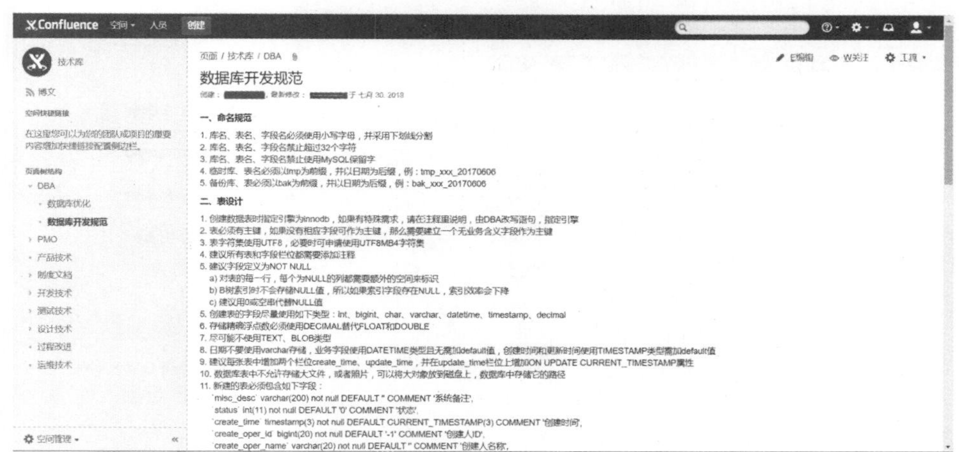

页面 / 技术库 / DBA

数据库开发规范

一、命名规范

1. 库名、表名、字段名必须使用小写字母，并采用下划线分割
2. 库名、表名、字段名禁止超过32个字符
3. 库名、表名、字段名禁止使用MySQL保留字
4. 临时库、表名必须以tmp为前缀，并以日期为后缀，例：tmp_xxx_20170606
5. 备份库、表必须以bak为前缀，并以日期为后缀，例：bak_xxx_20170606

二、表设计

1. 创建数据表时指定引擎为innodb，如果有特殊需求，请在注释里说明，由DBA改写语句，指定引擎
2. 表必须有主键，如果没有相应字段可作为主键，那么需要建立一个无业务含义字段作为主键
3. 表字符集使用UTF8，必要时可申请使用UTF8MB4字符集
4. 建议所有表和字段栏位都需要添加注释
5. 建议字段定义为NOT NULL
   a) 对表的每一行，每个为NULL的列都需要额外的空间来标识
   b) B树索引时不会存储NULL值，所以如果索引字段存在NULL，索引效率会下降
   c) 建议用0或空串代替NULL值
5. 创建表的字段尽量使用如下类型：int、bigint、char、varchar、datetime、timestamp、decimal
6. 存储精确浮点数必须使用DECIMAL替代FLOAT和DOUBLE
7. 尽可能不使用TEXT、BLOB类型
8. 日期不要使用varchar存储，业务字段使用DATETIME类型且无需加default值，创建时间和更新时间使用TIMESTAMP类型需加default值
9. 建议每张表中增加两个栏位create_time、update_time，并在update_time栏位上增加ON UPDATE CURRENT_TIMESTAMP属性
10. 数据库表中不允许存储大文件，或者照片，可以将大对象放到磁盘上，数据库中存储它的路径
11. 新建的表必须包含如下字段：
```
`misc_desc` varchar(200) not null DEFAULT '' COMMENT '系统备注',
`status` int(11) not null DEFAULT '0' COMMENT '状态',
`create_time` timestamp(3) not null DEFAULT CURRENT_TIMESTAMP(3) COMMENT '创建时间',
`create_oper_id` bigint(20) not null DEFAULT '-1' COMMENT '创建人ID',
`create_oper_name` varchar(20) not null DEFAULT '' COMMENT '创建人名称',
```

9. 测试用例规范

就测试用例来讲，要编写的规范，还要执行的规范，不一定非要按照敏捷 Scrum 框架

中的验收标准来写，但也要符合特定的规范，有些必要的信息还是不可缺少的，比如需求描述、操作步骤和预期结果。对于关联性功能的测试，要把关联的信息也描述清楚，下图举例说明了部分转型团队中推行的规范，供大家参考改进。

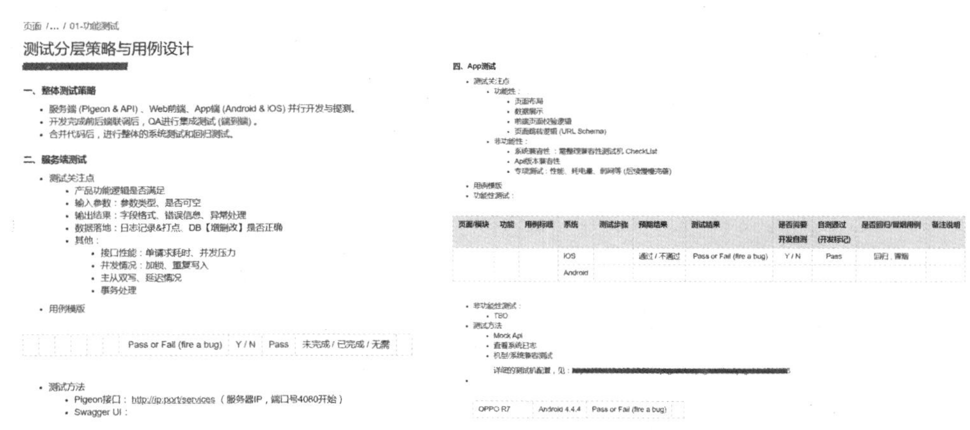

页面 / … / 01-功能测试

测试分层策略与用例设计

一、整体测试策略

- 服务端 (Pigeon & API)、Web前端、App端 (Android & IOS) 并行开发与提测。
- 开发完成前后端联调后，QA进行集成测试 (端到端)。
- 合并代码后，进行整体的系统测试和回归测试。

二、服务端测试

- 测试关注点
  - 产品功能逻辑是否满足
  - 输入参数：参数类型、是否可空
  - 输出结果：字段格式、错误信息、异常处理
  - 数据落地：日志记录&打点、DB【增删改】是否正确
  - 其他：
    - 接口性能：单请求耗时、并发压力
    - 并发情况：加锁、重复写入
    - 主从双写、延迟情况
    - 事务处理
- 用例模版

						Pass or Fail (fire a bug)	Y / N	Pass	未完成 / 已完成 / 无需

- 测试方法
  - Pigeon接口：http://ip:port/services（服务器IP，端口号4080开始）
  - Swagger UI：

四、App测试

- 测试关注点
  - 功能性：
    - 页面布局
    - 数据展示
    - 前端页面校验逻辑
    - 页面跳转逻辑 (URL Schema)
  - 非功能性：
    - 系统兼容性：需整理兼容性测试机 CheckList
    - Api版本兼容性
    - 专项测试：性能、耗电量、弱网等 (后续慢慢完善)
- 用例模版
- 功能性测试：

页面/模块	功能	用例标题	系统	测试步骤	预期结果	测试结果	是否需要开发自测	自测通过(开发标记)	是否回归/冒烟用例	备注说明
			IOS		通过 / 不通过	Pass or Fail (fire a bug)	Y / N	Pass	回归，冒烟	
			Android							

- 非功能性测试：
  - TBD
- 测试方法
  - Mock Api
  - 查看系统日志
  - 机型/系统兼容测试

  详细的测试机配置，见：

OPPO R7	Android 4.4.4	Pass or Fail (fire a bug)

对于用例的执行，禅道和JIRA的执行记录情况不太相同。在敏捷开发转型实践中，禅道和JIRA我们都用过，测试用例都可以通过模板进行导入，JIRA可以建立测试计划，可以有测试轮次，每个轮次都可以有针对的测试用例，执行后也会有比较明确的统计分析结果，比较方便直观，建议在转型实践中试推行，最终目的是保证产品质量，而不是炫酷。下图为我们的用例执行规范示例。

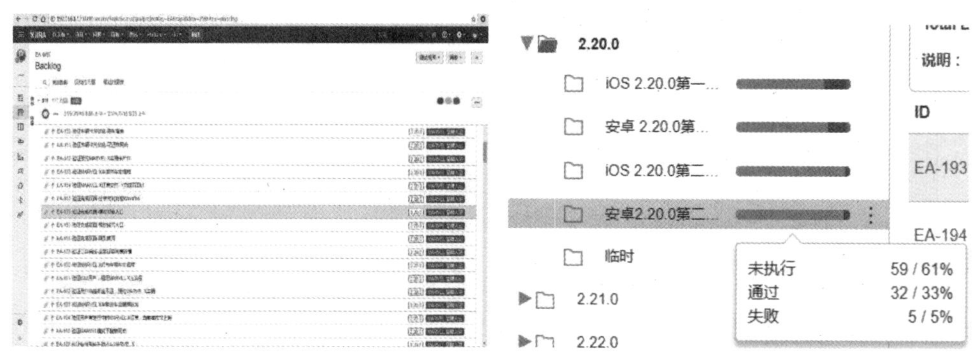

版本管理规范

开发发布一版，测试测试一版，发现Bug就改，改完就发，这是个轮回，直到上线发布。有没有小伙伴体验过版本下载错、版本测试错、版本发布错的情况？有没有小伙伴体验过不知道开发的测试包打到哪里了？有没有找不到包的情况或找不到最新包的

情况？对于包的管理非常重要，常见的包版本有测试版、灰度版和发布版。作为团队的敏捷教练，我们可以结合自身的经验，分享一些其他团队的包管理经验，帮助团队解决包版本的管理问题，保障团队高效稳定地运转。下图为我们的包版本规范示例。

版本

类型	下载地址	版本名	版本号	修改记录	二维码	MD5	上传时间
测试版本	点击下载	2.20.0	2200	[illegible] MARVEL H5[illegible] [illegible]		a2fce5f795c1	2018/06/29 09:36:26
灰度版本	点击下载	2.18.0	2180	[illegible]		dab26a31fa20	2018/06/01 09:48:44
发布版本	点击下载	2.19.4	2194			86abcl2d50a0	2018/06/26 13:56:59
[illegible]	点击下载	2.18.0	2180	更新 build.gradle		a77a8814c443	2018/05/22 15:52:11

iOS版本

类型	下载地址	版本名	版本号	修改记录	二维码	MD5	上传时间
测试版本	点击下载	2.20.0	2200			e3839cf02e5c	2018/06/29 09:33:01
发布版本	点击下载	2.10.0	2100			431f68973be3	2017/11/02 10:37:49

访问地址规范

“哎呀，我什么什么访问地址找不到了，能不能给我一下。”“不是以前给过你？！”“可我忘记存了呀。”我在敏捷开发转型实践中发现，团队存在大量频繁访问的链接，如果能通过一个统一的单点登录系统进行访问或是集成在一个页面，那么团队成员只要保存一个链接就可以访问所有的常用链接，这也是一个很好的改进和规范事项，下图是我们其中一个团队做的统一访问链接，通过保存一个常用链接可以访问最常用的 12 个系统。

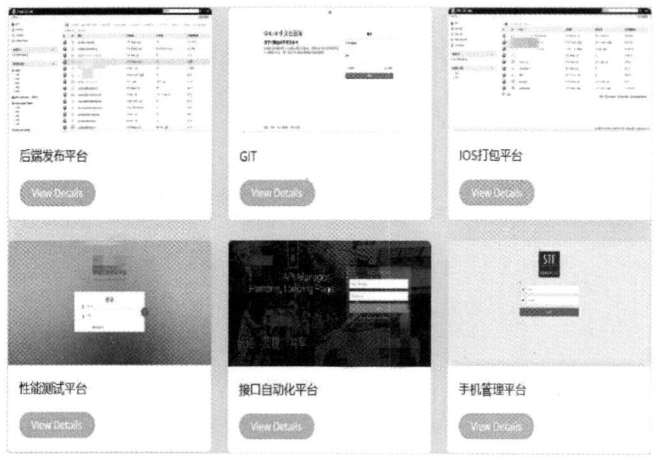

培训文档规范

培训文档的规范化可以帮助敏捷教练在团队树立威信，增强可信度。看培训 PPT，是自己新做的吗？还是沿用自己被培训时的 PPT，只是增删了部分页面？ PPT 中大量的英文。在此，我并不是排斥英文 PPT，只是建议大家在给自己团队培训时，尽量要使用自己制作的 PPT 课件，并且尽量用中文，当然这是在国内环境，在外资环境就不了。如果是给一帮中国程序员培训敏捷开发，还是用自己编写的中文 PPT 比较好，除了做好完备的 PPT，还要制作讲义，越完备正规的讲义，团队越重视。

我在敏捷转型实践中制作了纸质版讲义，每一次转型培训都会进行一次改版，根据具体的团队情况进行改进，讲义中使用的场景和讲述的案例，也尽可能采集于预转型敏捷的团队，使其更加贴和这个团队的使用。下图为我所带团队的培训文档规范示例。

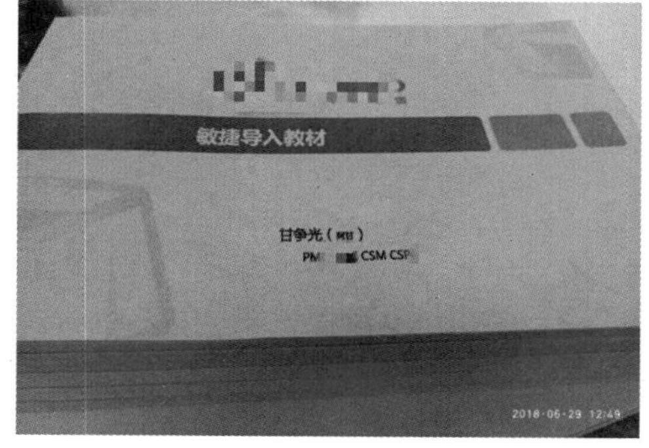

敏捷流程规范

Scrum框架中大的流程所有的人应该都知道。但是对于每个大的流程节点，可以拆解细分出具体细小的流程，每个细小的流程还有一些准备项和注意事项，可以参考下图。流程的制定要贴合团队实战。关键在于流程的推行与落地，敏捷教练要帮助团队落地流程，在某些环节可以帮助提醒团队需要做什么，以及需要准备什么，从而保证整个流程完整且准确地执行。

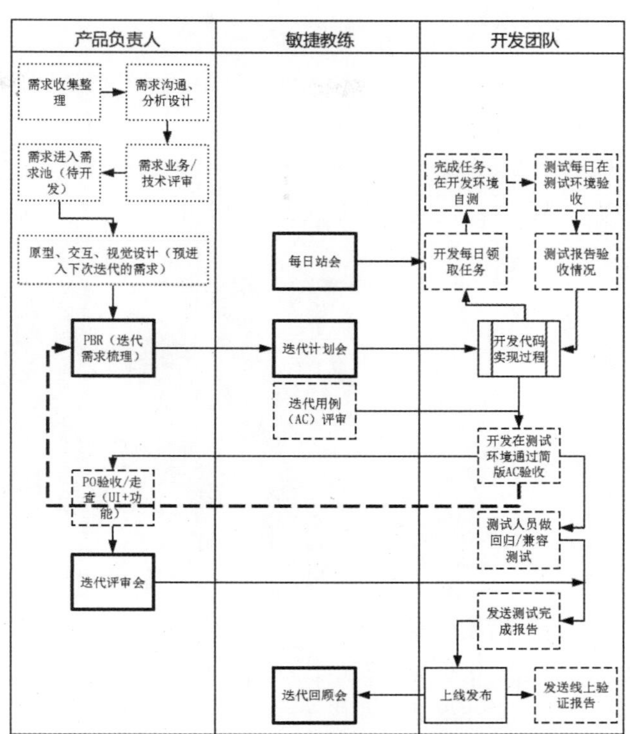

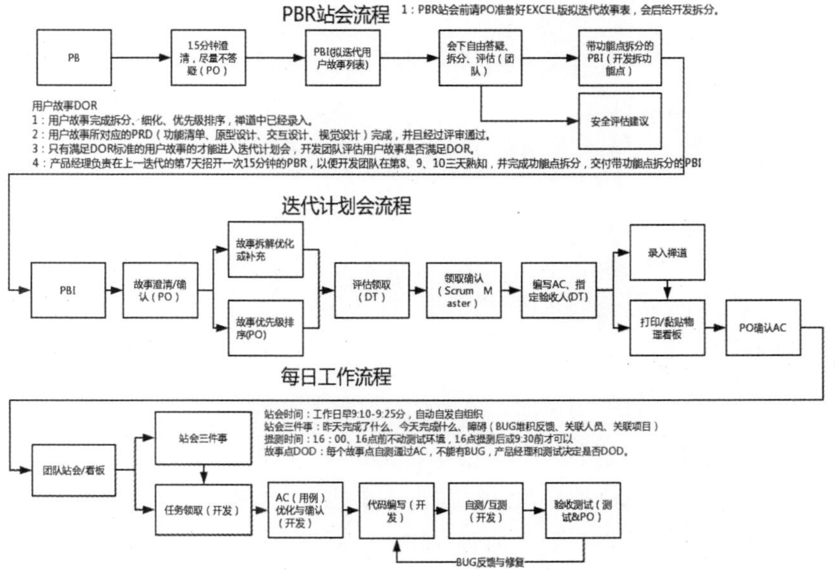

节奏套路形成期

通常，节奏是自然、社会和人的活动中一种与韵律结伴而行的有规律的突变，用反复与对应等形式把各种变化因素加以组织，构成前后连贯的有序整体即为节奏。我对敏捷开发的节奏定义：以稳定的速率、固定的迭代长度、清晰的迭代排期、稳定的资源配置、很稳很高效的方式完成每个迭代的任务，这就是敏捷开发节奏。

套路原意是指编成套的武术动作，是几代武术家研究揣摩的心血，并且在实战中不断改进的成果。太极拳有套路，交谊舞有套路，甚至连电影剧本也有各式各样的套路。其实套路，无非就是一些成套的技巧、程式或方法。正因为套路是无数前人研究实践并总结出来的优秀经验，那么根据套路来练习，不仅简单容易上手，还能使得参与者和观赏者都能获得良好体验。

我对敏捷开发中的套路如此定义：团队按照固定的流程和固定的搭配，踩着固定的节奏点，在合理容错机制的保证下，标准化的完成每个迭代任务的流转方式。

节奏套路形成期

节奏套路分为引入期、调整期和稳定期三个周期，每个周期的关键点不同，作为敏捷教练，我们的关注点也不同。从 0 到 1，从引入到团队成熟运用，敏捷教练要付出很大的心血，最终的期待是团队可以自管理、自运行，以任务为驱动，以流程为路径，在合适合理的轨道上持续运行，高效交付。

首先是引入期。在引入期，引入适合当前团队的敏捷框架，我们可以结合团队实际情况也可以参考同行案例，进行选择性的推荐，可以 Scrum，也可以 XP，也可以是多种框架的结合体，符合趋势且好用就行。我在本书中主要和大家分享的是 Scrum。我们要和团队一起学习框架，我们要把引入的敏捷框架传播给团队中的每一个人，就是我们常讲的洗脑，流程、规范、价值观，反反复复洗，一次培训不行就培训两次，两次培训不行就在回顾时穿插培训，要让团队成员弄懂弄通敏捷框架，减少在推进时因"语言"不统一带来的问题。培训要正式，要规范，要引起团队成员的足够重视。

然后是试用框架，做好试点的选型工作。优质的试点是保障敏捷框架试用成功的关键。如果试点失败了，传说中再好的框架也会被否定。在框架试用时，可以先选择大的流程，团队只要遵循大的流程、大的标准就可以了。后期再逐步深挖、逐步细化，不要一开始就大动干戈。试用框架 1 到 2 个迭代，也可以说至少 2 个迭代，通过迭代的回顾与反馈逐渐把好的保留，不足的改进，不适用的禁止掉，为团队进入调整期奠定基础。

其次是调整期。通过试用期的试用，引入的敏捷框架会逐渐暴露出各种各样的适应性问题，比如与公司现有流程的重叠与交叉，比如 Scrum 流程主要是管理开发阶段，还是把产品阶段也管理起来，与现有的产品梳理流程如何剥离等等，那么就需要对引入的敏捷流程进行介入阶段界定，确定从什么时间点或需求到什么阶段才使用敏捷开发流程，原来公司大流程中的哪些东西是要管的，哪些东西可以不管，或当前阶段暂时不干预，在调整期可以明确完成界定工作。

在调整期，可以把文档规范做起来，比如产品相关文档、和开发相关类文档等，在接下来的一节中我们会专门分享文档的规范化工作，要在调整期完成。规范的文档就像团队标准统一的语言，可以促使信息在团队内部规范准确的传播，减少因理解偏差所带来的恶性连锁问题。

在调整期，可以做好开发规范工作。没有一个团队是成员能力绝对均等的。在多数情况下，团队成员的能力会分成三个层级：高级、中级和初级。初级可以是一些实习生，良好的开发规范可以提升代码品质，减少 Bug，也有助于团队能力的提升。如果团队没有制定开发规范的能力，可以推行行业标准的开发规范，只要能落地就行。可以在开发间歇时做一些代码评审工作。通过评审发现代码编写过程中的问题，在高级人员的指导下，迅速改进。

在调整期，可以提升团队的执行力，落地敏捷价值观，让团队养成和保持遵守承诺的价值观。每个团队成员都是有廉耻心的，说到做到，拒绝延期，不成功便成仁，通过 3 到 6 个迭代的调整，让整个流程和价值观进一步适用于当前的团队，为团队进入稳定期打好基础。

最后是稳定期。经过引入期与调整期过渡，团队节奏与套路进入稳定期。

- 流程稳定：团队在大的 Scrum 流程指导下，可以遵循更加详细的流程完成每天、每个迭代、每个版本的工作，有节奏感。
- 速率稳定：就是团队的产出趋于稳定，团队经过多个迭代的磨合，配合更加成熟，能力也得到了提升，每个迭代完成的任务也相对稳定，保持对团队的承诺，持续交付很重要。
- 质量稳定：经过调整与优化，开发人员的代码品质得到提升。通过代码评审，可以发现编写阶段的问题，及时修复。通过功能联调，及时发现流程性问题，及时解决。通过自测，保证在交付环节已经通过了验收标准。通过每日验收，保证当天的任务当天开发完成，当天完成验收，发现问题，当天可以解决掉，把保证质量的环节嵌入流程的关键节点中，多管齐下，保证质量的稳定。
- 人员稳定：非敏捷时期是没有回顾会的，团队的团建活动大多停留在吃饭上，边吃边玩手机，除了工作外，面对面沟通比较少。转型敏捷后，通过回顾会的方式，团队成员可以更加自由表达对公司、对团队成员的观点、可以获得及时的反馈和改进意见，团队成员压制内心的情绪与不满得到了释放。团队游戏与活动，加深团队小伙伴的情感关系。通过固化流程，控制变更，减轻了变更给团队成员带来的苦恼，通过多方努力提升团队成员的满意度，保证人员的稳定。一个敏捷团队一般需要 6 个月就可以进入稳定的高产期。

节奏套路变化带来的影响

我在一个调整期的团队分享节奏套路的概念与作用，在分享完成后，我做了一个摸底，让大家在白纸上写下一个稳定的节奏套路会有哪些好处？如果一个团队的节奏套路改变了，会给团队带来哪些影响？部分同学的观点，请参考下图。在看我的分析前，大家也可以先思考一下，从团队开发人员或敏捷教练的角度。当以不同的角色来看待节奏套路的变化时，你觉得会给你和团队带来哪些影响？你会如何帮助团队调整与修正？或如何保证团队按照稳定的节奏套路进行持续交付？

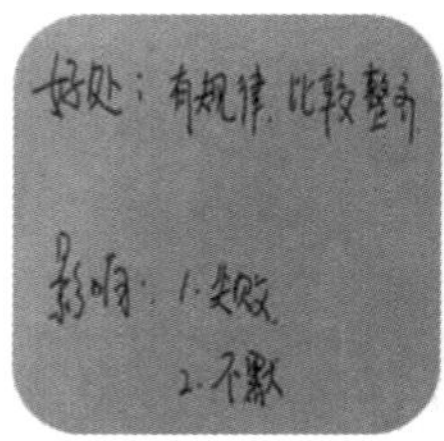

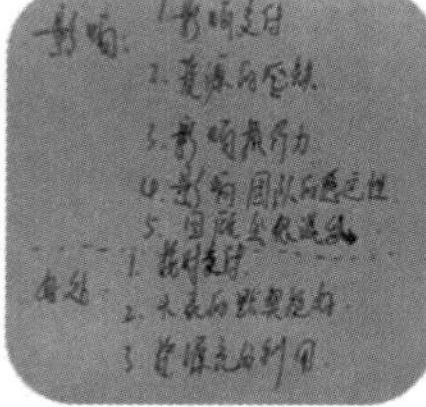

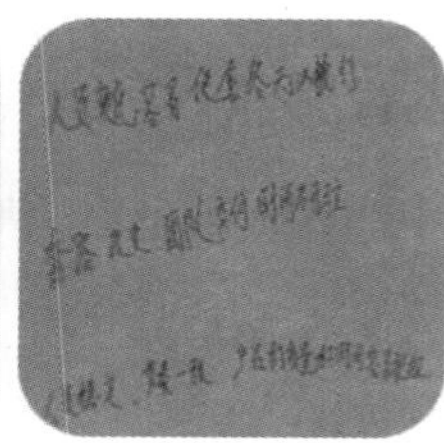

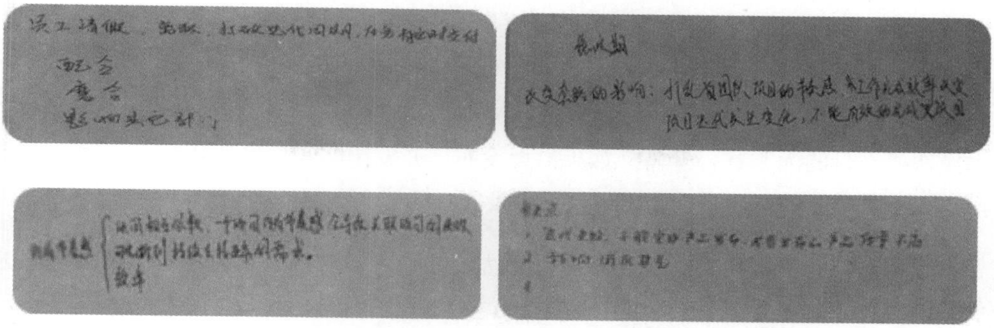

接下来和大家分享几个节奏变化的原因及带来的影响，期待大家的反馈与补充。第一类引起节奏变化的有这些原因：迭代交付物严重不符合要求；团队成员间配合出问题，矛盾频发；需求出问题，频繁变更，无法清晰理解。基于这些原因，带来的后果就是团队改变迭代的长度，比如原来固定一个迭代是 10 个工作日，因为这些原因的出现，迭代可能失败，也可以迭代长度被改成 12 天或 13 天。迭代长度的改变首先会让团队成员失去焦点，变得迷失。其次，周期变化，队员思路被打断，节奏打乱。最后，会造成团队开发效率降低，影响可持续交付。第二类引起节奏变化的原因有估算不准而造成两个故事点没有完成；因客观因素而影响回归测试；因团队成员突然请假而超过冗余。

那么，基于这几个原因会带来迭代延期的结果，迭代延期对团队的打击很大，我在敏捷开发转型实践中是不允许的，因为会给团队带来诸多不良影响。首先，迭代延期违背承诺价值观，影响团队信誉；其次，周期产生变化，开发节奏被打乱，影响可持续交付；最后，迭代一旦延期，就打开不良缺口，为后期隐患埋下伏笔。

作为敏捷教练，我们要帮助团队培养稳定的节奏感，在稳定套路的支撑下持续交付，竭尽全力杜绝节奏套路的变化，弱化节奏套路变化给团队带来的影响。

增量发布与集中交付

在一个迭代结束时，团队交付的是可用的增量，所以只是交付，并不一定是发布。也就意味着，每一次迭代的增量交付不是必须做一次产品发布，两者没有必然的因果关系。诚然，多次增量交付可以集中到一次发布。作为敏捷开发转型实践初入者，我们要理清楚两者之间的关系，合理看待两者之间的交集，制定适用当前迭代和累计迭代的交付与发布策略。

发布示例分析

敏捷转型实践中，按照敏捷 Scrum 框架，每个迭代做完迭代评审后，开发团队交付本次迭代完成的用户故事，然后就可以进入发布阶段。但是产品负责人有决定权，决定本次迭代交付的内容是否发布。如果需要发布，开发团队和运维团队完成上线发布操作。如不需要，等待到下次或下下次集中发布。

如下图所示，为一次迭代一次发布，当前迭代做完立即发布。以两周的迭代为例，迭代的第 1 天正常开始，迭代的第 10 天准时发布，优点在于团队迭代节奏感的养成与持续性发布的实现，可以更快的让实现的功能交付给最终用户，去市场上经受挑战。缺点有可能会是回归测试不充分，对自动化测试的依赖会越来越高，团队容易紧张。

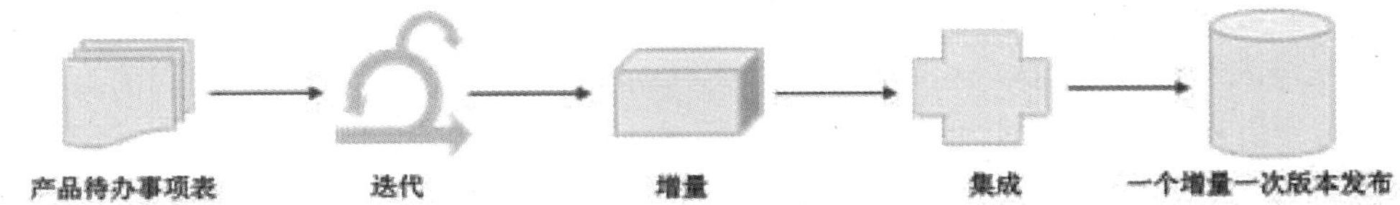

如下图所示，为两次迭代集中发布，依然以两周的迭代为例，比较适用于较大版本、较大流程的集中性改进。也有可能是两个迭代合到一起做，然后集中发布。优点是在任务拆解时比较好拆，在测试流程执行上比较顺畅，相对减少发布压力。缺点是项目周期被拉长，回归测试的内容增多，不能有效应对迭代中间的紧急性变化，毕竟，一个月对于互联网公司来讲，是很漫长的。

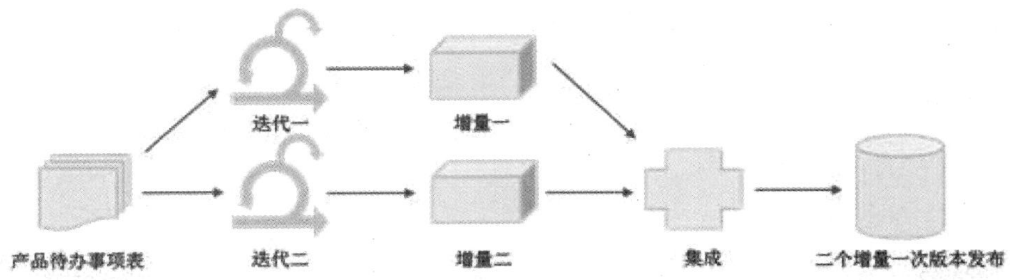

如下图所示，为三次或多次迭代集中发布的场景，这种情况适用的迭代周期更短，自动化程度更高，团队在很短的迭代时间盒内，频繁进行持续集成与定向发布。如果迭代周期很长，敏捷开发的优势将荡然无存。

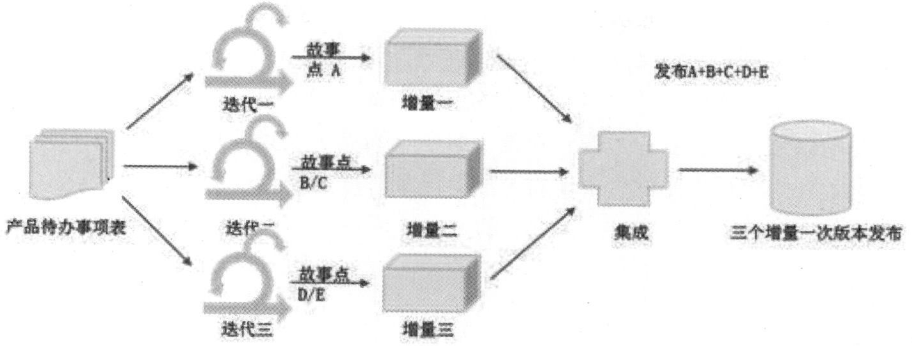

如下图所示，为多次迭代交叉集中发布的场景示例，有可能在累积几个迭代一起发布时，中间有些功能已经不需要了，不再发布。或是因为彼此的依赖关系会造成某个功能的提前或延期发布，这种情况在开发中也比较常见，这种发布方式的优缺点非常明显，关键看迭代周期的定义，我不太推荐这种发布方式。

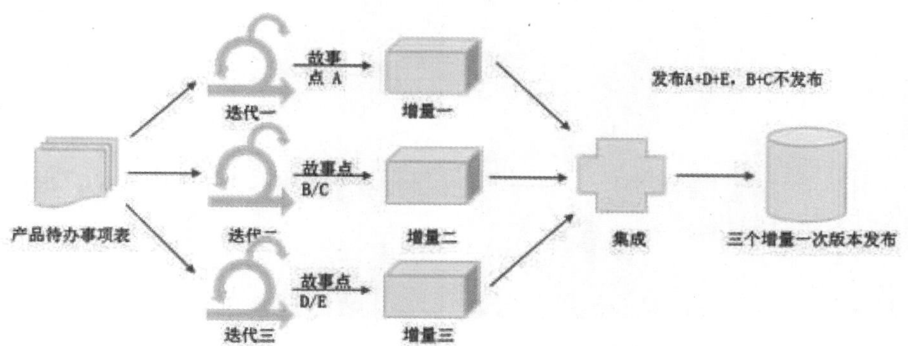

发布的场景比较多样化，我在敏捷开发转型实践中比较推行一次迭代一次发布。首先，对于产品负责人来说，迭代中完成的用户故事如果尽早发布，可以让业务方尽早体验，获得更早反馈，对产品的成功是非常重要的。如果业务方提出一个需求，没有等待期或等待期很短，业务方的体验会非常好的。其次，对于开发团队来说，可以更好地做分支管理。因为不发布，对于某些粗心的开发人员来说，不小心拉错代码，一不小心改 Bug 改错地方都是常有的事儿，多版本并行，多分支一起在做的情况，给开发人员的分支管理和代码合并工作会带来困难。最后，对于测试人员来说，回归测试不免要把所有的测试用例走一遍，不能因为产品不发布了就不回归测试了，不发布就不测试了，不发布，对他们来说永远悬在那里，也是一种紧张和压力。综上所述，我更推崇一次迭代一次发布。

虽然我比较推崇一次迭代一次发布，但是集中发布也有明显的优势。首先，集中发布节约发布资源，减少因频繁发布造成的准备时间浪费。其次，集中发布降低开发人员发布前后所产生的焦虑感。再次，节约回归测试资源，提升产品质量。最后，C 端 App 产品的高频发布，会造成客户在使用时需要高频更新，影响用户体验。当然，集中发布也会有些问题，比如集中发布可能会因耦合度过高带来的无法预知的故事点剥离风险，同时集中发布会造成产品团队的响应速度降低，影响用户满意度等。

发布中的坑

增量发布前，团队会进行上线评审。如下图所示，是我们在敏捷开发中常见的迭代评审会场景。在评审前也会上预发环境，但是发布后，还会出现问题，还需要更新版本，比如发布版本是 2.19，发布后，会因为一些小小大大的问题，更新成 2.19.1，2.19.2，下面给大家举一些转型实践团队中发布后出现的问题，然后进行归类分析。

大家看一下下图所示的四个发布后问题。

第一个问题是发布后直接报错，后来查明问题原因是因为数据表少一个字段，粗心吧！

第二个问题是任务详情页面，完成流程任务失败，并且出现 null 这样的词。后来查明原因是因为正式环境与测试环境因历史遗留数据问题，数据不一样，造成数据查询异常。

第三个问题是用户扫码充电时，扫描显示页面一直转转转，无法正常充电，让用户产生误判。后来查明原因是因为扫码充电时，检测到充电桩无异常并提交通电申请后，App 端会保持 loading 状态并轮询充电服务提供的接口，直到收到已通电的反馈。但充电服务每隔 x 秒检测一次充电桩状态，检测到状态变化时才能给予 App 是否通电的反馈，甚至可能无法给出反馈。所以，App 端的 loading 状态可能存在 1-x 秒甚至更长，用户感知时间过长，且期间无法操作，从而造成困扰。

第四个问题是客户还车提示“未检测到还车成功”，但是车辆可以归还，后来查明原因是因为测试同学在预发环境中测试是正常的，但是开发同学在测试环境临时改了一个流程 Bug。此时，预发环境并没有更新代码，开发与测试没有信息同步，测试同学还是用原先的包进行测试的，结果上线后出现此问题。

敏捷开发转型实践过程中产生的发布问题千奇百怪，原因也多种多样，现在和大家分享一些我在敏捷开发转型实践中总结的引起发布问题的常见原因，期待可以帮助更多的人，尽量避免因此种原因造成的发布失败。主要原因有以下几点。

- 配置文件、配置数据库错误。
- 相关联第三方没有更新，如接口等带来的错误。
- 发布顺序错乱，带来的报错与缺失。
- 发布前突然发现小 Bug，带来的改动风险。
- 代码合并错误。
- 打包错误。
- 发布时，沟通流程混乱，沟通各种跳过。
- 兼容性问题。
- 版本发包错误。
- 经常通宵熬夜上线发布。
- 冻结代码后，还在改代码。
- 没有检查数据，预发环境数据竟然是开发环境的数据，环境配置问题。
- 低级错误，把一些配置数据写死，发布上线前忘记改回来。
- ……

特殊情况下促成版本迭代成功

为提升品牌价值，公司与某品牌达成战略合作，需要把某品牌嵌入到当前 App 中。原始需求概况在本次迭代（11 月 1 号）开始前一周才告诉产品团队，等到待办事项列梳理时，产品交互文档还在优化，视觉设计还没有完成，需求范围依然存在不确定性。但是有以下几个固定的里程碑已经确定。X 京联合测试时间为 11 月 21 号，Y 都联合测试时间为 11 月 28 号，产品版本提交审核时间为 11 月 24 号，产品发布会时间为 12 月 1 号。

团队刚刚试用敏捷开发模式，计划为两周一个迭代，两个迭代一次发布。如果按照这个里程碑来做，预示着团队要在 21 号前完成所有的开发工作，11 月 1 号到 11 月 21 号要完成两个迭代的开发工作，并且要测试好，达到交付状态。这给开发团队带了很大的压力，团队在抱怨，但是死任务是必须要完成的。在此背景下，团队的迭代计划应该如何排？

App 团队现在的开发人员大部分有家庭有孩子，离公司位置都比较远，平时加班还可以，但周末来加班不太愿意。并且，对于产品负责人来说，时间紧迫，但是需求范围还没有明确界定，更别说更加详细的产品设计，明确的需求需要在开发过程中不断确认清楚，需求范围存在极大的不确定性。还有一个问题。面对团队成员的请假，不愿意加班的抱怨，需求的不确定性，技术负责人的疲惫与情绪低落，整个团队的状态并不是最佳。作为敏捷教练，我们应该如何帮助团队制定出最合适的迭代计划方案来促成迭代的成功呢？

首先，与产品负责人商定第一次迭代可以确认的需求范围，从而制定详细的迭代计划方案。然后与团队成员分别沟通迭代计划方案，获取反馈建议。

第一种迭代计划方案，从 11 月 1 号到 11 月 24 号，共计两个迭代，如下图所示，第一个迭代为 11 月 1 号到 11 月 13 号，第二个迭代为 11 月 13 号到 11 月 24 号，开发在 11 月 13 号开始第二个迭代，相当于有一天的迭代重叠，中间加班一天，可以满足 11 月 28 号 Y 都测试与 12 月 1 号发布会的要求，但是因为只加班一天，在 11 月 21 号 X 京测试时，产品功能刚刚开发完成，没有经过全面测试，所以，在北京异地测试不通过的风险很大，很可能会出现阻塞风险。

第1天	第2天	第3天	第4天	第5天	第6天	第7天	第8天	第9天	第10天
11月1号	11月2号	11月3号	11月6号	11月7号	11月8号	11月9号	11月10号	11月11号	11月13号
计划会								周六加班	
测+开+测+验	测+开+测+验	测+开+测+验	测+开+测+验	测+开+测+验	测+开+测+验	16点全面提测	回归测试	回归测试	回归测试
第1天	第2天	第3天	第4天	第5天	第6天	第7天	第8天	第9天	第10天
11月13号	11月14号	11月15号	11月16号	11月17号	11月20号	11月21号	11月22号	11月23号	11月24号
计划会						X京测试			提交审核
测+开+测+验	测+开+测+验	测+开+测+验	测+开+测+验	测+开+测+验	测+开+测+验	16点全面提测	回归测试	回归测试	回归测试
11月27号	11月28号	11月29号	11月30号	11月31号	12月1号				
	Y都测试				发布会				
迭代准备	迭代准备	迭代准备	迭代准备	迭代准备					

第二种迭代计划方案，从 11 月 1 号到 11 月 22 号，共计两个迭代。如下图所示，第一个迭代为 11 月 1 号到 11 月 13 号，第二个迭代为 11 月 13 号到 11 月 22 号，开发在 11 月 13 号开始第二个迭代，相当于有一天的迭代重叠，中间加班三天，可以满足 11 月 28 号 Y 都测试与 12 月 1 号发布会的要求，并且，11 月 21 号 X 京联调测试时，因为已经进行了两天测试，所以产品品质得到保障，异地测试不通地的风险大大降低。但存在的问题是，团队加班 3 天，相当于连续工作 17 天，加班过多，可能会影响团队积极性。

第1天	第2天	第3天	第4天	第5天	第6天	第7天	第8天	第9天	第10天
11月1号	11月2号	11月3号	11月6号	11月7号	11月8号	11月9号	11月10号	11月11号	11月13号
计划会								周六加班	
测+开+测+验	测+开+测+验	测+开+测+验	测+开+测+验	测+开+测+验	测+开+测+验	16点全面提测	回归测试	回归测试	回归测试
第1天	第2天	第3天	第4天	第5天	第6天	第7天	第8天	第9天	第10天
11月13号	11月14号	11月15号	11月16号	11月17号	11月18号	11月19号	11月20号	11月21号	11月22号
计划会					周六加班	周日加班		X京测试	
测+开+测+验	测+开+测+验	测+开+测+验	测+开+测+验	测+开+测+验	测+开+测+验	16点全面提测	回归测试	回归测试	回归测试
第1天	第2天	第5天	第6天	第7天	第8天	第9天	第10天		
11月23号	11月24号	11月27号	11月28号	11月29号	11月30号	11月31号	12月1号		
	提交审核		Y都测试				发布会		
回归测试	回归测试	迭代准备	迭代准备	迭代准备	迭代准备	迭代准备			

第三种迭代计划方案，从 11 月 1 号到 11 月 22 号，共计两个迭代。如下图所示，第一个迭代为 11 月 1 号到 11 月 13 号，第二个迭代为 11 月 11 号到 11 月 22 号，开发在 11 月 11 号开始第二个迭代，相当于有两天的迭代重叠，对开发团队提出了更高的要求，第一个迭代留有的 Bug 修复时间会大大减少。中间加班两天，可以满足 11 月 28 号 X 都测试与 12 月 1 号发布会的要求，相比来说，团队只加班两天，团队有休整，并且测试比较充分。

第1天	第2天	第3天	第4天	第5天	第6天	第7天	第8天	第9天	第10天
11月1号	11月2号	11月3号	11月6号	11月7号	11月8号	11月9号	11月10号	11月11号	11月13号
计划会							BUG+休整	周六加班	
测+开+测+验	测+开+测+验	测+开+测+验	测+开+测+验	测+开+测+验	测+开+测+验	16点全面提测	回归测试	回归测试	回归测试
第1天	第2天	第3天	第4天	第5天	第6天	第7天	第8天	第9天	第10天
11月11号	11月13号	11月14号	11月15号	11月16号	11月17号	11月18号	11月20号	11月21号	11月22号
计划会						周六加班		X京测试	
测+开+测+验	测+开+测+验	测+开+测+验	测+开+测+验	测+开+测+验	测+开+测+验	16点全面提测	回归测试	回归测试	回归测试
第1天	第2天	第5天	第6天	第7天	第8天	第9天	第10天		
11月23号	11月24号	11月27号	11月28号	11月29号	11月30号	11月31号	12月1号		
	提交审核		Y都测试				发布会		
回归测试	回归测试	迭代准备	迭代准备	迭代准备	迭代准备	迭代准备			

第四种迭代计划方案，从 11 月 1 号到 11 月 22 号，共计两个迭代。如下图所示，第一个迭代为 11 月 1 号到 11 月 13 号，第二个迭代为 11 月 10 号到 11 月 22 号，开发在 11 月 10 号开始第二个迭代，相当于有三天的迭代重叠，对开发团队提出了非常高的要求。第一个迭代留有的 Bug 修复时间几乎为零。在第二个迭代开发中，还需要修改第一个迭代中可能出现的 Bug。中间加班两天，可以满足 11 月 28 号 Y 都测试与 12 月 1 号发布会的要求。相比来说，团队只加班了一天，团队有休整，并且测试比较充分。唯一的问题是任务交叉重叠比较严重，对代码管理及团队协同要求更高。

第1天	第2天	第3天	第4天	第5天	第6天	第7天	第8天	第9天	第10天
11月1号	11月2号	11月3号	11月6号	11月7号	11月8号	11月9号	11月10号	11月11号	11月13号
计划会								周六加班	
测+开+测+验	测+开+测+验	测+开+测+验	测+开+测+验	测+开+测+验	测+开+测+验	16点全面提测	回归测试	回归测试	回归测试
第1天	第2天	第3天	第4天	第5天	第6天	第7天	第8天	第9天	第10天
11月10号	11月11号	11月13号	11月14号	11月15号	11月16号	11月17号	11月20号	11月21号	11月22号
计划会	周六加班							X京测试	
测+开+测+验	测+开+测+验	测+开+测+验	测+开+测+验	测+开+测+验	测+开+测+验	16点全面提测	回归测试	回归测试	回归测试
第1天	第2天	第5天	第6天	第7天	第8天	第9天	第10天		
11月23号	11月24号	11月27号	11月28号	11月29号	11月30号	11月31号	12月1号		
	提交审核		Y都测试				发布会		
回归测试	回归测试	迭代准备	迭代准备	迭代准备	迭代准备	迭代准备			

基于以上四种方案，我与团队进行充分的沟通协商，选择当下最适合团队的方案。对于紧急迭代的时间盒和正常迭代时间盒重叠问题，我们要学会合理调控。虽然这里所分享的迭代排期对团队迭代的节奏感会产生不良的影响，但考虑到当时的特情，我们要想到合理的对策，弥补其间的差异，减轻对团队节奏感带来的影响。

我们知道，团队都期望可以按照固定的节奏和固定的套路来执行迭代，但特情总有很多，结合这节课中出现的战略合作性特情，为了促成这次紧急迭代的成功，我建议团队成员要坚守如下原则。首先，团队要做到随时反馈问题，对于流程和执行中出现的问题，要及时暴露，及时改进。其次，在每日领取任务时，要合理拆分，分散多领，把任务分散到每个工作日，提测时间也可以由下午 16：00 更改为第二天上午 9：30 站会结束后，在每日提交测试前要尽力做到充分的自测试，保证通过所有的验收标准，保证产品的质量，从而减少后期修复 Bug 的时间。最后，对于教练来讲，要因地制宜、及时调整、多多沟通、服务团队、服从公司目标、与团队一起完成公司既定的目标。

跨团队、跨昼夜 24 小紧急迭代

出行市场的跨业务横向竞争越来越激烈，先有各企业融资布局分时租赁造成直接竞争，后有滴滴美团大战促销活动可能存在的降维打击，公司领导层要求尽早上线“AA 车”服务，加强公司 App 在市场中的占有率和影响力。目前，App 团队在正常的迭代期间，如果立马响应公司领导的号召，承接“AA 车”服务，会给当前迭代的成功交付带来风险，不承接又不可能，因为“AA 车”是 App 全新的业务模式，同时关联的系统有 App、B 系统、D 系统。时间紧、任务重，2018 年 4 月 25 日接到任务后，公司副总第一时间牵头相关产品负责人和项目经理展开头脑风暴，并梳理整个流程中需要线上支持的功能，涉及 App、H5 和 B 系统。下午 4 点半，确定业务方案，并且团队共同作出了一个大胆的决定：该功能在 24 小时后上线！

时间虽然紧急，但是标准的 Scrum 流程依然是保证项目成功交付的关键，在整个紧急迭代过程中，Scrum 的五项活动一个都没有少，团队依次完成了产品待办事项梳理、迭代计划会、每日站会、迭代评审会和迭代回顾会，因为这两个团队已经使用敏捷 Scrum 框架 10 个多月，所以快速执行起来也非常顺手。下面和大家分享一下整个紧急迭代过程及关键节点。

首先是产品待办事项梳理，如图所示，涉及到的两个团队的产品负责人先讲，App 团队的产品负责人首先澄清了本次紧急迭代的需求。澄清完成后，B 团队的产品负责人开始澄清需求，接下来公司领导补充了需求，阐述了一下自己对需求的理解和对团队的期待。当两个团队的产品负责人都澄清完后，开发团队的同学开始对相关需求中的疑惑地方提出问题，针对开发同学提出的问题，产品负责人一一答疑。当答疑完成后，为了保证需求的理解连贯性，我建议产品负责人再次澄清需求。当产品负责人再次澄清完成后，我说大家理解了吗？

开发团队成员说自己理解了。于是，我建议开发团队核心成员和测试团队核心人员主动站出来复述需求，确保大家对需求的理解一致，当大家的复述一致时，整个产品待办事项梳理结束。

接下来团队开始进入迭代计划会环节，如下图所示，D 团队和 App 团队在不同的会议室进行，D 团队以功能清单作为切入口，产品负责人再次澄清需求，然后在技术负责人的带领下，逐渐完成任务的拆解工作。工作量已经“没有办法”评估，因为必须完成，团队能做的就是把需求拆解的更细，不能把任务漏掉，要不后期一旦发现，会造成很大的影响，因为已经来不及了。

对于 App 团队来说，只是需求出来了，交互稿和视觉稿并没有出来，所以产品负责人在交互稿和视觉稿还没有出来前，先用手绘草图和团队沟通需求点，帮助团队理解需求，以方便团队把需求拆解成具体可以落地的任务。技术负责人对于需求中的疑惑地方及时提出，并帮助团队答疑，前端任务、后端任务、联合任务，一点点浮出水面，拆解逐渐完成。

这个紧急迭代涉及到两个团队，为了保证任务拆解的准确及互联互通的正常进行，在两个团队分别开完迭代计划会后，作为两个团队的敏捷教练，我组织两个团队进行了一次联合计划会。如下图所示，两个团队的产品负责人再次简单澄清了本团队的需求及联调点，两个团队的技术负责人详细说明了各自团队的任务拆解情况及需要彼此配合的地方，特别是需要对接的接口，防止拆错、拆漏。在联合计划会上，还是发现了开发同学有遗漏，有没有拆解的需求点，开发同学及时补上。当所有的任务确认拆解完成后，团队把拆分好的任务打印出来，黏贴在便利贴上，然后贴在自己团队的物理看板上，方便团队成员在站会时进行领取、标记和移动。

正常的站会是每个工作日开一次，这种紧急的迭代，站会的时间差被缩短为 2 个小时，团队每两个小时开一次站会，如下图所示，领取、标记、稳动任务，站会防止拖沓，被严格的控制在 5 分钟内。紧张的迭代，通过 5 分钟站会的简短沟通，也是一种放松，团队成员不仅可以了解彼此的进度，也可以协调到彼此想要的资源，诉说自己遇到的困难，时间随短，但环节非常重要。

评审会是验收汇报的关键环节，是检验整个迭代工作成果的重要步骤，不可或缺。按照计划，开发团队要负责给业务方演示本次紧急迭代的开发内容，演示完整的产品功能，开发团队也是这么做的。演示完成后，团队针对业务方反馈的建议进行了上线前的微调，可能有些朋友会觉得微调在此时已经不太合适，但是当时的情况，因为需求的紧迫性，有些不确定的情况，当真正的产品做出来后，业务方的要求，只要在可控的范围内，团队还是接受了这看似不可能的变更，最后在经过相关领导变更审批通过后，团队立马修正，测试团队也投入到了测试当中，梳理用例，重新执行，把好产品质量关，最后，在 23 点 55 分，由开发总监新自完成了上线发布工作，如下图所示。紧张的 24 时跨团队、跨昼夜迭代就此画上了完美的句号。

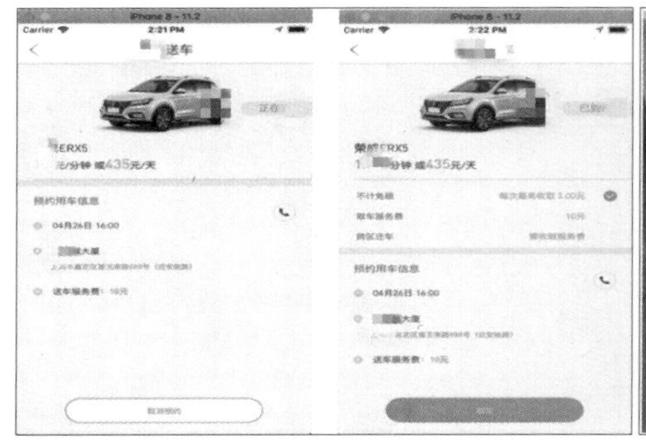

回顾与反思，当然本次不是知耻而后勇的回顾，是团队充分落实敏捷勇气、承诺、开放价值观的完美实践，团队勇于挑战，承接艰巨的任务，并承诺在规定的时间内高品质交付，以开放的心态进行跨团队合作与交流，最后成功交付。团队回顾会，水果是必不可少的，这次大家吃得很开心，会上，每个团队成员都分享了彼此的感受，开发人员、设计人员、测试人员都从自己的角度阐述了自己在本次迭代中的优点项、改进项、禁止项，以后遇到类似的情况，自己要如何改进和应对，最后产品负责人和技术负责人也对团队进行了表扬，感谢大家，鼓励大家。这是一个团队，是一个有凝聚力、有战斗力的团队。

至于荣誉，付出不一定会有回报，但不付出，肯定没有回报。对团队来说，精神奖励也是非常重要的，对于我们这次的 24 小时跨昼夜、跨团队紧急迭代，集团专门写了一篇表扬推文，在全集团内进行推送，对团队起到了很大的宣传与鼓励作用。哦，那个紧急的任务，原来是这个团队承接了，是公司最牛逼的团队啊，是不是荣誉感爆棚？这次紧急迭代首先证明了团队对类似的紧急任务，可以高效、高品质完成，团队可以有效支持公司业务发展，随时响应公司号召，满足公司需求。其次增强了团队自信心，证明团队敢打硬仗，勇于挑战。最后，通过全集团的通报表扬，增强团队荣誉感与自信心，为后期团队综合素养的提升打下了坚实的基础。

详细解读大数据团队的前两次迭代

我们先来回顾一下拆分，所谓拆分，可以想象成把史诗级的用户故事拆成主题级的用户故事，把主题级的用户故事拆成可实现级的用户故事，把可实现级的用户故事拆成可具体落地的功能开发任务。最后呈现在看板上的，就是具体的任务，可以落实到人的、可以被认领的开发任务。所有的功能开发团队适用此拆分逻辑，大数据的开发工作当然也适合此开发逻辑。

有很多人可能会说，当用户故事足够小时，就不需要拆分了，因为这个粒度已经可以在 1 到 2 天内完成交付验收，符合敏捷的拆分原则。但什么是足够小？团队是不是真的能拆分得足够合适？产品负责人在梳理用户故事时，是否能做到能拆分得好及用户故事间的耦合和独立也能处理地恰到好处，开发团队的能力如何？是否可以高品质交付，在承诺的时间节点完成？这些都会影响到真正的拆分。

就目前的团队能力来说，单纯依赖用户故事，按用户故事来做每天的交付标准，团队还做不到，对产品负责人来说也有困难。毕竟，我只想做一个用车 App，我想在 App 里面使用微信钱包的零钱进行支付，我想在搜索时可以使用车型关键字，想点击搜索按钮时给我一个颜色加重提示，这四个用户故事是不一样的，你觉得前三个用户故事需要拆分吗？第四个用户故事需要拆分吗？

第一次迭代

背景

大数据团队在确认转型敏捷开发模式后，配备了专门的测试人员，补全了产品团队。敏捷培训完成后，开始了第一次迭代，按照原先团队商议的结果，团队采用两周的迭代周期，每个迭代 10 个工作日，第 1 次迭代的迭代时间盒为 201× 年 4 月 12 号到 201× 年 5 月 7 号。在本次迭代中，主要以技术性任务为主，同时考虑到团队有 5 名成员刚加入，与原来的两名老队员相比，技术能力还有成长空间，所以本次迭代中也会有一些老带新的任务。技术性任务主要参考现有的技术架构进行拆分，技术架构如下图所示。

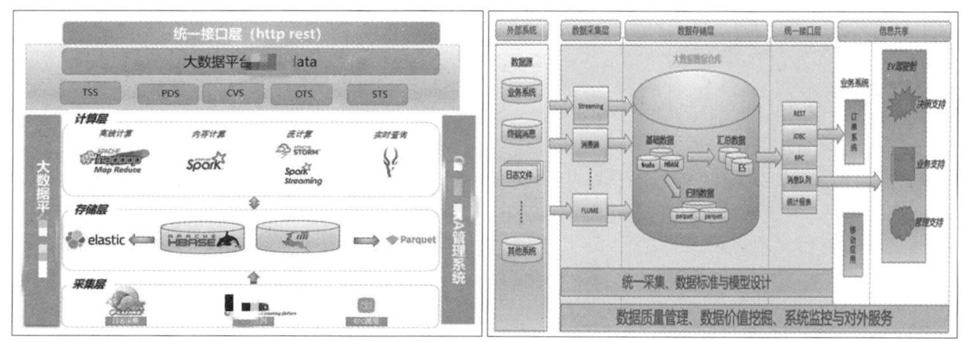

任务拆解

迭代计划会开始，团队坐在一起，完全是技术团队的天下，说了很多，总结为："我们这个迭代要做基础架构搭建，有很多活要做，但是具体有什么活？有很多，不好拆。"能不能稍微具体一下，总有基础架构搭建的逻辑和步骤流程吧，不能一句话就算完事儿，看我们的技术架构。整个团队在会议室里面耗费了两个小时，最后拆分出来 5 个任务。先不管任务的多少，我们来留下一个问题，为什么第 1 次迭代的技术任务没法拆得更细？具体的 5 个任务如下：

1. 数据采集 kafka->ots(通用 BI 模块开发，支持配置化)。
2. 数据采集 kafka->sts(通用 BI 模块开发，支持配置化)。
3. ODS 层数据结构设计 - 文档交付。
4. 维度表设计。
5. 财务结算单查询分离（kafka-ES）。

就这样，一个 10 人的团队，最后拆出来了 5 个任务。

每日站会

带着这 5 个任务，我们开始了团队的第一次站会。第一天，5 个任务全部被领走。整个迭代要持续 10 天，一共 10 个人的团队，只有 5 个大任务，每天几乎是没有交付的。没有交付就不能验收，没有验收就没有完成，燃尽图就是一条直线，这要如何办？不到最后一天看不到效果。抛开最后的交付物，作为敏捷教练，我们要提醒团队把任务拆得细的重要性。第一次大家拆不出来，我也没有特别强求，我想，团队中的每个成员每天必然会有要做的事情，就记下每天做的事情，一个任务在第一天是 0，在第 10

天是 100%，从 0 到 100% 的过程总是有进度的。迭代计划会时想不到如何拆，现在记录下来每天做的，回顾会时反思一下这其中的原因，可以给团队任务拆分提供更好的拆解策略。

于是，每天站会时，我给团队成员每人发一张便利贴，要求他们在便利贴上写上我昨天完成了什么，今天准备完成什么，标注编号和姓名，贴在领取的大任务上面，如下图所示。当所有的任务都完成后，5 个大任务被自然细分为 41 个小任务。再引导他们回想为什么第 1 次迭代的每日站会需要每个成员把每天完成的事情写在便利贴上并贴出来？最后的结果会是什么？

最后被细化拆分完成的任务

任务	数据采集 kafka->ots(通用 BI 模块开发，支持配置化)	数据采集 kafka->sts(通用 BI 模块开发，支持配置化)
领取人	A 队员	B 队员
每日完成情况	D1．完成数据采集程序配置模块的开发与设计 D2．数据中心项目招标、讲标 D3．参加集团技术沙龙 D4．同步程序开发 D5．修改代码转自测 D6．规划测试环境 D7．梳理 XX 系统需求及第 2 次迭代其他需求	D1．kudu writer 代码逻辑梳理，财务系统发送数据 讲解 D2．数据中心项目讲标，开始写落地代码 D3．实现并测通配置化代码，kudu 写的代码基本完成 D4．同步代码完成 D5．通用模块细节处理 D6．XX XX 结算单同步问题解决 D7．代码修改完成，相关工具类封装进行中，瞳需求了解

任务	ODS 层数据结构设计	维度表设计
领取人	C 队员	D 队员
每日完成情况	D1．完成 ODS 基础表的梳理 D2．ODS 数据表进一步梳理，整理部分增量表 D3．找出了与业务相关的增量表，进一步对这些表进行设计深入了解 D4．整理基础表进度 90%，与业务人员继续沟通，交谈及了解各个表的功能 D5．公司业务相关表的整理，进度 70%，继续梳理增量表 D6．基础表梳理完毕，后期有表加入再修改 D7．参加 PBR，hive 知识梳理，同测试讲解基础表	D1．XXXX 员维度表，区域 - 城市 - 公司维度表 D2．XXXX 维度表的整理完成 D3．XX 点维度表的整理完成 D4．XX 单维度表的整理完成 D5．学习 Spark sql D6．维度表重复字段的更名或删除 D7．修改部分字段及各种测试 Bug

任务	财务结算单查询分离（kafka-ES）	
领取人	E 队员	F 队员（与 E 队员任务相同）
每日完成情况	D1．梳理项目需求和技术方案的讨论 / 理解 D2．消费 kafka 结算单数据，看了一下 ES 的查询接口，走通了结算单历史数据的同步 demo D3．XX XX 充项目上线，ES 学习 D4．结算单测试，结算单消费到 ES D5．方案须要调整 D6．财务结算单测试	D1．梳理项目内容，实现细节，了解项目代码 D2．财务结算单代码环境修改，部分消费端代码完成 D3．财务结算单代码（消费端，spark sql 导入 ES） D4．完成消费端代码，完成历史数据迁移测试 D5．核对消费数据 D6．测试财务结算单 D7．测试通过 结算单 -kafka-ES

从 5 个任务到 41 个任务，先不考虑拆分的合理性问题，就从原来不能拆到每日有活干，就这点区别，请大家结合自己的敏捷开发转型实践情况，考虑一下原因，是真的没法拆吗？还是在技术实践上不充分，存在非确定性的探索？说白了，就是没做过，技术不过硬，心理没谱。作为敏捷教练，我们要判断这种表象背后的真实原因，因为如果真的发现，团队在当前阶段不适合敏捷开发模式，要尽快收手，否则后果很严重。

第二次迭代

背景

第二次迭代开始了，这次迭代以功能性任务为主，主要做营业收入分析，在正式开始迭代计划会前，所有的业务需求经过业务评审、技术评审，也提前与团队做过需求梳理，团队已经提前知道了本次迭代要实现的功能，也给了产品团队相应的反馈意见。第二次迭代的时间盒为 20XX 年 5 月 8 号到 20XX 年 5 月 21 号。但是，迭代计划会时，团队评估本次迭代的任务，一共拆解出 96 个标准任务，评估结果为一次迭代完不成所有的任务，需要两个迭代才能完成，考虑到这个产品是从 0 到 1 的过程，所以团队暂定本次任务分两个迭代完成，第一个迭代不发布，第二个迭代一起发布，整个迭代计划会耗时 5 个小时。下面和大家一起回顾一下整个迭代过程。

产品待办事项梳理（PBR）

产品待办事项梳理理论上讲是一个非正式活动，但考虑到产品负责人发的邮件团队成员都不看，梳理还是通过正式的活动比较正式一些。如下图所示，通过 15 分钟的简短会议，把团队成员迅速地聚集在一起，简单阐述一下用户故事，讲解一下在下个迭代中可能要实现的功能，让团队好有技术准备和评审空间，也为某些不合理的功能提供了很大的改进时间，对整个迭代来说都是非常有益的。

在这个敏捷转型团队中，产品负责人并没有按照标准用户故事的格式来编写用户故事，只要团队理解可用，我并没有强制产品负责人必须按照标准用户故事的格式来编写用户故事，如下表所示。

用户故事	用户故事说明
关键指标	用户可以看到自己订阅的指标与指标的同比 指标有：昨日 / 当周 / 当月的总收入、XX 收入、XX 订单数、XX 单日收入数、XX 单日订单数
趋势图：XX 业务	用户可以看到相关图表的趋势 1. 用户可以看到影响 XXXX 业务收入有关的指标趋势图，指标有：收入数、订单数、XX 收入数、XX 订单数 2. 用户可以在图表中得到 XX 业务相关指标数值、实付金额与相应同比
分公司排行榜：XX 业务	用户可以看到旗下分公司的指标排名 TOPXX、LOWXX，与指标同比 1 用户可以调整排名顺序，并可以展开明细看到所有的排名 2 XX 排名的时间维度分别为：昨日、当周、当月 3 XX 排名表涉及指标有：XX 收入数、XX 订单数、XXXXX 收入数、XXXXXX 订单数
关键指标	用户可以看到自己订阅的指标与指标的同比 指标有：昨日 / 当周 / 当月的 XX 订单数、XX 收入数

迭代计划会

迭代计划会开始，产品负责人再次澄清本次迭代的用户故事。如图所示，以功能清单作为切入点，讲解完成后，结合本次用户故事所对应的视觉设计稿，再次讲解，以期大家对需求有一个一致的理解，特别是对于关键指标的理解。因为有些指标牵涉到数据的可存性，是不是有，取数逻辑是不是合理，实现周期是不是靠谱。团队需要在迭代计划会的第一阶段，再次确认这些关键点。

澄清完成后，团队对相应的任务进行估算，采用集体估算的方式，使用估算扑克，如下图所示，每个团队成员都参与估算。

估算完成之后，团队根据自己的预计速率，领取了任务，先在小白板上完成了粗略的拆分，如下图所示。整个迭代计划会共耗时 5 个小时。第 2 次迭代 PBR 后和迭代计划会前，开发团队说已经完成了任务拆解，但在第 2 次迭代计划会进行中，为什么还要重新拆解？

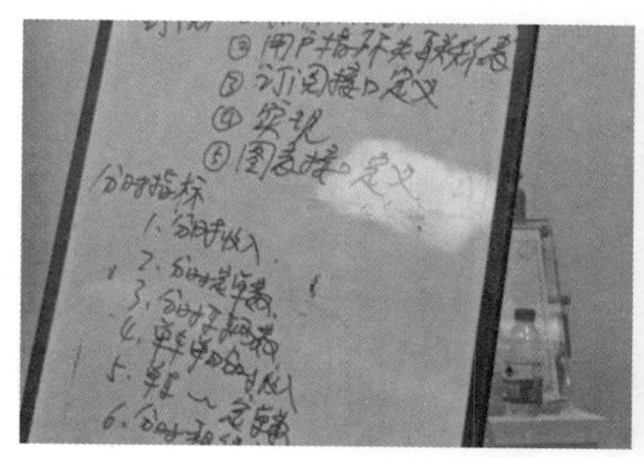

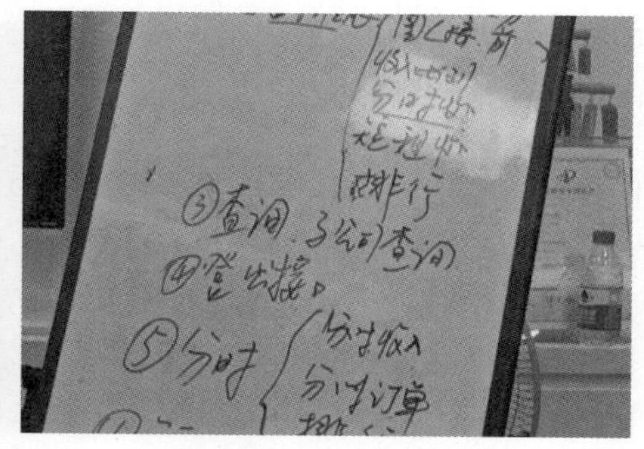

XX 收入	1	结果表设计	XX 实付	1	结果表设计
XX 收入	2	日值计算逻辑开发	XX 实付	2	日值计算逻辑开发
XX 收入	3	周值计算逻辑开发	XX 实付	3	周值计算逻辑开发
XX 收入	5	日 同比	XX 实付	5	日 同比
XX 收入	6	周 同比	XX 实付	6	周 同比
XX 收入	7	月 同比	XX 实付	7	月 同比
XX 订单数	1	结果表设计	XX 收入	1	结果表设计
XX 订单数	2	日值计算逻辑开发	XX 收入	2	日值计算逻辑开发
XX 订单数	3	周值计算逻辑开发	XX 收入	3	周值计算逻辑开发

用户故事拆分成具体可落地的任务后，团队成员把每一条任务打印出来，可能很多同学会用 JIRA 里面的模板打印，结合我自己的敏捷转型实践经验，在 Excel 里面拆分后加上编号，打印和寻找时也很方便，大家可以结合自己的敏捷开发转型实践情况具体实施，只要能贴在物理看板上就行，我并不强调团队用什么形式打印，但我也不太赞同团队使用电子看板，更期待团队使用物理看板。任务打印出来后，黏贴在便利贴上，然后把贴有任务的便利贴黏贴到物理看板上，如下图所示，为团队每日站会做好准备。

前面相对详细的阐述了整个迭代过程和拆分结果，中间也提出了部分问题，现在对提到的问题给予解答。

问题 1：为什么第 1 次迭代的技术任务没法拆得更细？

答疑

1. 这是团队的第一次迭代，团队成员需要有一个适应过程。
2. 团队技术不成熟，技术及方案处于探索阶段，在工作经验上需要提升的还有不少。
3. 团队成员能力不均衡，多数成员无法承担基础架构类任务，即使一些基础的开发任务，老员工也不信任这些新人，老带新任务艰巨。

问题 2：为什么第 1 次迭代的每日站会需要每个成员把说的内容写在便利贴上，并贴出来？

答疑

1. 方便团队记录每日工作结果和为团队迭代总结做好准备工作。
2. 可以暗示团队成员，任务其实是可以被拆的更细，只是因为缺乏经验或想的不细或受特定思维方式的影响，造成短暂的任务粗拆。
3. 帮助团队强制性养成习惯，每日需要有交付，任务要落实到每天。

问题 3：为什么第 2 次迭代已经做过 PBR，迭代计划会还是耗用了 5 个小时？

答疑

1. 第 2 次迭代的用户故事只经过了业务评审，没有做技术评审，在技术可实现性上需要开发给予评估，不一定所有的产品方案都可以实现，比如某些个性的图表样式，虽然炫酷，但不一定实用，可能要用大量的时间来写，更建议可以使用现有的插件，比如 ECHARTS。
2. PBR 后，开发人员并没有对迭代待办事项仔细看，直到迭代计划会发现一些用户故事没法实现。
3. 产品负责人在澄清用户故事时，过于依赖视觉稿，而视觉稿上缺乏必要内容标注和说明。
4. 产品负责人对于 PRD 没有同步更新，造成版本差异，影响开发判断。
5. 开发团队在刚开始缺乏一个有效的技术负责人来负责推动本次迭代的技术评估与实现。
6. 开发人员及产品负责人对业务形态缺乏准确的理解，每个需求点需要找外部依赖人员进行确认与求证。
7. 相关系统缺乏持续性的版本需求文档、数据库设计文档等相关记录。

问题 4：为什么第 2 次迭代 PBR 后，迭代计划会前，开发团队说已经完成了任务拆解，但是在第 2 次迭代计划会进行中，还是要重新拆解？

答疑

1. 开发团队对需求理解有差异，造成了原来的拆解作废。
2. 开发团队原先的拆解太粗，跟本不可用，自毁武功。
3. 原项目经理临时指派新的迭代技术负责人，造成新的拆解。
4. 产品的技术特点，造成了当时的拆分差。

信息系统辅助敏捷过程透明化

管理软件在迭代的进度管理和质量管理方面有很强的辅助作用，结合我自己的敏捷开发转型实践，管理软件可以帮助团队来管理迭代待办事项，可以把迭代待办事项拆解成具体的任务并指派给具体的开发人员。可以在管理软件中进行用例管理，可以把测试中出现的 Bug 记录到管理软件中并指派给具体的开发人员，开发人员在管理软件中查看 Bug 情况及重现步骤。开发人员解决 Bug 后，在管理软件中更新 Bug 状态并通知到相应的测试人员。当然，如果在管理软件上加入相应的插件，对代码管理、自动打包也是可以起到很好的作用。市面上的管理软件有很多，结合我自己的敏捷开发实践情况和学习情况，下面对一些常用的管理软件做一下优劣势分析。

JIRA

JIRA 是 Atlassian 公司出品的项目与事务跟踪工具，广泛应用于缺陷跟踪、客户服务、需求收集、流程审批、任务跟踪、项目跟踪和敏捷管理等工作领域。JIRA 优点在于可以因你而变，依据不同团队、运作规则、制度流程实现随需定制。比如，可定制个性化页面导航、Logo、页脚标识、页面视觉效果、文案术语表达、状态、自定义字段、工作流、过滤器和分析统计报表等。此外，JIRA 最擅长项目执行管理、敏捷开发管理、体系流程管理、产品 Bug 跟踪、提案跟踪、需求管理、客户服务。当然，JIRA 也是有缺点的，比如 JIRA 虽然不限制用户数，但是是收费的，相比其他项目管理软件，还是比较贵的，我所在团队在敏捷开发转型后，采购了一套 JIRA，大几十万，还有，虽然 JIRA 有问题跟进情况的分析报告，但其报表分析功能比较简单，团队用起来比较耗时。

试用地址：http://cloud.unlimax.cn:8080/secure/RapidBoard.jspa?rapidView=73

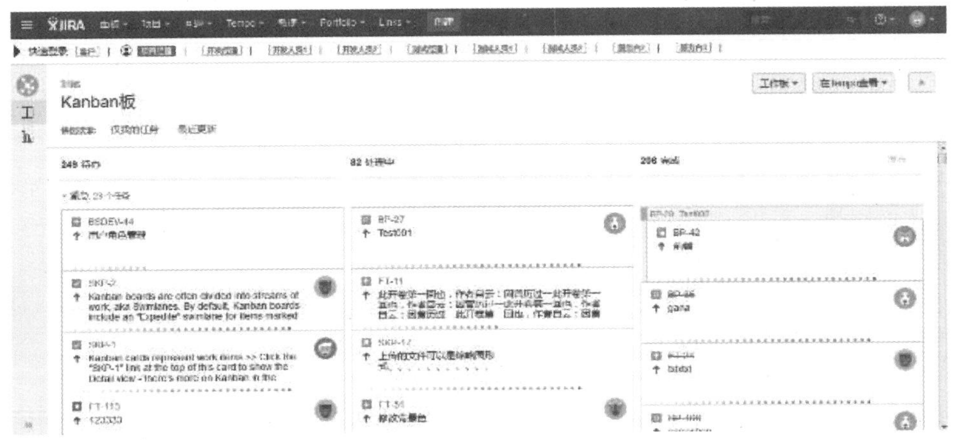

REDMINE

Redmine 是用 Ruby 开发的基于 Web 的项目管理软件，支持多种数据库，有不少自己独特的功能，还可以集成其他版本管理系统和 Bug 跟踪系统。Redmine 的主要优势在于支持多项目与子项目、可配置角色、可配置问题跟踪系统，自动日历与甘特图绘制、支持 Blog 形式的新闻发布、Wiki 形式的文档撰写和文件管理、基于 Web 便于在工作中铺开使用，同时较 project 更适合做协同办公。Redmine 是开源的，而且正在不断改进，支持插件式更新，用户、项目、问题支持自定义属性，方便进行扩展。Redmine 也是有一些缺点的，首先是安装有点繁琐，其次是基于 ROR 框架开发的，如果需要二次开发，需要重新学习 ROR。

试用地址：http://www.apache.net.cn:7777/redmine

TOWER

Tower 是一款团队协作工具，可以让团队在 Tower.im 里在线讨论、任务指派管理、文件共享、日程安排、查看在线文档，他们对自己的描述是简单好用，Tower 的优势明显，Tower 在功能上包括团队创建、项目、动态、周报、日历、团队等，界面设计非常清新，访问速度很快，可以直接在日程表上创建日程，方便用户记录自己的时间花费，便于用户写周报。Tower 是轻量化的协作软件，适合小团队。Tower 也有几个缺点，比如不像某软件一样，可以很方便地把用户故事拆分为任务，同时软件的更新速度比较慢，Bug 管理功能不太好，还有一些优化成长的空间。

试用地址：https://tower.im/

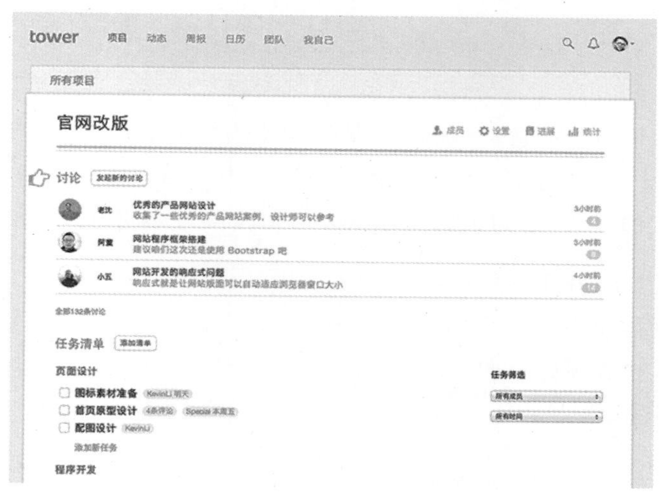

禅道

禅道是一款国产的优秀开源项目管理软件，软件集产品管理、项目管理、质量管理、文档管理、组织管理和事务管理于一体，是一款功能完备的项目管理软件。就禅道的优势来说，其配置简单，概念清晰，功能完备，禅道将产品、项目、测试这三者的概念明确分开，产品人员、开发团队、测试人员，这三者分立，互相配合，又互相制约。覆盖了研发类项目管理的核心流程，为 IT 企业或正在进行信息化的企业提供了一个一体化的集成管理工具。但禅道也有一些去缺点，众所周知的功能堆积，模块比较多，看起来功能很全，什么都有，但是缺乏有机的整合，属于堆积功能，不能很好的进行协同和联动，提升空间比较大。

试用地址：http://demo.zentao.net/my/

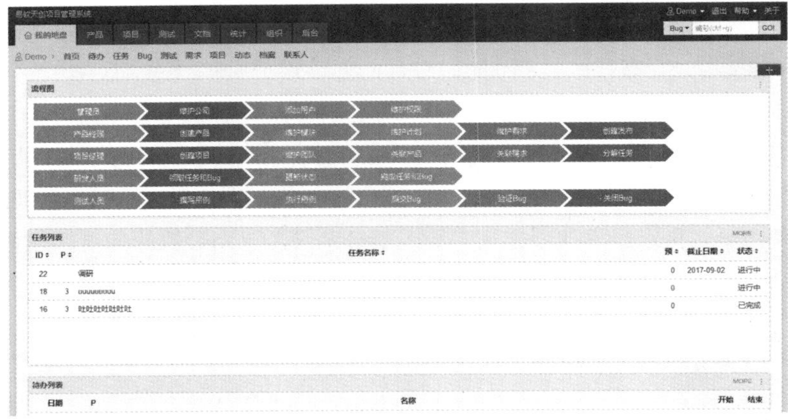

WIKI

WIKI 是一种在网络上开放且可供多人协同创作的超文本系统，由沃德 . 坎宁安于 1995 年首先开发，这种超文本系统支持面向社群的协作式写作。WIKI 站点可以有多人维护，每个人都可以发表自己的意见，或者对共同的主题进行扩展和探讨。

常见的 WIKI 有 Smartwiki、Mediawiki 和 Confluencewiki。Smart Wiki 是一款针对 IT 团队开发的简单好用的文档管理系统。可以用来储存日常接口文档、数据库字典、手册说明等文档。内置项目管理、用户管理、权限管理等功能，能够满足大部分中小团队的文档管理需求。

Confluence 是一个专业的企业知识管理与协同软件，也可以用于构建企业 WIKI。它强大的编辑和站点管理特征能够帮助团队成员之间共享信息、文档协作、集体讨论、信息推送。其为团队提供一个协作环境，在这里，团队成员齐心协力，各尽其能，协同编写文档和管理项目。从此打破不同团队、不同部门以及个人之间信息孤岛的僵局。

MediaWiki 全球最著名的开源 WIKI 程序，运行于 PHP+MySQL 环境，MediaWiki 从 2002 年 2 月 25 日作为维基百科全书的系统软件，并有大量其他应用实例，Mediawiki 1.4 使用 gzip 来压缩储存的文字，使得在储存文字时，可节省大约 15% 的空间，经受过重量级应用的考验。

试用地址：https://www.atlassian.com/software/confluence/try

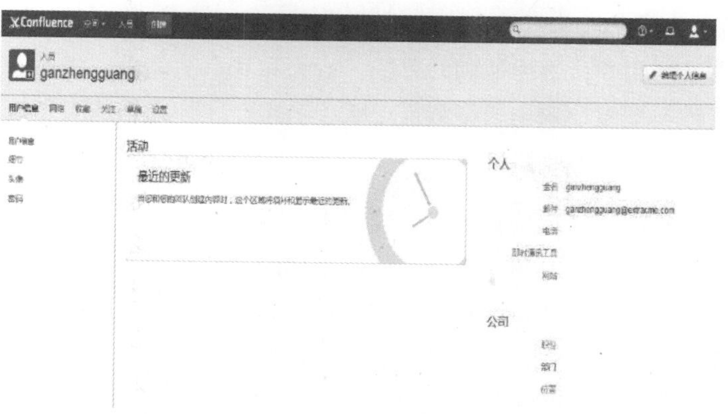

在我的敏捷开发转型团队中，我们使用的是 Confluence wiki，我们主要在 Confluence 进行文档管理，里面放了一些我们的开发规范、管理文档、数据库文档等，因为团队主要使用钉钉进行沟通，所以不用 Confluence 进行信息的推送工作，只是单纯的文档协同，即使这样，Confluence 的使用依然受到挑战，不知道大家是否使用过 SVN，SVN 是 Subversion 的简称，是一个开放源代码的版本控制系统，说得简单一点 SVN 就是用于多个人共同开发同一个项目，共用资源的目的。其实这 SVN 应该是一个比较“古老”的产品，团队中现在有了 Confluence，有了禅道，又买了 JIRA，单单为了放一个产品文档，不同的团队就用各种不同的理由选择不同的存放地方。在买 JIRA 前，大部分团队把文档存放在禅道中，结果有一个团队就是不放，建议给他们搭建专门的 SVN，他们用来存储技术文档和产品文档，考虑到尊重团队的个性，作为敏捷教练的我也没有多说，就建议运维的同事搭建了 SVN，用于此团队的文档管理，这也算是一个比较特殊的团队了。

当然，也有把接口文档放在 Word 里面，然后通过邮件或社交软件分享。也有使用有道云笔记或语雀等来书写和协同相关文档的。也有存在服务器上，最后以网页形式进行展现的等。可以说是千奇百怪，后来，基于文档存放混乱的情况，公司内部开始统一使用 Seafile，文档管理算是走上了正途。

带好“火车头”

用户画像，我们到底服务谁？

艾伦 . 库柏最早提出用户画像的概念：“Personas are a concrete representation of target users."。真实用户的虚拟代表，是建立在一系列真实数据之上的目标用户模型。通过用户调研去了解用户，根据他们的目标、行为和观点的差异，将他们区分为不同的类型，然后每种类型中抽取出典型特征，赋予名字、照片、一些人口统计学要素和场景等描述，形成一个人物原型。

简而言之，用户画像是根据用户社会属性、生活习惯和消费行为等信息而抽象出的一个标签化的用户模型。构建用户画像的核心工作即是给用户贴标签，而标签是通过对用户信息分析而来的高度精炼的特征标识。用户画像就是用户信息标签化，标签化的目的是让人能够理解并且方便计算机处理，通过标签可以更加数字化的看清楚用户，用户画像需要建立在真实的用户数据之上，不建立在真实数据之上的用户画像都是耍流氓。

用户画像可以用于做精准营销，通过对产品和潜在用户的分析，针对特定群体利用图文消息等方式进行消息推送、实现精准营销。可以用于行业报告，用户研究，比如某年龄段人群消费偏好趋势分析。可以用来进行数据挖掘，构建智能推荐系统，利用关联规则与聚类算法进行分析。可以用来进行效果评估，完善产品运营，提升服务质量。可以用来对服务或产品进行私人定制，即个性化的服务某类群体甚至某一位用户。也可以用来进行业务经营分析以及竞争分析，影响企业发展战略。

构建用户画像的前提条件是要从用户的角度出发，做用户想做的事，而不是产品负责人想做的事，发觉深层次的需求，寻找根源的痛点。我们需要明白用户画像都包含那些东西，也就是常说的用户画像的维度，通常，用户画像包含四大属性。

- **静态属性：**包括姓名、性别、家庭状况、工作地点、毕业院校、婚姻。
- **动态属性：**包括目标动机、娱乐偏好、人生态度、上网行为、社交习惯、出行方式。
- **消费属性：**包括消费水平、消费心理、消费嗜好。
- **心理属性：**包括生活、工作、感情、社交。

对于用户画像的构建流程，可以简单概括如下。

- 收集数据：主要包括收集用户的内容偏好、用户的交易数据及相关的网络行为与服务行为。
- 行为建模：主要包括文本挖掘、自然语言处理、机器学习、预测算法、聚类算法。
- 构建画像：主要包括基本属性、购买能力、行为特征、兴趣爱好、心理特征、社交网络。

我们需要知道构建用户画像过程中的那些坑和注意事项，避免踩雷，出现伪画像。

某共享出行品牌在进入市场前做了一次深入的用户画像分析，调研顾问以全国几个大中城市的市民为调研对象，对每一个调研对象进行甄选和深度访谈，最终得出几个用户画像，现举例其中一个。

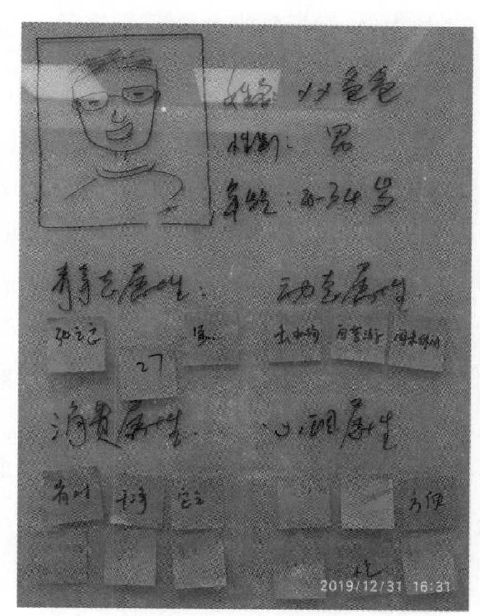

用户：当家爸爸。
年龄：25 ～ 34 岁。
家庭状况：三代同堂。
交通工具状况：拥有一辆轿车但考虑买一辆 SUV；或是已经有一辆车但需要买第二辆车。
经济状况：上层中产阶级、中高收入。
出行价值主张：安全、干净、舒适、省时。
使用服务的驱动因素：责任心，为家人提供舒适安全的出行。满足感，争取到更多的时间陪伴家人。

消费心理：为争取多一点的时间陪伴家人，或是更愿意为高质量的服务而付出金钱。对于新科技产品，会先观察身边人，再决定是否购买。

服务需求：需要更大更舒适的出行空间，确保车辆的品质与安全的信息，帮助更快速的熟悉用车和安全用车，提供更省时的辅助服务，例如不用寻找停车场。

使用共享汽车的场景：去机场，全家出国旅游时，开车到机场。周末休闲游，包括去购物中心、儿童教育场所、游乐场所、公园、动物园、主题公园等。城市自驾游，全家的周边城市自驾游。平时短距离代步，不能用私家车或去的地点不方便停车。

居住形态：为了给孩子提供更好的教育，他们更愿意住在离好学校近的学区房，即使是远离市中心或工作的地方也没关系。通常他们的父母也会住在附近，所以可以方便互相照应。周末的休闲活动是带孩子去有儿童游乐设施的购物中心，除了可以购物、吃饭，还可以带孩子做游戏、上上课。

综合分析：当家爸爸是以家庭为重心的好爸爸，他们不但分担照顾小孩的责任同时也很孝顺父母。周末完全贡献给了两个小孩，几乎每个周末都带他们出去玩，周日会开车带大儿子去上英语课，之后带他找其他小孩子一起玩，因为经常去远一点的地方玩，所以开车更方便。对于共享汽车来讲，带家人小孩一起出去的话，私家车比较方便。但如果是一个人的话，开私家车就变成了负担。共享汽车比较适合通勤，因为自己的话可以慢慢开、控制好，不会那么担心舒适和安全问题，如果要是小孩的情况就不会考虑共享汽车。自己开车可以把孩子的尿布、纸巾、婴儿车、雨伞等都放在车上，像一个移动的家，共享汽车不可以。当家爸爸是职场精英，在工作上即使很忙，他们也想多争取一点时间陪孩子成长。除了周末和假日出行外，他每年也会安排一趟全家出国旅游。只要是家庭出行，他总是负责开车的人。

我在敏捷开发转型实践中，会给团队的产品负责人进行用户画像培训，在 CSPO 的认证培训课程中，用户画像是其中很重要的一部分，下面是培训练习中的一部分图示。

用户故事地图，探寻多系统脉络

用户故事地图，就是一面贴满用户故事的看板，分为用户活动、用户任务和用户故事三个层级，用户故事按优先级排序。如下图所示，是我们常见的用户故事地图模型，通过地图方式，大家能够有一个空间充分思考各类可行方案，可以让各种干系人对功能需求有相对一致的理解和整体认识。

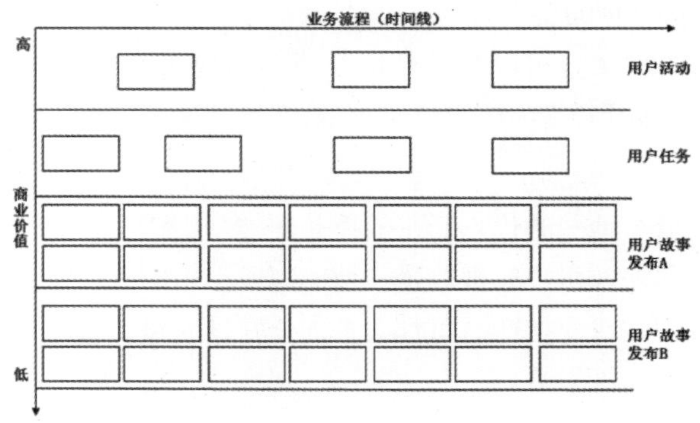

敏捷开发中的用户故事地图

在敏捷开发转型实践中，一旦开始采用敏捷开发模式，团队就像上了一辆永不停息的火车，开始了持续交付的过程。火车每一次到站，就是卸下和装载货物到下一个站点，货物就是产品待办事项表中的条目，站与站间的距离就是每一次迭代时间盒，一站接一站，一个迭代接一个迭代。对于开发团队来说，如果只看一个迭代，是看不到全局的。不给开发团队一个整体的概览，容易迷茫。不论是对于客户、产品负责人还是开发团队，如果能有一个总体的概览是最好的，用户故事地图应运而生，非常适合敏捷开发的要求。

目前在敏捷开发中，用户故事地图的使用非常的广泛。在相关的信息管理系统中，如JIRA和禅道，都有用户故事地图的功能。在实践中，用户故事地图可以让产品待办事项表的纷繁需求变成一张更加可视化的表格，而不再是一个离散的列表，既可以给团队成员以整体的可视化感觉，又可以帮助团队提高协作效率。因此，用户故事地图在我们的敏捷开发中非常有用。

在敏捷开发中使用用户故事地图的优点很多，主要包含以下优点。

- 用户故事地图可以帮助团队成员及客户以更加可视化的方式看清楚所有产品待办事项条目，为产品待办事项表条目的优先级排序，及最优功能的选取提供更好的筛选依据，帮助团队做出最佳的决策。
- 用户故事地图中有用户活动、用户任务、用户故事三个选项，团队也可以站在用户故事地图前，围绕用户活动和用户任务进行头脑风暴，产生更多好的想法和改进思路，帮助产品完善与成长。
- 在用户故事地图中，可以以可视化的方式看到每个迭代中即将要完成的用户故事，每一个发布像一列火车一样承载着相应迭代中的用户故事，符合敏捷开发增量交付的要求。
- 基于用户故事地图，可以帮助产品负责人从更加合理的角度对产品进行规划，同时也有助于收集相关干系人的意见和建议，提高干系人员参与度。

实战举例

我们分析了很多用户故事地图的优点。在敏捷开发转型实践中，如何指导敏捷团队来践行用户故事地图实践呢？用户故事地图又是如何做出来的呢？在一次给产品负责人的用户故事地图培训中，我先把产品负责人、部分开发人员、测试人员和业务方聚集在一起，然后每人发一本便利贴。

以某订车 App 为例，如下图所示，基于对订车 App 的理解，写一些用户活动及用户活动更加细分的部分用户任务。基于对用户任务的理解，对用户任务进行统一的分类归组。如果出现重复的用户任务，可以删除。订车 App 主要的用户任务为预约车辆、开关车门、车辆充电、支付费用、查看订单、个人信息维护，这几个用户任务最后会归为三组，然后对组进行命名，最后得出的组名分别是“约车管理”、“订单管理”和“个人中心”。把这些用户活动写在便利贴上，用户活动会放在用户故事地图的第一行，用户任务会放在用户故事地图的第二行，用户活动形成了用户的日常所做事情。

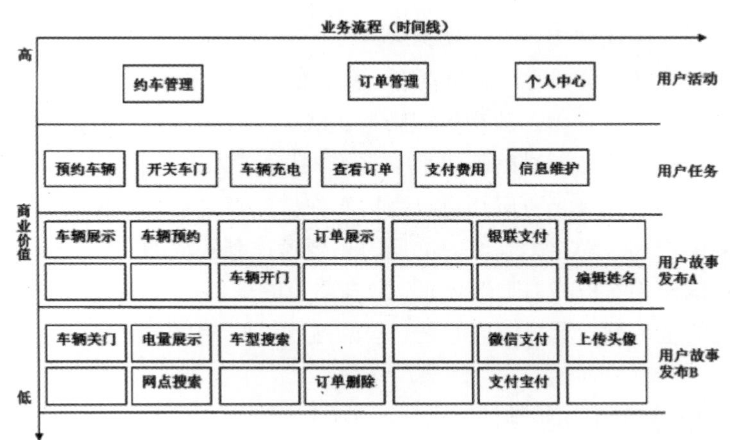

当用户活动写好后，我们对用户活动进行排序，通常按用户完成操作的顺序，按照从左到右的顺序，贴在用户故事地图上。贴好后，开始对这些用户活动进行细分，头脑风暴，讨论一些用户故事，把讨论的结果记录下来，写在便利贴上，编成可以执行的用户故事。把所有编写好的用户故事按照优先级进行排序，排好后，贴在用户故事地图上。

最后制定发布计划，可以先排出两三次迭代，把排好序的任务依据优先级，贴在对应的发布计划行中。一个发布中只选择每个用户任务的两三个用户故事，通过不断的迭代发布，逐步进行完善优化。

在给产品负责人的培训中，我们对用户故事的状态进行标识，如未开始、进行中、有暂缓和已完成等，如下图所示。有时我们还会贴上一些团队成员的头像，大家在给团队产品负责人进行培训时，可以结合自身的情况逐步进行完善，尽力做到可视化、明细化。

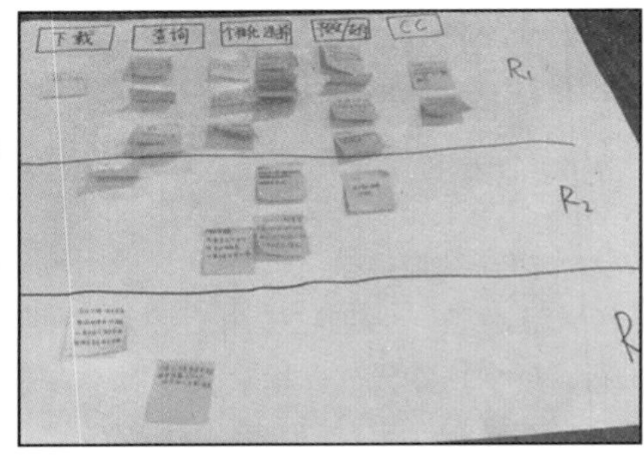

在实际的敏捷开发转型团队中，产品团队会有专门的负责人对团队中产品负责人是否进行培训，培训的时间，培训的产品负责人，我会征求多方意见，统一后才开始培训，防止越权或不礼貌的事情发生。我在敏捷转型实战中发现，不是所有的人都倾向于敏捷开发，所以建议大家可以先选敏捷团队内部的产品负责人进行用户故事地图的培训，把理论讲解与实践结合起来，可以用自己当前正在做的产品进行示例梳理，也可以模拟幻想出一个新的产品，总之，在练习的同时，要考虑到实战的转化性。在应用中，用户故事地图可以作为看板的前瞻性补充，放在看板的前部，与看板形成有效的互补，用户故事地图看的是远期，看板管理的是当前的迭代，两者有远有近，完美契合。

规模化看板，多团队协同的初步尝试

每一个敏捷产品团队都有一个独立的看板。作为团队的敏捷教练，其实，我更期待这是一块物理看板。假如一个敏捷团队完成一次迭代中的所有故事点，需要其他敏捷团队也完成相应迭代中的故事点，团队间相互依赖，有紧密协作的关系，共同完成才能统一交付，敏捷团队间的看板存在递进、并行关系。

规模化看板就是连接各团队间的工作，形成端到端的价值流动，保障价值在团队间顺畅流动的协调组件。当然，其具体的物理呈现形式，可能是一块大的物理看板，也可以是某个人的大脑，那是一个超强的大脑，能记住很多，协调很多，但缺陷是不能可视化。在敏捷开发转型实践中，尽量做到价值流动可视化，以便于团队协作，同时找到瓶颈和牵制点，及时解决。下面给大家解析一下规模化看板的应用场景。

在 A 产品团队的用户故事地图中存在着很多的用户故事，准备做，进行中和已完成。如下图所示，团队采用两周的迭代周期，每个迭代 10 个工作日，如果中间有节假日，工作日会缩减，团队按照自己的节奏稳定的持续性交付，隔周周三下午 1 点上线发布。开发中，存在着用户故事依赖外部协作的情况。

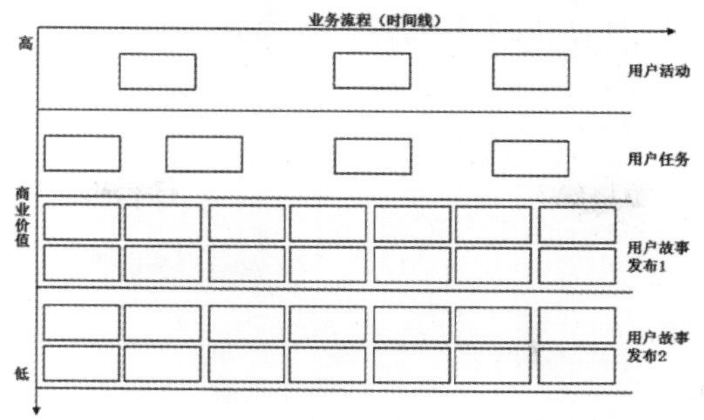

在 B 产品团队的用户故事地图中，也存在着很多的用户故事，准备做，进行中和已完成，如下图所示，团队同样采用两周的迭代周期，每个迭代 10 个工作日，如果中间有节假日，工作日会缩减，团队按照自己的节奏稳定的持续性交付，也是隔周周三下午 1 点上线发布。开发中，存在着用户故事依赖外部协作的情况。

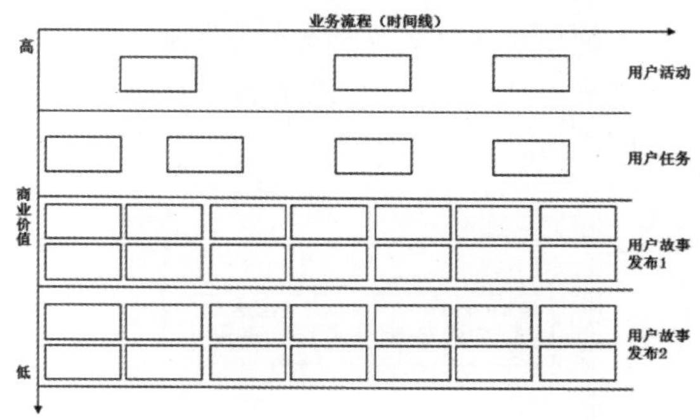

团队按照优先级领取任务，如下图所示，用户故事 a 需要在迭代 A01 中完成交付，发布上线时间是周三 8 月 6 号。用户故事 a 的发布，需要依赖于 B 产品团队中 BO4 迭代中，b 故事的发布。否则用户故事 a 即使发布，也是不能用的。

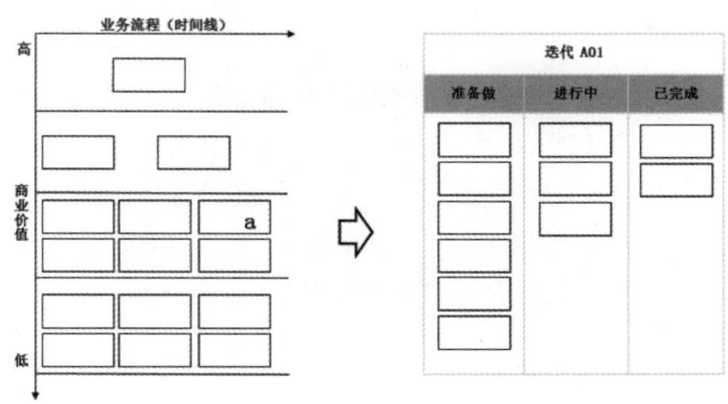

团队按照优先级领取任务，用户故事 b 需要在迭代 B04 中完成交付。如下图所示，发布上线时间是周三 8 月 27 号。

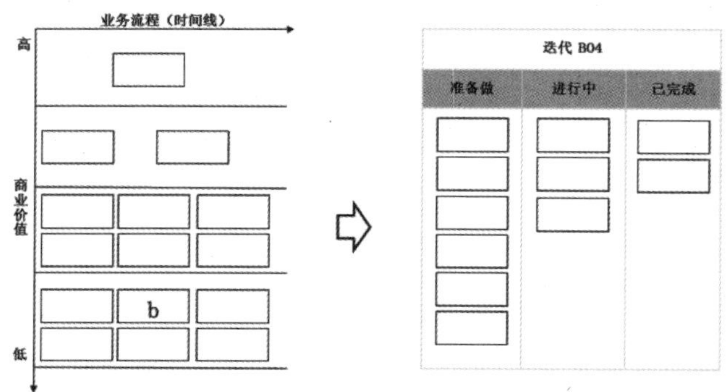

如下图所示，B 产品团队知道，用户故事 a 的发布，需要依赖于 B 产品团队中 BO4 迭代中，b 故事的发布。否则用户故事 a 即使发布，也是不能用的。但是用户故事 b 的发布晚于用户故事 a 的发布一个迭代，并不处在同一个迭代时间盒内，滞后的发布时间，会影响用户故事 a 的使用。

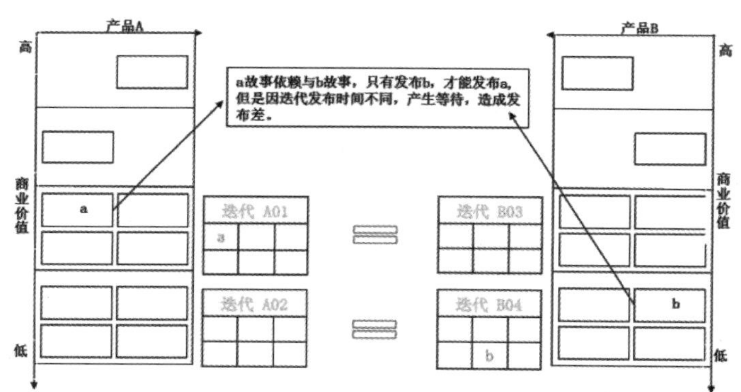

那么，如下图所示，首先，我们期待的是用户故事 a 和用户故事 b 能够同时发布，或者用户故事 b 能够提前于用户故事 a 发布，这样就不会影响用户故事 a 的使用。我们要调整的就是用户故事 b，把用户故事 a 和用户故事 b 调整到相等的迭代时间盒内，要做到这样，就需要产品负责人在迭代计划会前，或是 PBR 前就要把关联需求及关联需求的实现时间协调好，关键是协调好资源及协同发布时间。

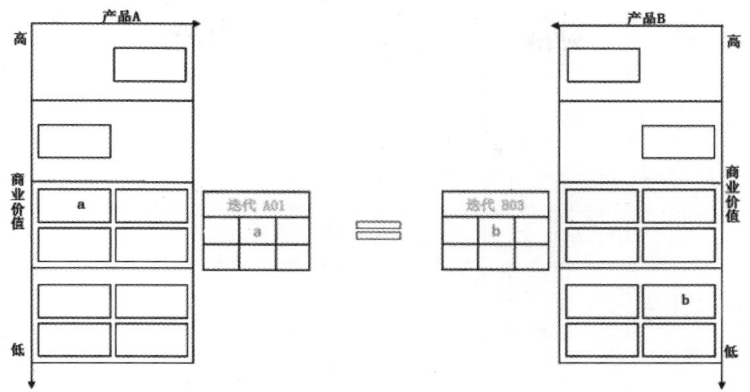

基于协同的现实需求，规模化看板就显得特别有必要了，各个产品团队间把彼此依赖的需求统一放在规模化看板上，如下图所示，以可视化的方式把彼此的需求统一的展现出来，在一个固定的地点，在每周一个固定的时间，统一协调，前置一个或多个迭代，这样更有助于开发效率的提升，减少相互等待情况的出现，促成迭代的成功和持续交付的价值实现。

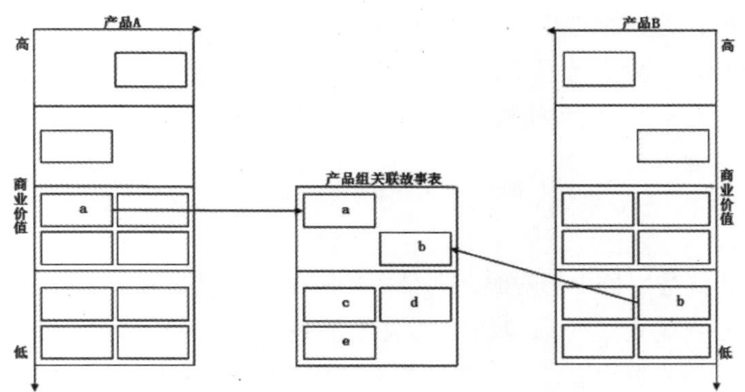

最后给大家分享一个我设计的规模化看板，如下图所示，其实这是一个综合的用户故事地图，是一个放大版，可以放在公司的某面墙上做，由敏捷教练或产品团队负责人来统一协调组织，前置！谨记前置！资源前置！需求前置！

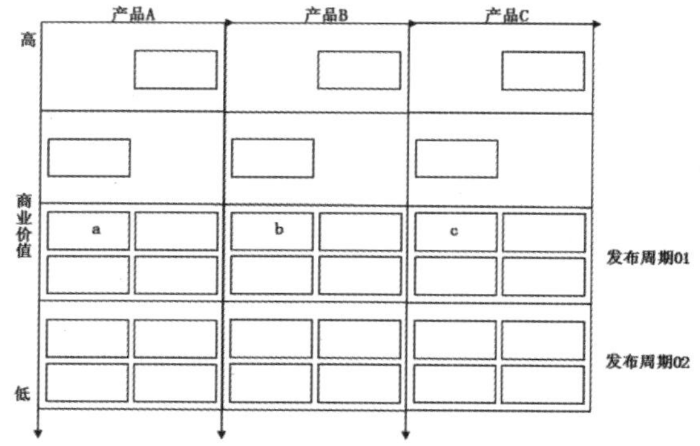

MVP，用小故事来讲解不要“贪多”

MVP 是最简化可实行产品（Minimum Viable Product）的简称。最简化可实行产品是以尽可能低的成本展现产品的核心概念，用最快、最简的方式建立一个可用的产品原型，用这个原型表达出产品最终想要的效果，然后通过迭代来完善细节。

我在敏捷开发转型实践中发现，团队中有产品负责人对 MVP 有一些错误的理解，单纯地认为 MVP 就是发布粗的产品。MVP 并不是要发布用户只有特定场景下使用的产品，也不是只把产品发布给忍受度非常高的用户。如果使用错误的 MVP 定义来切分自己的每一次发布，会产生负面效应，并不会给人留下深刻的印象，公司品牌也会受损，这样的发布还不如不做。

MVP 要素分析

我们认同 MVP 就是用最少的资源，在最短的时间将产品带到天使用户中，以验证产品的假设目标是否成立。那么，我们需要注意的是，使用 MVP 方法开发的创新产品，需要到最原始的用户提出者，也是我们的天使用户中去验证，并不是普通用户。我们需要找到最真实的产品拥泵，比如小米的粉丝社区，那里是小米手机获取最真实反馈的源泉。此外，MVP 不一定需要是真实的产品，也可以只是一个验证软件或验证机，可以只是一个 DEMO，只要达到验证假设的目的就可以，力争用最少的成本、最小的代价，获取最真实最快速的反馈。

MVP 的优势诸多，要推行类似 MVP 的迭代策略，我们可以建议产品负责人关注以下 MVP 要素。

- 抓住最核心的产品流程，剥离多余的功能或者高级功能，快速试错才是最现实的目标。产品负责人要带着明确的目标去做MVP，不同阶段的MVP目标不同，如MVP 1.0是验证需求，MVP 2.0则可以关注核心流程的路径是否顺畅，用户体验等问题。随着MVP的不断迭代，产品负责人不断调整关注的目标——但是请注意，一定要始终聚焦于核心流程上。

- MVP的产品不是单一的形态，可以是一个只有基本功能的微产品，也可以只是一个具有验证功能的DEMO，只要能激发用户真实的使用体验就可以。并且，整个团队要尽可能借用现成成熟的产品，避免自己去研发，特别是对于一些个性的插件与报表的样式，尽量使用市场上成熟的产品，快速验证。
- 建立反馈机制，增加数据埋点，获得及时反馈与产品验证。我的一些敏捷开发转型实践团队中会用神策系统进行埋点和数据统计。可能也有别的辅助软件。当然，团队也可以自己开发单独的软件进行统计分析，只要能最便捷地得到用户的反馈就可以。

图解MVP

假如我们最原始的想法是想做一辆舒服的交通工具，基于创造一辆舒服的交通工具的初衷，我们以图形化的方式对MVP的迭代概念进行阐述。

基于我们对MVP的理解，观察下图（此图来源于网络搜索），我们发现，第一次迭代完成了轮轴，第二次迭代完成了底盘，第三次迭代完成了外壳，第四次迭代组装成了一辆可以交付的汽车，前三次迭代，只完成了产品的一部分功能，都是零部件，到第四次迭代才完成了我们想要的产品，完成最终的交付。

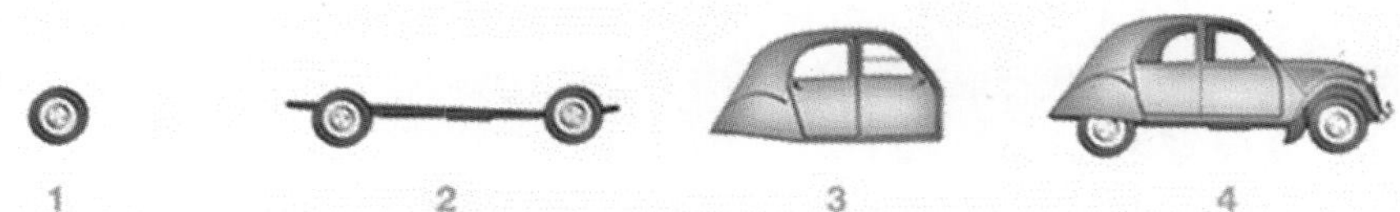

虽然每次迭代都有发布，但对于我们来说，直到第四次迭代，我们才能体验到设想中的产品。这时，我们已经等待了很长的时间，最终所交付的产品到底满意不满意，在前三次迭代中，我们并不能给出有效的反馈和改进意见，因为我们无法驾驶，没有办法真实的体验。从我们敏捷开发转型的角度讲，这也不是真正的敏捷开发，敏捷开发讲究增量交付，而上面的交付是分散的割裂交付，并没有形成真正的交付价值反馈环。这样的开发方式风险很大，很可能辛苦了几个月做出来的产品并不是我们想要的产品，存在极有可能验收不通过的风险。

观察下图（此图来源于网络搜索），我们发现，基于交通工具的最初设想，在第一次迭代中，团队先开发出一个滑板车，交付后，我们反馈，是不是可以加个座位？是不是可以跑得更快一些？团队根据我们的反馈，在原来滑板车的基础上添加了车座，添加了齿轮传动轴。于是，在第二次迭代中，团队交付了一辆自行车。在验收环节，我们对第二次迭代的改进非常满意，但又提出了新的建议，是不是可以让车子依靠自己的动力行驶？不用人力，因为用人力太费力了。

在第三次迭代中，团队根据我们在第二次迭代中的反馈，在原有的自行车基础上添加了马达，添加了新的制动系统，改进了车坐，迭代完美成功，最终交付了一辆舒服的摩托车。看到第三次迭代交付的摩托车，我们心驰神往，想去驾驶体验，同时对团队越来越有信心，满意度不断提升。在驾驶过程中，天空不作美，下起了大雨，我们又提出，如果在下雨天也可以驾驶，并且不用打伞，会不会更完美一些？如果能多坐几个人一起体验，会不会给身边的朋友也带来更多的乐趣？团队基于我们在第三次迭代中的反馈，继续改进，汽车顺利诞生，发动机驱动，可以遮风挡雨，舒适性更高，可以坐下更多的人，和朋友一起分享共乘。在第四次迭代中成功交付了汽车，我们极度满意，迭代成功通过验收。

回顾这四次迭代，每次交付的都是一个完整的产品，可以独立交付，可以满足交通工具的最初诉求。在接下来的每次迭代中，团队基于我们的反馈又逐步改进，我们的满意度不断提升，每次迭代都成功的交付。整个交付的风险控制在合理的区间内，防止迭代失败的发生。

我在敏捷开发转型实践团队中发现，就是再强大的产品负责人，当完成从 0 到 1 的过程中时，不论分析多么完美，在用户面前，需求永远被改得面目全非，做出来的东西永远存在着这样那样需要修正的地方，所以，虽然提前做分析非常重要，也是不可省略的。但是，也不要太相信分析的结果，要相信在快速迭代中每一次那一点点的改进，通过迭代改进不断完善，不断做好，交付产品，提升用户满意度。

定义一名失败的产品负责人

对于产品负责人的定义，我在敏捷转型过程当中一直非常困惑。我们团队中所谓的产品负责人到底是产品经理还是我们的需求分析师，还是真的能决定产品方向和产品价值的人。这个疑惑困扰了我很长时间，期间也和多位同行沟通过，大家对产品负责人的定义也仅限于书本中的定义，实战环境中到底对应什么人和角色，其实并没有一个明确的答案。

直到我接受 LeSS 培训的时候，这个困惑才得到释怀。虽然不是百分之百，但是让我想清楚了很多。对我们的现在团队中所谓的产品负责人来说，他们其实不是真正的产品负责人，他们大部分是传话筒，是业务分析师，只是整理需求和传达需求的人，他们并不能够百分之百地决定这个产品的方向，他们有 99% 的精力在吸纳、理解和传达需求，他们只有 1% 的精力在做创造，不是说他们没有创造性思维、发散性思维和设计思维能力，而是他们没有这个权利，他们没有多大的话语权。不管是在私企还是在国企，应该是老板，老板才是这个产品最大的、最有权威的决策者，决定产品的价值与走向。

我们现在的团队中这些所谓的产品负责人只是业务分析师，是 BA，公司真正的产品负责人是老板，是提需求的业务线负责人，具有决定权的人。另一个问题来了，公司有决定权的人有很多，是不是可以理解为产品负责人不是对应一个具体的人，而是一个角色，所有有这样权利的人都可以称为产品负责人，并不是指一个具体的人。

1．引起产品负责人失败的个人特性与环境特性

什么是失败？事情没有做成功就是失败。那么什么是成功？就是把事情办得很漂亮。这只是我相对简陋的关于成功与失败的定义。一个产品负责人呢？如何判断一名产品负责人是失败还是成功？本节重点来讨论一下什么是失败的产品负责人。

就失败产品负责人的特性来说，一名失败的产品负责人具有这些个人特性。

- 自以为是地盲目固执，固执己见，没有开放的心态，不愿意也不想听取别人的意见与建议，对商业趋势不够敏感，预判力、感知力差，缺乏准确的洞察力。
- 对技术缺乏应有的了解，与技术人员缺乏基本的共同沟通语言，完全不懂技术，也不愿意稍微了解一下。此外，说服能力差，对于需求的合理性、必要性和紧急性不能说服团队，不能有效判断产品价值。不能有效激励团队，没有领导力。对用户群的需求不敏感，过多关注领导的需求。缺乏耐心，脾气大，容易一点就着，芝麻大点儿的事儿就大动肝火。

- 不热爱自己的产品，对自己负责的产品没有兴趣和激情，装 B，天天谈乔布斯语录。还有就是一成不变的极端，太随便，别人说什么就是什么，在没有进行价值分析的基础上就开始改动。打上被某位领导照顾的标签，公主或太子范儿，无人敢招惹，在公司颐指气使。不从用户角度考虑问题，全凭个人经验，完全的经验主义者，用年龄和资历说话。没逻辑，技术和功能逻辑欠缺，对原有业务逻辑缺乏基本的理解，不懂还喜欢瞎 BB。
- 不懂人情世故的低下沟通能力，觉得自己很牛逼，天天不说人话，O2O、大数据、物联网、云计算、区块链……但是执行力又太差，能力平庸，没主见，没品位，没同理心，在老板找自己说加什么时，很难应对“老板说 ......”，还有就是 “不怕犯错，快速迭代”的自我纵容心理和将需求通通实现于一款产品的贪婪心理，都是失败产品负责人的个人特性。

失败产品负责人的特性除了自身一些原因外，还有几点环境原因，不良的环境也会给产品负责人的失败埋下祸根。

- 产品负责人对做什么没有决定权，大老板有决定权，一切需求听老板。
- 需求持续变动，反反复复，给产品负责人的准备时间极短，说动就动，动完要急速响应。
- 产品面向 C 端，业务方众多，协调沟通方多，在协调沟通上占用产品负责人精力过大。
- 新入一个团队，磨合期，各种不熟悉，也没有威信，团队环境迫使产品负责人失败。
- 兼顾多团队，多产品，人有多大胆，就有多高产，往死里压，因无法翻身而失败。
- 阶段性商业目标没有实现，资金链问题，没做完就死了。

实战案例

接下来和大家分享一个实践案例。在我的转型案例中，就存在一位失败的产品负责人。这个产品负责人首先是自以为是，固执，自尊心极强，不容许别人挑战，别人对需求提一些合理的建议，他就会有 10 条理由怼回去，对别人的说词比较缺乏耐心，脾气暴躁，许多团队成员都不敢与其沟通，因为害怕和他吵架，或者说根本不想与他产生冲突。总体来说，沟通能力差，说服能力差，不能有效激励团队，反而逐渐与团队疏远，被团队排除在外。其次，偏感性思维，不太重理性思维，逻辑能力想对较差，不懂技术，有种“能干就留，不能干就滚”的强势态度，团队成员比较难接受。最后，应变能力差，有效抵挡需求的能力不足，面对突如其来的需求，不分析原因与对策，时常把“领导让这样做的”“领导说的”挂在嘴边。同时，对于一些关键需求未经审核直接让团队进行开发，与关键领导产生冲突，在权衡需求与领导决策时，存在诸多不足，不能有效确立团队位置。

说了这位失败产品负责人的这么多不良特性，我们来分析一下他的背景，看看什么原因。我们发现，这位产品负责人刚刚完成职业转型，原先并不做产品负责人，感性思维多于理性思维。思维确实存在不缜密的地方，在产品设计时存在逻辑不清或逻辑重叠的地方，不善于思考与沟通。

理论派，用很多产品圣经来搪塞现有问题，不能有效落地，面对旁人的质疑，就反击" 我是站在用户的角度考虑问题的，你们不重视用户体验，这样设计用户体验更好 "，把所有的质疑怼回去。被团队定义为领导关系户，与公司某些领导的关系比较好，团队成员不敢也不想招惹，团队缺乏有效的信任，缺乏有效的支持，包括交互、视觉、开发和测试。没人支持的产品负责人，即使拥有再好的想法，也无法落地变现，就是有能力换一帮人重新做，还会重现一样的团队问题。

因为刚转型的这个产品负责人自身的专业支撑能力差，在团队内部也缺乏相应的威信，持续几次迭代，需求不稳定，常常推倒重来，让团队感觉很累。再加上团队成员害怕与其沟通，因而在遇到需求不明时，不敢与产品负责人进行沟通，反而与交互设计师进行沟通。团队成员隐忍，私下抱怨逐渐增多，不满增多，怒气就像火山一样，等待爆发。

不得不说，这个产品负责人对产品本身还是十分热爱的，有极强的动机想做好产品，但是因为自身的一些问题，缺点被无限放大，超过了优点，问题逐渐放大和暴露出来，怒气自然而生。基于产品负责人的种种特性，基于团队聚集起来的怒火，产品负责人被团队剥离，只需要一个恰当的时机，这个时机就是导火索。一次上线评审，在评审时，某领导发现有一个需求未经审批就发生了变更，关键是此需求严重影响到用户的习惯性操作，当这位领导发现这个问题后，与这位产品负责人沟通时，他当场又来了一句万能的“用户体验”，会上的沟通不太顺畅，矛盾开始激化。

团队关系不好，长期积压的不满激发了团队逆反心理。接下来领导也想换掉这位产品负责人，早就心怀不满的团队成员开始找公司最高领导弹劾，综合所有因素加上对产品现状的不满，最后，公司大领导同意将产品负责人换到别的团队。没有开除，但也代表这位产品负责人在这个团队的彻底失败与退出。

新的产品负责人在现在产品负责人团队中进行了推荐，团队推荐了三位，最后大领导定了一位，新的产品负责人首先亲和力强，与团队沟通增多，其次，需求清晰度提升，逻辑性加强，业务流程清晰度加强，最后，比较沉稳，中性性格、中性打扮、相对另类，这可能也是大家目前比较能接受的产品负责人内形与外形。

在这样一场换选风波中，作为敏捷教练，我们必然会陷入其中，我们要客观公正地反馈团队情况及相关人员能力情况，不能人云亦云。我们要站在公司的立场上，以客观的态度，给出自己的观点，不偏不依，不隐瞒事实，不捏造假象，优缺点如实表述。

对于新产品负责人的推荐，基于公司现有人员配置，在合理分析的基础上，给出一个合理的建议，这种分析不能伤害到别的团队，不能有抢夺资源的表象。再次，稳定团队成员情绪，照顾所有团队成员感受，包括被调换的产品负责人，不能说，团队不喜欢的人终于走了，大家可以皆大欢喜。不能这样，只是工作的对象产生了细微的差异，团队还是要稳定下来，专注于团队本身，不能有更多的发散。对于被调换的产品负责人，要进行合理疏导，即使去了别的团队，也是自己服务的团队，关心与提升团队成员是教练的义务和责任。

我们要帮助新产品负责人快速融入团队，熟悉工作模式、工作流程和团队成员。如果新产品负责人没有接受过敏捷培训，还要进行单独的敏捷培训，以适应敏捷开发条件下的工作方式。结合自己在此团队的教练经历，给新产品负责人提出团队改进建议，和新产品负责人一起，持续帮助团队提升。

长远的产品待办事项梳理

关于产品待办事项梳理的时间分析

作为敏捷教练，我们可以给产品负责人和团队提供合理的梳理时间点建议。在我的敏捷开发转型实战中，我会基于以下几种情况来判断团队是否在此时需要一个长远的产品待办事项梳理。

基于团队敏捷开发转型成熟度问题。比如，团队已经完成敏捷开发转型，并稳定持续交付了 8 ～ 10 个迭代。虽然每个迭代都会有产品待办事项梳理，但是只能看个大概，只能看到近期迭代可能要交付的用户故事，更加远期的产品方向，团队是无法看到的，于是产生了在迭代中迷茫的困境，只知道向前做和每个迭代要高品质准时交付，但最后做成什么样子，团队成员心里是没有谱的。半年后，产品能做成什么样子，也没有一个整体规划，因此，团队在此时需要一次更加长远的产品梳理给团队指明方向。

基于团队资源协调问题。我们知道，敏捷开发中团队成员是相对固定的，大部分为全职成员，专注在自己的团队上，如果团队在接下来的迭代中没有工作做，就会有部分成员被调离。如果团队要进行改版或是接下来的规划中有很多亟待开发的功能，则需要加人。抽人好抽，加人则需要从别的团队协调资源，进行产品待办事项的半年度规划，可以很好地帮助团队留住团队成员和帮助团队吸引新的成员加入。当然，从公司的角度来说，通过产品待办事项的梳理，也可以及时了解团队资源现状，发现资源闲置浪费或资源短缺情况，从而有效处理团队资源问题。因此，团队此时需要一次更加长远的产品规划。

基于团队成员变动问题。在我的敏捷开发转型实践团队中，发生过这样的事：2 个月内产品负责人先离职，前端随后离职，两个后台相差两周离职，一个实习生从开发人员转成测试人员。最后，团队中除了测试没有离职，其他人全离职了。在团队成员前后离职的 2 个月内，团队及时补充后台开发人员与前台开发人员，从相近团队中转入一名产品负责人，相当于在 2 个月内完成了重建。在团队重建的过程中，因为采用敏捷开发模式，资源及时补充到位，工作的交接非常顺畅，迭代一次都没有停止，每次顺利交付。但是，经过几个迭代后，我们发现，存在这样的情况：产品负责人吃老本和开发团队修修补补。虽然说修补正常，但也看出持续修补更真实的原因是产品本身的规划出现了问题，在产品结构设计上考虑不够周全，在产品方向上的规划不够长远。因此，团队在此时需要一次更加长远的产品规划。

基于团队汇报问题。我在敏捷开发转型实践中，建议团队每半年度做一次汇报，包括转型实践的成果、转型中遇到的问题及需要的资源支持。在汇报的计划部分，除了团队本身的问题，当然需要包括产品接下来的战略方向，开发重点。此时，在汇报前，在迭代进行半年度时，进行了一次长远的产品规划，可以为半年度汇报加分。

实战梳理步骤详述

首先，我们要搞清楚梳理的目的。对一名敏捷教练来说，用一句神圣的话来概述，帮助团队组织产品待办事项梳理是一个可以帮助团队活下来的使命。没有用户故事，就没有任务。没有任务，团队就没有活干。没有活干，要不被调离解散，要不被辞退。因此，持续的、有价值的用户故事的存在，是团队存活的强力保证。除了存活，通过产品待办事项的梳理，可以帮助团队解决人员离职所带来的交接过渡问题，可以帮助团队争取到相应的资源，可以帮助公司更好的协同资源，降本增效。

其次，我们要搞清楚梳理的范围，帮助敏捷团队内部的产品负责人进行产品待办事项表的梳理是理所当然的。但是，如果有些团队没有转敏捷，并且公司有相应的产品副总或产品总监，则需要协调好彼此间的关系，找到梳理的范围。如果产品副总或产品总监很支持这样的事，愿意一起做，可以帮助所有的产品团队进行梳理。如果觉得我们干涉的太多，则可以只梳理敏捷团队内部的产品待办事项，在梳理的范围确定后，就可以开始梳理了。

2018年下半年（7～12月）需求池

编号	需求名称	目的/原因/价值	业务方（部门/人）	优先级	功能模块	功能点
1	老管理后台个人会员页迁移	XXXXXXXXXXXXXXXXXXXXXXXXXX	某某部门李AA	高		查询会员（仅可见账户所属公司的会员）
2	强制更新/接口兼容老版本	明确短信使用场景，加强安全性以免用户投诉	某某部门张MM	高		验证码短信修改
3	邀请好友优化	邀请好友层级修改解决了2个问题，1后台该活动可以不限制活动名称了，2不会出现子公司和总部都配出现2个邀请好友的问题	某某部门张MM	低		XXXXXXXXXXXXXXXXXXXXXXXXXX

再次，我们需要搞清楚梳理的方法。第一步则需要制作一个标准的梳理模板，如下表所示，所有在梳理范围内的产品负责人，都需要按照标准的梳理模板进行内容补充，保证口径的统一。我们可以在模板上放几个标准实例，让产品负责人参考。第二步是授权分发，找到相应的产品领导，需要他的支持，以他的名义加上自己的动员进行模板的分发与回收，约定时间，规定模板，进行规定范围内的产品待办事项表的回收。第三步是确定评审领导，邀约关键领导参与产品待办事项的评审，如果时间合适，可以邀请到总经理级别的领导，因为他们更关心成本与产出，更关心价值与资源。

备注说明	关联系统/人	计划实现版本	期待上线时间	预估资源需求	是否验收
查询条件：姓名，手机号，会员状态，注册时间段（年月日），提交审核时间段（年月日），备注来源（支持远程模糊搜索），卡类型（虚拟卡，物理卡），卡状态（已激活，已暂停，已注销），关联企业（仅可见账户所属公司的关联企业，支持远程模糊搜索），免除押金，注册平台（网点注册，网站注册，管理平台注册，手机APP，第三方），渠道来源（仅可见账户所属公司的渠道，支持远程模糊搜索），注册所在地区（仅可见账户所属公司的省市区，支持远程模糊搜索），会员所属公司（仅可见账户所属公司）	App	V.2.20	20180713		否
注册、设备绑定、忘记密码的验证码短信修改	无	V.2.20	20180730		否
XXXXXXXXXXXXXXXXXXXXXXXXXXX	App	V.2.20	20180730		否

最后，我们要搞清楚评审的时机与方法，提前通知，不断修正，尊重每个团队产品负责人的劳动成果，邀约关键领导参加，体现对产品的重视，下图是我们在实战中进行梳理的场景。在梳理的过程中，要能起到真正的评判作用，帮助产品负责人发现产品规划中出现的问题，特别是方向性问题，并给予合理的指导建议，帮助其完善。

我们期待的梳理结果

如果敏捷开发也分上下游关系，那么产品待办事项就是开发的上游，产品规划得好，有前瞻性，有战略性，有价值，开发团队交付的就有可能是金子。只要开发过程把控得当，交付的必然是金子。相反，如果产品待办事项相当烂，开发过程把控再好，做出来的也是垃圾。所以，产品待办事项梳理的第一个目标是梳理产品方向、把控产品价值走向。产品待办事项梳理的第二个目标是给团队找活干或帮助团队协调资源。产品待办事项梳理的第三个目标是帮助团队完成过渡，防止产品规划真空期的发生。我们在实际执行过程中，可以从最亲近的团队入手，以帮助团队解决问题的视角进行切入，寻求关键资源的支持，防止伸手过长的情况发生，帮助团队永远是第一出发点。

第 7 章

精益求精：持续支持与探索（任何一个月）

对于未解问题的持续探索，敏捷教练可以放在任何一个月中进行。具体的相关探索性问题，下面列出了一部分，具体会在本章中进行分享。作为敏捷教练，需要结合自身的能力和意愿，统筹自己可以并行支持的团队、必须探索问题，量力而行，负重前行。

敏捷团队推行绩效评估

绩效评估的可行性

敏捷团队是否需要绩效评估？从不同的角度来说，得到的答案肯定是不一样的。老板期待有绩效评估，这样他可以通过评估的结果知道哪些成员工作做得好不好，从而在薪酬福利上给予倾斜。从员工的角度讲，有人可能不希望有绩效评估，因为可能会觉得绩效评估相当于监督自己的工作，不自由。从教练的角度讲，过于死板的传统绩效评估，并不能有效激励团队，提高大家的工作积极性，反而使团队过于看重绩效评估的结果而容易钻空子。所以，引入和设计好的绩效评估方案，一直是我们敏捷教练苦苦探寻和摸索的。

有人会说，作为团队的敏捷教练，我们要相信团队，相信团队中的每一个成员都是可信的、善良的、正直的，团队成员所评估的工作量也是没有保留和偷懒的。首先，这种想法是对的，但是，对于合理的绩效评估方案，我们也要秉承开放的心态，积极接纳，因而也可以认为，团队中可以引入合理的绩效评估策略，绩效评估也是需要的。

团队提效引入 OKR

OKR（Objectives & Key Result，目标和关键成果）是一个雇主和员工探讨如何将员工个人工作同组织整体战略目标相关联的管理框架。鼓励员工主动设置有挑战性的目标，并将之公之于众，从而激励员工更好的表现。

首先，ORK 比较适用于探索型工作，比如我们的产品研发工作。其次，ORK 适用于管理我们的 I 型员工，什么是 I 型员工？行为更容易被内在动机而非外在欲望驱动的员工，我们在敏捷中非常强调研发团队的自管理和自驱动，团队成员是 I 型员工的典型代表。最后，OKR 适用于 Y 型管理思维，即团队成员愿意为完成集体的目标而尽最大的努力，团队成员希望在工作上获得认同感，而且多数人具有创造才能和主动精神。大家看了这么多，有没有一种共识？ OKR 简直就是为敏捷开发量身定做的！

公司 OKR 与关键结果管理报表							
姓名：		部门：		职位：		日期：	
考核计划表					考评表		
序号	**目标（O）**	**关键成果（KRs）**	**"KR"权重**	**"0"分值**	**KR 完成**	**KR 得分**	**O 得分**
1	计划及总结提交及时率	月度计划按时提交	10%	60	延迟一天扣 10 分，延迟 2 天扣 20 分，延迟 3 天不得分		
		月度报告按时提交	10%		延迟一天扣 10 分，延迟 2 天扣 20 分，延迟 3 天不得分		
2	其他工作任务完成情况	上级主管交办任务完成率	5%	40	完成任务数 / 交办任务数 *100		
		…………….	..		………..		
		…………….	..		………..		

我们要想成功地在团队内部执行 OKR，还需要明白 OKR 的一些基本要求。首先，在 OKR 中，最多只能设定 5 个目标，每个目标最多有 4 个关键成果，这些目标和关键成果一页写完最好，最多两页，不能有太多，可控制在 1 到 2 页的范围内。其次，我们要明白，OKR 中有 60% 的目标最初是来自于基层员工的，所有的人都必须根据 OKR 来进行协同，不能出现任何命令。最后，OKR 并不是绩效评估工具，不能与薪酬和晋升直接挂钩。通过 ORK 所取得的分数也永远不是最重要的，它只是起一个直接的引导作用，团队成员争取 0.6 ~ 0.7 的得分就非常好了。同时，公司管理层也要创造相应的环境，保证每个团队成员都朝着同样的目标前进，每个员工都能够获得大家的认可和帮助。

接下来我们来解析一下 OKR 的四个关键要素。首先，明确目标，目标由个人和公司共同选出。目标要有一定的难度，有一些挑战，这样的目标不断督促员工奋斗，不至于出现期限不到就完成目标的情况。

其次，对关键结果进行可量化的定义。比如，“使 MOU App 达到成功”这样的描述是不合格的，而要采用“MOU App V1.0 在 5 月 10 号上线，并在 6 月 30 号拥有 300 万注册用户”。

再次，OKR 在个人、团队和公司层面上均有。OKR 的内容和成绩都是公开透明的，每名员工的介绍页都会显示他们的 OKR 记录。公司内所有人能够知道每个人的下一步工作怎样，以及每一个人过去都做过什么。一方面，自然产生群体监督的作用，另一方面，方便合理有效地组建团队。

最后，季度和年度评估用 0 ~ 1 分来对每一个关键结果打分。季度 OKR 保持一定刚性，年度 OKR 可以不断修正。最佳的 OKR 分数在 0.6 ~ 0.7 之间，高分并不一定会受到表扬，如果本期目标制定野心不够，下期 OKR 制定则需要调整。低分也不会受到指责，而是通过分析工作数据，找到下一季度 OKR 的改进办法。

敏捷团队绩效管理方案

考虑到 OKR 的诸多优点及于敏捷价值观、理念的契合性以及绩效评估在团队建设中的不可或缺性，建议采用 OKR 与传统绩效评估相结合的绩效评估方案，具体模型可以参考下图。

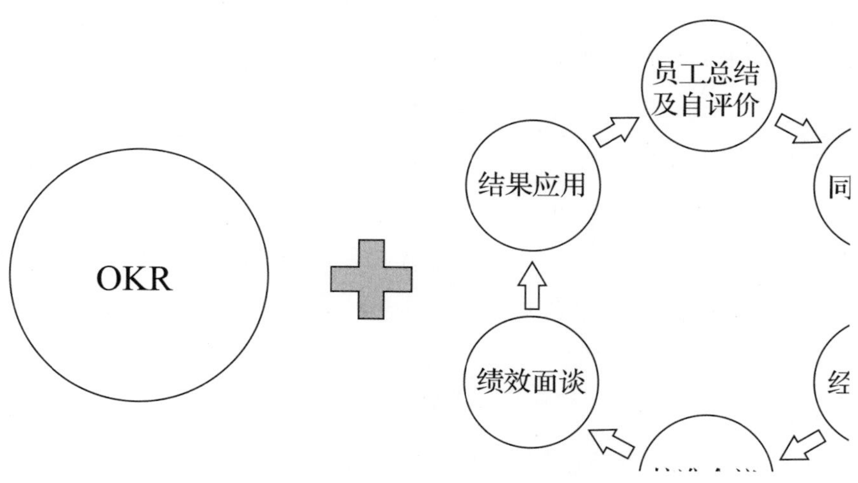

在整个团队绩效评估中，首先要注重目标与关键任务，可以给团队设定一些具有挑战性的目标，有些要求百分之百达成，有些可以不一定百分之百。在目标设定时，要符合自上而下的统一与自下而上的对齐原则。同时，从目标的设定来看，要拆解成具体的关键任务，找到对应的人，要可以落地。目标及其拆解的任务，要做到透明化、可视化。

其次，要与团队持续沟通，及时沟通，双向反馈，持续辅导，实时沟通目标的达成情况和目标进展，及时调整完善目标，对团队进行持续的辅导，发现问题、及时修正、及时纠偏。

再次，要进行评估反馈，我们都知道目标评价不与奖惩直接相关，所以当发现问题时，要及时与相关人员进行正向反馈面谈，注重面对面的沟通。也可以在半年或年度综合评价时，加入能力和价值观要素，取得更全面的评估反馈结果。

最后，是对评估结果的应用，比如制定团队发展计划，可以对团队中那些优秀的成员进行激励，重视团队贡献、重视客观评价。当然，要淡化团队成员的目标达成情况排名及优劣的差异分布，合理使用综合评价结果。

敏捷团队绩效管理的本质并不是考核员工，而是激发员工潜能，帮助员工成长，从而出色实现组织目标。在整个敏捷绩效评估过程中，我们要注重持续反馈和员工成长，弱化绩效评估。要实现上述目标，首先我们要突出绩效管理的本质是出色地实现目标和促进员工成长，而不是考核惩罚。其次，强调目标驱动的绩效管理，让员工更聚焦于主要目标，并与整个公司目标一致。再次，让团队成员更多地思考当下应该做什么，思考如何去实现目标，并不断完善目标。最后，让基于目标和关键成果的沟通反馈更便捷，快速反馈能够有效帮助员工提升绩效。

实战案例：硬件敏捷

实战案例 1：车载终端 T-BOX

车载终端 T-BOX 是车联网非常重要的一个组成部分。通过车载终端 T-BOX 可以控制车辆的开关门，可以检查车辆是否关窗、是否关雨刷、是否熄灯以及是否关车门，可定位车辆、回写车辆里程及健康数据，它是远程检查和控制车辆的关键设备。

实战团队采用 TAPXX68 车载设备，原因是其具有高可靠性且功能灵活、对外接口多、

支持标准 OBD 协议，支持多种车型私有控制协议，而且安装使用简单，相配套的系统平台成熟可靠，功能实用，是车辆跟踪监控诊断及远程控制的最佳解决方案，并且还提供多种开发平台 API 接口，方便接入第三方平台。下面详细举例说明关于车载终端 T-BOX 用户故事的拆分与交付升级工作。

增量拆分

下表示例了车载终端 T-BOX 的用户故事及拆分情况。

车型	用户故事	用户场景	需求来源	编号	任务拆分
所有车	增加唤醒包（通过振铃唤醒终端）（XX 车型已经上线）	唤醒后发送日志给后台，便于查问题和 deBug（比如延迟）	XXXXXX	656-1	后台发送唤醒指令
				656-2	TBOX 接收振铃唤醒包被唤醒工作发送日志
				656-3	后台数据存贮和获取（后台决定）
XXXX EQ	修改 EQ 总里程的计算（通过 CXX 取代原来的 GXX 里程）	补全功能	运营	659	TBOX 针对 EQ 通过 CXX 获取总里程
所有车	增加 X 网原因的包（终端断网时记录断网原因以及位置信号强度）	用于追查 XX 网问题	开发测试需求	656-1	后台发送唤醒指令
				656-2	TBOX 接收振铃唤醒包被唤醒工作发送日志
				656-3	后台数据存贮和获取（后台决定）

验收标准

下表示例了车载终端 T-BOX 用户故事的验收标准。

编号	任务拆分	AC(验收标准)	版本
656-1	后台发送唤醒指令	终端离线，通过后台唤醒，查看是否有唤醒日志	V010000
656-2	TBOX 接收振铃唤醒包被唤醒工作发送日志		V010000
656-3	后台数据存贮和获取（后台决定）		V010000
659	TBOX 针对 XXXX 通过 XXX 获取总里程	通过串口工具打印数值与获取数值进行比对	V010000
660-1	TBOX 检测到 XX 网时，记录 XX 网原因 & 所在位置 & 信号强度，并在下次重新连接时上传次数据包	终端连接后台超时（3 分钟以上），在成功与后台建立连接会发送断网日志	V010000

版本策略

硬件的升级非常麻烦。麻烦不在于提交代码到生产环境的那个瞬间，主要是在测试与验证环节，生产环境上的终端不能出问题，一出问题就可能造成整个生产环境的瘫痪，因此我们对软件检测的质量与版本管理非常严格，我们的软件版本号共有 13 位十进制数字组成，其中 V 表示厂商，那么 V 01 就可以表示厂商 X 宝，V01 后面紧跟的 0101 代码表示应用层，就是中间的四位，1(大的架构升级，每次 +1)；0(主要功能模块升级，每次 +1)；01(小功能或 Bug 修复，每次 +1)。再后面的四位则表示底层嵌入多软件版本，同样，1(大的架构升级，每次 +1)；0(主要功能模块升级，每次 +1)；01(小功能或 Bug 修复，每次 +1)。再次紧跟的 01 表示车型，比如 01 表示 XXXXEC180，02 表示 XXXXEQ，03 表示 XXXXIEV6e，06 表示 XXXXE50，07 表示 XXXX1E 等。最后一位 1 表示对其他模块的支持，如 1 表示对蓝牙模块的支持，0 则表示无蓝牙模块等。

看板

下图示例了硬件团队的物理看板。因为硬件开发和测试的特殊性，硬件团队并非两周一个迭代，而是 12 周一个迭代，也就是三个月一个迭代，在每次迭代期间，原则上不再录入新的需求，新的需求要求放在下次迭代中实现，先更新迭代一个车型，稳定后迭代到其他车型。

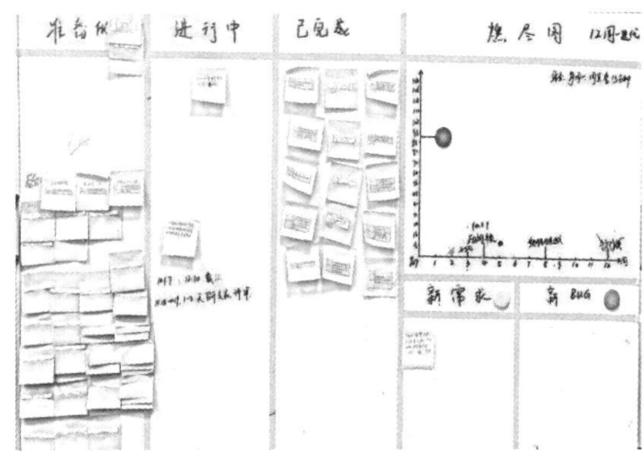

升级策略

刚刚讲硬件升级的难点及痛点，因此必须要制定必要的升级策略。首先，对于紧急 Bug 及需求测试完成后可以立即全部升级。具体多紧急，团队有紧急级别界定，也可以看领导的重视与反馈。其次，对于其他 Bug 及需求是按照地域及数量进行权重分析得出升级顺序，其中一般 XX 区域优先，升级顺序依次为第一批先升级 XX 辆，没有问题后再升级 XX 辆，没有问题后再升级 XX 辆。最后，升级后需要专门的数据分析人员进行升级状态监控与分析，主要由 XXX 负责，升级第三周后进行上线评审，完成后确认是否全部升级。如果评审没有发现问题，则开始全面升级。

Tbox升级策略

升级顺序	车型	车数量	投放区域	第一周	第二周	第三周	第四周	第五周	第六周	第七周	第八周	备注
1	紧急bug立马全部升级											紧急全部升级
2	奇瑞EO	[illegible]	[illegible]、苏州、丽水、成都、重庆	[illegible]	[illegible]	[illegible]	全部					
3	[illegible]	[illegible]	[illegible]	[illegible]	[illegible]	[illegible]	[illegible]					
4	[illegible]	[illegible]	[illegible]、广州[illegible]、常州、南京、[illegible]	[illegible]	[illegible]	[illegible]	[illegible]					
5	[illegible]	110[illegible]	苏州	[illegible]	[illegible]	[illegible]	[illegible]					
6	[illegible]	[illegible]	[illegible]	[illegible]	[illegible]	[illegible]	[illegible]					
7	[illegible]	[illegible]	[illegible]	[illegible]	[illegible]	[illegible]						
8	[illegible]	[illegible]	[illegible]	[illegible]	[illegible]	[illegible]						
9	[illegible]	[illegible]	[illegible]	[illegible]	[illegible]	[illegible]						
10	[illegible]	[illegible]	[illegible]	[illegible]								
11	[illegible]	[illegible]	[illegible]	[illegible]								
[illegible]	[illegible]	[illegible]	[illegible]	[illegible]								
[illegible]	[illegible]	[illegible]	[illegible]	[illegible]								
[illegible]	[illegible]NGO	[illegible]	[illegible]	[illegible]								

常见问题

硬件开发过程中也遇到各种各样的问题。一个看似庞大的团队也不可能什么都做，还是需要依赖外部的供应商。给我们提供硬件开发服务，维护服务，因此在进度与质量管理时难免会受到这些外部因素的影响。此外，硬件的迭代周期相比软件来说，开发周期过长，并且不容易看到效果，检测难度大，不发现问题则好，一旦发现问题就有可能是大问题，因此要非常的谨慎。最后，因为我们的车型众多，所需要的终端型号和终端版本就会众多，因为存在着大量的适配工作，这也给发布升级带来了极大的困难。

对于外部供应商的管理问题，主要是采用合同制分批付款的管理方式，同时与多家供应商建立合作关系，产品与服务的纵向与横向对比，多备份机制，惩罚与奖励机制。关于进度问题，在项目前期，与供应商共商需求，双方都进行评估，最后联合制定项目计划。在项目执行期间，每日与供应商进行沟通，协同彼此的进度。为了保证进度的顺利，也会要供应商派驻研发工程师到项目现场，提升协作的便利性。对于质量保证问题，采用人工测试与自动化测试相结合的方式，人工测试主要测试复杂场景的逻辑功能变换问题，自动化测试则重点模拟常规逻辑，测试产品的极限性能。同时，在进行测试用例设计时，会考虑到多场景，比如在上路测试时，会考虑到地下室、隧道、省交界处、通信基站切换的地方，模拟极端情况出现的问题。对于检测难度大、车型多、适配难度大这样的问题，考虑到不同车型的通信应答方式不同，与终端的交互方式不同，响应时间不同，所以每一款车型都要单独进行测试，但可以采用多车型并行的测试的方式。

实战案例 2：车位地锁开发

接下来再给大家分享一个实战案例，就是我们日常用到的车位地锁。现在团队要开发一款车位地锁，我们需要考虑车位地锁的应用场景、使用环境和地锁外形。同时，还需要考虑地锁的相关功能，如何控制地锁的升降和如何传输数据。还要考虑现有地锁所使用的通信协议和可取数据，比如地锁电池的电量、故障状态和地锁电机情况等。

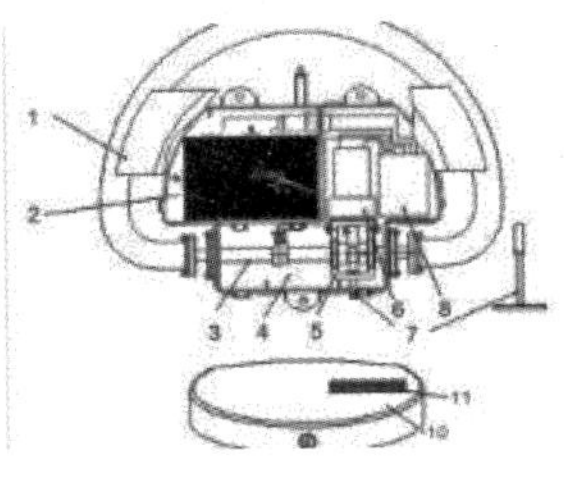

综合考虑地锁的种种情况，加上为了让地锁与自己团队的 App 兼容性更好，团队决定自己研发一款车位地锁。首先开始车位地锁电路板的设计。如下图所示，研发小胖哥先画一个车位地锁的原理图，重点呈现如何控制地锁升降和如何检测地锁升降状态。对于地锁芯片（MCU）选型工作，则主要考虑芯片功耗、通信协议和芯片形状等因素。

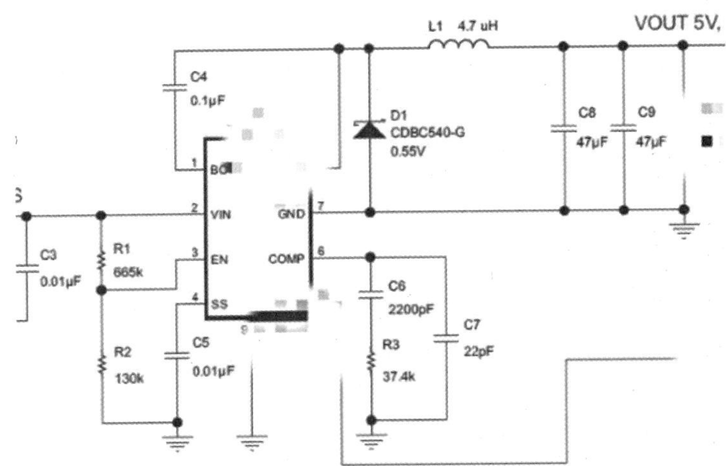

原理图画完后，接下来就开始电路板的设计工作。如下图所示，在设计电路板时主要考虑走线、接口和器件安装位置等因素。

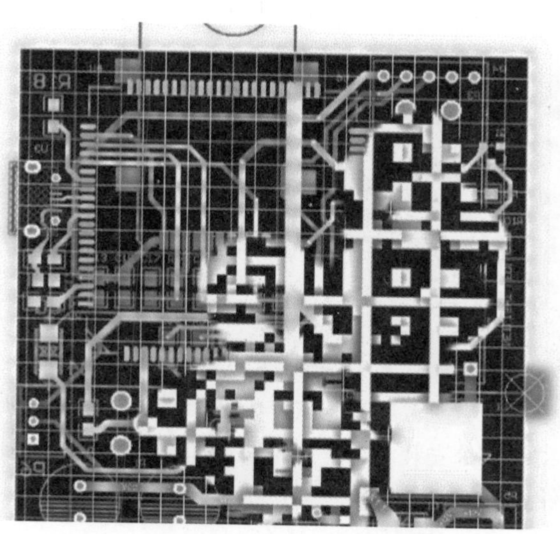

电路板设计完成后，需要找 PCB 厂商开始打样。某宝上找个厂商试做了几个样品。如下图所示，同时又采购了几个地锁，拆掉原装的控制器，安装上自己设计的，然后开始调试工作。

整个调试工作以在打样完成的电路版中写入程序为开端，开始实现对地锁的简单控制，实现地锁的升降与数据读取，当基本的功能实现后，就开始与 App 进行联调。这里的 App 指我们的 XX 车 App，实现 XX 车与车位地锁的互联互通。最后就是优化控制，提升稳定性。

当所有的调试工作完成后，工厂开始批量生产，我们的硬件团队也开始地锁程序的批量写入与车位地锁的批量安装。通过地锁来合理控制私家车对我们车位的占用，力争给我们的用户提供更好的还车体验。

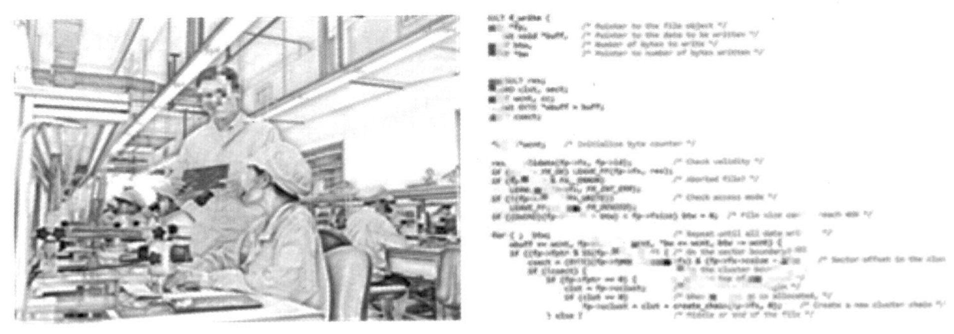

在整个地锁的开发过程中，我们遵循敏捷 Scrum 框架 3355，遵循 PBR、迭代计划会、每日站会、迭代评审会、迭代回顾会的流程，虽然在时间盒上跨度大，有差异，但是整体流程完整，流程化管理顺畅，使整个开发工作得以成功顺利交付。

大规模敏捷：10 个团队协同并行

10 个团队并行的前提条件

这里所讲的 10 个团队并行只是一个很宽泛的概念。10 个团队可以指多个团队，可以是 10 个，也可以比 10 个更多，只要能体现这种量级效果就可以。当然作为敏捷教练的我们，也要有机会和能力辅导 10 个或 10 个以上的团队，这样才能够体会多团队并行的效果。总之，辅导的团队、支持的团队或是所在公司的团队，要达到十个或者十个以上的量级，你才能够体会多团队并行的效果。

这 10 个团队或者是更多的团队已经完成了单团队的敏捷开发转型。不论是执行任何的敏捷框架都无所谓。比如说，这 10 个团队都已经开始执行敏捷 Scrum 框架。对敏捷 Scrum 框架的相关方法论和价值观都非常认同，或者都已经有了长期的敏捷实战经验。因为只有了解敏捷且有执行敏捷开发经验才可以。这也是一个达到并行的前提条件，也就是说这些团队都已经完成单团队的敏建转型并且已经有实战经验。

这些团队所要执行的迭代区间，也就是说他们的迭代时间盒要是一样的，比如有的团队是两周一次迭代，有的团队是一个月一次迭代，或者说所有的团队都是两周一个迭代，但是他们迭代的开始时间和结束时间不一样。如果不一样，也没有办法体验并进的感觉。所以说我们在敏捷转型的初期和单团队转型的初期，就应该或者说尽量让团队采用相同的迭代时长。使用一样的迭代时间盒，让所有团队的迭代开始时间和结束时间保持相对一致或者是相同。

我们还需要考虑一下公司的资源情况。比如十个团队并行，公司是不是有十个会议室？这是最现实的问题。如果说十个团队都需要在某一个工作日的上午召开迭代计划会，假如说公司只有三个会议室或者只有五个会议室，或者说订不到那么多的会议室，基于最简单的资源的限制，也是没有办法起到并行的效果。还有就是受限于公司的测试资源或者开发资源等，这些基本的资源问题，也要综合考虑，这也是达到并行的一个前提条件。

如果说会议室不够，就这个问题来讲，是不是可以把这十个团队分为两个批次？比如说五个团队的迭代计划会放在周三的上午，有五个团队的迭代计划会放在同一周周四的上午。如果这 10 个团队采用相同的迭代时间盒，其中五个团队的交付时间点是在下下周的周二，另外五个团队的交付时间是在下下周的周三。这样，这十个团队中间的交付时间只相差一天。如果有紧急性的协同开发需求，他们之间其实可以有这样的缓冲，可以达到并行发布、并行交付和减少等待这样的效果。

如何组织并行团队的会议

我们知道，敏捷 Scrum 框架包含五项活动；分别是：产品待办事项梳理、迭代计划会、每日站会、迭代评审会和迭代回顾会。对于这五项活动，其实有正式活动和非正式活动。我来分享一下我的一些经验，下图为日常会议示例。

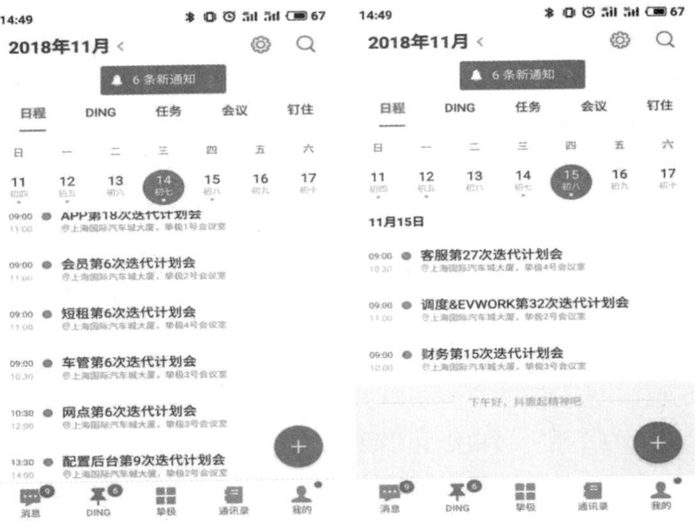

产品待办事项梳理

这是一个非正式的活动，但是基于我目前的项目经历，我期待把它变成一个正式的活动，因为零碎的时间很难综合协调。如果太过灵活，把大家组织起来也比较难，效果也不一定有正式活动的效果好，所以，产品待办事项梳理可以当成一个正式的活动来做。

这个活动是不是必须由敏捷教练来主持呢？在实践中，我建议可以由产品负责人来组织产品待办事项梳理，时间限定在 15 分钟内。如果说有些团队有特殊情况，这个活动的时间也可以控制在 15 分钟到 60 分钟内，以便团队所有成员对接下来迭代要做的事情有一个相对清晰的理解，但是组织者一定要是产品负责人。

在每个团队进行产品待办事项梳理之前，敏捷教练可以提醒产品负责人要组织这样的活动了，让他可以提前预约会议室，然后召集团队成员进行产品待办事项的梳理。以两周的迭代为例，产品待办事项梳理放在迭代的第 8 天或第 9 天都无所谓的，有些团队也可以放在迭代的第 7 天；具体取决于团队的情况或者说是基于需求确认的复杂程度。比如说有些团队，确认一个需求需要业务方反复的沟通或者要走很长的流程。在这样的情况下，迭代待办事项梳理可以尽量往前移，比如放在第 6 天或第 7 天都是可以的。但如果再靠前，因为开发团队还在开发过程当中，所以第 8 天的下午，更合适。

整个产品待办事项梳理过程当中，敏捷教练不仅要事前提醒，还要起到协调组织的作用。然后，关键是需要跟踪产品待办事项梳理之后的需求确认情况。保证迭代计划会期间有相对稳定、高品质的需求，包括一些需求需要对应的准备工作，比如交互文档和视觉文档，然后相应的技术方案等，可能都需要前期考虑，因为产品待办事项梳理的时候可能很多团队已经完成了业务评审，有些团队可能做过了技术评审，有些可能需求还没有做技术评审，中间还存在很多不确定性的因素。产品待办事项梳理是一个反复的修改确认与再确认过程，比较复杂，也是需要花费很多精力，当然也是迭代计划会之前必须做的工作。整个过程当中，敏捷教练要起到很好的支持和辅助作用。

迭代计划会

这个会议代表着整个迭代的开始，是敏捷 Scrum 框架五项活动中最重要的一项活动。在我的工作过程当中，迭代计划会是由我来预约会议室并组织所有的团队成员参加迭代计划会。假如说一个团队的迭代计划会是周四，我会把会议约在周四上午九点钟到 12 点钟。为什么会约在上午？因为如果迭代计划会放在下午或者更晚召开，会影响我们整个一个迭代时间，开发的时间也会受到影响。

迭代计划会可以由敏捷教练来预约会议室和组织召开的，放在迭代的第一天的上午来进行，要保证有充足的开发时间。在进行迭代计划会时，产品负责人首先要阐述需求。然后，团队要完成需求的估算、任务拆解、任务领取、技术方案推演和验收标准编写等。敏捷教练需要确认团队领取的任务是否可以完成。最后，组织团队成员把拆解的任务打印出来，贴在物理看板上，代表整个迭代完美开始。

为了组织好整个迭代计划会，敏捷教练需要投入很大的精力，团队成员要协同配合好。那么又一个问题就来了，比如说有五个团队同时都是在周四的上午开迭代计划会，作为团队敏捷教练的你，到底参加哪个团队的迭代计划会？这又回到了我们刚才谈到的一个问题，就是说这些团队是不是已经完成了单团队的敏捷开发转型？假如是，他们对整个敏捷的流程以及所需要做的工作已经非常熟悉，则说明敏捷教练不需要参加整个会议流程，但可能需要在五个会议室之间来回走动，对敏捷教练的个人能力和魅力有了一个更高的要求。

敏捷教练在几个关键的时间点必须出现的。比如，第一个关键点是在九点钟，把大家都召集到各自的会议室，九点钟前帮大家把会议设备准备好，比如投影仪或者相应的转接头、便利贴、胶水和剪刀等，提前准备好放在每个会议室。在会议开始之后，要根据每个团队具体的情况“串场”，考虑好哪个团队在什么时间点需要自己。在确认当前迭代可以认领的任务时，敏捷教练在这个时候需要加入到会议，引导团队合理完成工作量估算和任务的领取。

最后一个环节是任务领取并拆解完成后的打印工作，需要敏捷教练监督或者说帮助团队一起完成整个任务的打印和黏贴工作，整个会议就完美结束，也代表着整个迭代的开始。其实还有一件事情就是说迭代关键时间点的通知工作。在我的项目当中，其实在任何敏捷团队当中，我们都知道迭代时间是固定的，但如果在迭代开始后，敏捷教练可以发一个通知，告知团队本次迭代的开始时间、结束时间、建议的迭代评审时间、迭代回顾时间、下次迭代建议的 PBR 时间和迭代计划会时间，其实会更好。

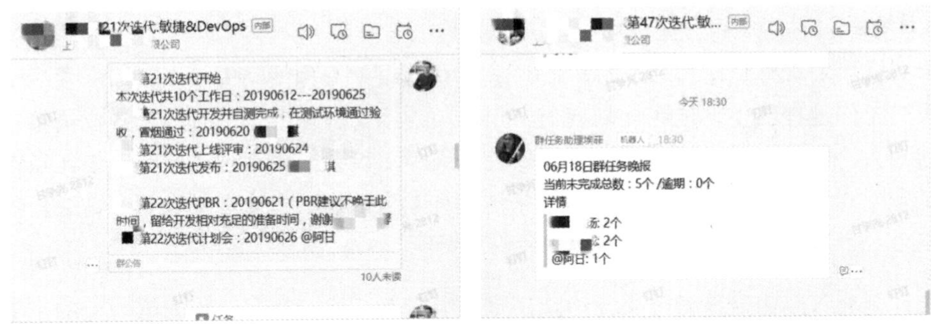

每日站会

团队的敏捷教练需要参加团队的每日站会，并且多团队并行时的每日站会依然可以放在每个工作日的早上开。对于开始的时间点和会议的时长，敏捷教练可以基于自身的情况进行灵活的调整。当存在多个团队共享一个敏捷教练时，敏捷教练可以采用以下方法。

对于每个团队站会的时间点可以递进开始，比如有的团队是早上 9 点开，另一个团队的每日站会可以在 9 点零 5 分开始，每隔 5 分钟就可以开始一个团队的站会，这样在 9 点 40 前，敏捷教练可以参加 8 个团队的站会。

对于站会的时长，也可以进行灵活的调整，有些团队可能需要 10 分钟，有些团队可能只需要 3 分钟，只要讲明白了三件事儿就可以，不一定非要开足 10 分钟。帮助团队控好场，养成好的站会习惯，促成高效站会的持续进行。

敏捷教练也可以在团队内部找一个“代理人”，负责站会的简单控场。团队中的技术负责人会是一个非常好的代理人，在敏捷教练不在场时，可以有效的帮助敏捷教练组织每日站会。

综上所述，敏捷教练需要参加团队的每日站会，但是可以有参加的策略，适可而止，量力而行。

迭代评审会

我们知道迭代评审会其实就是给业务方展示一下当前迭代的工作，收集业务方的反馈，以便我们在下个迭代中对产品进行关键性的改进工作。如果敏捷教练没有精力组织这样的会议，可以由产品负责人来。

目前，在我的团队当中，我会建议产品负责人来组织。在迭代评审开始的时候，由产品负责人来讲解团队在这个迭代期间所完成的需求，然后由开发团队进行真机演示，主要演示团队在整个迭代过程当中完成的工作。最后，收集业务方的反馈和建议。

在迭代评审会时，还有一个关键点是，如果有很多业务方没有到现场怎么办？我们在每次的迭代评审过程当中，都会进行远程直播。借助钉钉或者其他的直播软件进行直播，没有到现场或者说在外地的业务团队也可以看到我们本次迭代所完成的工作。

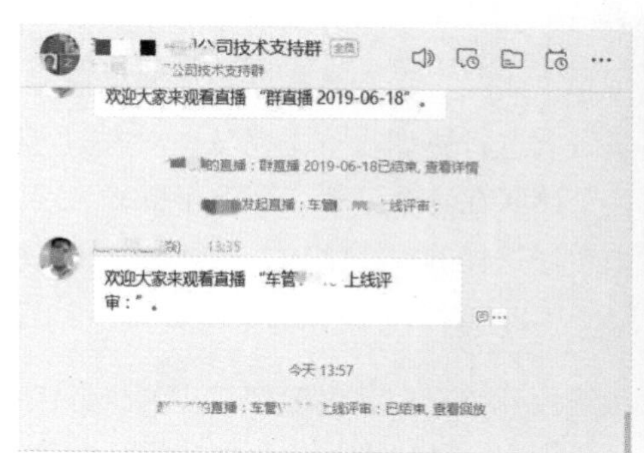

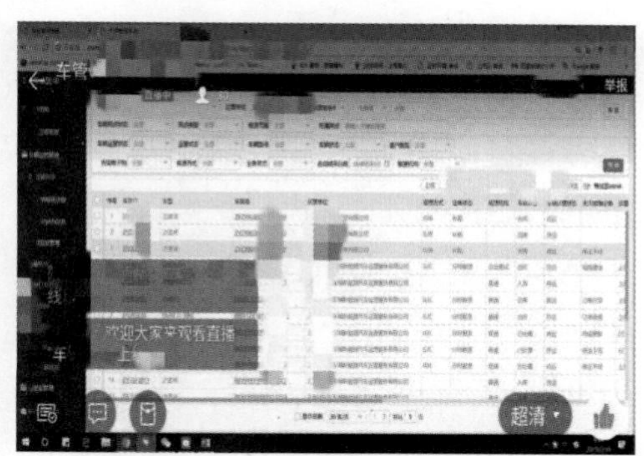

对于整个迭代评审会期间的演示工作，我建议由开发团队负责完成。这其实也是开发团队自信心的一种表现。很多人可能会说，为什么要让开发来演示？产品负责人演示不是更好吗？其实这是对开发自律性的一种要求。我们想一想，如果说一个人对自己所做的工作就没有信心，对自己开发出来的东西也没有信心，他敢拿出去演示吗？或者敢拿出来让别人用吗？其实是不敢和不好意思的。人都有廉耻心，只有自己做好的东西才愿意去演示。肯定不愿意把做得不好的东西拿出来。所以说，开发拿自己所做出来的东西给业务方演示，也是一种有自信心的表现，或者说是对自己自律性的展现，可以有效提升整个开发过程中的品质。

迭代回顾会

迭代回顾会对整个迭代的改进非常非常重要，所以，迭代回顾会一定要由敏捷教练自己来组织。目前我所带团队的迭代回顾会都由我亲自组织。对于迭代回顾会，可以几个团队组合在一起来回顾，也可以每个团队单独进行回顾，也可以一个团队成员一个团队成员进行单独回顾。对于回顾的形式，可以是改进项、禁止项和优点项的标准回顾，也可以是通过游戏活动的方式来进行体验式回顾，也可以是单个人的诚挚谈心，综合来讲，我们不必拘泥于敏捷回顾的形式，注重回顾所要达到的效果以及所要提升和改进的地方就可以了。

如何协调并行团队的资源

对于整个并行团队资源的协调，敏捷教练要发挥一个非常重要的协调作用，因为敏捷教练是辅导所有的团队，对各个团队资源的需求情况以及所遇到的困难非常清楚，所以，敏捷教练要发挥这样的一个组织协调作用，帮助不同团队之间进行资源的协调、相互补给和相互联动。

还有就是产品负责人。如果产品负责人想要实现某一个需求，自己所在的团队不能够完整实现这个需求，需要依赖于其他的团队一起来实现，在产品待办事项列表梳理之前，产品负责人就应该去找其他团队的产品负责人进行协调。首先要保证双方都可以在相同的迭代去实现这个需求，而不是说，这个团队在这个迭代实现这个需求，另一个团队需要在下一个迭代或者上一个迭代再去实现这样的一个需求，这样不能发挥并行的优势。

如果想要达到相对完美的并行，产品负责人在迭代开始之前就需要把相应的资源或者说需要的资源告诉给团队及另一个团队的产品负责人，并协调好。下图示例了我借助 Teambition 和钉钉日程来进行并行团队资源协调的场景。

综上所述，为了发挥团队并行的优势，在并行团队资源协调方面，团队的产品负责人首先要有主观能动性。在迭代开始之前，需要把相应的资源或者需要的资源协调好或者尽力协调好。其次就是团队的敏捷教练，在迭代过程当中，敏捷教练要发挥好这样的桥梁作用，促成资源在不同团队之间得到有效的传递或者资源得到有效的协调。最后就是我们的开发团队，我们的整个开发团队需要有一定的冗余容错能力或者说应变的能力。在遇到紧急问题或紧急需求时，在保证自己团队成功交付的同时，有能力帮助别的团队，尽力保证团队迭代的成功。

并行的优劣势分析

说到并行，我一直想要解决的且也是我当时所面临的最大痛点是迭代的协同。比如，不同团队的迭代周期不一样，因而迭代的开始时间和结束时间也不一样。没有固定的迭代周期，每次都拍脑袋随意排。一旦遇到需要两个或更多团队协同开发一个功能，可能会遇到问题：比如有的团队已经开始了，工作排满了，加不进去了；比如有的团队已经做完了，一个团队还没有做完，团队之间相互依赖，存在着严重的相互等待，造成了“等待浪费”等。类似的协同与等待问题频发，给研发效率的提升带来了困难。

假如发生了这样的事情，我们可能会责备产品负责人，说他们在迭代开始前没有协调好，也可能会责备团队成员，说团队成员缺乏应急和应变的能力，不能够及时的响应其他团队或团队内部的变更需求，虽然这些原因非常重要，但更重要的是这些团队的迭代频次和迭代周期不一样，迭代时间盒存在交叉，不能够很好协同，即使都完成了，也有可能存在等待和交叉，给协同交付带来困难。

对我来说，为了让多团队并行，最想解决的就是这种协同协调并行开发的问题，我想减少这种因为团队之间对于需求或者说耦合或者依赖而产生等待所造成的浪费。多团队并行的最大优势就是消除等待，减少浪费，加强协同。然后，如果团队之间有依赖的情况下，可以尽快高品质交付。

并行开发也有一定的问题，就目前我所遇到的问题来说，主要就是对资源的占用比较厉害。迭代同时开始，同时结束，团队成员在同一时间点开始不一样的任务，其实团队如果真的出现了问题，就很难从另一个团队去抽调资源来帮助这个团队。如果说不是并行的情况下，还有一定的缓冲。但如果是并行，这种缓冲真的比较少，抽调资源不太现实或者说不太可能。有人可能会怀疑说，敏捷开发过程当中不是要求团队成员是固定的吗？能力都是 T 型人才吗？其实这个还是比较难的，真正的团队大部分都是单团队的敏捷，团队成员并不满足 T 型人才的要求，需要成员之间紧密互补。

有人可能会说，打造特性团队，这样更有灵活性。但特性团队还是比较难打造的。主要的困难是，在成熟的公司中，系统繁杂，一个开发人员需要花很大的精力去了解一个系统或只能了解系统的某一个部分。一旦加入一个团队后，他们不愿意再花精力去了解别的系统或所负责模块的另外部分，不愿意学习更多的业务和更多的东西，了解更多的需求。真正在资源调配的时候可能会有一定的困难，目前的敏捷团队离特性团队还有一段的距离。还有就是招人难。如果这些人不愿意学，公司或团队又强制让这些团队成员学习新的东西，他们很可能会离职，可能大家会说，离就离吧，这句话说出来简单，但对小公司来讲，招人本身就很难，招一个可以用、用得顺手的人更难，所以并不会轻易下命令让这个人强制做什么事儿的。

多团队并进就是大规模敏捷吗？

目前的大规模敏捷解决方案主要有 Scrum of Scrums（SoS）、Scaled Agile Framework（SAFe）、Large Scale Scrum（LeSS）和 Disciplined Agile Delivery（DAD）。我对 LeSS 比较熟悉，LeSS 主要强调特性团队和多团队共享一份产品待办事项列表。LeSS 一定是多团队，所以，多团队如果说不是用一份产品待办事项表，如果团队也不是特性团队，那应该不算是大规模敏捷，只是多团队敏捷。但是反过来说，大规模敏捷，至少 LeSS，可以看出一定是多团队并进。作为敏捷教练，我们在敏捷转型过程中，至少在转型的初期，可以先关注单团队的敏捷及敏捷框架的使用，当已转型团队相对成熟后，我们再推行多团队敏捷，再推行大规模敏捷，不能靠激情，要稳步推进。

敏捷 Scrum 框架关键知识点检查清单

当你能看到这里时，应该恭喜你已经学完了，期待你学有所成，能够记得和理解在前面章节中所讲的内容。下面就和大家一起来回忆一下敏捷 Scrum 框架中的一些关键点，我将采用问题的方式和大家一起回忆一下产品待办事项梳理、迭代计划会、每日站会、迭代评审会、迭代回顾会、燃尽图、看板、敏捷价值观，期待大家可以给出自己的理解和答案。这里没有标准答案，只有最合适的敏捷开发转型实践答案，如果给不出，建议翻看前面章节的内容，认真复习一下，同时加强转型实践，多多深入到一线敏捷开发转型实践中。其他的内容不代表不重要，期待大家可以单独回忆，温故而知新，在敏捷开发转型实践中，不断深化应用。

产品待办事项梳理

- 品待办事项梳理时长定多长合适？
- 产品待办事项梳理时，团队站着还是坐着？
- 产品待办事项梳理是否必须做？对团队有什么好处？
- 产品待办事项梳理的前提是什么？产品负责人需要提前准备些什么？
- 产品待办事项梳理放在迭代的第几天比较合适？
- 产品待办事项梳理谁来组织？
- 产品待办事项梳理每天做合不合适？
- 产品待办事项梳理是正式活动还是非正式活动？
- 产品待办事项梳理和业务评审、技术评审有什么差异？
- 产品待办事项梳理的内容是用来放入产品待办事项表，还是放入那里？

每日站会

- 每日站会的时间是否必须固定？
- 每日站会放在早上还是下午，与谁商议定时间？
- 每日站会时间到，有团队成员没有来，是否要等？
- 作为敏捷教练，在每日站会中要做什么？说什么？给团队那些提醒事项？
- 每日站会的流程是否必须遵守，如不遵守应该如何办？
- 每日站会哪些人必须参加？哪些人可以选择性参加？
- 每日站会要更新燃尽图吗？谁来更新？
- 每日站会中可以讨论 Bug 吗？讨论细节问题是否可以打断？
- 每日站会要邀请领导参加吗？

- 有几个团队每日站会时间重叠，都放在早上 9 点，敏捷教练应该如何办？

迭代评审会

- 迭代评审会的时间放在什么时间合适？如果是两周迭代，建议放在第几天？
- 迭代评审会的受邀人群是？团队、业务方？
- 迭代评审会的时长是？如何有效控制时间？
- 迭代评审会的流程是？环节如何把控？
- 迭代评审会中是否可以加入用户满意度调研？调研内容涉及那几个维度？
- 迭代评审会的演示环境谁来搭建？谁来负责演示？
- 迭代失败，没有按时交付，是否还需要开迭代评审会？还是与下个迭代一起？
- 迭代评审会是否必须开？主要的作用是什么？
- 迭代评审会谁来负责组织？
- 迭代评审会中反馈的需求如何处理？如何反馈？

迭代回顾会

- 迭代回顾会的时间，是否必须放在发布后？
- 迭代回顾会的形式，是否必须是优点项、改进项、禁止项？
- 迭代回顾会是否必须开？
- 迭代回顾会的邀请人群是否必须是限定团队内的人？
- 迭代回顾会除了咖啡是否可以有点别的？
- 迭代回顾会的问题收集方式必须是便利贴，还是可以有电子问卷？
- 迭代回顾会可否变成批斗会？如何柔性的提醒某个注意事项？
- 迭代回顾会是否必须不能让领导参加？
- 迭代回顾会的改进项，禁止项，是否要在会间讨论出改进方案？
- 迭代回顾会形成的改进方案如何落地？通过什么方式跟进？

燃尽图

- 燃尽图的格式是否必须一样？还是每个团队都有差异？
- 燃尽图的故事点燃尽标准是什么？谁来判定？
- 谁来更新燃尽图？在什么时间更新燃尽图？
- 燃尽图只能燃尽故事点？还是可以燃尽 Bug ？
- 燃尽图在什么时间更新？
- 燃尽图上面的燃尽数据需要记录吗？谁来记录？
- 燃尽图可以用软件来呈现吗？还是只能在看板上？

- 燃尽图上的任务数量不足了，很快燃完，应该如何处理？
- 跨迭代发布，任务暴增，燃尽图标尺不够用，应该如何优化？
- 迭代前几天，燃尽图平平，没有下降，是什么原因？

看板

- 看板的格式是否必须一样？还是每个团队都有差异？
- 看板是电子的好？还是物理的好？
- 看板的样式每个迭代都可以优化，还是团队启动敏捷转型后就不能改了？
- 看板可以用大屏幕吗？鼠标拖动还是触摸拖动，你的体验是？
- 是买块儿白板做物理看板？还是可以用公司的玻璃墙面或砖墙面做物理看板？
- 看板前是可以沟通任何问题的三角地吗？
- 看板只是开站会时用的吗？还是团队成员可以随时去看板前查看和更新任务？
- 看板除了标准的准备做、进行中、已完成三列，还是可以有更多的列？你是如何根据团队情况规划的？
- 一个团队有 IOS、有安卓、有原生 H5、有纯 H5、有后台，这样的团队看板如何制作？如何分别管理？
- 有没有尝试过看板与 Scrum 流程的结合？是如何结合和体现的？

敏捷价值观

- 五个标准的敏捷 Scrum 价值观是什么？
- 在标准 Scrum 价值观的基础上我们常用的价值观还有那些？
- 发现开发团队有成员没有自测通过就提交给测试人员，请问这个团队成员违背了什么敏捷价值观？
- 产品负责人没有及时组织迭代上线评审，请问违背了什么价值观？
- 开发团队成员在迭代期间，被人拉走开发别的产品，请问违背了什么价值观？
- 团队成员间存在相互攻击的情况，看不起对方写的东西，请问违背了什么价值观？
- 公司想把目前用原生做的 App 产品改成小程序，没有团队成员愿意站出来承接这样的探索性任务，请问违背了什么价值观？
- 某团队成员 A 家中小孩生病，但是他有很多 Bug 亟待解决，团队成员 B 和团队成员 A 都是 IOS 开发，但是团队成员 B 不想帮团队成员 A 解决 Bug，说那是 A 的，虽然测试同学想让 B 尽快解决，可 B 就是不解，请问团队成员 B 违背了什么价值观？

- 迭代进行到三分之二时，重新评估任务工作量，发现有风险，可能做不完，这时有团队成员说，咱们延期吧，请问违背了什么价值观？
- 承诺是不是最重要的价值观？它和廉耻心与不成功便成仁间存在什么样的关系？